员工岗位手册系列

车工

岗位手册

北京京城机电控股有限责任公司工会 编

主 编 赵 莹
副主编 乔向东
参 编 杨大维 王 洋

机械工业出版社

本手册是车工岗位必备的工具书,内容依据国家最新的职业技能标准编写,涵盖了车工岗位必需的基本知识和技能,以及掌握这些知识和技能必备的基础数据资料。主要内容包括职业道德与岗位规范;车工岗位描述、岗位守则、工作规范、安全操作规程;车床及其常用附件的基础知识;车工常用量具的使用注意事项;车工基本操作技能及加工实例等内容。

本手册由浅入深、简明实用,具有工具性、资料性的特点。书中引用的标准均采用了最新国家标准和行业标准。

本手册非常适合车工岗位学习和培训使用,对现场的有关工程技术人员了解车工岗位知识、指导车工工作也有着重要的参考价值。同时也是职业院校机械加工专业师生必备的参考书。

图书在版编目(CIP)数据

车工岗位手册/赵莹主编;北京京城机电控股有限责任公司工会编.—北京:机械工业出版社,2012.7
(员工岗位手册系列)
ISBN 978-7-111-38007-8

Ⅰ.①车… Ⅱ.①赵…②北… Ⅲ.①车削-技术手册 Ⅳ.①TG51-62

中国版本图书馆 CIP 数据核字(2012)第 162874 号

机械工业出版社(北京市百万庄大街22号 邮政编码100037)
策划编辑:何月秋 责任编辑:何月秋 李建秀
版式设计:霍永明 责任校对:陈 越
封面设计:马精明 责任印制:杨 曦
北京圣夫亚美印刷有限公司印刷
2012年9月第1版第1次印刷
169mm×239mm · 20.75 印张 · 425 千字
0001—4000 册
标准书号:ISBN 978-7-111-38007-8
定价:45.00 元

《员工岗位手册系列》编委会名单

主　任　赵　莹

编　委（按姓氏笔画排序）

于　丽	马　军	方咏梅	王　谦	王兆华	王克俭
王连升	王京选	王博全	石仲洋	全静华	刘运祥
刘海波	孙玉荣	孙亚萍	阮爱华	吴玉琪	吴伯新
吴振江	张　健	张　维	张文杰	张玉龙	张红秀
李　英	李俊杰	李笑声	底建勋	林乐强	武建军
宣树清	赵晓军	夏中华	徐文秀	徐立功	聂晓溪
钱　方	高丽华	常胜武	韩　湧	廉　红	薛俊明

序

　　当前我国正面临千载难逢的战略机遇期，同时，国际金融危机、欧债危机等诸多不稳定因素也将对我国经济发展产生不利影响。在严峻考验面前，创新能力强、结构调整快、职工素质高的企业才能展示出勃勃生机。事实证明：在"做强二产"，实现高端制造的跨越发展中，除了自主创新，提高核心竞争力外，还必须拥有一支高素质的职工队伍，这是现代企业生存发展的必然要求。我国已进入"十二五"时期，转方式、调结构，在由"中国制造"向"中国创造"转变的关键期和提升期，重要环节就是培育一批具有核心竞争力和持续创新能力的创新型企业，造就数以千万的技术创新人才和高素质职工队伍，这是企业在经济增长中谋求地位的战略选择；是深入贯彻科学发展观，加快职工队伍知识化进程，保持工人阶级先进性的重大举措；也是实施科教兴国战略，建设人才战略强国的重要任务。

　　《2002 年中国工会维权蓝皮书》中有段话："有一个组织叫工会，在任何主角们需要的时候和地方，他们永远是奋不顾身地跑龙套，起承转合，唱念做打……为职工而生，为维权而立。"北京京城机电控股有限责任公司工会从全面落实《北京"十二五"时期职工发展规划》入手，从关注企业和职工共同发展做起，组织编撰完成了涵盖 30 个职业的《员工岗位手册系列》，很好地诠释了这句话。此套丛书是工会组织发动企业工程技术人员、一线生产技师、职业教师和工会工作者共同参与编著而成的，注重了技术层面的维度和深度，体现了企业特色工艺，涵盖了较强的专业理论知识，具有作业指导书、学习参考书以及专业工具书的特性，是一套独特的技能人才必备的"百科全书"。全书力求实现企业工会让广大职工体验"一书在手，工作无忧"以及好书助推成长的深层次服务。

　　我们希望，机电行业的每名职工都能够通过《员工岗位手册系列》的帮助，学习新知识，掌握新技术，成为本岗位的行家能手，为"十二五"发展战略目标彰显工人阶级的英雄风采！

中共北京市委常委，市人大常委会副主任、
党组副书记，市总工会主席

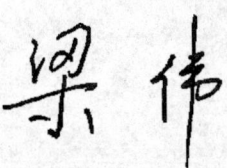

前　言

　　工序化、批量化的企业生产，使一些一线职工的岗位技能逐渐单一化。虽然这是企业生产性质或生产节拍决定的，但技能水平的下降也与职工自身对专业知识的忽视有很大关系。这从小的方面说妨碍了自身的发展，从大的方面来看也为企业特别是产品种类多、生产转型快的新兴现代化企业的用人选才带来诸多不利影响。

　　本手册是在对众多车工岗位一线职工工作状况充分调研的基础上，本着为职工、为企业服务的目的编写的。书中汇编了从车工岗位描述、岗位守则、工作规范、安全操作规程，到立足于车工岗位所需的基础知识、车床操作加工技能等内容。编写过程中搜集整理了大量资料和图片，借鉴了职业学校车工专业实训的教学过程，并结合了一些企业中的实际加工经验，希望能为车工岗位职工的技能提高搭桥铺路。

　　全书由赵莹任主编，乔向东任副主编。杨大维、王洋参与了本书的编写工作。

　　在编写过程中虽力求内容丰富、完善，但由于编写时间仓促，加之编者水平有限，疏漏、错误以及欠严谨之处在所难免，敬请读者批评指正。

　　本手册在编写过程中得到了北京市京城机电控股有限责任公司及其下属众多企业的大力支持，在此表示感谢！

编　者

目　录

第三篇　典型工件加工案例

附　　录

第一篇　职业道德及岗位规范

| 第一章 |
职 业 道 德

一、职业道德的基本概念

职业道德是规范约束从业人员职业活动的行为准则。加强职业道德建设是推动社会主义物质文明和精神文明建设的需要，是促进行业、企业生存和发展的需要，也是提高从业人员素质的需要。掌握职业道德基本知识，树立职业道德观念是对每一个从业人员最基本的要求。

1. 道德与职业道德

道德，就是一定社会、一定阶级向人们提出的处理人和人之间、个人与社会之间、个人与自然之间各种关系的一种特殊的行为规范。道德是做人的根本。道德是一个庞大的体系，而职业道德是这个体系中一个重要部分，它是社会分工发展到一定阶段的产物。所谓职业道德，它是指从事一定职业劳动的人们，在特定的工作和劳动中以其内心信念和特殊社会手段来维持的，以善恶进行评价的心理意识、行为原则和行为规范的总和，它是人们在从事职业的过程中形成的一种内在的、非强制性的约束机制。职业道德的内容包括职业道德意识、职业道德行为规范和职业守则等。职业道德是社会道德在职业行为和职业关系中的具体体现，是整个社会道德生活的重要组成部分。

2. 职业道德的特征

职业道德的特征有以下三个方面：

1）范围上的局限性。任何职业道德的适应范围都不是普遍的，而是特定的、有限的。一方面，他主要适用于走上社会岗位的成年人；另一方面，尽管职业道德也有一些共同性的要求，但某一特定行业的职业道德也只适用于专门从事本职业的人。

2）内容上的稳定性和连续性。由于职业分工有其相对的稳定性，与其相适应

1

的职业道德也就有较强的稳定性和连续性。

3）形式上的多样性。因行业而异，一般来说，有多少种不同的行业，就有多少种不同的职业道德。

二、职业道德的社会作用

1. 职业道德与企业的发展

（1）职业道德是企业文化的重要组成部分　职工是企业的主体，企业文化必须以企业职工为中介，借助职工的生产、经营和服务行为来实现。

（2）职业道德是增强企业凝聚力的手段　职业道德是协调职工同事之间、职工与领导之间以及职工与企业之间关系的法宝。

（3）职业道德可以提高企业的竞争力　职业道德有利于企业提高产品和服务的质量；可以降低产品成本、提高劳动生产率和经济效益；有利于企业的技术进步；有利于企业摆脱困难，实现企业阶段性的发展目标；有利于企业树立良好形象、创造著名品牌。

2. 职业道德与人自身的发展

（1）职业道德是事业成功的保证　没有职业道德的人干不好任何工作，每一个成功的人往往都有较高的职业道德。

（2）职业道德是人格的一面镜子　人的职业道德品质反映着人的整体道德素质，职业道德的提高有利于人的思想道德素质的全面提高，提高职业道德水平是人格升华最重要的途径。

三、社会主义职业道德

职业道德是社会主义道德体系的重要组成部分。由于每个职业都与国家、人民的利益密切相关，每个工作岗位、每一次职业行为，都包含着如何处理个人与集体、个人与国家利益的关系问题。因此，职业道德是社会主义道德体系的重要组成部分。

职业道德的实质内容是树立全新的社会主义劳动态度。职业道德的实质就是在社会主义市场经济条件下，约束从业人员的行为，鼓励其通过诚实的劳动，在改善自己生活的同时，增加社会财富，促进国家建设。劳动无疑是个人谋生的手段，也是为社会服务的途径。劳动的双重含义决定了从业人员要有全新的劳动态度和职业道德观念。社会主义职业道德的基本规范如下：

1. 爱岗敬业，忠于职守

任何一种道德都是从一定的社会责任出发，在个人履行对社会责任的过程中，培养相应的社会责任感，从长期的良好行为和规范中建立起个人的道德。因此，职业道德首先要从爱岗敬业、忠于职守的职业行为规范开始。

爱岗敬业是对从业人员工作态度的首要要求。爱岗就是热爱自己的工作岗位，热爱本职工作。敬业就是以一种严肃认真的态度对待工作，工作勤奋努力，精益求精，尽心尽力，尽职尽责。

爱岗与敬业是紧密相连的，不爱岗很难做到敬业，不敬业更谈不上爱岗。如果工作不认真，能混就混，爱岗就会成为一句空话。只有工作责任心强，不辞辛苦，不怕麻烦，精益求精，才是真正的爱岗敬业。

忠于职守，就是要求把自己职业范围内的工作做好，达到工作质量标准和规范要求。如果从业人员都能够做到爱岗敬业、忠于职守，就会有力地促进企业与社会的进步和发展。

2. 诚实守信，办事公道

诚实守信、办事公道是做人的基本道德品质，也是职业道德的基本要求。诚实就是人在社会交往中不讲假话，能够忠于事物的本来面目，不歪曲、篡改事实，不隐瞒自己的观点，不掩饰自己的情感，光明磊落，表里如一。守信就是信守诺言，讲信誉、重信用，忠实履行自己应承担的义务。办事公道是指在利益关系中，正确处理好国家、企业、个人及他人的利益关系，不徇私情，不谋私利。在工作中要处理好企业和个人的利益关系，做到个人服从集体，保证个人利益和集体利益相统一。

信誉是企业在市场经济中赖以生存的重要依据，而良好的产品质量和服务是建立企业信誉的基础。企业的从业人员必须在职业活动中以诚实守信、办事公道的职业态度，为社会创造和提供质量过硬的产品和服务。

3. 遵纪守法，廉洁奉公

任何社会的发展都需要有力的法律、规章制度来维护社会各项活动的正常运行。法律、法规、政策和各种组织制定的规章制度，都是按照事物发展规律制定出来的，用于约束人们的行为规范。从业人员除了要遵守国家的法律、法规和政策外，还要自觉遵守与职业活动行为有关的制度和纪律，如劳动纪律、安全操作规程、操作程序、工艺文件等，才能很好地履行岗位职责，完成本职工作任务。

廉洁奉公强调的是，要求从业人员公私分明，不损害国家和集体的利益，不利用岗位职权牟取私利。遵纪守法、廉洁奉公，是每个从业人员都应该具备的道德品质。

4. 服务群众，奉献社会

服务群众就是为人民服务。一个从业人员既是别人服务的对象，又是为别人服务的主体。每个人都承担着为他人做出职业服务的职责，要做到服务群众就要做到心中有群众、尊重群众、真心对待群众，做什么事都要想到方便群众。

奉献社会是职业道德中的最高境界，同时也是做人的最高境界。奉献社会就是不计个人的名利得失，一心为社会做贡献；是指一种融在一件件具体事情中的高尚人格，就是为社会服务，为他人服务，全心全意为人民服务。从业人员达到了一心为社会做奉献的境界，就与为人民服务的宗旨相吻合了，就必定能做好自己的本职工作。

四、职业守则

1）遵守国家法律、法规和有关规定。

2）具有高度的责任心，爱岗敬业、团结合作。

3）严格执行相关标准、工作程序与规范、工艺文件和安全操作规程。

4）学习新知识新技能，勇于开拓和创新。

5）爱护设备、系统及工具、夹具、量具。

6）着装整洁，符合规定；保持工作环境清洁有序，文明生产。

| 第二章 |

车工岗位规范

一、车工岗位描述

车工是《中华人民共和国职业分类大典》中确定的实行就业准入制度的职业之一。《国家职业技能标准（车工）》中的职业定义为：操作车床，在工件旋转表面进行切削加工的人员。本职业共设五个等级，分别为：初级（国家职业资格五级）、中级（国家职业资格四级）、高级（国家职业资格三级）、技师（国家职业资格二级）、高级技师（国家职业资格一级）。《国家职业技能标准（车工）》中规定，车工从业人员应具有一定的学习和计算能力；具有一定的空间感和形体知觉；手指、手臂灵活，动作协调。

二、车削工艺守则（引自 JB/T 9168.2—1998）

1. 车刀的装夹

1）车刀刀杆伸出刀架不宜过长，一般长度不应超过刀杆高度的 1.5 倍（车孔、槽等除外）。

2）车刀刀杆中心线应与车刀走刀方向垂直或平行。

3）刀尖高度的调整

① 在下列情况下，刀尖一般应与工件中心线等高：

a）车端面。

b）车圆锥面。

c）车螺纹。

d）成形车削。

e）切断实心工件。

② 在下列情况下，刀尖一般应比工件中心线稍高或等高：

a）粗车一般外圆。

b）精车孔。

③ 在下列情况下，刀尖一般应比工件中心线稍低：

a）粗车孔。

b）切断空心工件。

4）螺纹车刀刀尖角的平分线应与工件中心线垂直。

5）装夹车刀时，刀杆下面的垫片要少而平，压紧车刀的螺钉要拧紧。

2. 工件的装夹

1）用自定心卡盘装夹工件进行粗车或精车时，若工件直径小于或等于 30mm，其悬伸长度不大于直径的 5 倍；若工件直径大于 30mm，其悬伸长度不大于直径的 3 倍。

2）用单动卡盘、花盘、角铁（弯板）等装夹不规则偏重工件时，必须配重。

3）在顶尖间加工轴类工件时，车削前要调整尾座顶尖中心与车床的主轴中心线重合。

4）在两顶尖间加工细长轴时，应使用跟刀架或中心架，在加工过程中要注意调整顶尖的顶紧力，固定顶尖和中心架应注意润滑。

5）使用尾座时，套筒应尽量伸出短些，以减少振动。

6）在立车上装夹支承面小、高度高的工件时，应使用加高的卡爪，并在适当的部位加拉杆或压板压紧工件。

7）车削轮类、套类铸锻件时，应按不加工的表面找正，以保证加工后壁厚均匀。

3. 车削加工

1）车削台阶轴时，为了保证车削时的刚性，一般应先车直径大的部分，后车直径小的部分。

2）在轴类工件上切槽时，应在精车之前进行，以防止工件变形。

3）精车带螺纹的轴时，一般应在螺纹加工之后再精车无螺纹部分。

4）钻孔前应将工件端面车平，必要时应先打中心孔。

5）钻深孔时，一般先钻导向孔。

6）车削 $\phi10 \sim \phi20mm$ 的孔时，刀杆的直径应为被加工孔的 0.6 ~ 0.7 倍；车削直径大于 $\phi20mm$ 的孔时，一般应采用装夹刀头的刀杆。

7）车削多头螺纹或多头蜗杆时，调整好交换齿轮后要进行试切。

8）使用自动车床时，要按机床调整卡进行刀具与工件相对应位置的调整，调整后要进行试车削。首件合格后方可加工；加工过程中要随时注意刀具的磨损及工件尺寸与表面粗糙度。

9）在立车上车削时，当刀架调整好后不得随意移动横梁。

10）当工件的有关表面有位置公差要求时，应尽量在一次装夹中完成车削。

11）车削圆柱齿轮齿坯时，孔与基准端面必须一次加工。必要时应在该端面的齿轮分度圆附近车出标记线。

三、车工岗位守则

1）认真贯彻执行车工岗位所制定的各种安全管理规定，对本工种安全操作规程不掌握者，不得独立上岗。

2）贯彻执行工艺规程，执行管理标准，遵守国家环境保护相关规定。

3）贯彻执行质量管理标准，保证产品质量，优质、高效、低耗地完成工作，废品率、次品率不得超过规定要求。

4）坚守工作岗位，遵守车床操作规程，按质、按时、按量完成任务。

5）按设计图样、工艺文件、技术标准进行生产，在加工过程中进行自检和互检。

6）操作前必须按照规定穿戴好本工种所规定使用的劳动保护用品，女工的头发应放在防护帽内，严禁滥用劳动保护用品。

7）穿戴劳动保护用品时，袖口扎紧，纽扣扣牢，身上不准有飘动部分露在外面，开动机床时不准戴手套工作。

8）必须熟悉所使用车床的结构、性能和操作方法，开机前要认真检查、润滑、试运转，操作技术不熟练者，不准自行独立操作。

9）一台设备多人同时工作时，要有主有从，指定专人负责。

10）要随时维护保养设备、工具、夹具、量具、刀具，使其各部位性能保持良好；按照规定要求，及时为机床加油，保证机床各部位润滑。

11）使用砂轮机刃磨刀具时，必须遵守砂轮安全操作规程。

12）搞好机床的日常保养、维护工作，提高机床的使用完好率，工作环境保持干净、整洁。

13）共用加工设备倒班操作，要认真贯彻交接班制度，做好交接班记录，上班操作前，对设备使用的工具、夹具、量具、刀具等必须检查好，下班前将工作用物品检查并摆放整齐，清擦设备。

14）工作时发现有不安全因素，应立即排除，操作人员不能自行解决的需向有关人员及部门反映，尚未解决时不准操作。

15）加工后的剩余边角料，按规定分类存放，堆放整齐，不得随意浪费。

16）遇有下列情况之一时，必须关闭机床：

① 离开工作岗位时（无论时间长短）。

② 工作中机床设备发生松动、异常声音及与平时状况相比有异常时。

③ 调整主轴转速、齿轮变速、设备修理以及加油时。

④ 调整夹具、找正或装卸工件时。

⑤ 测量及检查工件时。

17）停止工作时应完成下列工作后离开岗位：

① 撤出切削中的刀具。

② 关闭机床设备的电源。

③ 清除铁屑和油污并整理工作场地。

④ 办理交接班手续。

四、车工工作规范

(1) 工作前　查看车床上是否整洁有无杂物；查看电动机传动带的松紧程度；查看主轴箱、进给箱和三杠支架等处油量是否充足；查看各手柄是否处于合适位置；查看刀架的转动灵活性及锁紧性；查看卡盘、各导轨、尾座、顶尖及溜板等是否有损坏；利用花盘和夹具进行工作时，必须配重平衡。将滑板移至工作位置后用手转动主轴2~3转，确定无干涉后将滑板退至安全位置方可开机，主轴以慢速空转2~3min，观察运行情况全部正常后，即可开始工作。

(2) 工作中　应遵守以下要求：

1) 卡盘夹紧工件后，应及时取下卡盘扳手，严禁用手触摸正在运动的夹具、工件或刀具，停车时严禁用手去刹住旋转未定的卡盘。

2) 工作中必须遵守先开车、后走刀；先停走刀，后关车的顺序，主轴箱上的手柄只许在停车时调整，进给箱手柄只许在低速或停车时调整。

3) 加工中变速、更换刀具、更换工件或测量工件时，须停车进行。

4) 加工中不准离开车床，如需离开要先停止车床转动。

5) 两人操作一台机床时，应分工明确，相互配合。在加工时操作者必须时刻关注另一人的工作状态，另一人严禁离开工作岗位或串岗。

6) 严禁站在切屑飞出的方向，以免切屑伤人，清除切屑时必须先停机，要用毛刷和铁钩清除，禁止手抓、嘴吹。

7) 工作中如机床发出不正常声音或发生事故时，必须立即停车，保持现场，并报告当班管理责任人。

8) 工作中要注意刀架部分的行程极限，防止碰撞卡盘（夹具）和尾座，横向移动刀架时，尽量做到中滑板向前不应超过主轴轴心线，向后不应超出导轨面。

9) 车床主轴的制动由正反车操纵手柄来实现，当手柄搬到停止档位时，制动机构能使主轴受到制动，不宜采用手柄瞬时改变方向的操作来代替。

10) 装卸大型夹具、工件或附件时，车床导轨应放置垫板防止磕碰，吊装时采用具有安全工作载荷的吊重装置，留意其上的毛刺和锐利刀口，不得用手提举过重的夹具、工件或附件。

(3) 工作后　将车床各手柄扳至安全位置，切断电源，清理车床，整理工具、夹具、量具，清除切屑，不得在切削液里洗手。

第三章
安全操作规程

一、卧式车床安全操作规程

1）必须遵守机床操作工的一般安全规程。工作前检查机床各部位电气设施、手柄、传动部位、防护、限位装置等是否齐全可靠。

2）切削时要穿好工作服，女工戴好工作帽，禁止戴手套操作机床。高速切削时戴好防护眼镜。

3）主轴箱、导轨面、拖板面不得放置工具、量具、夹具或其他物品。

4）安装车刀时，压紧力要恰当，刀架上压刀螺钉损坏的要及时更换。

5）装卸卡盘及大的工件、夹具时，床面要垫木板，不准开车装卸卡盘，装卸工件后应立即取下扳手，禁止用手扶卡盘制动。

6）工件装夹要牢固，夹紧时可用接长的套筒，禁止用器物敲打，损坏的卡盘或卡盘爪不准使用。

7）装夹重而长的工件时，要钻顶尖孔并以后顶尖支承，必要时要使用辅助支承。使用压板类装夹工件，必须确保夹紧夹牢并配重平衡。

8）装夹工件自卡盘爪前面伸出部分不得过长，加工细长工件要合理使用顶尖、中心架（或跟刀架）。工件过长并自主轴后端伸出超过主轴箱时，应加托架支承，必须装设防护栏杆和设立明显警告标识。

9）使用中心架或跟刀架时，必须调整好中心，支承接触面有良好的润滑。

10）装夹偏心较大的工件时，须在卡盘或花盘上（或夹具）加平衡铁以保持旋转平衡，并将卡盘爪及各部位螺栓拧紧，车削加工时，转速不宜过高，注意防止振动。

11）工件直径超过卡盘直径时，应在危险区域内放挡架或明显标识。

12）切断小直径材料时，不准用手接；切断大直径材料时，应留有足够余量，卸下后砸断，以免切断时伤人和损坏机床。

13）在车床上用锉刀锉削工件时，锉刀必须装有锉刀柄，锉削时应右手在前，左手在后，身体离开卡盘，锉削工件转速不宜太高，禁止用砂布裹住工件抛光，应裹在长板状物体上，比照锉刀的方法压在工件上抛光。

14）车内孔时不准用锉刀倒角。用砂布抛光内孔时，不准将手指或手臂伸进内孔抛光。

15）攻螺纹或套螺纹必须用专用工具，使用手工攻螺纹或套螺纹工具时禁止开动机床加工。

16）车削脆性金属（铜、铝、铸铁等），应防止崩碎的切屑飞出伤人，操作者必须戴防护眼镜，并在飞射方向安装防护挡板。

17）车削重型工件时必须用顶尖支承，车床转动时，不可松开顶尖，加工中随时观察顶尖的松紧程度。

18）用机床加工时，严禁手摸或拿棉纱擦拭刀具和机床的转动部分及工件，要用铁屑钩随时清理卷在工件、卡盘（夹具）上的切屑，不准用手拿、嘴吹，防止人身伤害。

19）切削时，操作者离加工部位太近时，要采取合理的防护措施，高速切削时，应根据工件的材质和直径确定切削速度。

20）机床运转时，禁止在工件或机床上方传递物品。

21）工作时禁止脚踏车床的油盘、三杠、导轨面等，不准用脚代替手操作手柄。

22）工作结束后，车床进给控制手柄及起动杠要搬到空挡位置，切断电源，整理现场。

二、立式车床安全操作规程

1）立式车床操作工必须遵守车床操作工的一般安全规程，非操作人员禁止操作机床。

2）装卸大型或重型工件和夹具时要和桁车司机（天车工）、挂钩工密切配合，不得多人同时指挥吊装。

3）工件在未夹紧前，只能点动校正工件，要注意人身与旋转物体之间保持一定的安全距离。

4）严禁站在旋转工作台上调整机床和操作按钮。

5）要紧固好夹具、工件和刀具，所用的千斤顶、斜面垫板、垫块等附件也应固定好，并经常检查，以防松动。

6）使用的扳手必须与螺母或螺栓相符，旋紧螺钉（螺栓、螺母）时，用力要适当，防止滑倒，损坏的紧固件要及时更换。

7）工件外形过长、过大，超出卡盘时，必须采取适当的安全措施，避免碰撞立柱、横梁，机床周围要设有明显的标识。

8）对刀时必须缓速进行，大型工件要点动旋转一圈后，观察无误方可对刀，刀尖距离工件 20～50mm 时，应停止机动进给，改为手摇进给对刀。

9）在切削过程中，刀具未退离工件前主轴不能停止转动。

10）加工不对称（偏重）件时，要加配重铁，保持卡盘旋转平衡。

11）在大型立车操作看台上操作时，不准将身体伸向旋转的工件。

12）观察切削过程时要与工件保持一定距离，尤其要注意大型不对称工件的旋转变化。

13）大型工件须倒班加工的，要做好交接班工作。

14）工作结束后切断电源，整理操作现场。

三、砂轮机安全操作规程

1）砂轮机要有专人负责，经常检查，以保证正常运转。

2）操作前要穿好防护服，戴好防护镜，以防磨削时铁屑、砂粒飞溅伤人。使用砂轮机时严禁戴手套，不得穿拖鞋及凉鞋，防护服袖口、衣摆要扣紧，不得在开动的砂轮机旁更换衣服，以防止被砂轮绞伤。

3）根据砂轮使用的说明书，选择与砂轮机主轴转速相符合的砂轮。质量、硬度、粒度、外形尺寸等不符合要求和外观有裂纹的砂轮，不能使用。

4）安装砂轮时，砂轮两面要装有法兰盘，其直径不得小于砂轮直径的 1/3，砂轮与法兰盘之间应垫有衬垫。拧紧锁紧螺母要用符合要求的扳手，锁紧力要适当，严禁使用敲击的方法锁紧，防止砂轮碎裂。

5）安装托刀架与砂轮工作面的距离不能大于 3mm，磨削前应进行调整，满足要求后紧固牢靠。

6）砂轮机在开动前，应检查防护罩及各部位是否正常，查看砂轮机与防护罩之间有无杂物，用手转动或点动砂轮检查转动平稳性，确认无问题时，再开动砂轮机。

7）砂轮机开动后，要空转 2~3min，待砂轮机运转正常时，开动除尘装置后使用。砂轮机的最高转速不得超过砂轮规定的安全线速度。

8）使用砂轮时，操作者应站在砂轮机的侧面，禁止面对砂轮旋转方向进行磨削，以防砂轮崩裂发生事故。

9）刃磨工件或刀具时，不能用力过猛，不准撞击砂轮，禁止两人同时使用同一块砂轮进行刃磨。

10）体积大的、超长的、超重的工件不准直接在砂轮机上刃磨，防止把持不稳发生事故。不易把握的小件要用工具夹牢后刃磨，以防挤在砂轮与防护罩之间或砂轮与托架之间，挤碎砂轮。

11）刃磨刀具的砂轮不准刃磨其他工件和材料。

12）砂轮要经常保持干燥，不准沾水，以防水浸湿后失去平衡，发生事故。

13）砂轮表面出现沟槽、径向圆跳动过大时，要使用砂轮修整器修磨后再使用。砂轮磨小到接近法兰盘边沿旋转面小于 10mm 时，应予以更换新砂轮。

14）因长期使用磨损严重，电动机轴承径向圆跳动、振动过大的砂轮机不准使用。砂轮机发生故障或者砂轮轴晃动、安装不符合安全要求时，不准开动。

15）砂轮机用完后，应立即切断电源，关闭除尘装置，不要让砂轮机在无人值守时空转。

第二篇 车工岗位知识

|第一章|

车床的基本知识

一、车床的发展简史

古代的车床是靠手拉或脚踏（见图2-1-1），通过绳索使工件旋转，并手持刀具而进行切削的。

1797年，英国机械发明家莫兹利创制了用丝杠传动刀架的现代车床，并于1800年采用交换齿轮，可改变进给速度和被加工螺纹的螺距。1817年，另一位英国人罗伯茨采用了四级带轮和背轮机构来改变主轴转速。1845年，美国的菲奇发明了转塔车床提高了机械化和自动化程度；1848年，美国又出现了回轮车床；1873年，美国的斯潘塞制成了一台单轴自动车床，之后不久又制造出了三轴自动车床；20世纪初出现了由单独电动机驱动的带有齿轮变速箱的车床。第一次世界大战后，由于军火、汽车和其他机械工业的需要，各种高效自动车床和专门化车床迅速发展。为了提高小批量工件的生产率，20世纪40年代末，带液压仿形装置的车床得到推广，与此同时，多刀车床也得到发展。20世纪50年代中期，发展了带穿孔卡、插销板和拨码盘的程序控制车床。数控技术于20世纪60年代开始用于车床，20世纪70年代后得到迅速发展。

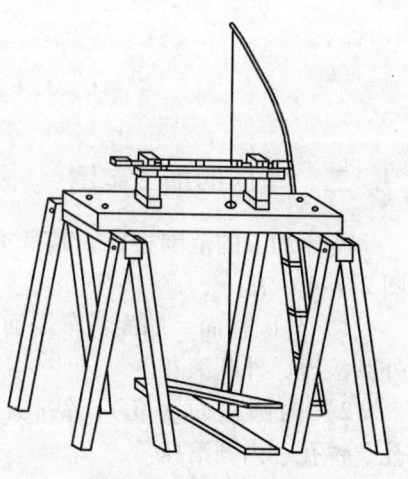

图2-1-1　脚踏式车床

二、车床切削的特点

在车床上切削加工，是刀具通过相对于工件的主运动与进给运动切入工件被加工表面并切除加工余量，获得所需要的加工尺寸、形状和表面质量。车削加工适应性强，应用广泛，适用于切削不同材料、不同精度要求的工件。所用刀具结构相对简单，制造、刃磨和装夹都比较方便。车削加工一般是等截面连续地进行，因此，切削力变化小，切削过程相对平稳，生产效率高。车削可以加工出尺寸精度和表面质量较高的工件。车床在我国机械制造行业中占有较大的比重。如图 2-1-2 所示的卧式车床，图 2-1-3 所示的立式车床。

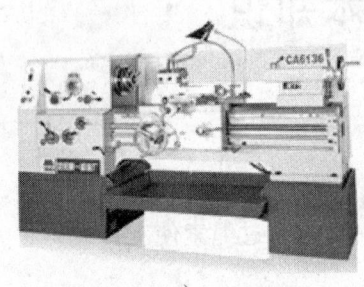 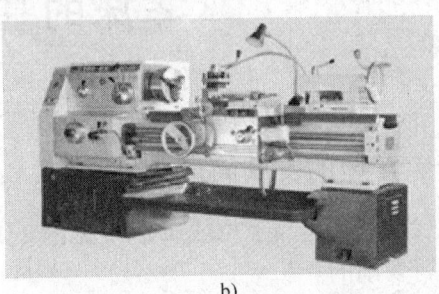
a)   b)

图 2-1-2 卧式车床
a）CA6136 卧式车床 b）CA6140 卧式车床

三、车床的加工范围

车床加工的范围很广，其基本内容（见图 2-1-4）有：

1）外圆柱面、端面：车端面、车外圆、外圆滚压、外圆滚花。

2）内圆柱面（孔）：钻孔、扩孔、铰孔、镗孔、内圆滚压。

3）螺旋面：车外螺纹、车内螺纹、旋风切螺纹、攻内螺纹、绕制弹簧。

4）切断、切槽：切外槽、切内槽、切断。

5）锥面、球面、椭圆柱面：车锥面、车外球面、车内球面、车椭圆柱面。

图 2-1-3 立式车床

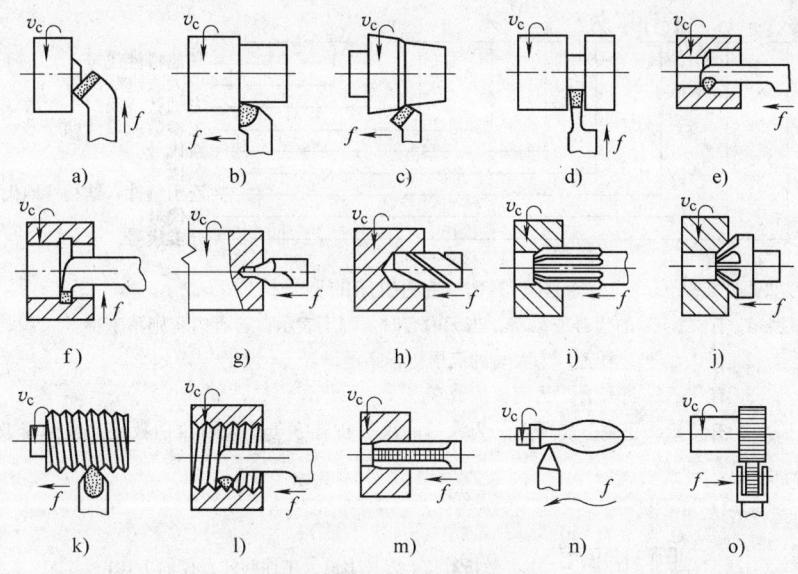

图 2-1-4 车床加工的范围

a）车端面 b）车外圆 c）车锥度 d）切外沟槽 e）车孔 f）切内沟槽

g）钻中心孔 h）钻孔 i）铰孔 j）镗孔 k）车外螺纹 l）车内螺纹

m）攻螺纹 n）车圆弧 o）滚花

四、车床型号、表示方法及含义

1. 车床型号

机床型号是机床产品的代号，用以简明地表示机床的类别、结构特性等。我国目前实行的机床型号是根据 GB/T 15375—2008《金属切削机床型号编制方法》编制而成。机床型号由基本部分和辅助部分组成，中间用"/"隔开，读作"之"。前者须统一管理，后者纳入型号与否由企业自定。通用机床的型号构成如图 2-1-5 所示。

CA6140 型卧式车床型号的表示方法如图 2-1-6 所示。

2. 类别代号

机床按其工作原理划分为车床、钻床、镗床、磨床、齿轮加工机床、螺纹加工机床、铣床、刨插床、拉床、锯床和其他机床共 11 类。机床的类代号用大写的汉语拼音字母表示。必要时，每类可分为若干分类。分类代号在类代号之前，作为型号的首位，并用阿拉伯数字表示，第一分类代号前的"1"省略，第"2""3"分类代号则应予以表示。

对于具有两类特性的机床编制时，主要特性应放在后面，次要特性应放在前面。例如镗铣床是以镗为主、铣为辅。机床类别代号见表 2-1-1。

15

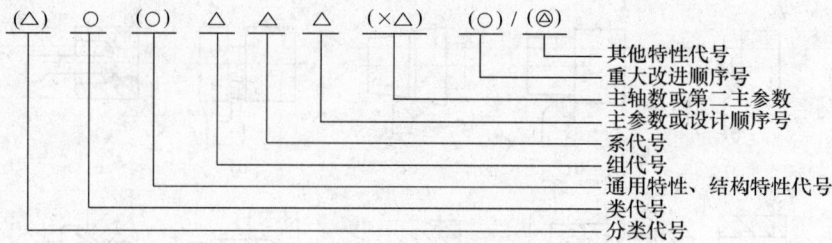

图 2-1-5　通用机床的型号构成

注：1. 有"（ ）"的代号或数字，当无内容时，则不表示；若有内容则不带括号。

　　2. 有"○"符号者，为大写的汉语拼音字母。

　　3. 有"△"符号者，为阿拉伯数字。

　　4. 有"○△重叠"符号者，为大写的汉语拼音字母，或阿拉伯数字，或两者兼有之。

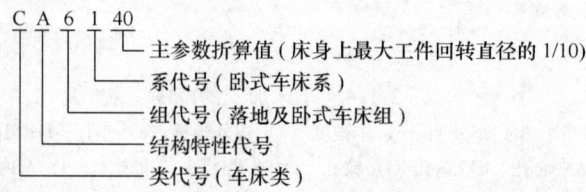

图 2-1-6　CA6140 型卧式车床型号的表示方法

表 2-1-1　机床类别代号

类别	车床	钻床	镗床	磨　　床			齿轮加工机床	螺纹加工机床	铣床	刨插床	拉床	锯床	其他机床
代号	C	Z	T	M	2M	3M	Y	S	X	B	L	G	Q
读音	车	钻	镗	磨	二磨	三磨	牙	丝	铣	刨	拉	割	其

3. 通用特性代号

机床的特性代号包括通用特性代号和结构特性代号，均用大写的汉语拼音字母表示，位于类代号之后。通用特性代号有统一的固定含义，它在各类机床的型号中，表示的意义相同。当某类型机床除有普通型外，还有下列某种通用特性时，则在类代号之后加通用特性代号予以区分。通用特性代号见表 2-1-2。

4. 结构特性代号

对主参数值相同而结构、性能不同的机床，在型号中加入结构特性代号予以区别。但是结构特性代号与通用特性代号不同，它在型号中没有统一的含义，只在同类机床中起到区分机床结构、性能不同的作用。如 CA6140 和 C6140 是结构有

表 2-1-2 通用特性代号

通用特性	高精度	精密	自动	半自动	数控	加工中心（自动换刀）	仿形	轻型	加重型	柔性加工单元	数显	高速
代号	G	M	Z	B	K	H	F	Q	C	R	X	S
读音	高	密	自	半	控	换	仿	轻	重	柔	显	速

区别而主参数相同的卧式车床。当机床有通用特性代号，也有结构特性代号时，结构特性代号应排在通用特性代号之后。此外，结构特性代号字母是根据各类机床的情况分别规定的，在不同型号中的含义可以不同。结构特性代号用汉语拼音字母表示，通用特性代号已用的字母及字母"I""O"不可作为结构特性代号使用，当单字母不够用时，可以将两个字母组合起来使用，如 AD、AE 或 DA、EA 等。

5. 车床的组、系的划分原则及其代号

车床的组、系的划分原则是在同一类机床中，主要布局或使用范围基本相同的机床，即为同一个组，在同一组机床中，其主要参数相同，主要结构及布局形式相同的机床即为同一个系。每一类机床分为若干组，每组又分为若干类型（即系）。用两位阿拉伯数字作为组和系的代号，组代号位于通用特性代号、结构特性代号之后，系代号则位于组代号之后，第一位数字表示组别，第二位数字表示系别。车床的组、系划分见表 2-1-3。

表 2-1-3 车床的组、系划分

车床组类、系及主要参数					
组		系			主要参数
代号	名 称	代号	名 称	折算系数	名 称
0	仪表车床	0	仪表台式精整车床	1/10	床身上最大回转直径
		1			
		2	小型排刀车床	1	最大棒料直径
		3	仪表转塔车床	1	最大棒料直径
		4	仪表卡盘车床	1/10	床身上最大回转直径
		5	仪表精整车床	1/10	床身上最大回转直径
		6	仪表卧式车床	1/10	床身上最大回转直径
		7	仪表棒料车床	1	最大棒料直径
		8	仪表轴车床	1/10	床身上最大回转直径
		9	仪表卡盘精整车床	1/10	床身上最大回转直径

（续）

车床组类、系及主要参数					
组		系			主要参数
代号	名　　称	代号	名　　称	折算系数	名　　称
1	单轴自动车床	0	主轴箱固定型自动车床	1	最大棒料直径
		1	单轴纵切自动车床	1	最大棒料直径
		2	单轴横切自动车床	1	最大棒料直径
		3	单轴转塔自动车床	1	最大棒料直径
		4	单轴卡盘自动车床	1/10	床身上最大车削直径
		5			
		6	正面操作自动车床	1	最大棒料直径
		7			
		8			
		9			
2	多轴自动及半自动车床	0	多轴平行作业棒料自动车床	1	最大棒料直径
		1	多轴棒料自动车床	1	最大棒料直径
		2	多轴卡盘自动车床	1/10	卡盘直径
		3			
		4	多轴可调棒料自动车床	1	最大棒料直径
		5	多轴可调卡盘自动车床	1/10	卡盘直径
		6	立式多轴半自动车床	1/10	最大棒料直径
		7	立式多轴平行作业半自动车床	1/10	最大棒料直径
		8			
		9			
3	回轮及转塔车床	0	回轮车床	1	最大棒料直径
		1	床鞍转塔车床	1/10	卡盘直径
		2	棒料滑枕转塔车床	1	最大棒料直径
		3	滑枕转塔车床	1/10	卡盘直径
		4	组合式转塔车床	1/10	最大棒料直径
		5	横移转塔车床	1/10	最大棒料直径
		6	立式双轴转塔车床	1/10	最大棒料直径
		7	立式转塔车床	1/10	最大棒料直径
		8	立式卡盘车床	1/10	卡盘直径
		9			

（续）

车床组类、系及主要参数					
组		系			主要参数
代号	名 称	代号	名 称	折算系数	名 称
4	曲轴及凸轮轴车床	0	旋风切削曲轴车床	1/100	轴盘内孔直径
		1	曲轴车床	1/10	最大工件回转直径
		2	曲轴主轴颈车床	1/10	最大工件回转直径
		3	曲轴连杆轴颈车床	1/10	最大工件回转直径
		4			
		5	多刀凸轮轴车床	1/10	最大工件回转直径
		6	凸轮轴车床	1/10	最大工件回转直径
		7	凸轮轴中轴颈车床	1/10	最大工件回转直径
		8	凸轮轴端轴颈车床	1/10	最大工件回转直径
		9	凸轮轴凸轮车床	1/10	最大工件回转直径
5	立式车床	1	单柱立式车床	1/100	最大车削直径
		2	双柱立式车床	1/100	最大车削直径
		3	单柱移动立式车床	1/100	最大车削直径
		4	双柱移动立式车床	1/100	最大车削直径
		5	工作台移动单柱立式车床	1/100	最大车削直径
		6			
		7	定梁单柱立式车床	1/100	最大车削直径
		8	定梁双柱立式车床	1/100	最大车削直径
		9			
6	落地及卧式车床	0	落地车床	1/100	最大工件回转直径
		1	卧式车床	1/10	床身上最大回转直径
		2	马鞍车床	1/10	床身上最大回转直径
		3	轴车床	1/10	床身上最大回转直径
		4	卡盘车床	1/10	床身上最大回转直径
		5	球面车床	1/10	床身上最大回转直径
		6			
		7			
		8			
		9			

（续）

车床组类、系及主要参数

组		系			主要参数
代号	名称	代号	名称	折算系数	名称
7	仿形及多刀车床	0	转塔仿型车床	1/10	刀架上最大车削直径
		1	仿型车床	1/10	刀架上最大车削直径
		2	卡盘仿型车床	1/10	刀架上最大车削直径
		3	立式仿型车床	1/10	最大车削直径
		4	转塔仿型多刀车床	1/10	刀架上最大车削直径
		5	多刀车床	1/10	刀架上最大车削直径
		6	卡盘多刀车床	1/10	刀架上最大车削直径
		7	立式多刀车床	1/10	刀架上最大车削直径
		8	异形仿型车床	1/10	刀架上最大车削直径
		9			
8	轮、轴、辊、锭及铲齿车床	0	车轮车床	1/100	最大工件直径
		1	车轴车床	1/10	最大工件直径
		2	动轮曲拐销车床	1/100	最大工件直径
		3	轴颈车床	1/100	最大工件直径
		4	轴辊车床	1/10	最大工件直径
		5	钢锭车床	1/10	最大工件直径
		6			
		7	立式车轮车床	1/100	最大工件直径
		8			
		9	铲齿车床	1/10	最大工件直径
9	其他车床	0	落地镗车床	1/10	最大工件回转直径
		1			
		2	半自动车床	1/10	刀架上最大车削直径
		3	气缸套镗车床	1/10	床身上最大回转直径
		5	活塞车床	1/10	最大车削直径
		6	轴承车床	1/10	最大车削直径
		7	活塞环车床	1/10	最大车削直径
		8	钢锭模车床	1/10	最大车削直径
		9			

6. 主要参数代号

主要参数代号反映机床的主要技术规格，表示机床规格和加工能力的主要参数，使用阿拉伯数字表示，用两位十进制数并以折算值表示，若折算值大于"1"时，选取整数，前面不加"0"；若折算制小于1时，则取小数点后第一位数，并在前面加"0"。如车床的主参数是工件的最大回转直径，其数除"10"，即为主参数值。有时候，型号中除主参数外还需表明第二主参数（亦用折算值），以"×"号分开。

7. 主轴数和第二主参数的表达方法

主轴数的表示，对于多轴车床其主轴数量应该以实际数值列入型号，置于主要参数后面，使用"×"分开，读作"乘"，单轴可以省略，不予表示。第二主要参数表示，一般情况下不予表示，如果需要在型号中表示，应该按照手续审批，在型号后面表示第二主要参数，一般以折算成两位数为宜，最多不超过三位。

8. 机床重大改进的序号

机床重大改进的序号是性能和结构经过重大改进的机床在序号上的说明，应在原机床型号后面以英文字母A、B、C、D……表示是第几次改进的序号，例如Y7132A和Z3040A都表明是第一次重大改进，如CA6140A型是CA6140型车床经过第一次重大改进后的车床。此外，多轴机床的主轴数目，要以阿拉伯数字表示在型号后面，并用"·"分开，例如C2140·6是加工最大棒料直径为40mm的卧式六轴自动车床的型号表示方法。

五、经济加工精度

经济加工精度包括加工尺寸经济精度和加工表面形状、位置经济精度。制定加工工艺、选择加工方案和加工方法时，各种加工方法的经济加工精度是其主要依据之一。经济加工精度的含义：在正常的加工条件下（采用符合质量标准的设备、工艺装备和标准技术等级工人，不延长加工时间），该加工方法所能保证的车削经济加工精度见表2-1-4。

表 2-1-4　车削经济加工精度

外圆表面加工方案			
序号	加 工 方 案	经济公差等级（IT）	表面粗糙度值 $Ra/\mu m$	适 用 范 围
1	粗车	11 ~ 12	25 ~ 100	适用淬火钢以外的各种金属
2	粗车—半精车	9	6.3 ~ 12.5	
3	粗车—半精车—精车	7 ~ 8	1.6 ~ 3.2	
4	粗车—半精车—精车—抛光	7 ~ 8	0.05 ~ 0.4	
5	粗车—半精车—精车—金刚石车	6 ~ 7	0.05 ~ 0.8	主要用于要求比较高的有色金属

面加工方案			
序号	加 工 方 案	经济公差等级（IT）	表面粗糙度值 $Ra/\mu m$	适 用 范 围
1	粗车—半精车	9	6.3 ~ 12.5	端面
2	粗车—半精车—精车	7 ~ 8	1.6 ~ 3.2	

六、车床精度的概念

1. 几何精度的概念

几何精度包括形状精度、相互位置的几何精度及其相对运动的几何精度。在车床上加工的工件表面形状取决于刀具和工件之间的相对运动轨迹，而刀具与工件都是由车床的执行件直接带动的，因此，车床的几何精度是确保加工精度的基本条件，每种类型的车床都有它自己的几何精度要求。

2. 传动精度的概念

传动精度是指传动链内联系两端件之间的相互关系的准确性。例如：卧式车床车螺纹传动链，必须确保主轴每转动一周时，刀架能准确地移动到被加工螺纹的一个导程，否则将会造成工件的螺纹误差（相临螺距误差和一定长度内的螺距累积误差）。

3. 定位精度的概念

定位精度指车床运动部件从一个位置运动到预期的另一个位置时所要达到的实际位置的精度，实际位置与预期位置之间的误差称为定位误差。对于刀架等作周期转位运动的部件，其定位误差反映为角位移误差，与此对应，它的定位精度称为转位精度。若机床的运动部件从某一位置到另一位置作多次重复定位时，每次定位到达的实际位置之间的误差最大值，称为该运动部件的重复定位精度。机床的几何精度、传动精度和定位精度，一般是在没有切削载荷以及机床不运动或运动速度较低的情况下检测的，所以一般称为车床的静态精度。静态精度决定于机床上的主要零、部件，如主轴及其轴承、丝杠螺母、齿轮、床身、箱体等的制造精度以及它们的装配精度。

4. 车床工作精度的概念

静态精度只能在一定程度上反映车床的加工精度，因为车床在实际工作状态下，还有一系列因素会影响加工精度。例如零部件的弹性变形、热变形、机床的振动、机床运动部件以工作状态的速度运动时，其运动精度不同于低速检测的精度，所有这些都将引起车床静态精度的变化，影响工件的加工精度。车床在运动状态和切削力作用下的精度，即车床在工作状态下的精度，工作精度通过加工出来的试件精度来评定。

七、车床在生产中的适用情况

生产中，车削工件使用的主要设备是车床。车床按照其用途和结构的不同分为以下主要类型：卧式车床、数控卧式车床和车削中心；单轴自动车床、卧式多轴自动（半自动）车床；数控卧式多轴车床、立式多轴半自动车床、转塔车床和回轮车床；仿型车床、卡盘多刀车床；立式车床、数控立式车床和立式车削中心；曲轴车床和凸轮轴车床、铲齿车床；仪表车床；落地车床、马鞍车床、球面车床、活塞车床等。各种类型车床的适用范围见表2-1-5。

表2-1-5　各种类型车床的适用范围

类型			适用范围
通用	通用型		轴、盘类零件
	卡盘型		盘类零件
	排刀型		棒料
	双主轴型	并列主轴	盘类零件
		对置主轴	盘类零件
	棒料型		棒料
专用	中间驱动型		成批、大量生产，加工长轴或套筒件，如后桥
	曲轴车床		成批、大量生产，加工曲轴轴颈、连杆轴颈
	活塞车床		成批、大量生产，高速车削活塞

单轴自动车床适用类型

类型	控制方式	适用范围
单轴纵切自动车床	凸轮控制	大批、大量生产，加工轴、销类零件
	CNC控制	工艺验证及多品种中小批量生产
主轴箱固定型单轴自动车床	凸轮控制	大批大量生产，加工短粗型零件
单轴转塔自动车床	凸轮控制	加工形状复杂的小型回转零件
单轴横切自动车床	凸轮控制	大批、大量，加工尺寸较小、形状简单的轴、销类零件

卧式多轴自动（半自动）车床适用类型

类型	作业形式		适用范围
自动	平行作业		大批、大量生产，加工几何形状简单的轴、套类零件，机床可以进行简单的外圆、成形、切槽、倒角、切断加工
自动	顺序作业	非可调	大批、大量生产，加工几何形状较复杂的轴、套，机床可以进行内孔、外圆、内成形表面、外成形表面、内螺纹的加工
自动		非可调	外螺纹、内多边形表面、偏心轴、横向孔加工以及铣削等
		可调	中等批量以上生产，其他与非可调相同
半自动	顺序作业	非可调	中批以上、大批量生产，加工几何形状复杂的盘类及活塞零件，机床除了可完成顺序作业自动车床所能完成的加工外，还可完成多孔钻削及攻多孔螺纹等的加工配置机械手可实现单机自动，并可纳入自动线
		可调	

（续）

转塔车床和回轮车床适用类型

类　型		适　用　范　围
转塔车床	通用（床鞍型）	中小批量生产，加工盘、套类零件
	通用（滑板型）	中小批量生产，加工小型盘、套类零件
	半自动型	中小批量生产，加工盘类零件
	导轨体型	大中批量生产，加工盘、套类零件
	数控刀架型	中小批量生产，加工盘、套类零件
立式转塔车床	半自动型	中批量生产，加工盘、套类零件
	数控型	大中批量生产，加工盘、套类零件
	双轴半自动型	大中批量生产，加工盘、套类零件
	双轴数控型	大中批量生产，加工盘、套类零件
通用回轮车床		中小批量生产，加工形状复杂的零件

仿形车床适用类型

类　型		适　用　范　围
卧式仿型车床	顶尖式	
	基本型	大中批量生产，加工外形复杂的轴、套类零件
	多刀架型	大批大量生产，加工正、反面均有直角台肩的、外形复杂的轴类零件
	多轴型	大批大量生产，加工外形较复杂的轴、套类零件
	数控型	单件小批量生产，轴、套类工件仿形及螺纹加工，车柱面用点位式控制系统，车曲面、锥面用液压驱动控制系统
	卡盘式	
	基本型	大中批量生产，加工外形复杂的轴、套类零件
	正面操作型	大中批量生产，加工外形复杂的轴、环类零件
立式仿形车床		加工大型盘、套类零件

八、常见的车床

1. 卧式车床

卧式车床是能对轴、盘、环、套等多种类型工件进行多种工序加工的车床，常用于加工工件的端面、内外回转表面和各种内外螺纹，采用相应的刀具和附件还可进行钻孔、扩孔、攻螺纹和滚花等。适合单件小批量的生产加工。卧式车床是车床中应用最广泛的一种，约占车床类总数的65%，因其主轴以水平方式放置，故称为卧式车床。卧式车床主要有床头部分，包括主轴箱、卡盘，起到主轴变速、装夹工件，实现主运动的作用；交换齿轮箱部分，包括交换齿轮箱，起到把主轴动力传给进给箱的作用；进给箱部分，包括进给箱、丝杠、光杠，起到把动力传给光杠或丝杠，可实现自动进给或加工螺纹；溜板箱部分，包括溜板箱、溜板，通过光杠传动实现刀架的纵向进给运动、横向进给运动和快速移动，通过丝杠带动刀架作纵向车削螺纹运动；尾座部分包括套筒、底座、尾座，起到装夹麻花钻等工具的作用；床身部分包括导轨、床身，起到支承连接各部件的作用。卧式车床的基本结构见图2-1-7。

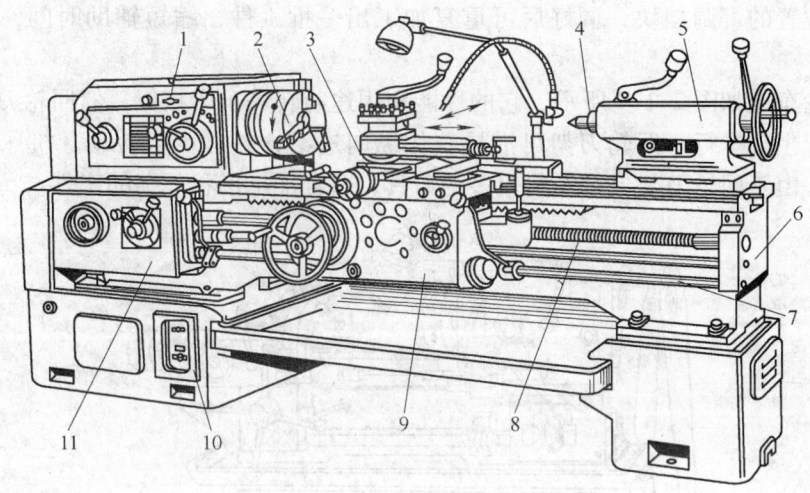

图2-1-7　卧式车床的基本结构
1—主轴箱　2—卡盘　3—刀架　4—后顶尖　5—尾座　6—床身
7—光杠　8—丝杠　9—溜板箱　10—底座　11—进给箱

2. 转塔、回轮车床

转塔车床是具有能装多把刀的转塔刀架的车床（见图2-1-8）。转塔刀架可以转位，过去大多呈六角形，故转塔车床旧称六角车床。转塔刀架的轴线大多垂直于机床主轴，可沿床身导轨作纵向进给。

图2-1-8　转塔车床

一般大、中型转塔车床是床鞍式的，转塔溜板直接在床身上移动。小型转塔车床常是滑板式的，在转塔溜板与床身之间还有一层滑板，转塔溜板只在滑板上作纵向移动，工作时滑板固定在床身上，只有当工件长度改变时才移动滑板的位置。机床另有前后刀架，可作纵、横向进给。在转塔刀架上能装多把刀具，各刀具都按加工顺序预先调好，切削一次后，刀架退回并转位，再用另一把刀进行切削，故能在工件的一次装夹中完成较复杂型面的加工。机床上具有控制各刀具行程终点位置的可调挡块，调好后可重复加工出一批工件，缩短辅助时间，生产率较高。

　　回轮车床如图 2-1-9 所示，它的性能和用途与转塔车床相似，但回轮刀架的轴线与机床主轴平行。回轮刀架可沿导轨作纵向进给，并可少量转动。机床没有前后刀架，由于回轮刀架上可安装较多的刀具，适合加工形状复杂的工件。

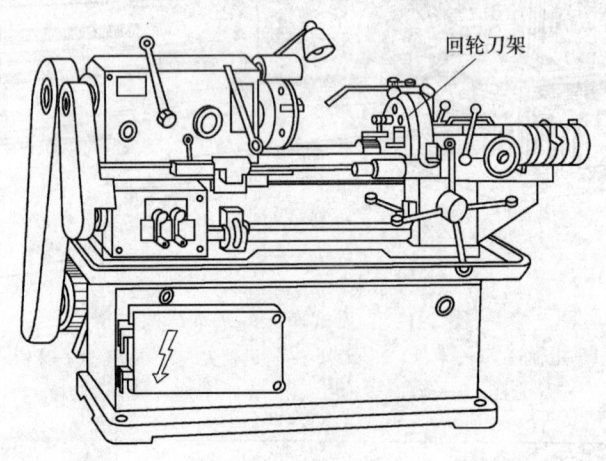

图 2-1-9　回轮车床

3. 立式车床

　　主轴轴线垂直于水平面、工件安装在水平回转工作台上的车床称为立式车床，简称立车。立车通常用来加工直径和质量比较大，或在卧式车床上难于安装的工件。立式车床有单柱式（见图 2-1-10）和双柱式（见图 2-1-11）两种。中小型立式车床多为单柱式。大型立式车床主要是双柱式。

　　工件装夹在立车的工作台上，并由工作台带动作旋转的主运动，由垂直刀架和侧刀架实现进给运动，两者都可沿相应的导轨作垂直方向和水平方向进给。这两种立车的垂直刀架通常都带有可安装几组刀具的转塔，这样就相当于立式的转塔车床。某些立车的立柱或工作台也可做成可移动的，以扩大加工直径范围。

　　立式车床主要用于加工径向尺寸大而轴向尺寸相对较小，形状复杂的大型和重型工件，如各种盘、轮、环和套类工件的端面、圆柱面、圆锥面、圆柱孔、圆锥孔等。借助附加装置能进行车螺纹、车球面、仿形、铣削和磨削等加工。一些大型的组合件、焊接件及带有复杂形状表面的工件也可在立车上加工。与卧式车

图 2-1-10　单立柱立车

图 2-1-11　双立柱立车

床相比，立式车床主轴轴线为垂直布局，工作台台面处于水平平面内，这种布局减轻了主轴及轴承的荷载，有利于立式车床较长时间保持工作精度，工件的装夹与找正比较方便。

4. 落地车床

落地车床（见图 2-1-12）的主轴箱直接安装在地基上，主要用于车削大型工件端面。又称花盘车床、端面车床、大头车床或地坑车床。它适用于车削直径为 800～4000mm 的直径大、长度短、质量较轻的盘形、环形工件或薄壁筒形等工件，如轮胎模具、大直径法兰管板、汽轮机配件等。适用于单件、小批量生产。

图 2-1-12　落地车床

5. 铲齿车床

铲齿车床（见图 2-1-13）适用于铲车或铲磨模数为 1～12mm 的齿轮滚刀和其他各种类型的齿轮刀具，以及需要铲削齿背的各种刀具。铲齿车床也可以用来加工各种螺纹和特殊形状的零件。铲齿车床的设计结构不但能保证精密的加工精度，同时还能保证获得较小的表面粗糙度值。

图 2-1-13　铲齿车床

6. 仿形车床

仿形车床是对工件进行仿形车削的车床。仿形车床是指能仿照样板或样件的形状尺寸，自动完成工件加工的车床，适用于形状较复杂的工件的小批和成批生产，生产率比卧式车床高 10～15 倍。有多刀架、多轴、卡盘式、立式等类型。仿形车床如图 2-1-14 所示。

7. 马鞍车床

马鞍车床在车头箱处的左端床身为下沉状，能够容纳直径大的零件。车床的外形为两头高，中间低，形似马鞍，所以称为马鞍车床。马鞍车床适合加工径向尺寸大，轴向尺寸小的零件，适于车削工件的外圆、内孔、端面、切槽和米制、英制、模数、径节螺纹，还可进行钻孔、镗孔、铰孔等工艺。马鞍车床在马鞍槽内可加工较大直径工件，如图 2-1-15 所示。

图 2-1-14　仿形车床

图 2-1-15　马鞍车床

8. 数控车床

数控车床是能按一定程序自动完成中小型工件的多工序加工，有些能自动上下料，重复加工一批同样的工件的车床，数控车床又称为 CNC 车床，即计算机数字控制车床。数控车床是集机械、电气、液压、气动、微电子和信息等多项技术为一体的机电一体化产品。具有高精度、高效率、高自动化和高柔性化等优点。数控车床可分为卧式和立式两大类。卧式车床又有水平导轨和倾斜导轨两种。档次较高的卧式数控车床一般都采用倾斜导轨。按刀架数量分类，又可分为单刀架数控车床和双刀架数控车床，前者是两坐标控制，后者是四坐标控制。双刀架卧式车床多数采用倾斜导轨。数控车床与卧式车床一样，也是用来加工零件旋转表面的。一般能够自动完成外圆柱面、圆锥面、球面以及螺纹的加工，还能加工一些复杂的回转面，如椭圆面、抛物面、双曲面等。车床和卧式车床的工件安装方式基本相同，为了提高加工效率，数控车床多采用液压、气动和电动卡盘。数控车床的外形与卧式车床相似，即由床身、主轴箱、刀架、进给系统、冷却和润滑系统等部分组成。数控车床的进给系统与卧式车床有质的区别，传统卧式车床有进给箱和交换齿轮架，而数控车床是直接用伺服电动机通过滚珠丝杠驱动溜板和刀架实现进给运动，因而进给系统的结构大为简化。数控车床由数控装置、床身、主轴箱、刀架进给系统、尾座、液压系统、冷却系统、润滑系统、排屑器等部分组成。数控车床有着柔性高、精度高、效率高、劳动强度低的特点，数控车床如图 2-1-16 所示。

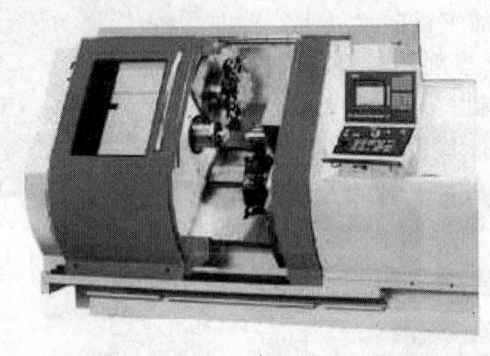

a)

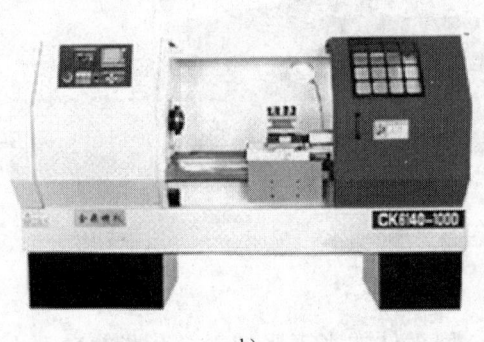

b)

c)

图 2-1-16　数控车床

a）倾斜导轨数控车床　b）水平导轨数控车床　c）数控立式车床

第二章

车床的主要机构及调整

一、主轴部件

主轴部件是车床的关键部件，工作时工件或夹具装夹在主轴上，并由其直接带动旋转作为主运动。因此主轴的旋转精度、刚度和抗振性对工件的加工精度和表面粗糙度有直接影响。图 2-2-1 所示是 CA6140 型车床主轴部件。

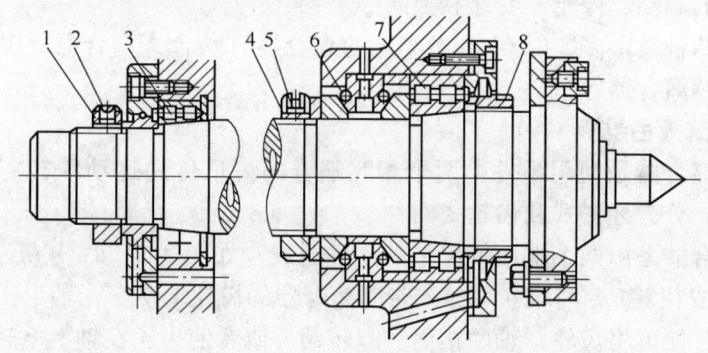

图 2-2-1　CA6140 型车床主轴部件

1、4、8—螺母　2、5—螺钉　3、7—双列短圆柱滚子轴承　6—双向推力角接触轴承

为了保证主轴具有较好的刚性和抗振性，采用前、中、后三个支撑。前支撑用一个双列短圆柱滚子轴承 7（NN3021K/P5）和一个 60°角双向推力角接触球轴承 6（51120/P5）的组合方式，承受切削过程中产生的背向力和左、右两个方向的进给力。

后支撑用一个双列短圆柱滚子轴承 3（NN3015K/P6）。主轴中部用一个单列短圆柱滚子轴承（NU216）作为辅助支撑（图中未画出），这种结构在重载荷工作条件下能保持良好的刚性和工作平稳性。

由于主轴前、后两支撑采用双列短圆柱滚子轴承，其内圈内锥孔与轴颈处锥面配合。当轴承磨损致使径向间隙增大时，可以较方便地通过调整主轴轴颈相对轴承内圈间的轴向位置，来调整轴承的径向间隙。中间轴承（NU216）只有当主轴轴承受较大力，轴在中间支撑处产生一定挠度时，才起支撑作用。因此，轴与轴承间需要有一定的间隙。

1. 前轴承的调整方法

用螺母4和8调整。调整时先拧松螺母和螺钉5，然后拧紧螺母4，使轴承7的内圈相对主轴锥形轴颈向右移动。由于锥面的作用，轴承内圈产生径向弹性膨胀，将滚子与内、外圈之间的间隙减小。调整合适后，应将锁紧螺钉和螺母拧紧。

2. 后轴承的调整方法

用螺母1调整。调整时先拧松锁紧螺钉2，然后拧紧螺母，其工作原理和前轴承相同，但必须注意采用"逐步逼紧"法，不能拧紧过头。调整合适后，应拧紧锁紧螺钉。一般情况下，只需调整前轴承即可，只有当调整前轴承后仍不能达到要求的回转精度时，才需调整后轴承。

二、离合器

离合器用来使同轴线的两轴或轴与轴上的空套传动件随时接合或脱开，以实现机床运动的起动、停止、变速和换向等。

离合器的种类很多，CA6140型车床的离合器有啮合式离合器、多片式摩擦式离合器和超越离合器等。

1. 啮合式离合器

啮合式离合器是利用零件上两个相互啮合的齿爪传递运动和转矩。根据结构形状的不同，分为牙嵌式和齿轮式两种。

牙嵌离合器是由两个端面带齿爪的零件组成，如图2-2-2a、b所示，离合器2用导向键（或花键）3与轴4联接。带有离合器的齿轮1空套在轴上，通过齿爪的啮合或脱开，便可将齿轮与轴联接而一起转动，或者使齿轮在轴上空转。

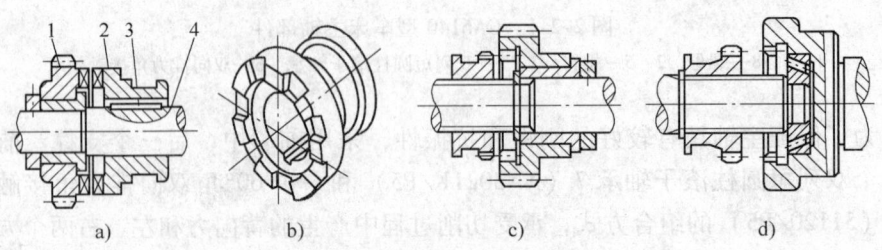

图2-2-2　啮合式离合器

a)、b) 牙嵌式　c)、d) 齿轮式

1—齿轮　2—离合器　3—导向键　4—轴

齿轮式离合器由具有直齿圆柱齿轮形状的两个零件组成，其中一个为外齿轮，另一个为内齿轮（见图2-2-2c、d），两个齿数、模数完全相同。当它们相互啮合时，便可将空套齿轮与轴（见图2-2-2c）或同轴线的两轴（见图2-2-2d）联接而一起旋转。它们相互脱开时，运动联系脱开。

啮合式离合器结构简单、紧凑，结合后不会产生相对滑动，传动比准确，但在转动中接合会发生冲击，所以只能在很低转速或停转时接合，操作不太方便。

2. 多片式摩擦离合器

CA6140型车床主轴箱中的开停和换向装置，采用机械双向多片式摩擦离合器，如图2-2-3a所示。它由结构相同的左、右两部分组成，左离合器传动主轴正转，右离合器传动主轴反转。现以左离合器为例说明其结构、原理（见图2-2-3b）。

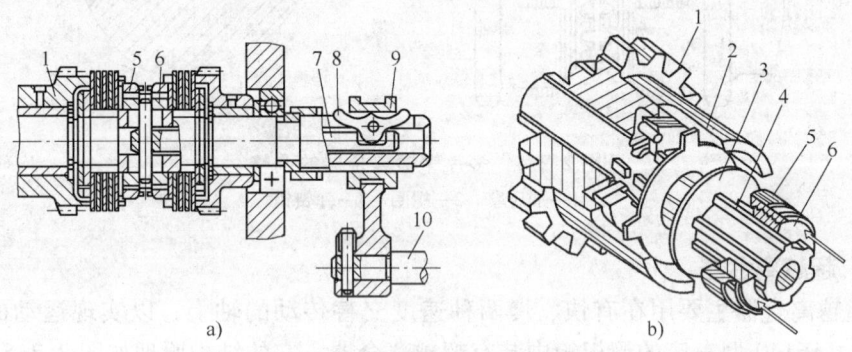

图 2-2-3　多片式摩擦离合器

a）结构图　b）原理图

1—齿轮　2—外摩擦片　3—内摩擦片　4—轴　5—加压套　6—螺圈
7—杆　8—摆杆　9—滑环　10—操纵装置

该离合器由若干形状不同的内、外摩擦片交叠组成。利用摩擦片在相互压紧时的接触面之间所产生的摩擦力传递运动和转矩。带花键孔的内摩擦片3与轴4上的花键相联接；外摩擦片2的内孔是光滑圆孔，空套在轴的花键外圆上。该摩擦片外圆上有四个凸齿，卡在空套齿轮1右端套筒部分的缺口内。其内、外摩擦片相间排列，在未被压紧时，它们互不联系，主轴停转。当操纵装置10（见图2-2-3a）将滑环9向右移动时，杆7（在花键轴的孔内）上的摆杆8绕支点摆动，其下端就拨动杆向左移动。杆左端有一固定销，使螺圈6及加压套5向左压紧左边的一组摩擦片，通过摩擦片间的摩擦力，将转矩由轴传给空套齿轮，使主轴正转。同理，当操纵装置将滑环向左移动时，压紧右边的一组摩擦片，使主轴反转。当滑环在中间位置时，左、右两组摩擦片都处在放松状态，轴4的运动不能传给齿轮，主轴即停止转动。

片式摩擦离合器的间隙要适当，不能过大或过小。若间隙过大会减小摩擦力，影响车床功率的正常传递，并易使摩擦片磨损；间隙过小，在高速车削时，会因发热而"闷车"，从而损坏机床。其间隙的调整如图2-2-3b及图2-2-4所示。调整时，先切断车床电源，打开主轴箱盖，用旋具把弹簧销3从加压套1的缺口中压下，然后转动加压套，使其相对于螺圈2作少量轴向移动，即可改变摩擦片间的间隙，从而调整摩擦片间的压紧力和所传递转矩的大小。等间隙调整合适后，再让弹簧销从加压套的任一缺口中弹出，以防止加压套在旋转中松脱。

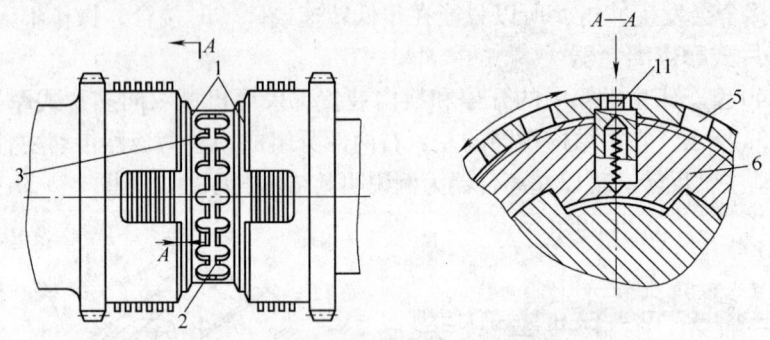

图 2-2-4　多片摩擦离合器的调整
1—加压套　2—螺圈　3—弹簧销

3. 超越离合器

超越离合器主要用在有快、慢两种速度交替传动的轴上，以实现运动的自动转换。CA6140型车床的溜板箱中装有超越离合器，它的结构原理如图2-2-5所示。它由星形体4、三个滚柱3、三个弹簧销7以及齿轮2右端的套筒 m 组成。齿轮2空套在轴Ⅱ上，星形体4用键与轴Ⅱ联接。

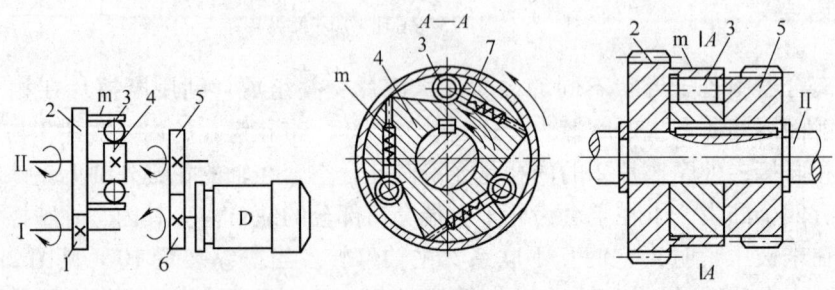

图 2-2-5　超越离合器
1、2、5、6—齿轮副　3—滚柱　4—星形体　7—弹簧销
m—套筒　D—快速电动机

当慢速运动由轴Ⅰ经齿轮副1、2传来，套筒 m 逆时针转动，依靠摩擦力带动滚柱3向楔缝小的地方运动，并楔紧在星形体4和套筒 m 之间，从而使星形体和轴Ⅱ一起转动。

若此时起动快速电动机M，快速运动经齿轮副6和5传给轴Ⅱ，带动星形体逆时针转动。由于星形体的转速超越齿轮套筒的转速好多倍，使得滚柱压缩弹簧退出了楔缝，于是套筒与星形体之间的运动联系便自动断开。快速电动机一旦停止转动，超越离合器又自动接合，仍然由齿轮套筒带动星形体实现慢速转动。

三、制动装置

制动装置的功用是在车床停车的过程中，克服主轴箱内各运动件的旋转惯性，使主轴迅速停止转动，以缩短辅助时间。图 2-2-6 所示是安装在 CA6140 型车床主轴箱Ⅳ轴上的闸带式制动器，它由制动轮 8、制动带 7 和杠杆 4 组成。制动轮是一钢制圆盘，与轴Ⅳ用花键联接。制动带为一钢带，其内侧固定着一层钢丝石棉，以增加摩擦面的摩擦因数。制动带绕在制动轮上，它的一端通过调节螺钉 5 与主轴箱 1 联接，另一端固定在杠杆的上端。杠杆可绕轴 3 摆动。制动器通过齿条 2（即图 2-2-3 中的操纵装置 10）与片式摩擦离合器联动，当它的下端与齿条上的圆弧形凹部 a 或 c 接触时，主轴处于转动状态，制动带放松；若移动齿条轴，使其上凸起部分 b 与杠杆下端接触时，

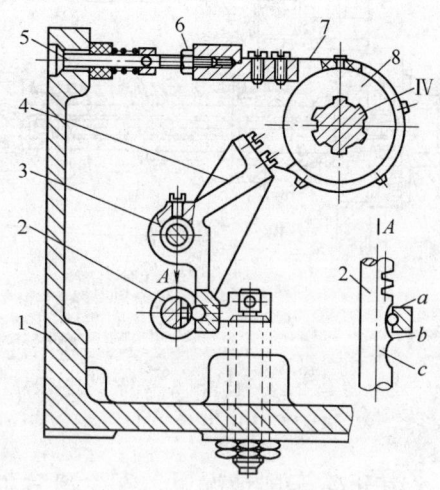

图 2-2-6　闸带式制动器

1—主轴箱　2—齿条　3—轴　4—杠杆
5—螺钉　6—螺母　7—制动带　8—制动轮

杠杆绕轴 3 逆时针摆动，使制动带抱紧制动轮，产生摩擦制动力矩，轴Ⅳ和主轴便迅速停止转动。

制动装置制动带的松紧程度可以这样来调整：打开主轴箱盖，松开螺母 6，然后在主轴箱的背后调整螺钉 5，使制动带松紧程度调得合适，其标准应以停车时主轴在 2~3 转时能迅速停止，而在开车时制动带能完全松开。调整好后，再拧紧螺母，并盖上主轴箱盖。

四、进给过载保护机构

进给过载保护机构的作用是在机动进给过程中，当进给抗力过大或因偶然事故使刀架受到阻碍时，能自动断开机动传动路线，使刀架停止进给，避免传动件损坏。

1. 结构原理

CA6140 型车床的进给过载保护机构又称安全离合器，安装在溜板箱中，其结构如图 2-2-7 所示，其中的 M_7 为安全离合器。它由端面带螺旋形齿爪的左、右两半部分 14 和 13 组成。其左半部分用键装在超越离合器 M_6 的星轮 3 上，并与轴 XX 空套；右半部分与轴 XX 用花键联接。

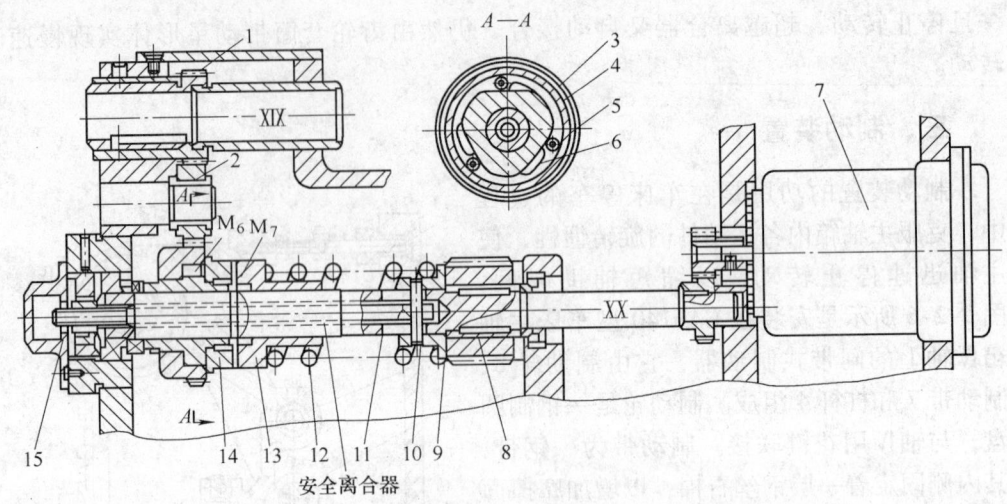

图 2-2-7　进给过载保护机构（超越离合器）

1、2、4—齿轮　3—星轮　5—滚柱　6、12—弹簧　7—快速进给电动机　8—蜗杆

9—弹簧座　10—横销　11—拉杆　13—离合器右半部分　14—离合器左半部分　15—螺母

在正常车削情况下，安全离合器左、右两半齿条在弹簧 3 的压力作用下互相啮合（见图 2-2-8a），将从光杠传来的运动传递给蜗杆 8（见图 2-2-7）；当过载时，作用在离合器上的轴向分力超过了弹簧 3 的压力，使离合器右半部分 2 被推向右边（见图 2-2-8b），离合器左半部分 1 虽然在光杠带动下正常旋转，而右半部分却不能被带动，于是两端面齿爪之间打滑，（见图 2-2-8c），断开了 XX 轴与刀架之间的运动联系，从而保护机构不被损坏。若过载故障排除后，在弹簧 3 的压力作用下，安全离合器又恢复图 2-2-8a 所示正常工作状态。

2. 调整方法

机床许可的最大进给抗力决定了弹簧 12（见图 2-2-7）调定的压力。调整时，将溜板箱左边的箱盖打开，利用螺母 15 通过拉杆 11 和横销 10 来调整弹簧座 9 的轴向位置，即可调整弹簧压力的大小。调整后，如遇过载时进给运动不能立即停止，应立即检查原因，调整弹簧压力至松紧程度适当，必要时调换弹簧。

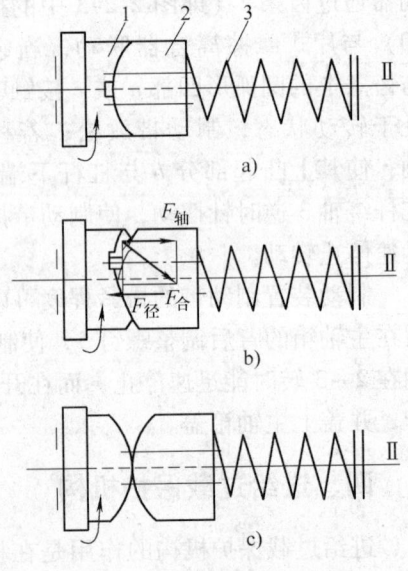

图 2-2-8　安全离合器

a）正常传动　b）过载时的离合器

c）传动断开

1—离合器左半部分　2—离合器右半部分

3—弹簧

五、变向机构

变向机构用来改变机床运动部件的运动方向，如主轴的旋转方向、床鞍和中滑板的进给方向等。CA6140 型车床的变向机构有以下几种。

1. 滑移齿轮变向机构

图 2-2-9a 所示是滑移齿轮变向机构。当滑移齿轮 z_2 在图示位置时，运动由 z_3 经中间轮 z_0 传至 z_2，轴 II 与轴 I 的转向相同；当 z_2 左移至虚线位置时，与轴 I 上的 z_1 直接啮合，轴 II 与轴 I 转向相反。如图 2-2-10 中主轴箱内的 XI、X、XI 轴上的齿 z_{33}、z_{25}、z_{33} 即组成滑移齿轮变向机构，以改变丝杠的旋转方向，实现车削左、右旋螺纹。

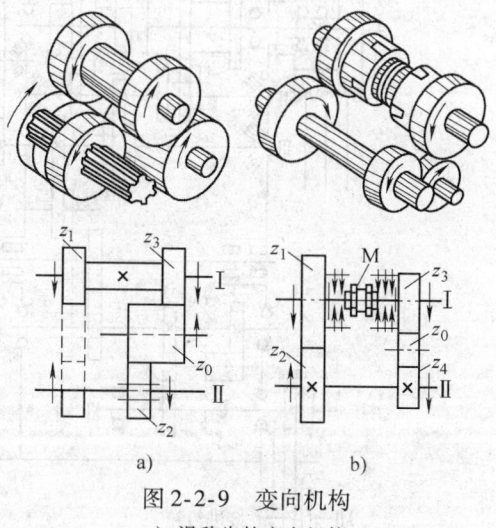

图 2-2-9　变向机构

a）滑移齿轮变向机构

b）圆柱齿轮和摩擦离合器组成的变向机构

2. 圆柱齿轮和摩擦离合器组成的变向机构

图 2-2-9b 所示是由圆柱齿轮和摩擦离合器组成的变向机构。当离合器 M 向左接合时，轴 II 与轴 I 转向相反；离合器 M 向右接合时，轴 II 与轴 I 转向相同，如主轴箱内 I、II、VII 轴上的 M_1 与 $z_{51} z_{43}$，$z_{34} z_{50} z_{30}$ 组成的变向机构（见图 2-2-10）。

六、操纵机构

车床操纵机构的作用是改变离合器和滑移齿轮的啮合位置，实现主运动和进给运动的起动、停止、变速和变向等动作。为使操纵方便，除了一些较简单的拨叉操纵外，常采用集中操纵方式，即用一个手柄操纵几个传动件（如滑移齿轮、离合器等），这样可减少手柄的数量，便于操作。

1. 主轴变速操纵机构

图 2-2-11 所示是 CA6140 型车床主轴变速操纵机构。主轴箱内有两组齿轮 A、B，双联齿轮 A 有左、右两个啮合位置；三联齿轮 B 有左、中、右三个啮合位置。两组滑移齿轮可由装在主轴箱前侧面上的手柄 6 操纵。手柄通过链传动使轴 5 转动，在轴上固定有盘形凸轮 4 和曲柄 2。凸轮上有一条封闭的曲线槽（见图 2-2-11 中 a~f 标出的六个位置），其中 a、b、c 位置凸轮曲线的半径较大，d、e、f 位置的半径较小，凸轮槽通过杠杆 3 操纵双联齿轮 A。当杠杆的滚子处于凸轮曲线的大半径处时，齿轮 A 在左端位置；若处于小半径处时，则被移到右端位置。曲柄上的圆销、滚子装在拨叉 1 的长槽中，当曲柄随着轴转动时，可拨动滑移齿轮 B，使

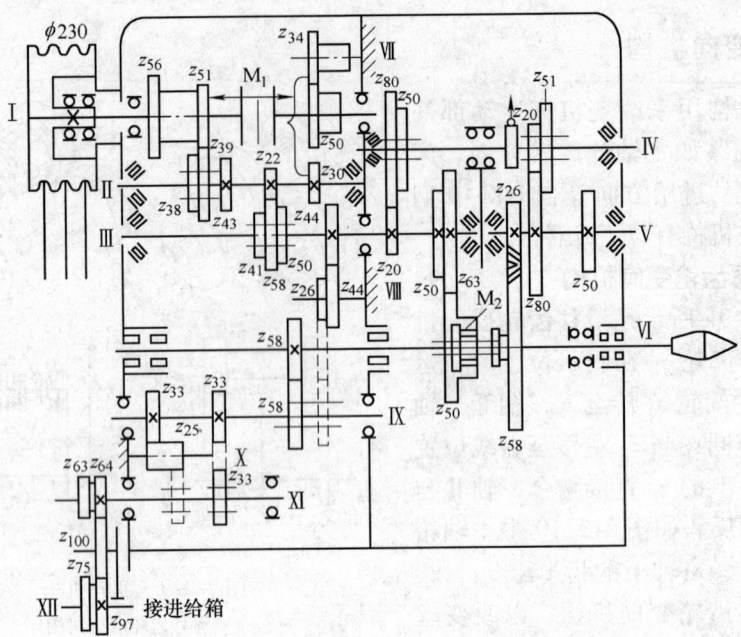

图 2-2-10　CA6140 型车床主轴箱传动系统

齿轮 B 处于左、中、右三个不同的位置。通过手柄的旋转和曲柄及杠杆的协同动作，就可使齿轮 A 和 B 的轴向位置实现六种不同的组合，得到六种不同的转速，所以又称为单手柄六速操纵机构。

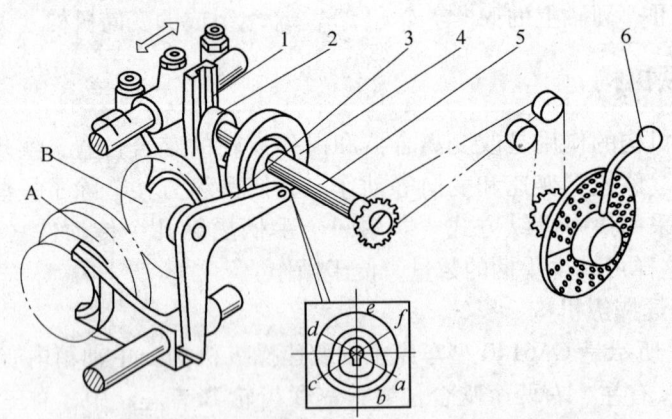

图 2-2-11　CA6140 型车床主轴变速操纵机构
1—拨叉　2—曲柄　3—杠杆　4—凸轮　5—轴　6—手柄

2. 纵、横向机动进给操纵机构

图 2-2-12 所示是 CA6140 型车床纵、横向进给操纵机构。它利用一个手柄集中操纵纵、横向机动进给运动的接通、断开和换向，且手柄扳动方向与刀架运动

方向一致,使用非常方便。向左或向右扳动手柄 1,使手柄座 3 绕销轴 2 摆动时(销轴装在轴向固定的轴 19 上),手柄座下端的开口槽通过球头销 4 拨动轴 5 轴向移动,再经杠杆 7 和连杆 8 使圆柱凸轮 9 转动,圆柱凸轮上的曲线槽又通过销钉 10 带动轴 11 及固定在它上面的拨叉 12 向前或向后移动,拨叉拨动离合器 M_8,使之与轴 ⅩⅫ 上两个空套齿轮之一啮合,于是纵向机动进给运动接通,刀架相应地向左或向右实现纵向进给。

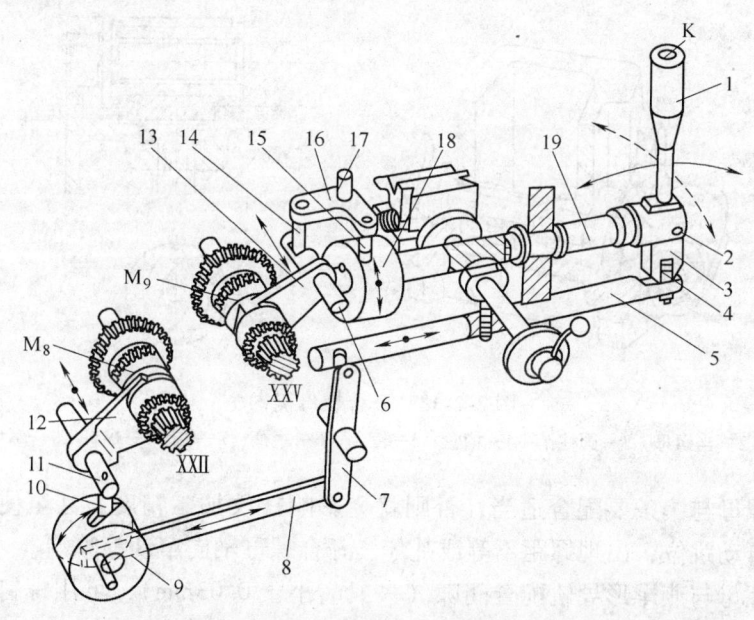

图 2-2-12　CA6140 型车床纵、横进给操纵机构
1—手柄　2、17—销轴　3—手柄座　4—球头销　5、6、11、19—轴　7、16—杠杆
8—连杆　9、18—凸轮　10、14、15—销钉　12、13—拨叉

若向前或向后扳动手柄,通过手柄座使轴 19 以及固定在它左端的圆柱凸轮 18 转动时,凸轮上的曲线槽通过销钉 15 使杠杆 16 绕销轴 17 摆动,再经杠杆上的另一销钉 14 带动轴 6 以及固定在其上的拨叉 13 向前或向后移动,拨叉拨动离合器 M_9,使之与轴 XXV 上两空套齿轮之一啮合,于是横向机动进给运动接通,刀架相应地向前或向后实现横向进给。

手柄扳至中间直立位置时,离合器 M_8 和 M_9 均处于中间位置,机动进给传动链断开。当手柄扳至左、右、前、后任一位置时,如按下装在手柄顶端的按钮 K,则快速电动机起动,刀架便在相应方向上快速移动。

七、开合螺母机构

开合螺母机构的功用是接通或断开从丝杠传来的运动。车削螺纹和蜗杆时,将开合螺母合上,丝杠通过开合螺母带动溜板箱及刀架运动。

开合螺母机构的结构如图 2-2-13 所示。上下两个半螺母 1、2，装在溜板箱体后壁的燕尾形导轨中，可上下移动。在上下半螺母的背面各装有一个圆柱销 3，其伸出端分别嵌在槽盘 4 的两条曲线槽中。向右扳动手柄 6，经轴 7 使槽盘逆时针转动时，曲线槽迫使两圆柱销互相靠近，带动上下半螺母合拢，与丝杠啮合，刀架便由丝杠螺母经溜板箱传动进给；槽盘顺时针转动时，曲线槽通过圆柱销使两个半螺母相互分离，两个半螺母与丝杠脱开啮合，刀架便停止进给。

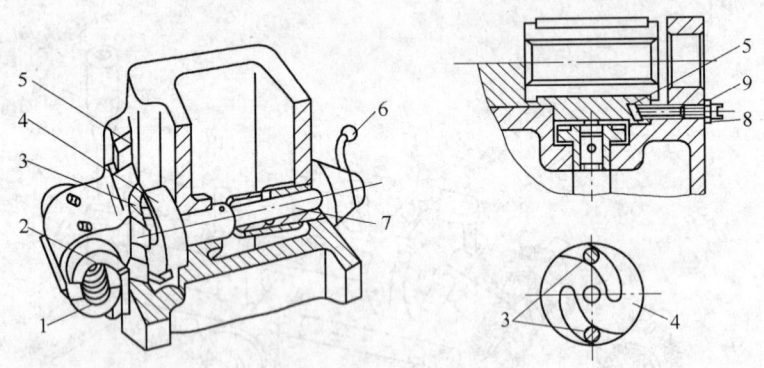

图 2-2-13　开合螺母机构

1、2—半螺母　3—圆柱销　4—槽盘　5—镶条　6—手柄　7—轴　8—螺钉　9—螺母

开合螺母与镶条要配合适当，否则就会影响螺纹加工精度，甚至使开合螺母操纵手柄自动跳位，出现螺距不等或乱牙、开合螺母轴向窜动等弊端。

开合螺母与燕尾形导轨配合间隙（一般应小于 0.03mm），可用螺钉 8 压紧或放松镶条 5 进行调整，调整后用螺母 9 锁紧。

八、互锁机构

车床工作时，如因操作错误同时将丝杠传动和纵、横向机动进给（或快速运动）接通，则将损坏车床。为了防止发生上述事故，溜板箱中设有互锁机构，以保证开合螺母合上时，机动进给不能接通；反之，机动进给接通时，开合螺母不能合上。

CA6140 型车床互锁机构的工作原理如图 2-2-14 所示（同时参阅图 2-2-12）。在开合螺母操纵手柄 1（图 2-2-13 中的轴 7）上装有凸肩 T，其外有固定套 3、球头销 4 以及装在纵向机动进给操纵轴 6 中的弹簧 5 等。图 2-2-14a 所示是机动进给和丝杠传动均未接通的情况。当合上开合螺母时，由于轴 2 转过了一个角度（见图 2-2-14b），其上的凸肩 T 嵌入横向机动进给操纵轴 1（即图 2-2-12 中的轴 19）的槽中，将轴 1 卡住，使之不能转动，无法接通横向机动进给。同时凸肩 T 又将固定套 3 横向孔中的球头销 4 往下压，使它的下端插入轴 6（即图 2-2-12 中的 5）的孔中，将轴锁住，使其无法接通横向机动进给。

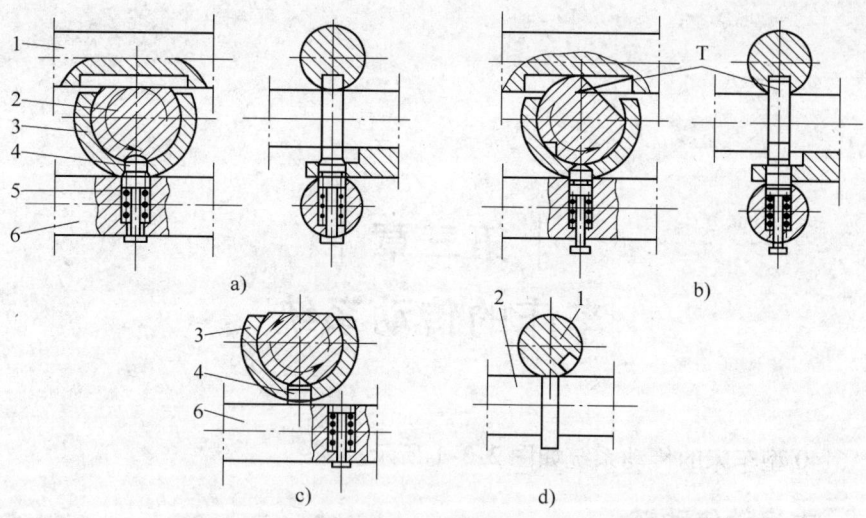

图 2-2-14　CA6140 型车床互锁机构的工作原理

1、2、6—轴　3—固定套　4—球头销　5—弹簧

当接通纵向机动进给时（见图 2-2-14c）所示，由于轴沿轴向移动了位置，其上的孔眼不再与球头销对准，球头销无法往下移动，开合螺母手柄轴就无法转动，开合螺母也就不能合拢。

当横向机动进给接通时（见图 2-2-14d），由于轴转动了一定的角度，其上的沟槽不再对准轴上的凸肩 T，使轴不能转动，于是开合螺母也就无法合上。

九、中滑板丝杠与螺母间隙的调整

中滑板丝杠的结构如图 2-2-15 所示，由前螺母 1 和后螺母 6 两部分组成，分别由螺钉 2、4 紧固在中滑板 5 的顶部，中间由楔块 8 隔开。因磨损使丝杠 7 与螺母牙侧之间的间隙过大时，可将前螺母上的紧固螺钉拧松，拧紧螺钉 3，将楔块向上拉，依靠斜楔作用使螺母向左推移，减小了丝杠与螺母牙侧之间的间隙。调整后，要求中滑板丝杠手柄摇动灵活，正反转时的空行程在1/20 转以内。调整好后，应将螺钉 2 拧紧。

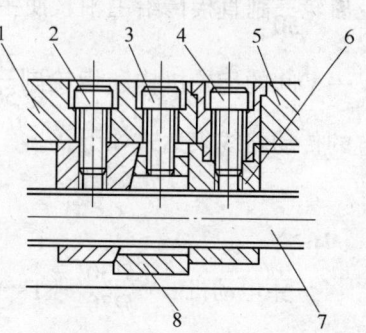

图 2-2-15　中滑板丝杠的结构

1—前螺母　2~4—螺钉　5—中滑板
6—后螺母　7—丝杠　8—楔块

第三章
车床的传动系统

CA6140 型车床的传动系统如图 2-3-1 所示。

一、主运动传动链

1. 传动路线

CA6140 型车床主轴箱传动系统如图 2-3-2 所示，运动由主电动机经 V 带输入主轴箱中的轴 I，轴 I 上装有一个双向多片式摩擦离合器 M_1，用以控制主轴的起动、停止和换向。离合器 M_1 向左接合时，主轴正转；向右接合时，主轴反转；左、右都不接合，主轴停转。轴 I 的运动经离合器 M_1 和轴 I —Ⅲ间变速齿轮传至轴Ⅳ，然后分两路传至主轴。当主轴Ⅵ上的齿轮式离合器 M_2 脱开时，运动由轴Ⅲ经齿轮$\frac{63}{50}$副直接传给主轴，使主轴得到高转速；当 M_2 处于接合时，运动由轴Ⅲ—Ⅳ—Ⅴ间的齿轮机构和齿轮副$\frac{26}{58}$传给主轴，使主轴获得中、低转速。主运动传动链的传动路线表达式如下：

主电动机 $-\frac{\phi130}{\phi230}-$ I $\left\{\begin{array}{l}\overleftarrow{M_1}\\(正转)\end{array}\left\{\begin{array}{l}\frac{51}{43}\\\frac{56}{38}\end{array}\right. \\ \overrightarrow{M_1}\\(反转)\end{array}\right.$ $\frac{50}{34}$ — Ⅶ — $\frac{34}{30}$ — Ⅱ $\left\{\begin{array}{l}\frac{22}{58}\\\frac{30}{50}\\\frac{39}{41}\end{array}\right.$ — Ⅲ

Ⅲ $\left\{\begin{array}{l}\frac{20}{80}\\\frac{50}{50}\end{array}\right.$ — Ⅳ $\left\{\begin{array}{l}\frac{20}{80}\\\frac{51}{50}\end{array}\right.$ — Ⅴ — $\frac{26}{58}$ — M_2 $\left.\begin{array}{l}\\\frac{63}{50}\end{array}\right\}$ — Ⅵ(主轴)

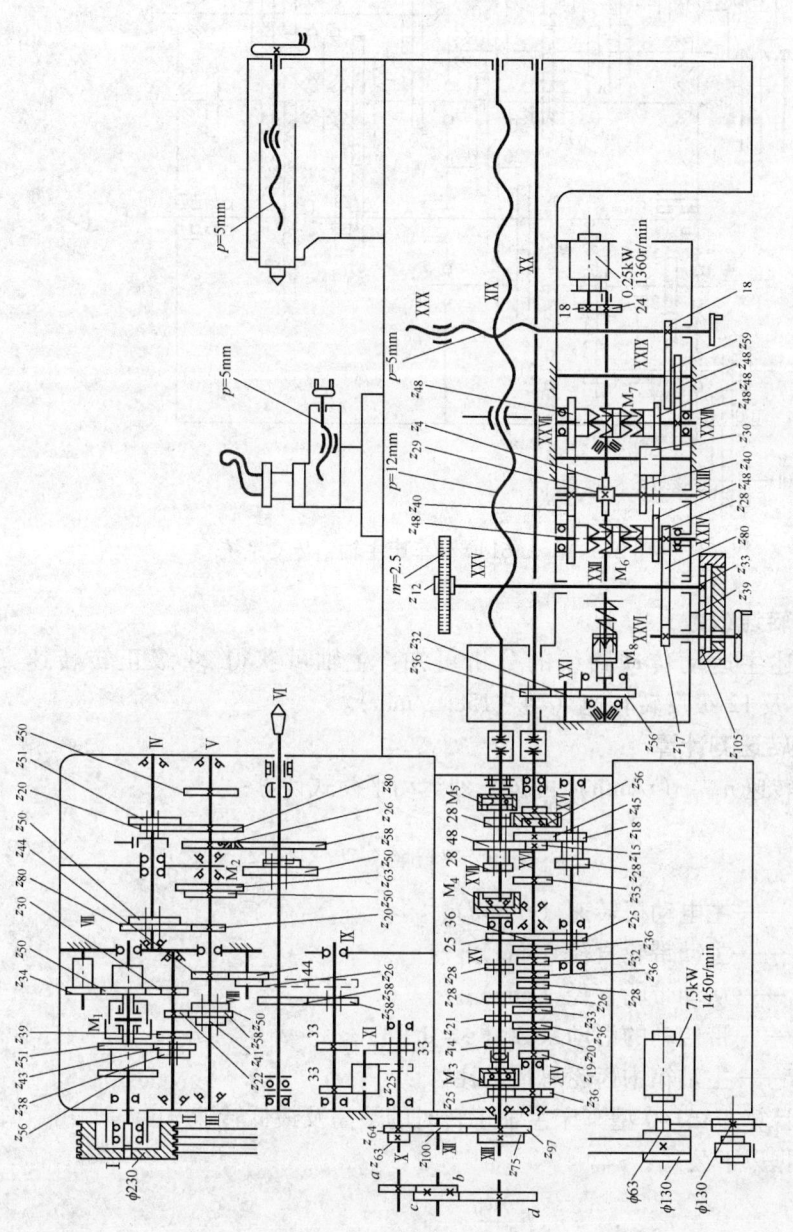

图 2-3-1 CA6140 型车床的传动系统

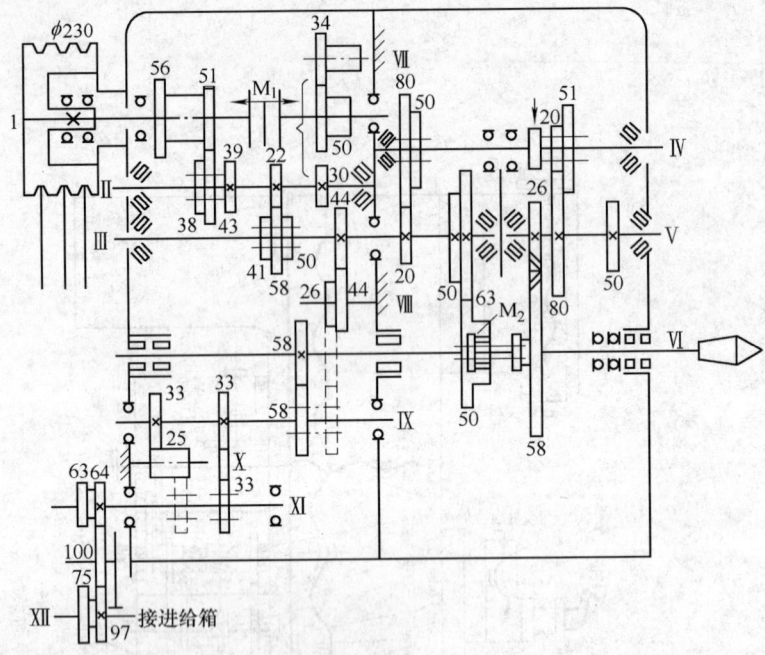

图 2-3-2   CA6140 型车床主轴箱传动系统

2. 主轴转速级数

根据上述主运动传动路线的分析可知：主轴可获得 24 级正转转速（10 ~ 1400r/min）及 12 级反转转速（14 ~ 1580r/min）。

3. 主轴转速的计算

主轴的转速 $n_{主轴}$（r/min）可按下列运动平衡式计算：

$$n_{主轴} = n_{电动机} \frac{d_1}{d_2} \varepsilon i \tag{2-3-1}$$

式中　$n_{电动机}$——主电动机转速（r/min）；

d_1——主动带轮直径（mm）；

d_2——从动带轮直径（mm）；

ε——带传动的滑动系数（$\varepsilon = 0.98$）；

i——主轴箱中齿轮总传动比。

例：试计算 CA6140 型车床主轴正转时的最高及最低转速。

解：根据以下公式：

$$n_{主轴最高} = n_{电动机} \frac{d_1}{d_2} \varepsilon i$$

$$= 1450 \times \frac{130}{230} \times 0.98 \times \frac{56}{38} \times \frac{39}{41} \times \frac{63}{50}$$

$$\approx 1400 \text{r/min}$$

$$n_{\text{主轴最低}} = n_{\text{电动机}} \frac{d_1}{d_2} \varepsilon i$$

$$= 1450 \times \frac{130}{230} \times 0.98 \times \frac{51}{43} \times \frac{22}{58} \times \frac{20}{80} \times \frac{20}{80} \times \frac{26}{58}$$

$$\approx 10\text{r/min}$$

主轴反转时，轴 Ⅰ—Ⅱ 间的传动比大于正转时的传动比，所以反转转速高于正转。主轴反转主要用于车螺纹时，在不断开主轴和刀架间传动联系的情况下，使刀架退至起始位置，采用较高转速，可节省辅助时间。

二、螺纹进给传动链

CA6140 型车床进给箱的传动系统如图 2-3-3 所示。

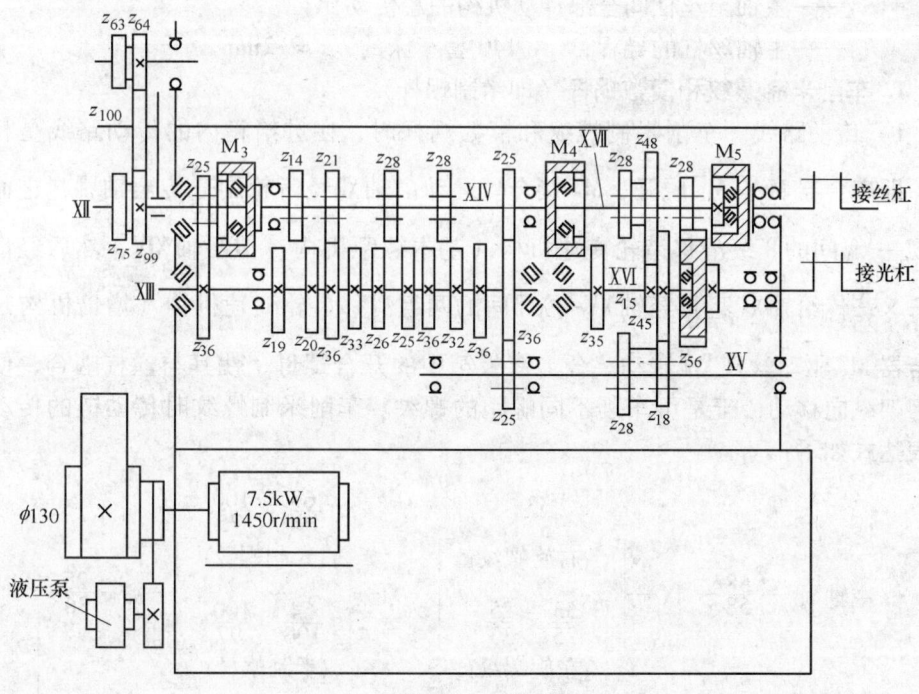

图 2-3-3　CA6140 型车床进给箱的传动系统

通过螺纹进给传动链可车削米制、寸制、模数和径节四种标准螺纹；此外，还可以车削大导程、非标准和较精密的螺纹，螺纹旋向可以是右旋的，也可以是左旋的。

在使用正常螺距和标准进给量范围内进行车削时，运动由主轴Ⅵ经传动比为 $\frac{58}{58}$ 的齿轮副传动轴Ⅸ（见图 2-3-2），然后经换向机构 $\frac{33}{33}$（车削右旋螺纹）或 $\frac{33}{25} \times$

$\dfrac{25}{33}$（车削左旋螺纹）传给交换齿轮箱上的轴 XI。车削螺纹时交换齿轮选 63/100/75；车削蜗杆时交换齿轮选 64/100/97。运动经交换齿轮变速后，传至进给箱内轴 XII。

车螺纹时，必须保证主轴每转一转，刀具准确地移动被加工螺纹一个导程的距离，而且它应该等于此时丝杠在转 $i \times 1$ 转内通过开合螺母带动刀具所移动的距离。据此，可列出螺纹进给传动链的运动平衡式：

$$L_{\text{工}} = 1 i L_{\text{丝}} \tag{2-3-2}$$

式中　$L_{\text{工}}$——被加工螺纹的导程（mm），$L_{\text{工}} = nP$；

　　　n——螺纹线数；

　　　P——螺纹的螺距（mm）；

　　　i——主轴至丝杠间全部传动机构的总传动比；

　　　$L_{\text{丝}}$——主轴丝杠的导程，CA6140 型车床的 $L_{\text{丝}} = 12\text{mm}$。

1. 车削米制螺纹和模数蜗杆（即米制蜗杆）

1）传动路线。车削米制螺纹和模数蜗杆时，在进给箱内的传动路线是相同的。即离合器 M_3、M_4 脱开，M_5 接合。运动由轴 XII 经齿轮副 $\dfrac{25}{36}$ 传至轴 VIII，进而由轴 VIII—XIV 间的 8 级滑移齿轮变速机构（基本螺距机构）传给轴 XIV，然后经齿轮副 $\dfrac{25}{36} \times \dfrac{36}{25}$ 传给轴 XV，再经轴 XV—XVII 间的两组滑移齿轮变速机构（增倍机构）和离合器 M_5 驱动丝杠 XVIII 转动。合上溜板箱中的开合螺母，使其与丝杠啮合，便带动刀架纵向移动，于是可车削不同螺距的螺纹。车削米制螺纹时传动链的传动路线表达式如下：

2）车削米制螺纹时传动链的运动平衡式：

$$L_{\text{工}} = nP = 1 i_{\text{米}} L_{\text{丝}} \tag{2-3-3}$$

式中　$L_{\text{工}}$——被加工螺纹的导程（mm）；

$i_米$——车米制螺纹时，主轴至丝杠全部传动机构的总传动比；

P——螺距；

$L_丝$——车床丝杠的导程（mm）。

例： 当进给箱中齿轮如图 2-3-3 所示啮合位置时，试计算所车米制螺纹（右旋）的导程。

解： 根据公式有：

$$L_工 = nP = 1i_米 L_丝$$

$$= 1 \times \frac{58}{58} \times \frac{33}{33} \times \frac{63}{100} \times \frac{100}{75} \times \frac{25}{36} \times \frac{36}{21} \times \frac{25}{36} \times \frac{36}{25} \times \frac{18}{45} \times \frac{15}{48} \times 12 \text{mm}$$

$$= 1.5 \text{mm}$$

3）车削米制蜗杆时传动链的运动平衡式：

$$\pi m_x n = 1 i_模 L_丝$$

即

$$m_x = \frac{1 i_模 L_丝}{\pi n} \tag{2-3-4}$$

式中　$i_模$——车模数螺纹时主轴至丝杠间全部传动机构的总传动比；

$\pi m_x n$——模数螺纹导程（mm）；

m_x——蜗杆轴向模数（mm）；

n——蜗杆头数；

$L_丝$——车床丝杠的导程（mm）。

例： 若进给箱中轴Ⅷ上的齿轮 z_{32} 与轴ⅩⅣ上的齿轮 z_{28} 啮合，轴ⅩⅤ上的双联滑移齿轮 z_{28} 与轴ⅩⅥ上的 z_{35} 齿轮啮合，同时 z_{35} 又与轴ⅩⅦ上双联滑移齿轮 z_{28} 啮合，试求出车削单线左旋米制蜗杆的模数。

解： 根据公式有：

$$m_x = \frac{1 i_模 L_丝}{\pi n}$$

$$= \frac{1 \times \frac{58}{58} \times \frac{33}{25} \times \frac{25}{33} \times \frac{64}{100} \times \frac{100}{97} \times \frac{25}{36} \times \frac{32}{28} \times \frac{25}{36} \times \frac{36}{25} \times \frac{28}{35} \times \frac{35}{28} \times 12}{\pi \times 1} \text{mm}$$

$$= 2 \text{mm}$$

2. 车削寸制螺纹和英制蜗杆

（1）传动路线　CA6140 型车床在进给箱内车削寸制螺纹和英制蜗杆的传动路线相同，即首先将离合器 M_4 脱开，并使 M_3 和 M_5 接合，于是轴Ⅻ的运动便可直接传给轴ⅩⅣ；与此同时，轴ⅩⅤ左端的滑移齿轮 z_{25} 向左移动，与轴Ⅷ上的 z_{36} 齿轮啮合（M_3 的结合与轴ⅩⅤ左端 z_{25} 齿轮的移动是由双动作操纵机构控制的），运动经基本螺距机构变速传给轴ⅩⅤ，再由轴ⅩⅤ经轴ⅩⅥ传给轴ⅩⅦ，从而带动丝杠转动。轴ⅩⅤ—ⅩⅦ间的传动与车米制螺纹相同（车英制蜗杆时应将交换齿轮换成 $\frac{64}{100} \times \frac{100}{97}$

即可）。

（2）车削寸制螺纹时传动链的运动平衡式：

$$n = \frac{25.4}{1 i_{英} L_{丝}}\qquad(2\text{-}3\text{-}5)$$

式中　n——被加工螺纹每英寸（25.4mm）内的牙数；

　　　$i_{英}$——车寸制螺纹时从主轴至丝杠间全部传动机构的总传动比；

　　　$L_{丝}$——车床丝杠的导程（mm）。

（3）车削英制蜗杆时传动链的运动平衡式：

$$DP = \frac{25.4 \times n\pi}{1 i_{英} L_{丝}}\qquad(2\text{-}3\text{-}6)$$

式中　DP——英制蜗杆的径节；

　　　n——英制蜗杆的线数；

　　　$i_{英}$——车英制蜗杆时主轴至丝杠间全部传动机构的总传动比；

　　　$L_{丝}$——车床丝杠的导程（mm）。

（4）车削精密螺纹和非标准螺纹的传动路线　当车削精密螺纹时，必须设法减少系统的传动误差，要求尽量缩短传动链，以提高加工螺纹的螺距精度。为此，车削时可将进给箱中的离合器 M_3、M_4、M_5 全部接合，使轴 XII、XIV、XVII 和丝杠连成一体，把运动直接从轴 XII 传至丝杠，车削工件螺纹的导程可通过在交换齿轮箱中选择精密或专用的交换齿轮以调整螺距而得到。

在车削非标准螺距螺纹时，由于在进给箱上的铭牌中查找不到相应的螺距，为此也可按车精密螺纹的方法，使轴 XII 与 XVII 轴直通。

车精密螺纹或非标准螺距螺纹的传动链结构为

$$主轴\ \text{VI} — \frac{58}{58} — \text{IX}
\begin{cases}
(右旋螺纹) \\[4pt]
\frac{33}{25} \times \frac{25}{33} \\[4pt]
(左旋螺纹)
\end{cases}
— \text{XI} —
\begin{array}{c}
\frac{z_1}{z_2} \times \frac{z_3}{z_4} \\[4pt]
(交换齿轮箱中 \\ 选定交换齿轮)
\end{array}$$

$$— \text{XII} — M_3 — \text{XIV} — M_4 — \text{XVII} — M_5 — \text{XVIII}(丝杠) — 刀架$$

由于车削精密螺纹或非标准螺距螺纹与车削普通标准螺纹一样，应该满足：当工件（主轴）转一圈，车刀必须移动一个工件导程，亦即车床丝杠移动的距离等于一个工件导程。而车刀每分钟移动的距离应等于工件转速与工件导程的乘积，当然也等于丝杠的转速与丝杠导程的乘积，即

$$n_{丝} L_{工} = n_{工} L_{丝}$$

有

$$\frac{n_{丝}}{n_{工}} = \frac{L_{工}}{L_{丝}}$$

式中　$n_丝$——车床丝杠的转速（r/min）；

　　　$n_工$——工件的转速（r/min）；

　　　$L_工$——工件的导程（mm）；

　　　$L_丝$——车床丝杠的导程，CA6140 型车床的 $L_丝 = 12$mm；

$\dfrac{n_丝}{n_工} = i$——速比，亦即交换齿轮箱中交换齿轮的传动比。

即

$$i = \frac{n_丝}{n_工} = \frac{z_1}{z_2} \times \frac{z_3}{z_4}$$

式中　z_1、z_2——主动齿轮；

　　　z_3、z_4——从动齿轮。

于是

$$\frac{L_工}{L_丝} = \frac{L_工}{12} = \frac{z_1}{z_2} \times \frac{z_3}{z_4} \qquad (2\text{-}3\text{-}7)$$

根据公式计算交换齿轮时，有时只需一对齿轮就可得到要求的 $i = \dfrac{z_1}{z_2} \times \dfrac{z_3}{z_4}$ 速比，即，$i = \dfrac{z_1}{z_2}$ 称为单式轮系（见图 2-3-4a）；有时需要两对齿轮才能得到要求的速比，即称之为复式轮系（见图 2-3-4b）。

为了适应车削各种螺距螺纹的需要，一般可配备下列齿数的交换齿轮：20、25、30、35、40、45、50、55、60、65、70、75、80、85、90、95、100、105、110、115、120、127。在应用公式时，必须使工件螺距与丝杠螺距的单位相同，才能代入公式进行运算，计算出来的交换齿轮必须符合啮合规则。

对于单式交换齿轮，一般要求 z_1 不能大于 80 齿。复式轮系则应同时满足以下两个规则：

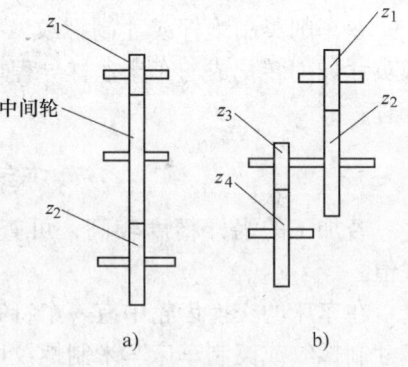

图 2-3-4　交换齿轮轮系
a）单式轮系　b）复式轮系

$$\begin{cases} z_1 + z_2 > z_3 + 15 \\ z_3 + z_4 > z_2 + 15 \end{cases}$$

若计算出的交换齿轮不符合啮合规则，可按如下三个原则进行调整：

1）主动轮与从动轮的齿数可以同时成倍地增大或缩小，如

$$\frac{z_1}{z_2} \times \frac{z_3}{z_4} = \frac{40}{60} \times \frac{36}{48} = \frac{50}{75} \times \frac{60}{80} = \frac{60}{90} \times \frac{75}{100} = \cdots$$

2）主动轮与主动轮或从动轮与从动轮可以互换位置，如

$$\frac{z_1}{z_2} \times \frac{z_3}{z_4} = \frac{40}{60} \times \frac{36}{48} = \frac{36}{60} \times \frac{40}{48} = \frac{40}{48} \times \frac{36}{60}$$

3）主动轮与主动轮或从动轮与从动轮的齿数可以互借倍数，如

$$\frac{z_1}{z_2} \times \frac{z_3}{z_4} = \frac{40}{60} \times \frac{36}{48} = \frac{40}{30} \times \frac{36}{96}$$

交换齿轮在装上交换齿轮轴架上，必须注意啮合间隙。其啮合间隙调整至 0.1~0.15mm，以能随手转动为合适，然后拧紧交换齿轮心轴端面的紧固螺钉。

例：在 CA6140 型车床上加工螺距为 1.5mm 的精密螺纹，试计算采用直联丝杠时的交换齿轮。

解：依题意知 $L_{工} = 1.5mm$，$L_{丝} = 12mm$，根据公式有：

$$i = \frac{L_{工}}{L_{丝}} = \frac{z_1 \times z_3}{z_2 \times z_4} = \frac{1.5}{12} = \frac{1.5 \times 4}{12 \times 4} = \frac{6}{48} = \frac{2 \times 3}{12 \times 4} = \frac{20 \times 45}{120 \times 60}$$

因为 $20 + 120 > 45 + 15$，$45 + 60 < 120 + 15$
所以   不符合搭配原则，若更换两从动齿轮，成为如下搭配形式；有 $20 + 60 > 45 + 15$，$45 + 120 > 60 + 15$，符合搭配原则。
所以 $z_1 = 20$、$z_2 = 60$、$z_3 = 45$、$z_4 = 120$

在车削英制蜗杆或寸制螺纹，要计算交换齿轮的齿数时，会遇上特殊因子 π 或英寸如何转化成与车床丝杠导程单位（mm）相同的问题。通常可采用下列方式处理：

$$\pi = \frac{22}{7} \text{或} 25.4 = \frac{127}{5}$$

若加工的蜗杆精度较高，可查有关的交换齿轮手册，取与 π 值更接近的替代值。

在车床的交换齿轮中有一个特制的 127 牙的齿轮，这个齿轮就是作为米制车床车寸制螺纹或英制车床车米制螺纹用的。

3. 车削扩大螺距螺纹的传动路线

在车床上有时车削螺距大于 12mm 的工件时，如需要加工大螺距的螺旋槽（油槽或多线螺纹等），就需使用扩大螺距传动路线。即要求工件（主轴）转一转，而刀架相应移动一个较大的距离。为此，必须提高丝杠的转速，同时降低主轴的转速。其具体方法是将轴Ⅸ右端的滑板齿轮 z_{58} 向右移（见图 2-3-2 中虚线位置），通过中间齿轮，使之与轴Ⅷ的齿轮 z_{26} 啮合。同时将主轴上的离合器 M_2 向右接合，使主轴Ⅵ处于低速状态，而且主轴与轴Ⅸ之间不再是通过齿轮 $\frac{58}{58}$ 副直接传动，而是经Ⅴ、Ⅳ、Ⅲ、Ⅷ轴之间的齿轮副传动。此时轴Ⅸ的转速比主轴转速高 4 倍和 16 倍，从而使车出的螺纹导程也相应地扩大 4 倍和 16 倍。自轴Ⅸ至丝杠之间的传动与正常螺距时相同。

使用扩大螺距时须注意，主轴箱中Ⅳ轴上的两组滑板齿轮的啮合位置，对加

工螺纹导程的扩大倍数有直接影响。当主轴转速在 10 ~ 32r/min 时，导程可以扩大 16 倍；主轴转速在 40 ~ 125r/min 时，可扩大 4 倍；若主轴转速更高时，导程就不能扩大了。所以在使用扩大螺距时，主轴转速只能在上述范围内变换。

三、溜板箱传动系统

CA6140 型车床溜板箱传动系统见图 2-3-5。

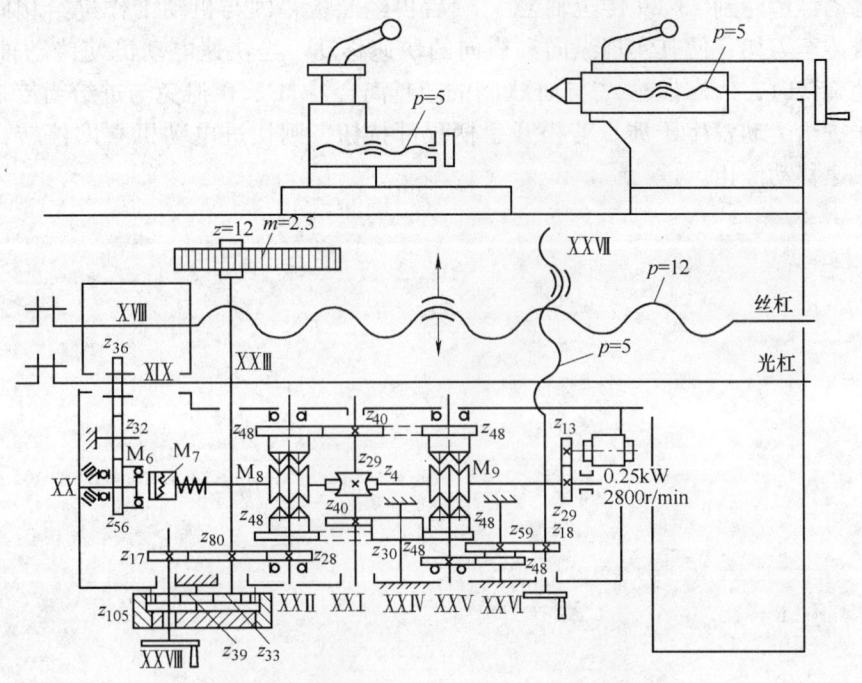

图 2-3-5　CA6140 型车床溜板箱传动系统

1. 机动进给传动路线

进给箱的运动经 XVII 轴右端 z_{28} 齿轮与 XVI 轴上 z_{56} 齿轮啮合传至光杠 XIX（此时 XVII 轴上的离合器 M_5 脱开，使 XVII 轴不能驱动丝杠转动），再由光杠经溜板箱中的齿轮副 36/32 × 32/56、超越离合器 M_6、安全离合器 M_7、轴 XX 及蜗杆、蜗杆副 4/29 传至轴 XXI。当运动由轴 XXI 经齿轮副 40/48 或 40/30 × 30/48、双向离合器 M_8、轴 XXII、齿轮副 28/80 传至小齿轮 z_{12}，驱动小齿轮在齿条上转动时，便可带动床鞍及刀架做纵向机动进给；当运动由轴 XXI 经齿轮副 40/48 或 40/30 × 30/48、双向离合器 M_9、轴 XXV 及齿轮副 48/48 × 59/18 传至中滑板丝杠 XXVII 后，经中滑板丝杠、螺母副带动中滑板及刀架做横向机动进给。

由传动分析可知，横向机动进给在其与纵向进给路线一致时，所得的横向进给量约是纵向进给量的一半。

进给运动还有大进给量和小进给量之分。当主轴箱上手柄位于"扩大螺距"处时，若 M_2 向右接合（则主轴处于低转速），是大进给量；若 M_2 向左接合（则主轴处于高转速），此时为小进给量，又称高速细进给量。

2. 刀架快速移动传动路线

当刀具需要快速趋近或退离加工部位时，可以通过按下溜板箱右侧的快速操纵手柄上的按钮，起动快速电动机（0.25kW、2800r/min）来实现传动。快速电动机的运动经齿轮副 13/29 传至轴 XX，然后再经溜板箱内与机动工作进给相同的传动路线传至刀架，使其实现纵向和横向的快速移动。当快速电动机使传动轴 XX 快速移动旋转时，依靠齿轮 z_{56} 与轴 XX 间的超越离合器 M_6，可避免与进给箱传来的慢速工作进给运动发生干涉。若松开手柄顶部按钮，则快进电动机立即停转，于是刀架快速移动停止。

第四章

车床的精度

在车床上加工工件时影响加工质量的因素很多。一方面如工件的装夹方法、刀具的几何参数、切削用量的选择等。另一方面车削运动是由主轴、床身、床鞍、中（小）滑板、光杠、丝杠等部件相互配合来完成的，如果这些零部件本身的精度和运动关系有误差，则必然会反映到所加工的工件上，因此车床自身的精度是影响加工质量的一个重要因素。车床精度包括几何精度和工作精度。

一、车床的几何精度与工作精度

卧式车床的几何精度是指卧式车床某些基础零部件本身的几何精度、相互位置的几何精度和相对运动的几何精度。车床的几何精度是保证加工质量的最基本的条件。卧式车床几何精度检验及允许误差见表 2-4-1。

表 2-4-1　卧式车床几何精度检验及允许误差

序　号	检 验 项 目	允许误差/mm
G1	A- 床身导轨调平	0.02（只允许凸起）
	纵向导轨在垂直平面内的直线度	在任意 250 长度上局部公差为 0.0075
	横向导轨的平行度	0.04/1000
G2	B- 床鞍	0.02
	床鞍移动在水平面内的直线度	
G3	尾座移动对床鞍移动的平行度	任意 500 长度上局部公差 0.02
	在垂直平面内	
	在水平平面内	
G4	C- 主轴	
	主轴的轴向窜动	0.01
	主轴轴肩支撑面的跳动	0.02
G5	主轴定心轴颈的径向圆跳动	0.01

（续）

序　号	检验项目	允许误差/mm
G6	主轴锥孔轴颈的径向圆跳动	
	靠近主轴端面	0.01
	距主轴端面 L 处	在 300 测量长度上为 0.02
G7	主轴轴线对床鞍移动的平行度	
	在垂直平面内	在 300 测量长度上为 0.02，向上
	在水平面内	在 300 测量长度上为 0.015，向前
G8	主轴顶尖径向圆跳动	0.015
G9	D-尾座，尾座套筒轴线对床鞍移动的平行度	
	在垂直平面内	在 100 测量长度上为 0.02，向上
	在水平面内	在 100 测量长度上为 0.015，向前
G10	尾座套筒锥孔轴线对床鞍的移动的平行度	
	在垂直平面内	在 300 测量长度上为 0.03，向上
	在水平面内	在 300 测量长度上为 0.03，向前
G11	E-顶尖	
	主轴与尾座两顶尖的等高度	0.04
G12	F-小滑板	
	小滑板移动对主轴轴线的平行度（垂直平面内）	在 300 测量长度上为 0.04
G13	G-中滑板	
	中滑板移动对主轴轴线的垂直度	0.02/300（偏差方向 $\alpha \geqslant 90°$）
G14	H-丝杠	
	丝杠的轴向窜动	0.015
G15	由于丝杠所产生的螺距累计误差	在 300 测量长度上为 0.04
		任意 60 测量长度上为 0.015

卧式车床的工作精度，是指车床在运动状态和切削力作用下的精度。在车床处于热平衡状态下，可以用车床加工出的工件的精度评定，它综合反映了切削力、夹紧力等各种因素对加工精度的影响，卧式车床工作精度检验及允许误差见表 2-4-2。

表 2-4-2　卧式车床工作精度检验及允许误差

序　号	检验项目	允许误差/mm
P1	精车外圆	
	圆度	0.01
	试件固定环带动处的直径变化，至少取四个读数	

（续）

序　号	检验项目	允许误差/mm
P1	在纵截面内直径的一致性	在 300 长度上为 0.04
	在同一纵向截面内侧的试件各端环处加工后直径间的变化，应当是大直径靠近主轴端	
P2	精车端面的平面度	300 直径上为 0.025（只许凹）
P3	精车 300mm 长螺纹的螺距累计误差	在 300 测量长度上为 0.04
	精车 300mm 长螺纹的螺距累计误差	在任意 60 测量长度上为 0.015

二、车床几何精度与工作精度的检测方法

1. 几何精度的检测方法

（1）主轴轴线的径向圆跳动　在主轴锥孔中插入检验棒，将检测表固定在溜板上使测头垂直接触检测棒的圆柱面 a 和 b 处，如图 2-4-1 所示，使主轴缓慢旋转，a 和 b 处分别测取读数，每测量一次，需要将检测棒相对于主轴孔旋转 90°，测量四次，四次测量的算术平均值为主轴轴线的径向圆跳动误差。

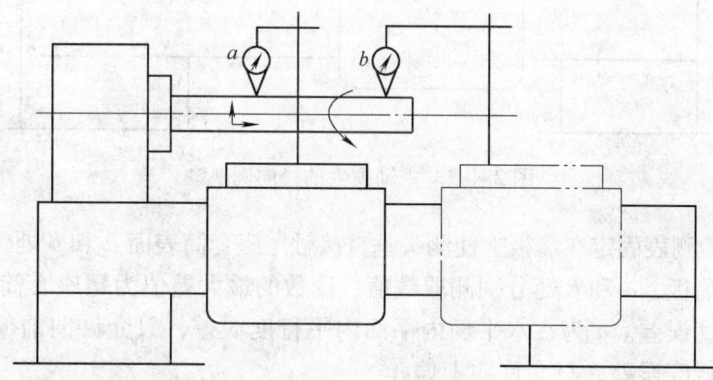

图 2-4-1　主轴轴线的径向圆跳动

（2）主轴轴线对溜板箱移动的平行度　在主轴锥孔中插入检验棒，将检测表固定在溜板上使测头垂直接触检测棒的圆柱面 a 和 b 处，如图 2-4-2 所示，移动溜板，a 和 b 处分别测取读数，然后主轴旋转 180°，在测取一次读数，两次读数的代数和的一半为主轴轴线对溜板箱移动的平行度误差。a 为在水平面内平面内平行度误差，只允许向前偏；b 为在垂直平面内平行度误差，只允许向上偏。

（3）主轴顶尖的径向圆跳动　将专用顶尖插入主轴锥孔，将检测表固定在溜板箱上使测头垂直触及顶尖锥面，如图 2-4-3 所示，使主轴缓慢旋转，测取检测表读数除以 $\cos \alpha/2$（$\alpha/2$ 为顶尖圆锥半角）为主轴顶尖的径向圆跳动误差。

（4）尾座套筒轴线对溜板移动的平行度　尾座套筒伸出定长后，按照正常工

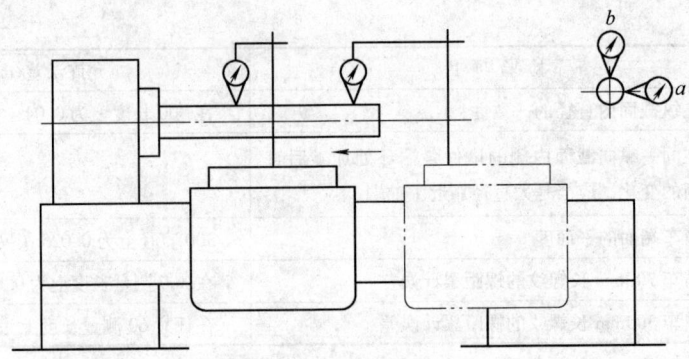

图 2-4-2　主轴轴线对溜板箱移动的平行度

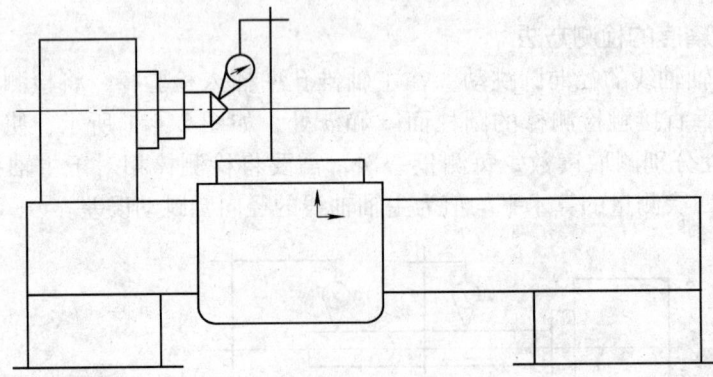

图 2-4-3　主轴顶尖的径向圆跳动

作状态，将检测表固定在溜板上使测头垂直接触尾座套筒表面 a 和 b 处，如图 2-4-4 所示，移动溜板，a 和 b 处分别测取数值，读数的最大差值为尾座套筒轴线对溜板移动的平行度误差。a 为在水平面内平面内平行度误差，只允许向前偏；b 为在垂直平面内平行度误差，只允许向上偏。

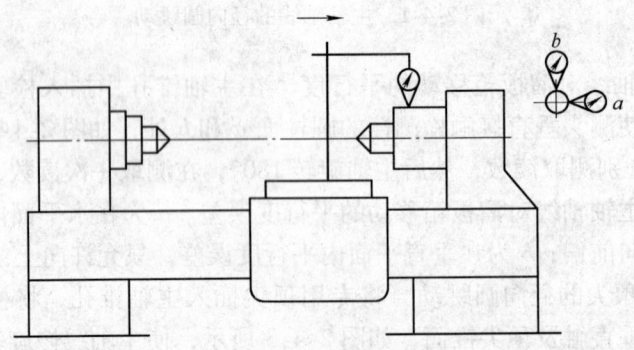

图 2-4-4　尾座套筒轴线对溜板移动的平行度

（5）尾座套筒锥孔的轴线对溜板移动的平行度 将检测棒插入到套筒锥孔内，套筒退入尾座孔内并锁紧，将检测表固定在溜板上使测头垂直接触尾座套筒表面 a 和 b 处，如图 2-4-5 所示，移动溜板，a 和 b 处读取数值，然后检验棒旋转 180°，再测取一次读数，两次读数的代数和之半为尾座套筒锥孔的轴线对溜板移动的平行度误差。a 为在水平面内平面内平行度误差，只允许向前偏；b 为在垂直平面内平行度误差，只允许向上偏。

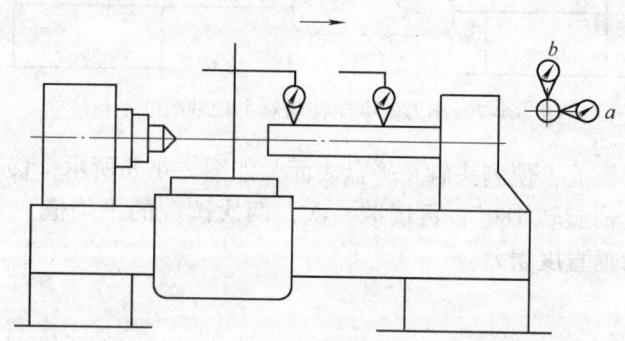

图 2-4-5 尾座套筒锥孔的轴线对溜板移动的平行度

（6）主轴和尾座两顶尖的等高度 将检测表固定在溜板上使测头垂直平面内触及检测棒的表面，如图 2-4-6 所示，在检测棒的两端测取读数，读数的差值为主轴和尾座两顶尖的等高度误差。

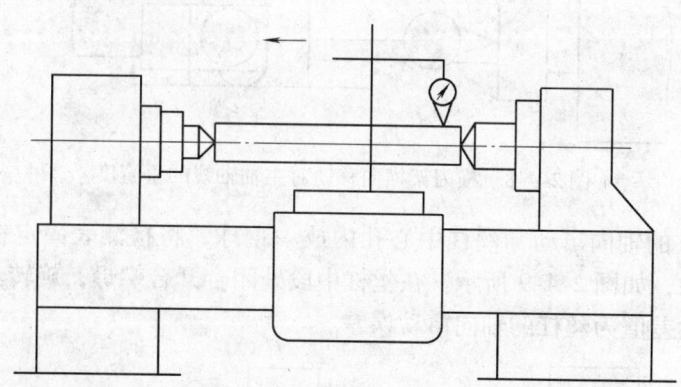

图 2-4-6 主轴和尾座两顶尖的等高度

（7）小刀架纵向移动对主轴轴线的平行度 在主轴锥孔中插入检测棒，将检测表固定在刀架上，调整好小刀架与主轴轴线的在水平面的平行之后，使测头在垂直平面内触及检测棒的表面，如图 2-4-7 所示。移动小刀架，在小刀架的工作位置内测取读数，然后使主轴旋转 180°，再读取一次，两次读数的代数和之半为小刀架纵向移动对主轴轴线的平行度误差。

（8）横刀架横向移动对主轴轴线的垂直度 将检测平盘固定在主轴上，将检

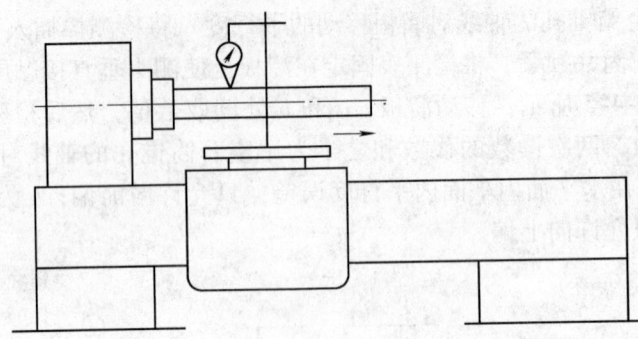

图 2-4-7 小刀架纵向移动对主轴轴线的平行度

测表固定在中滑板上，使测头触及平盘表面，如图 2-4-8 所示，移动中滑板，测取读数，然后将主轴旋转 180°，再读取一次，两次读数的平均值，为横刀架横向移动对主轴轴线的垂直度误差。

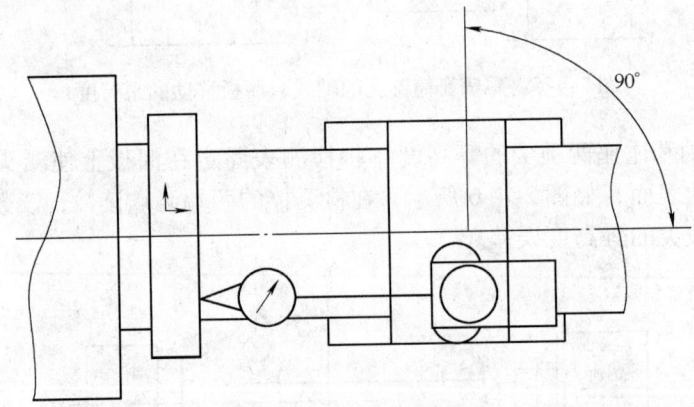

图 2-4-8 横刀架横向移动对主轴轴线的垂直度

(9) 丝杠的轴向窜动 丝杠中心孔内放一钢球，将检测表固定在导轨上，使测头触及钢球，如图 2-4-9 所示。在丝杠中段处闭合开合螺母，旋转丝杠，测取检测表读数最大差值为丝杠的轴向窜动误差。

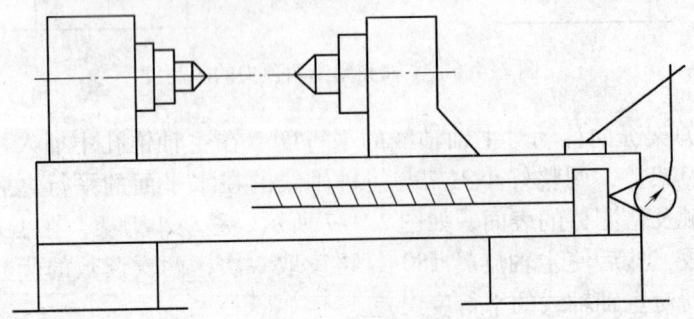

图 2-4-9 丝杠的轴向窜动

（10）车床导轨的直线度和平面度检查 在车床横滑板上放置两个相互垂直的水平仪，然后在床身上逐段测量，如图 2-4-10 所示。将每一段水平仪的读数读出，在全部行程上运动曲线和它两端点连线最大坐标值，就是整段的直线度误差（在车床导轨中间部分，使用机会较多而易磨损，为延长车床使用寿命，因此规定导轨只能中凸）；同时检查导轨的平面度，在车床导轨垂直安装的水平仪，也进行分段测量，记录读数，水平仪在每段行程和全部行程上的读数的最大值为平面度误差。

（11）床尾导轨与滑轨导轨平行度的检查 把检测表装到刀架上，如图 2-4-11 所示，测头与床尾导轨接触，然后移动纵滑板，检测表读取的差值为床尾导轨与滑轨导轨平行度误差。

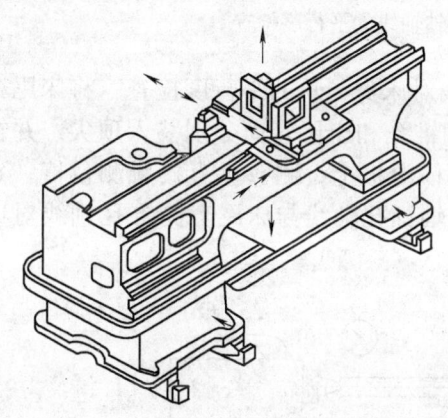

图 2-4-10 车床导轨的直线度和平面度检查

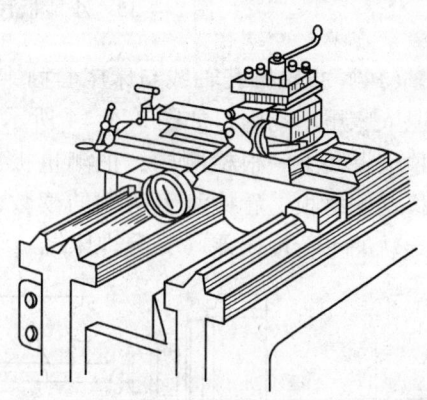

图 2-4-11 床尾导轨与滑轨导轨平行度的检查

（12）主轴回转精度的检查 主轴的回转精度，包括主轴的轴向跳动、径向圆跳动和轴肩端跳动，如图 2-4-12 所示。检查方法分别如下：轴向圆跳动的检查，在主轴锥孔中，插入带有中心孔的检测棒，在中心孔中带有一粒钢球，让后用固定在机床上的圆测头接触钢球，转动主轴，即可测得轴向圆跳动误差；径向圆跳动的检查，检测表固定在车床上，使检测表接触主轴的轴颈，旋转主轴，即可测得圆跳动误差；轴肩轴向圆跳动的检查，把检测表固定在床身上，使检测表测头接触在轴肩

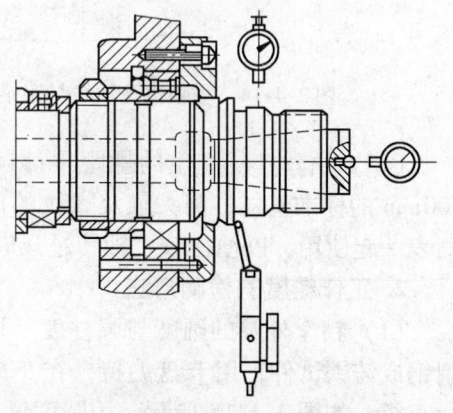

图 2-4-12 主轴回转精度的检查

靠近边缘的位置，旋转主轴，即可测得轴肩轴向圆跳动的误差。

（13）小滑板移动对主轴轴线的平行度检查 将检测棒插入主轴的锥孔中，如

图2-4-13所示，将测量表固定在小滑板上，使测头顶端接触检测棒，然后移动小滑板，其读数为小滑板移动对主轴轴线的平行度误差（检查此项目前，要先使测量表在检测棒的侧母线上校准零位）。

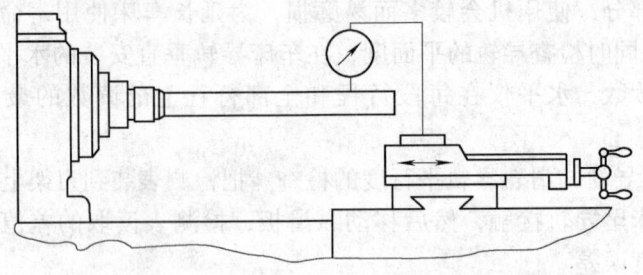

图2-4-13　小滑板移动对主轴轴线的平行度检查

（14）主轴锥孔轴线与床尾套筒锥孔轴线对床身导轨的平行度检查　将床尾套筒退入床尾座孔内，如图2-4-14所示，主轴锥孔和床尾套筒分别装入顶尖，并在两顶尖上装上一根检测棒，把测量板固定在横滑板上，测头垂直接触测量棒，然后移动侧滑板，看检测表两端的读数，为主轴锥孔轴线与床尾套筒锥孔轴线对床身导轨的平行度误差（只允许床尾一端高）。

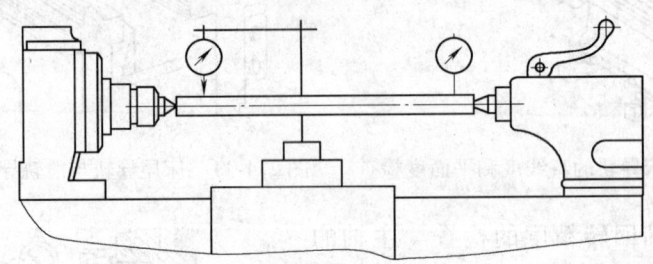

图2-4-14　主轴锥孔轴线与床尾套筒锥孔轴线对床身导轨的平行度检查

（15）由丝杠所产生的螺距累计误差　用电传感器和两顶尖顶紧，一根长度300mm的标准丝杠，测头触及螺纹的侧面检验。普通级别车床还可用长度规和检测表一起使用，以便比较主轴转过几周后溜板移动的相应长度。

2. 工作精度的检测方法

（1）精车外圆的圆度与圆柱度　取"直径≥床身上最大回转直径/8"的易切削钢或铸铁试件，用卡盘夹持，在车床达到稳定温度条件下，用单刃刀具车削三段直径，如图2-4-15所示，用圆度仪或千分尺检查圆度与圆柱度。

（2）精车端面的平面度　取"直径≥床身上最大回转直径/2"的易切削钢或铸铁试件，用卡盘夹持，在车床达到稳定温度条件下，精车垂直于主轴的平面，如图2-4-16所示。用平尺和量块或指示器检测。

（3）精车螺纹的螺距累计误差　取直径尽可能接近丝杠直径的易切削钢或铸

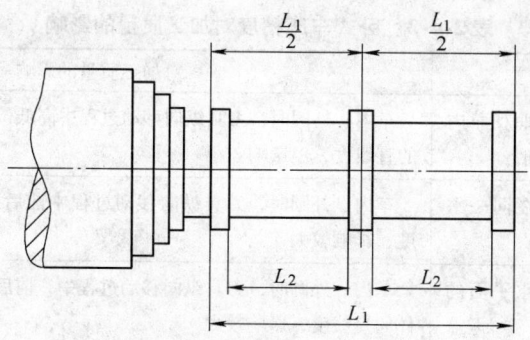

图 2-4-15　精车外圆的圆度与圆柱度

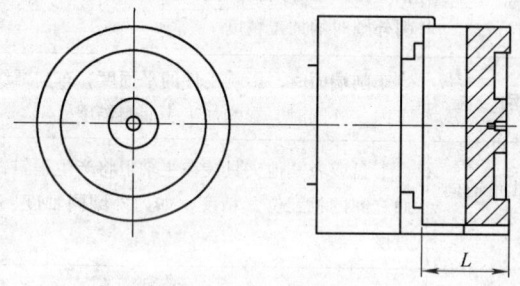

图 2-4-16　精车端面的平面度

铁，精车和丝杠相等的普通螺纹，如图 2-4-17 所示，要求螺纹洁净，无缺陷与振纹，用专用检具检测螺距累计误差。

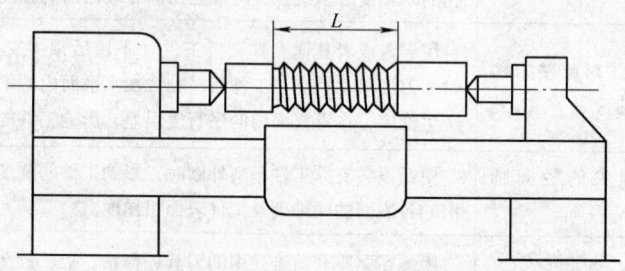

图 2-4-17　精车螺纹的螺距累计误差

3. 车床精度与常见故障对加工质量的影响

车床生产后，在使用前必须进行几何精度与工作精度的检测，这样避免由车床自身精度或者自身故障给生产加工带来的影响，尤其是质量上的影响。

（1）卧式车床精度对加工质量的影响　卧式车床精度标准中规定的各项精度所对应的机床本身的误差，车削时都会反映到工件上。但是，每一项误差往往只对某些加工方式产生影响。卧式车床精度对加工质量的影响见表 2-4-3。

表 2-4-3　卧式车床精度对加工质量的影响

序号	机床误差	对加工质量的影响
1	床身导轨在垂直面内的直线度（纵向）	车内、外圆时，刀具纵向移动过程中高低位置发生变化，影响工件的直线度，但影响较小
2	床身导轨应在同一平面内（横向）	车内、外圆时，刀具纵向移动过程中前后摆动，影响工件的直线度，影响较大
3	床鞍移动在水平面的直线度	车内、外圆时，刀具纵向移动过程中，前后位置发生变化，影响工件的直线度，影响较大
4	尾座移动对床鞍移动的平行度	尾座移动至床身导轨上不同纵向位置，尾座套筒的锥孔轴线与主轴轴线会产生等高度误差，影响钻、扩、铰孔以及用两顶尖支撑工件车削外圆时的加工精度
5	主轴的轴向窜动	车削端面时，影响工件的平面度；车削螺纹时，影响螺距精度；精车内、外圆时，影响加工表面粗糙度
6	主轴轴肩支撑面轴向圆跳动	卡盘或者其他夹具装在主轴上将产生歪斜，影响被加工表面与基准面之间的相互位置精度，如内外圆同轴度、端面对圆柱面轴线的垂直度
7	主轴定心轴颈的径向圆跳动	用卡盘夹持工件车削内、外圆时，影响工件的圆度，加工表面与定位基面的同轴度，多次装夹中加工出各个表面的同轴度，钻、扩、铰时引起孔径扩大及工件表面粗糙度变大
8	主轴轴线的径向圆跳动	用两顶尖支撑工件车削外圆时，影响工件的圆度，加工表面与中心孔的同轴度，多次装夹时加工出的各表面的同轴度及工件表面粗糙度
9	主轴轴线对床鞍的移动的平行度	用卡盘或者其他夹具夹持工件（不用后顶尖支撑）车削内、外圆时，刀尖移动轨迹与工件回转轴线在水平面内的平行度误差，使工件产生锥度，在垂直面内的平行度误差，影响工件的直线度
10	主轴顶尖的径向圆跳动	用两顶尖支撑工件车削外圆时，影响工件的圆度，多次装夹时加工出的各表面的同轴度及工件表面粗糙度
11	尾座套筒轴线对床鞍的平行度	用装在尾座套筒锥孔中的刀具进行钻、扩、铰孔时，刀具轴线与工件回转轴线不重合，引起被加工孔径扩大和产生喇叭形，用两顶尖支撑工件车削外圆时，影响工件的直线度
12	尾座套筒锥孔轴线对床鞍移动的平行度	用装在尾座套筒锥孔中的刀具进行钻、扩、铰孔时，刀具轴线与工件回转轴线间产生同轴度误差，使加工孔的直径扩大，产生喇叭形
13	主轴和尾座两顶尖的等高度	用两顶尖支撑工件车削外援时，刀尖移动轨迹与工件回转轴线间产生平行度误差，影响工件的直线度；用装在尾座套筒锥孔中的孔加工刀具，进行钻、扩、铰孔时，刀具轴线与工件回转轴线间产生同轴度误差，引起被加工孔径扩大

（续）

序号	机 床 误 差	对加工质量的影响
14	小滑板纵向移动对主轴轴线的平行度	用小滑板进给车削锥面时，影响工件的直线度
15	中滑板横向移动对主轴轴线的垂直度	用中滑板横向进给车削端面时，影响工件的平面度和垂直度
16	丝杠的轴向窜动	用车刀车削螺纹时，影响被加工螺纹的螺距精度
17	由丝杠所产生的螺距累计误差	主轴与车刀刀尖之间不能保持准确的运动关系，影响被加工螺纹的螺距精度

注：表中所列各项机床误差，凡是对车内、外圆加工精度有影响，对车螺纹的加工精度同样也有影响。

卧式车床精度直接影响加工工件的质量和生产效率。工件缺陷产生原因及消除方法见表2-4-4。

表2-4-4　工件缺陷产生原因及消除方法

序号	工件产生的缺陷	产 生 原 因	消 除 方 法
1	车削工件时圆度超差	主轴前、后轴承游隙过大	调整主轴轴承间隙
		主轴轴颈圆度超差	修磨主轴轴颈
		主轴轴承套外径或主轴箱主轴孔圆度超差或配合间隙过大	修正主轴箱主轴孔或更换主轴轴承套
2	车圆柱形工件产生锥度	主轴轴线对溜板纵向移动的平行度超差	校正主轴轴线对溜板纵向移动的平行度
		床身导轨严重磨损	刮研床身导轨
		两顶尖装夹工件时在水平面内尾座轴线与主轴轴线不重合	调整尾座两侧横向螺钉，校正尾座轴线与主轴轴线重合
		地角螺栓松动，机床水平变动	调整机床水平，紧固地角螺栓
3	精车外圆时工件母线直线度超差	两顶尖装夹工件时主轴和尾座两顶尖的等高度超差	修尾座，校正主轴和尾座两顶尖的等高度
		溜板移动在水平面内的直线度超差	校正溜板移动在水平面内的直线度
		小滑板车削时小滑板纵向移动对主轴轴线的平行度超差	修转盘，校正小滑板纵向移动对主轴轴线的平行度
4	精车外圆时表面有混乱的波纹	主轴滚动轴承滚道磨损，间隙过大	更换主轴滚动轴承
		主轴轴向蹿动超差	调整主轴推力轴承

（续）

序号	工件产生的缺陷	产生原因	消除方法
4	精车外圆时表面有混乱的波纹	床鞍及中、小滑板滑动表面间隙过大	调整导轨副压板和镶条，使运动平稳轻便
		方刀架底面与小滑板上表面接触不良	刮研方刀架底面和小滑板上表面，使均匀接触
5	精车外圆时圆周表面上有规律的波纹	主轴上传动齿轮齿形不良，齿部损坏或啮合不良	研磨或更换主轴齿轮
		电动机旋转不平衡	电动机转子和带轮一起调动平衡
		带轮等旋转零件振幅过大	校正、修理带轮等旋转零件振幅
		主轴轴承间隙过大或过小	调整主轴轴承间隙
6	精车外圆时表面轴向上有规律的波纹	溜板箱纵向进给小齿轮与齿条啮合不良	调整或更换小齿轮或齿条
		光杠弯曲	校正光杠
		进给箱、溜板箱和托架三孔不同轴	校正进给箱、溜板箱和托架三孔同轴
		溜板箱内传动齿轮或者蜗轮损坏	检查校正溜板箱传动齿轮，更换损坏齿轮
		主轴箱、进给箱中轴弯曲、齿轮损坏	校正传动轴，更换损坏齿轮
7	钻、扩、铰孔时工件扩大或成喇叭形	尾座套筒轴线，对溜板移动的平行度超差	校正尾座套筒轴线，对溜板移动的平行度
		尾座套筒锥孔轴线对溜板移动的平行度超差	校正尾座套筒锥孔轴线对溜板移动的平行度
		主轴和尾座的两顶尖的等高度超差	校正主轴和尾座的两顶尖的等高度
8	精车工件端面平面度超差	中滑板移动对主轴轴线的垂直度超差	刮研中滑板导轨，校正中滑板移动对主轴轴线的垂直度
		主轴轴线对溜板移动的平行度超差	校正主轴轴线对溜板移动的平行度
9	精车工件端面圆跳动超差	主轴轴向窜动超差	调整主轴推力轴承
		中滑板导轨副间隙过大	调整中滑板镶条
		中滑板导轨直线度超差	刮研中滑板导轨
10	车螺纹时螺距精度超差	丝杠的轴向窜动	调整丝杠轴向蹿动
		丝杠弯曲	校正丝杠
		开合螺母磨损	修配开合螺母，调整与丝杠配合间隙
		从主轴至丝杠的传动误差过大	检察、调整各个传动件

（2）卧式车床常见故障对加工质量的影响（见表2-4-5）

表2-4-5　卧式车床常见故障对加工质量的影响

序号	故障内容	产生原因	排除方法
1	圆柱工件加工后外径发生锥度	主轴箱主轴轴线对滑板移动导轨的平行度超差	重新校正主轴箱主轴轴线的安装位置，使工件在允许误差范围
		床身导轨倾斜精度超差，装配后发生变形	用调整铁来重新校正床身导轨的倾斜精度
		床身导轨面严重磨损，主要三项精度均已超差	刮研导轨，甚至进行大修
		两顶尖支撑工件时产生锥度	调整尾座两侧的横向螺钉
		刀具影响，切削刃不耐磨	修正刀具，正确选择主轴转速和进给量
		由于主轴箱温升过高，引起机床热变形	降低温度，并定期换油，检查液压进油管是否堵塞
		地角螺栓松动	调整并紧固地角螺栓
2	圆柱形工件加工后外径发生椭圆及菱形外圆	主轴轴承间隙过大	调整主轴轴承的间隙
		主轴轴颈的圆度超差	若滑动轴承尚有足够的调整余量时，可将主轴的轴颈进行修磨，以达到圆度要求的公差
		主轴轴承（套）的外径（环）有椭圆，或主轴箱体轴孔有椭圆，或两者的配合间隙大	修整主轴箱体的轴孔、并保证它与滚动轴承外环的配合精度，如采用的是滑动轴承，其轴承必须更换新的轴承套
3	精车外径时在圆周表面上每个一定长度距离上重复出现一次波纹	溜板箱的纵进给小齿与齿条啮合不正确	如果波纹之间的距离与齿条的齿距相同时，即可认为这种波纹是由于齿轮、齿条引起的，应该设法使齿轮、齿条的齿型正确，正常的啮合间隙及齿面全宽上啮合
		光杠弯曲或光杠、丝杠、操作杠等三孔不在同一平面内	将光杠拆下校直，装配时要保证三孔同轴及在同一平面上，滑板在移动时，不得有轻重现象
		溜板箱内一齿轮损坏或由于节径振动而引起的啮合不正确	检查与校正溜板箱内传动齿轮，已损坏时必须更换
		主轴箱、进给箱中的轴弯曲或齿轮损坏	校直传动轴，用手转动各轴，在空转时，应无轻、重现象

（续）

序号	故障内容	产生原因	排除方法
4	精车外径时，圆周表面上与主轴轴线平行或成某一角度重复出现有规律的波纹	主轴上的传动齿轮齿型误差大或啮合不良	调整主轴轴承使齿轮副的啮合间隙不得太小或者太大，在正常情况下，侧隙保持在 0.05mm 左右
		主轴箱上的带轮外径（或带槽）振摆缝不符合要求	消除带轮的偏心振摆，调整它的滚动轴承的间隙
5	精车外径时，圆周表面上在固定的长度上有一节波纹凸起	床身导轨在固定的长度位置上有碰伤凸痕等	修去碰伤、凸痕等毛刺
		齿条表面在某处凸出或齿条间的接缝不良	将两齿条的接缝配合仔细校正，遇到齿条上某一齿特粗或特细时，可以修正至与其他单齿的齿厚相同
6	精车外径时圆周表面出现有规律的波纹	因为电动机旋转不平衡而引起机床摆动	校正电动机转子的平衡，有条件时进行动平衡
		因为带轮等旋转零件的振幅太大而引起的机床摆动	校正带轮，对其外径、带轮三角槽进行光整车削
		刀具与工件之间引起的振动	设法减小振动：刀具进行刃磨，保持切削特性，校正刀尖安装位置，建议刀杆伸出的长度 $L \leq 1.5B$（B 为刀宽）
7	精车外径时圆周表面上有混乱的波纹	主轴滚动轴承的滚道磨损	更换主轴的滚动轴承
		主轴的轴向游隙太大	调整主轴后端推力轴承的间隙
		用卡盘夹持工件切削时，因卡盘法兰内孔、内螺纹与主轴前端的定心轴颈、螺纹配合松动而引起的工件不稳定，或卡盘成喇叭孔形状而使工件夹紧不稳	产生这种现象时可改变工件的夹紧方法，即用尾座支撑住进行切削。如乱纹消失，即可肯定由法兰的磨损所致，这时可按主轴的定心轴颈及前端螺纹配置新的卡盘法兰，若卡爪成喇叭孔时，一般加垫铜片即可解决
		方刀架座因夹紧刀具而变形，结果其底面与刀架底面的表面接触不良	在夹紧刀具时用涂色法检查方刀架与上刀架底板结合面的接触精度，应保持方刀架在夹紧刀具时仍保持与它均匀的全面接触，否则用刮研修正

（续）

序号	故障内容	产生原因	排除方法
7	精车外径时圆周表面上有混乱的波纹	上下刀架的滑动表面之间间隙过大	将所有导轨副的镶条、压板均调整到合适的配合，使移动平衡、轻便，用 0.04mm 的塞尺检查时插入深度应≤10mm，以克服由于床鞍在床身导轨上纵向移动时受齿轮、齿条及切削力的颠覆力矩而沿导轨斜面跳跃之类的缺陷
8	精车外径时主轴每一转在圆周表面上有一处振痕	主轴的滚动轴承，某几粒滚珠严重磨损	将主轴滚动轴承拆卸后，用千分尺逐粒测量滚珠，如果系某几粒滚珠磨损严重时，必须更换轴承
		主轴上的传动齿轮节圆径向圆跳动误差过大	消除主轴齿轮的节圆向圆跳动误差，严重时改换齿轮副
9	精车后，工件端面凸起	滑板移动对主轴轴线的平行度超差，要求主轴轴线向前偏移	校正主轴箱主轴线的位置，在保证工件正锥合格的前提下要求主轴轴线向前偏移
		滑板的上、下导轨的垂直度超差，该项要求是滑板上导轨的外端必须偏向主轴端	对经过大修以后的机床出现该项误差时，必须重新刮研床鞍下导轨面
10	精车后的工件端面，在测量车刀本身运动轨迹的前半径范围内，表面平面度误差发生读数差值	测量车刀本身运动轨迹时，在工件端面的前半径内，百分表的读数应该是不变的，如果出现读数差时，说明滑板上的导轨面直线度超差	测量滑板上的导轨面的直线度误差，如确实存在误差时刮研修直
11	精车后的工件端面圆跳动误差	主轴轴向游隙或轴向窜动量较大	调整主轴的轴向游隙及窜动
12	精车大端面工件时每隔一定距离重复出现一次波纹	滑板上导轨磨损致使刀架下滑座移动时，出现间隙等不稳定情况	刮研配合导轨及镶条
		横向丝杠弯曲	校直横向丝杠
		刀架下滑座的横向丝杠与螺母的间隙过大	按空运转试验中的调整方法调整丝杠与螺母的间隙
13	精车大端面工件时，端面上出现螺旋形波纹	主轴后端的推力球轴承中，某一粒滚珠尺寸特大	检查该轴承，确定是它引起的波纹时，可更换新的推力球轴承，若轴承中至少有三粒滚珠的绝对尺寸相近时，可采用选配法来解决

（续）

序号	故障内容	产生原因	排除方法
14	车制螺纹时螺距不均匀及乱纹	机床的丝杠磨损、弯曲	修理及调整丝杠与开合螺母的间隙
		开合螺母磨损，与丝杠不同轴而造成啮合不良或间隙过大，又因其燕尾导轨磨损而造成开合螺母闭合时不稳定	修理及调整丝杠与开合螺母的间隙
		由主轴经过交换齿轮而带来的传动链间隙过大	检查各传动体的啮合间隙，凡属可以调整的均予以调整
		丝杠的轴向游隙过大	调整丝杠联接轴的轴向间隙及其窜动
		米制、英制手柄挂错或拨叉位置不对或交换齿轮架上的交换齿轮挂错	检查手柄、拨叉、交换齿轮的齿数是否正确
15	精车螺纹表面有波纹	因机床导轨磨损而使溜板倾斜下沉，造成丝杠弯曲，与开合螺母的啮合不良	刮研导轨，更换开合螺母
		托架支撑孔磨损，使丝杠的回转中心线不稳定	托架支撑孔，镗孔的镶套
		丝杠的轴向游隙过大	调整丝杠的轴向间隙
		进给箱交换齿轮轴弯曲、扭曲	更换进给箱的交换齿轮
		所有滑动导轨面有间隙	调整导向间隙及镶条、滑板、压板
		方刀架与上刀架底板的接触不良	修刮刀架座底面，将四个角上的接触点刮研
		切削长螺纹工件时，因工件本身弯曲而引起的表面波纹	必须给工件加装跟刀架，使工件不因车刀的切入而引起跳动
		因电动机、机床本身固有频率而引起的振荡	摸索、掌握该振动区规律
16	上刀架上的压紧手柄压紧后，上刀架手柄转不动	刀架的底面不同	均用刮研刀架座底面的方法修正
		刀架底面与上刀架底板的接触不良	均用刮研刀架座底面的方法修正
		刀具加紧后刀架产生变形	均用刮研刀架座底面的方法修正
17	用上刀架进刀精车锥孔时呈喇叭形或表面粗糙	上刀架的移动燕尾导轨直线度超差	刮研导轨

（续）

序号	故 障 内 容	产 生 原 因	排 除 方 法
17	用上刀架进刀精车锥孔时呈喇叭形或表面粗糙	上刀架移动对主轴轴线平行度超差	刮研导轨
		主轴径向回转精度不高	调整主轴的轴承间隙来提高主轴的回转精度
18	用割槽刀割槽时产生"振动"或外径强力切削时产生"振动"	主轴轴承的径向间隙过大	调整主轴轴承的间隙
		主轴孔的后轴承端面不垂直	检查并校正后端面使垂直度达到要求
		主轴轴线的径向圆跳动误差过大	将主轴的径向圆跳动调整至最小值，如滚动轴承的圆跳动无法避免时，可采用角度选配法来减少主轴的径向圆跳动
		工件夹持中心孔不符合要求	校正工件毛坯后作顶尖中心孔
19	强力切削时，主轴转速低于仪表上的转速或发生自动停车	摩擦离合器调整过松或磨损	调整摩擦离合器，修磨或更换摩擦片
		开关杆手柄接头松动	打开配电箱盖，紧固接头上的螺钉
		开关"遥杆"和离合器磨损	修焊或更换遥杆、离合器
		摩擦离合器轴上的弹簧垫圈或锁紧螺母松动	调整弹簧垫圈及锁紧螺钉
		主轴箱内集中操纵手柄的销子或滑块磨损，手柄定位弹簧过松而使齿轮脱开	更换销子、滑块，将弹簧力加大
		电动机传动带调得过松	调整 V 带的松紧程度
20	停车后主轴有自转现象	摩擦离合器调整过紧，停车后仍未安全脱离	调整摩擦离合器
		制动器过松或没有调整好	调整制动器的制动带
21	溜板箱自动进给手柄容易脱开	溜板箱内脱落螺杆的压力弹簧调整过松	脱落蜗杆进行调整
		蜗杆托架上的控制板与杠杆的倾角磨损	将控制板焊补，并修整挂钩
		自动进给手柄的定位弹簧松动	调紧弹簧，若定位孔磨损可修补后重新打孔

（续）

序号	故障内容	产生原因	排除方法
22	溜板箱自动进给手柄在碰到定位挡铁后还脱不开	溜板箱内的脱落螺杆压力弹簧调节过紧	调松脱落蜗杆的压力弹簧
		蜗杆的锁紧螺母紧死，迫使进给箱的移动手柄跳开或交换齿轮脱开	松开锁紧螺母，调整间隙
23	尾座锥孔内麻花钻、顶尖等顶不出来	尾部丝杠头部磨损	烧焊加长丝杠顶端
24	主轴箱油窗不注油	过滤器、油管堵塞	清洗过滤器，疏通油路
		液压泵活塞磨损、压力过小或油量过小	修复或更换油塞
		进油管泄露	拧紧管接头

第五章

车床的操作

一、车床的基本操作

以 CA6140 卧式车床为例。

1. 车床的起动操作

检查车床各变速手轮是否处于空档位置，离合器是否处于正确位置，操作杆是否处于停止状态。在确定无误后，方可合上车床电源总开关，开始操纵机床。

如图 2-5-1 所示，打开车床电源，按下车床的起动按钮，向上提起操作杆手柄，主轴正转；向下按下操作杆手柄，主轴反转。操作杆手柄处于中间位置，主轴停止转动。按下车床停止按钮，无论是向上提起或是向下按下操作杆手柄，主轴都不会转动。主轴正、反转的转换要在主轴停止转动后进行，避免因连续转换操作致使瞬间电流过大而发生电器故障。

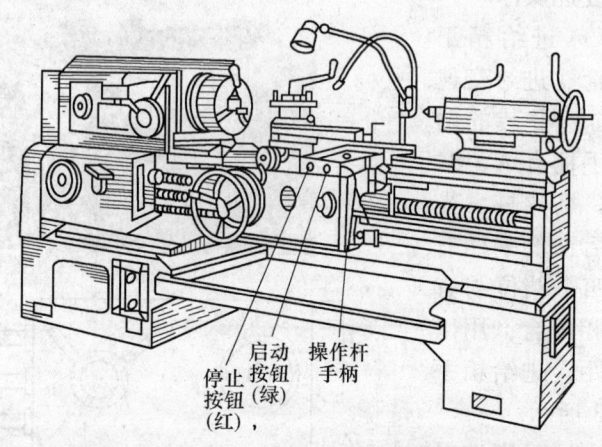

图 2-5-1　车床起动、停止按钮与操作杆手柄位置

2. 主轴箱的变速操作

主轴箱外观如图 2-5-2 所示，主轴（卡盘）的转速以调整主轴箱外变速手柄

不同的位置获得。变速手柄有两个，前面的手柄有 6 个档位，每个档位有 4 级，由后面的手柄控制，主轴共有 24 级转速。

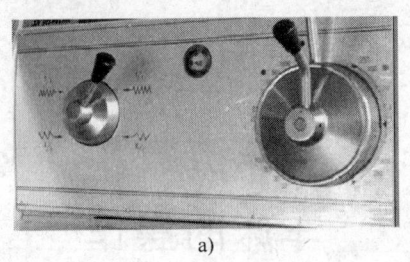

a)

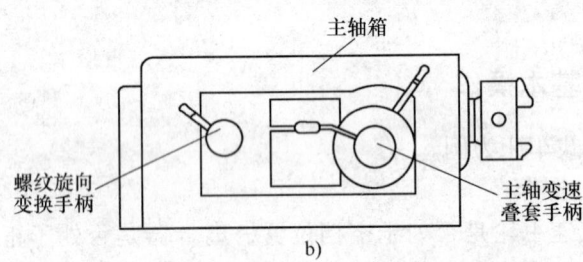

b)

图 2-5-2 主轴箱外观

a) 外形图 b) 示意图

三星齿轮用于传递与改变运动的方向，它处于左侧（图 2-5-2 图示位置）时，主轴箱将运动以正方向传递给其他部件；处于中间位置，则无运动传出；处于右侧位置，则以反方向将运动传递给其他部件。

3. 进给箱的变速操作

CA6040 型车床进给箱正面左侧有一个手轮（进给变速手轮），右侧有前后叠装的两个手柄，前面的手柄有 A、B、C、D 四个档位，是丝杠、光杠的变换手柄；后面的手柄有 Ⅰ、Ⅱ、Ⅲ、Ⅳ四个档位与有八个档位的手轮相配合，用以调整进给量及螺距，进给箱手柄位置如图 2-5-3 所示。

在实际操作中，确定选择和调整进给量时应对照车床铭牌并结合进给变速手轮与丝杠、光杠变速手柄进行。车床铭牌表如图 2-5-4 所示。

a)

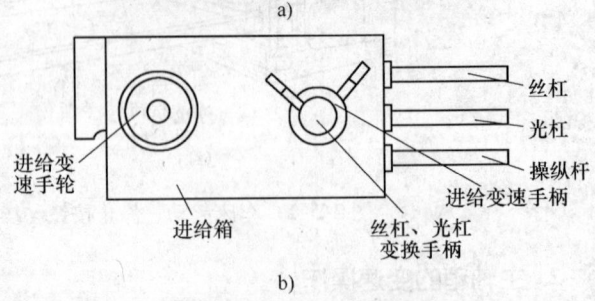

b)

图 2-5-3 进给箱手柄位置

a) 外形图 b) 示意图

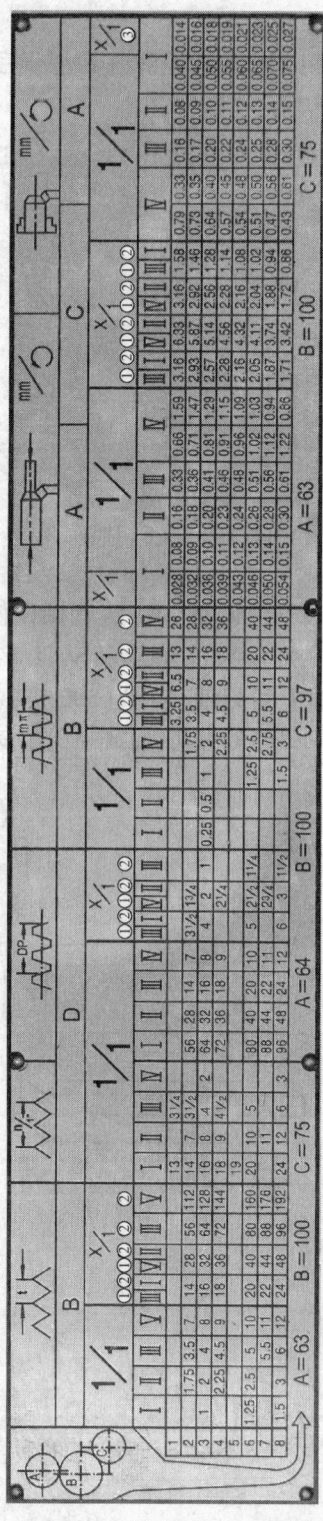

图 2-5-4　车床铭牌表

注：1. 第一列 A、B、C 齿轮 ①：交换齿轮箱（挂轮箱）中的齿轮副，此齿轮副根据加工需要，操作工可以调整。齿轮配比为 63：100：75 或 64：100：97。图中 A、B、C 分别对应相应竖栏中的数值。

2. 第一行的字符： 为 mm/r。 为寸制每英寸的齿（牙）数； 为寸制导程； 为米制导程； 为寸制径节螺纹，后面的 为蜗杆。

3. 第二行的英文字符：表示进给箱右侧的手柄，如图 2-5-3a 所示，控制丝杠和光杆的转动。

4. 第三行的分数字符：表示主轴箱左侧的手柄，如图 2-5-2a 所示。

5. 第四行的罗马数字：表示进给箱右侧的手柄，如图 2-5-3a 所示。与左侧进给变速手轮配合，控制丝杠或光杆的转速。

6. 第一列右下侧的 1～8 数字：表示进给箱左侧进给变速手轮有八个位置。

7. 图中的红色③、黄色①、蓝色②不同的圆圈分别代表进给变速手轮在高速、中速和低速下适用。

8. 选择表中的任意数值：对应竖列和横行的手柄位置即可。

4. 溜板箱的操作

溜板箱部分包括床鞍、中滑板、小滑板、刀架及箱外的各种操纵手柄。溜板部分及其名称如图 2-5-5 所示。

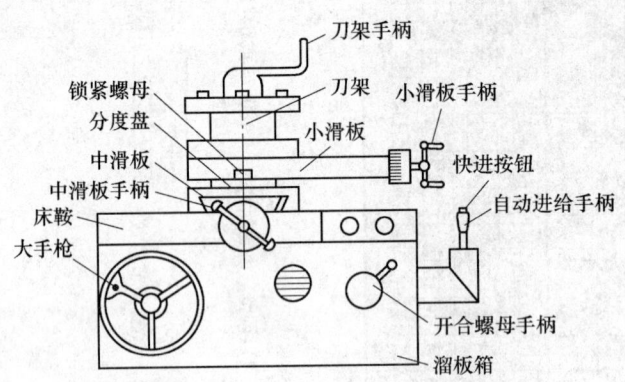

图 2-5-5 溜板箱部分及其名称

（1）溜板箱的操作 熟练操作使床鞍左、右纵向移动；熟练操作使中拖板沿横向进刀、退刀；熟练操作控制小滑板沿纵向做短距离左、右移动。

（2）刻度盘操作 溜板箱正面的大手轮轴上的刻度盘分为 300 格，每转一格，表示床鞍移动了 1mm；中拖板上面的刻度盘分为 100 格，每转一格，表示刀架纵向移动了 0.05mm。

（3）刀架上可安装 4 把车刀装刀或刀架转位时应将刀架远离至安全位置，以避免车刀与工件或卡盘碰撞。

5. 尾座的操纵

尾座的外形结构如图 2-5-6 所示，它沿着机床床身导轨做纵向移动；摇动手轮做尾座套筒进、退移动操纵；使用固定手柄做尾座的固定操纵。

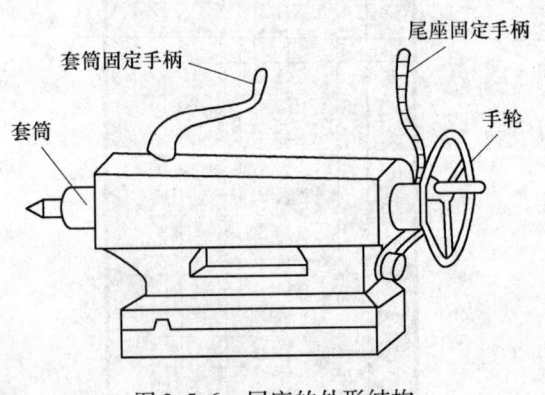

图 2-5-6 尾座的外形结构

二、卧式车床常用附件

1. 车床的辅助配件

车床的辅助配件由中心架、跟刀架、顶尖、夹盘、花盘、照明装置、冷却装置等组成，来辅助车床完成各种工件的加工，其操作如下：

1）可扩大机床的工作范围，由于工件的种类很多，而机床的种类和台数有限，采用不同夹具，可实现一机多能，提高机床的利用率。

　　2）可使工件质量稳定，采用夹具后，工件各个表面的相互位置由夹具保证，比划线找正所达到的加工精度高，而且能使同一批工件的定位精度、加工精度基本一致，工件互换性高。

　　3）提高生产率，降低成本。采用夹具，一般可以简化工件的安装，从而可减少安装工件所需的辅助时间。同时，采用夹具可使工件安装稳定，提高工件加工时的刚度，可加大切削用量，减少机动时间，提高生产率。

　　4）改善劳动条件。用夹具安装工件，方便、省力、安全，不仅改善了劳动条件，而且降低了对工人技术水平的要求。

2. 中心架在卧式车床的使用

　　一般在车削细长轴时，用中心架来增加工件的刚性。当工件可以进行分段切削时，中心架支承在工件中间，如图 2-5-7 所示。在工件装上中心架之前，必须在毛坯中部车出一段支承中心架支承爪的沟槽，其表面粗糙度及圆柱度误差要小，并在支承爪与工件接触处经常加润滑油。为提高工件精度，车削前应将工件轴线调整到与机床主轴回转中心同轴。

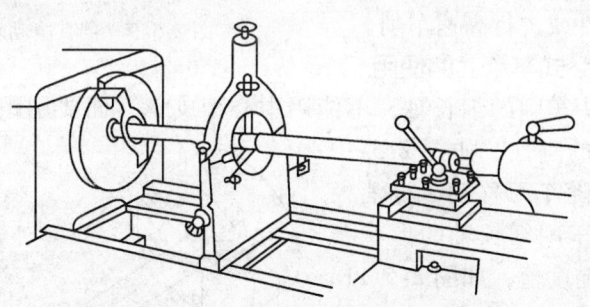

图 2-5-7　用中心架支承车削细长轴

　　当车削支承中心架的沟槽比较困难或一些中段不需加工的细长轴时，可用过渡套筒，使支承爪与过渡套筒的外表面接触，如图 2-5-8 所示，过渡套筒的两端各装有四个螺钉，用这些螺钉夹住毛坯表面，并调整套筒外圆的轴线与主轴旋转轴线相重合。

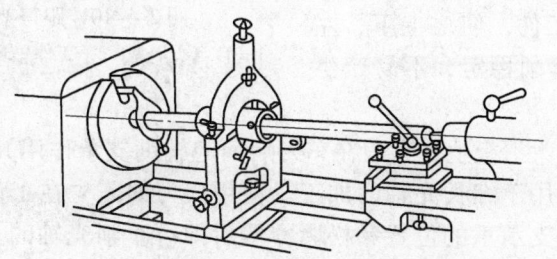

图 2-5-8　用过渡套筒支撑车削细长轴

　　中心架固定在床身导轨上使用，有三个独立移动的支承爪，并可用紧固螺钉予以固定。使用时，将工件安装在前、后顶尖上，先在工件支承部位精车一段光滑表面，再将中心架固紧于导轨的适当位置，最后调整三个支承爪，使之与工件支承面接触，并调整至松紧适宜。

附加辅助套筒可以防止工件擦伤或使用于工件中段不需要车削的场合，如图2-5-9所示。套筒孔径大于工件的外径，两端各有四个螺钉，使用时套入工件，并在螺钉与工件表面间垫一层铜皮。以百分表校正套筒与工件的同轴度，必要时调整螺钉至同轴时紧固，继之调整支撑爪，使之轻微支住套筒外圆即可车削。

对于外圆已经车好的工件，要求表面不被划伤，这时可用带有滚动轴承的中心架，如图2-5-9所示，此种中心架主要用于车削较大的工件或进行高速车削。

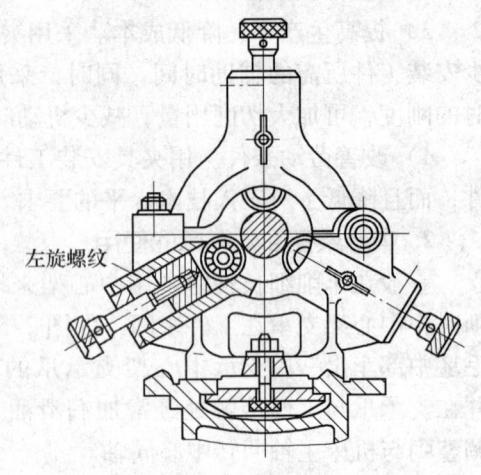

左旋螺纹

图2-5-9 带有滚动轴承的中心架

3. 跟刀架在卧式车床上的使用

对不适宜调头车削的细长轴，不能用中心架支承，而要用跟刀架支承进行车削，以增加工件的刚性，如图2-5-10所示。它可以跟随车刀移动，抵消径向切削力，提高车削细长轴的形状精度和减小表面粗糙度值，如图2-5-11a所示为两爪跟刀架，因为车刀给工件的切削抗力 F_r，使工件贴在跟刀架的两个支承爪上，但由于工件本身的向下重力以及偶然的弯曲，车削时会瞬时离开和接触支承爪产生振动。如图2-5-11b所示为三爪跟刀架，由三个支承爪和车刀抵住工件，使之上下、左右都不能移动，车削稳定，不易产生振动。

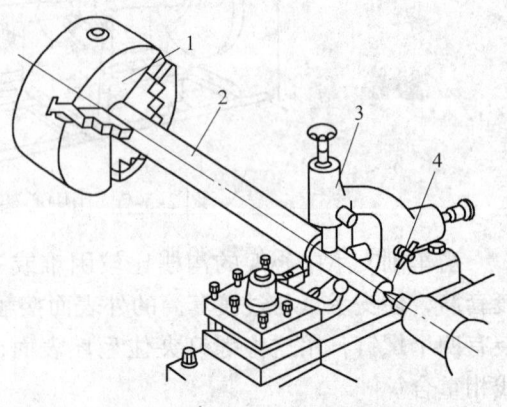

图2-5-10 跟刀架支撑长轴
1—自定心卡盘 2—工件 3—跟刀架 4—顶尖

跟刀架固定在大滑板上，紧跟在车刀后面起辅助支承作用并随刀架纵向运动。因此，跟刀架主要用于细长光轴的加工。使用跟刀架需先在工件右端车削一段外圆，根据外圆调整支承爪的位置和松紧，然后即可车削光轴的全长。使用跟刀架时，工件转速不宜过高，并需对支承爪加注润滑油。

4. 顶尖在卧式车床上的使用

顶尖头部大多做成60°圆锥，用于顶住工件中心孔，担负工件质量，承受切削

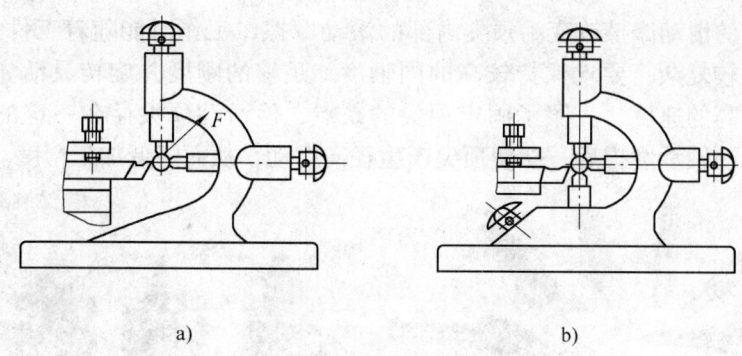

图 2-5-11　两爪和三爪跟刀架

a）两爪跟刀架　b）三爪跟刀架

力。从对工件的支承位置分为前顶尖与后顶尖，从支承形式分为固定顶尖和活动顶尖。

（1）前顶尖　前顶尖如图 2-5-12 所示，插在主轴锥孔内与主轴一起旋转，即与工件一起旋转，与中心孔无相对运动，不发生摩擦。有时为了准确与方便，也可以在三爪上夹上一段钢料，车成 60°圆锥来代替顶尖，如果拆除后再次安装使用，必须将锥面重新精车一刀，以保证顶尖锥面旋转轴线与车床主轴旋转轴线重合。插入主轴孔的前顶尖每次安装时，必须把锥柄与锥孔擦拭干净，以保证同轴度。拆除主轴孔内的前顶尖，可用一根棒料从主轴孔后端把它顶出来。

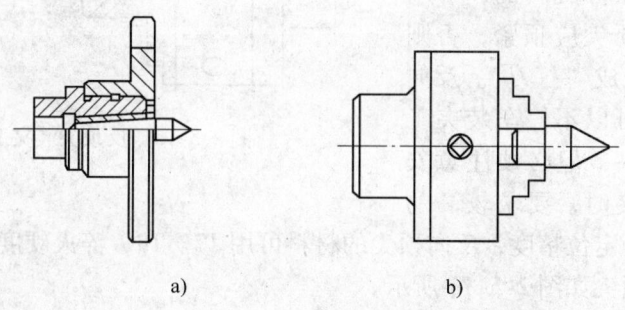

图 2-5-12　车床前顶尖

a）插入主轴孔内的前顶尖　b）三爪上车削的前顶尖

（2）后顶尖　后顶尖分为固定式顶尖与活动式顶尖。使用时插入车床尾座套筒内，固定式顶尖（固定顶尖），如图 2-5-13 所示，它不随工件一起转动，与工件有相对旋转运动，要求耐磨，一般以高碳钢、合金钢或硬质合金制作而成。使用时顶尖摩擦过热易使工件伸长，发生弯曲；与工件中心孔产生滑动摩擦而发生高热，有时甚至烧坏中心孔。固定顶尖的优点是定心正确、刚性好。适用于低速加工精度要求较高的工件。活动式顶尖（回转顶尖），如图 2-5-14 所示，它将顶尖与中心孔的滑动摩擦改变为顶尖内部的滚动摩擦，工作时能随着工件一起转动。因此结构比较复杂，要求保持较高的同轴度、足够的刚度并旋转灵活。这种顶尖能够承受很高的速度，克服了固定顶尖的缺点，但活动顶尖存在一定的装配累计误差，当滚动轴承磨损后，会使顶尖产生径向摆动，从而降低加工精度。

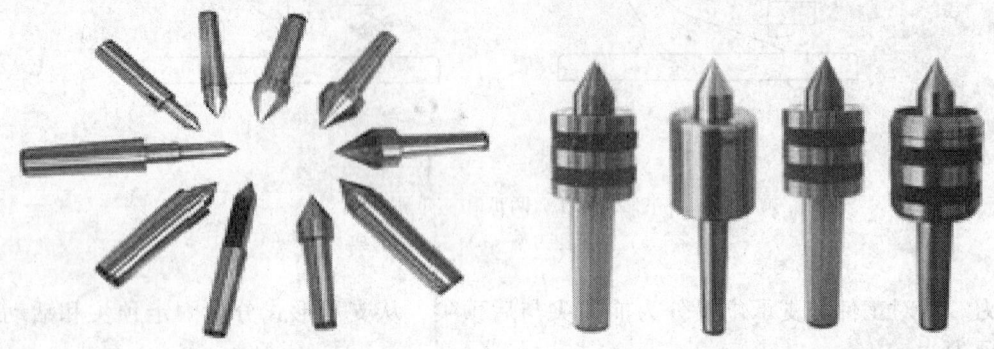

图 2-5-13　固定顶尖　　　　　　　图 2-5-14　活动顶尖

（3）其他类型的顶尖　常用的顶尖诸如反顶尖（见图 2-5-15，用反顶尖装夹工件的时候，是靠反向顶尖和活动式顶尖顶紧时的摩擦力来带动零件旋转的，车削时必须注意后顶尖应顶紧，否则会产生滑动，造成"打刀"。反向顶尖的优点是可以不停车装夹工件，生产效率高，但必须注意安全。反顶尖装夹时，要求较高的

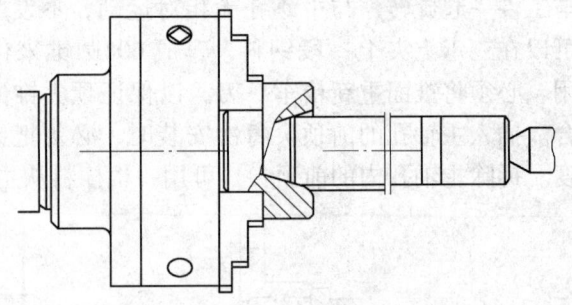

图 2-5-15　反顶尖装夹工件

同轴度，以保证定位精度，反向顶尖的材料可用 T7、T8，淬火硬度至40～50HRC。

其他类型顶尖如图 2-5-16 所示。

5. 卡盘在卧式车床上的使用

卡盘是机床上用来夹紧工件的机械装置，以均布在盘体上的活动卡爪的径向移动，将工件夹紧定位的机床附件。从卡盘爪数上面可以分为：两爪卡盘、自定心卡盘、单动卡盘、六爪卡盘和特殊卡盘。从使用动力上可以分为：手动卡盘、气动卡盘、液压卡盘、电动卡盘和机械卡盘。从结构上面还可以分为：中空型和中实型卡盘。卡盘一般由卡盘体、活动卡爪和卡爪驱动机构三部分组成。卡盘体中央有通孔，以便通过工件或棒料，背部有圆柱形或短锥形结构，直接或通过法兰盘与机床主轴端部相连接。卧式车床一般多使用自定心卡盘（见图 2-5-17）与单动卡盘。

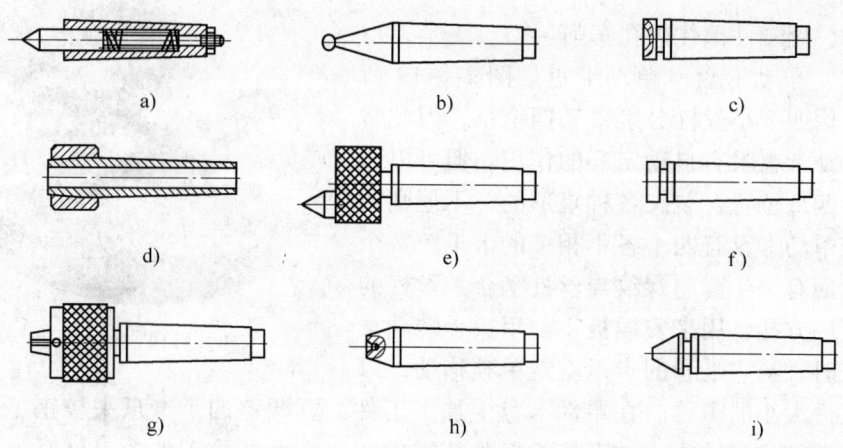

图 2-5-16　其他类型顶尖

a) 自动伸缩顶尖　b) 圆头顶尖　c) 内球面顶尖　d) 弹簧夹头
e) 偏心顶尖　f) 平面顶尖　g) 钻夹头　h) 反顶尖　i) 大头顶尖

（1）自定心卡盘　自定心卡盘结构示意图如图 2-5-18 所示，是由一个大锥齿轮，三个小锥齿轮，三个卡爪组成。三个小锥齿轮和大锥齿轮啮合，大锥齿轮的背面有平面螺纹结构，三个卡爪等分安装在平面螺纹上。当用扳手扳动小锥齿轮时，大锥齿轮便转动，它背面的平面螺纹就使三个卡爪同时向中心靠近或退出。因为平面矩形螺纹的螺距相等，所以三爪运动距离相等，有自动定心的作用。

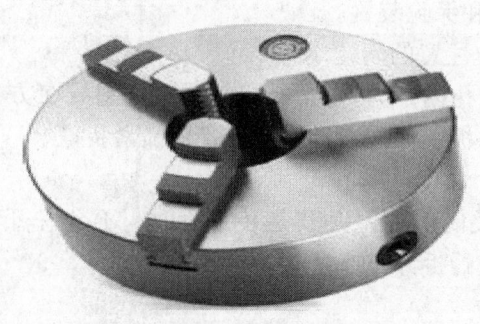

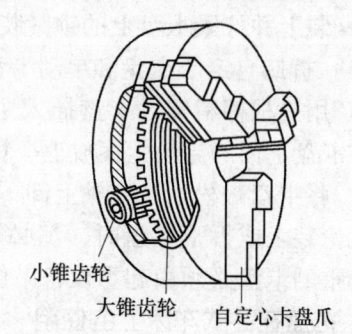

小锥齿轮

大锥齿轮　　自定心卡盘爪

图 2-5-17　自定心卡盘　　　　　图 2-5-18　自定心卡盘结构示意图

自定心卡盘的三卡爪背面的平面螺纹起始距离不同，安装时需将夹爪上的号码 1、2、3 和卡盘上的号码 1、2、3 对好，按照顺序安装，如果夹爪上没有号码，可把三个夹爪并排放齐，比较背面螺纹的起始距离，近的为 1，次的为 2，远的为 3，按照顺序安装。自定心卡盘也可装配软爪或反爪。必须注意，用正爪装夹工件时，工件直径不能太大，一般卡爪伸出卡盘圆周不超过卡爪长度的 1/3，否则卡爪与平面的螺纹只有 1～2 牙啮合，受力时容易使卡爪上的牙齿碎裂。所以装夹大直径工件时，尽量采用反爪装夹。较大的空心工件需车外圆时，可使三个卡爪作离心移动，用工件撑住内孔车削。

　　（2）单动卡盘　　单动卡盘如图 2-5-19 所示，是用四个小丝杠分别带动四个爪，因此常见的单动卡盘没有自动定心的作用。但可以通过调整四爪位置，装夹各种矩形的、不规则的工件。单动卡盘有四个各不相关的卡爪。每个爪的后面有一半瓣内螺纹与丝杠啮合。丝杠的一端有一方孔，用来安插扳手。用扳手转动某一丝杠时，与它啮合的卡爪就能单独移动，以

图 2-5-19　单动卡盘

适应工件大小的需要。在单动卡盘上加工工件，要调整四个卡爪来校正工件，使工件加工部位旋转中心与车床主轴的旋转中心一致。在校正整个工件时，平面和外圆必须同时兼顾，尤其是在加工余量较小的情况下，应着重注意校正余量较小的部分，否则会因毛坯车削而产生废品。单动卡盘的优点是夹紧力大，缺点是校正比较麻烦，所以适用于装夹大型或形状不规则的工件，四爪可以装正爪和反爪，反爪用来装夹直径较大的工件。

　　（3）安装自定心卡盘和单动卡盘应注意的问题

　　1）安装卡盘以前，必须把联接盘和主轴部分擦干净。

　　2）在主轴下面的导轨面上放一木板，以免卡盘万一掉下来损坏机床。

　　3）卡盘旋上主轴时，必须在主轴孔和卡盘中插一根棒料，以防止卡盘掉下。

　　4）装上并拧紧卡盘上的锁紧装置和保险装置。

　　（4）拆卸自定心卡盘和单动卡盘应注意的问题

　　1）用一根棒料穿过卡盘插入主轴孔内，另一端伸出卡爪外并搁放在方刀架上，在卡盘下面的导轨上面放上一块木板，拆除卡盘保险装置和锁紧装置。

　　2）将卡盘敲松后从主轴上卸下。

　　无论装上或拆下卡盘时，都必须关闭电源，尤其是装卡盘时，不允许开车进行，较重的卡盘必须由起重设备吊住进行拆卸。

　　6. 花盘在卧式车床上的使用

　　无法使用自定心卡盘或单动卡盘装夹的形状不规则的工件，可用花盘装夹。花盘是安装在车床主轴上的一个大圆盘，盘面上的许多长槽用以穿放螺栓，工件可用螺栓直接安装在花盘上，如图 2-5-20 所示。也可以把辅助支承角铁（弯板）用螺钉牢固夹持在花盘上，工件则安装在弯板上，如图 2-5-21 所示。为了防止转动时因重心偏向一边而产生振动，在工件的另一边要加平衡铁，工件在花盘上的位置需经仔细找正。下面是对花盘的技术要求：

　　1）花盘平面必须平整，无凹凸不平和表面击伤等缺陷，如花盘已经使用较长的时间，或工作精度要求较高时，就需要在装夹工件前先精车花盘平面，以保证装夹精度。

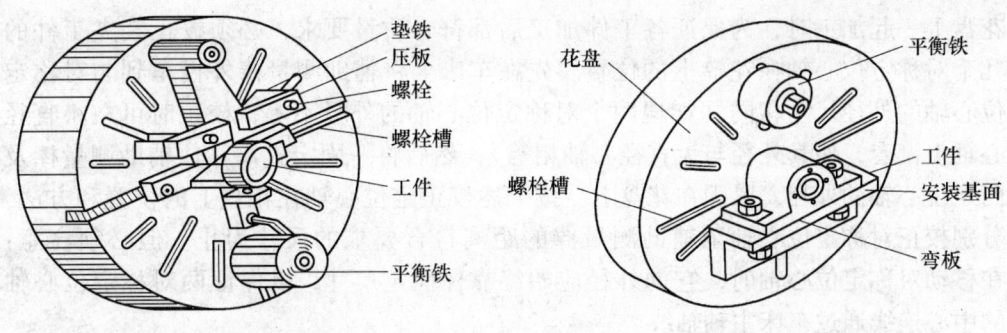

图 2-5-20　花盘装夹工件　　　　　　　　　图 2-5-21　花盘角铁装夹工件

2）在花盘上装夹一些以圆弧面为导向基准的工件，常用 V 形块定位，在校正 V 形块在花盘上的位置时，应根据粗、精基准的不同情况采用不同的校正方法：工件是毛坯面，毛坯面由于铸造等原因，尺寸存在较大误差，校正时，先把工件装夹在花盘平面上，后把毛坯外圆校正，V 形块即以此校正的部分为依据，通过螺栓与定位销与花盘紧固，这样校正能减少毛坯的不对称缺陷；工件面是光面，如图 2-5-22 所示，在车床上车出直径等于工件装夹部位尺寸的辅助测量棒，V 形块以此外圆为依据进行校正，通过螺栓和定位销紧固在花盘上。

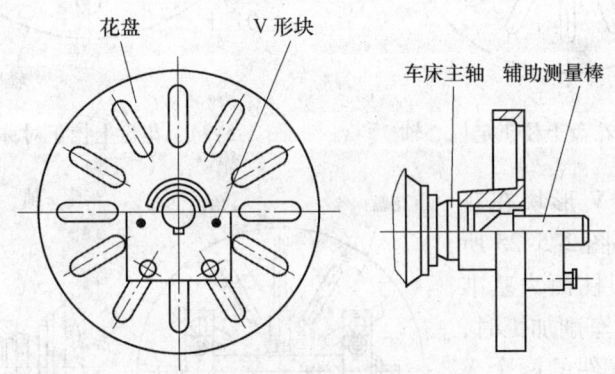

图 2-5-22　花盘上校正 V 形铁

3）校正定位心轴在花盘上的位置，如图 2-5-23 所示，在车床主轴的锥孔里插一根预先做好的辅助测量棒，并用百分表校圆，使其轴线与机床主轴轴线一致，然后在花盘上装上定位心轴，用千分尺测量定位心轴与测量棒外圆之间的距离，根据误差值移动定位心轴，使测得的读数等于两孔中心距离加上定位心轴半径和测量棒半径之和，并在允许范围内，即可把定位心轴紧固在花盘上，为防止紧固时定位心轴移动，紧固后还需要用同样的方法复查一次，然后再将工件装夹加工。

4）校正对称定位心轴在花盘的位置，如图 2-5-24 所示。当多个工件装夹在花盘上一起加工时，为保证各工件加工后都符合质量要求，必须校正装夹工件的几个对称定位心轴在花盘上的位置。先在车床上将辅助测量棒外径车到与对称定位心轴的外径尺寸相同（如遇两个对称定位心轴的外径不等，校正时可在小直径心轴上镶套，使其外径与大直径心轴相等），然后将一固定直尺靠住辅助测量棒及两定位心轴的外径，紧固在花盘上。按上述校正定位心轴在花盘上的位置和方法，分别校正对称定位心轴至辅助测量棒的距离符合要求的尺寸为止。但必须注意：在移动对称定位心轴时，它的外径应始终靠住固定尺寸，以保证两对称定位心轴的中心连线通过车床主轴轴线。

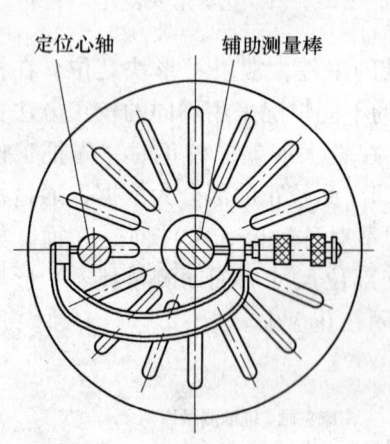

图 2-5-23　花盘上校正定位心轴

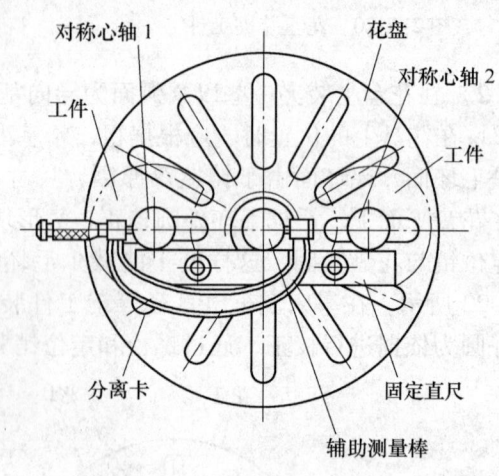

图 2-5-24　花盘上校正对称定位心轴

5）校正双 V 形块在花盘上的位置，如图 2-5-25 所示，当工件以圆柱面为基准进行其他部位的车削加工时，常需校正装夹工件的两个 V 形块在花盘上的位置，以使工件加工部位对圆柱面保证径向对称要求。先在车床上把辅助测量棒外径车到与校正棒外径相同，然后把校正棒放在双 V 形块上，并与花

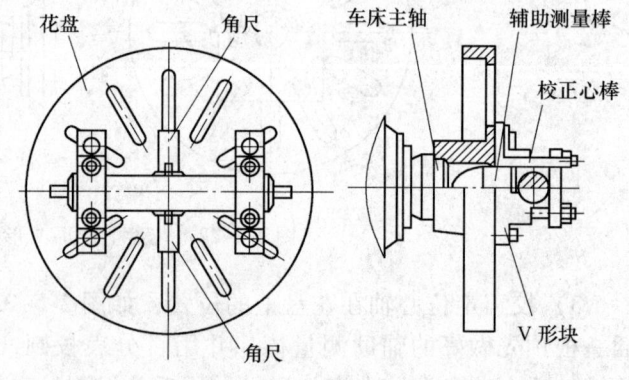

图 2-5-25　校正双 V 形块

盘暂做固定，用一精度高的直角尺，分别在两侧透光检查，并根据误差方向，找正双 V 形块在花盘上的位置，使之达到两侧间隙（也可用塞尺）相等为止，而后用螺钉、定位销把双 V 形块与花盘紧固定为，即可装夹工件。

7. 照明装置

车床的照明装置是安装在床身上的照明灯，其电压为安全电压（CA6140 为 24V），电源开关可以人为控制，在光线不满足时使用。

8. 冷却装置

车床的冷却装置主要根据刀具材料、切削材料和切削性质来使用，用以降低切削区域温度、延长刀具寿命、提高工件精度、降低表面粗糙度。

第六章
常用量具、量仪及使用

一、卡尺

卡尺是应用较广泛的通用量具,具有结构简单、使用方便、测量范围大等特点,用于测量工件的内径、外径、宽度、厚度、孔距、高度和深度。常用的有游标卡尺、数显游标卡尺、带表卡尺。

1. 游标卡尺的使用及注意事项

常见游标卡尺如图2-6-1所示。

1)使用前,应观察游标的零刻线和尾刻线与尺身的对应线是否对准,并及时调整。对不能调整的误差应在测量时作相应的误差增减。

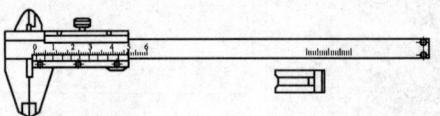

2)测量时,应以固定量爪定位,摆动活动量爪,找到正确位置进行读数。测量时,两量爪不应倾斜。

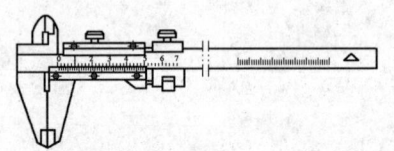

3)对于有测量深度尺的,以游标卡尺尺身端面定位,然后推动尺框使测度尺测量面与被测表面贴合,同时保证深度尺与被测尺寸方向一致,不能向任意方向倾斜。

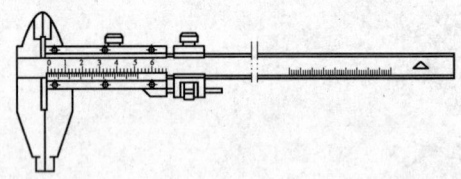

4)因游标卡尺无测力装置,测量时要掌握好测力。有微调装置的卡尺,使用时必须拧紧微调装置上的紧固螺钉,再转动微调螺母,量爪微调过大或过小对尺寸都易造成偏差。

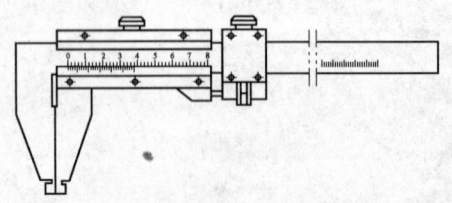

5)测量弯管外径和圆弧形空刀槽直径,应用刀口形外量爪。

图2-6-1 常见的游标卡尺

6）使用双面游标卡尺测量内尺寸时，游标卡尺的读数加上内量爪实际尺寸才是所测工件的内尺寸。

2. 数显游标卡尺的使用及注意事项

数显游标卡尺如图 2-6-2 所示。

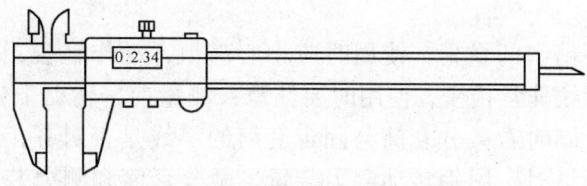

图 2-6-2　数显游标卡尺

1）不能拆卸数显尺，不能摔碰数显尺，也不能施加过大的外力。

2）不能用尖锐的东西来压按键，否则将影响按键的灵敏性。

3）不能在日光直射、过冷或过热的环境中使用或保存数显尺。

4）不能在有高电压或强磁场的环境中使用数显尺。

5）不能在数显量具上施加电压，以免损坏电路。

6）测量前使用软布擦拭测量面，按"清零键"以设定零位，然后方可进行测量。

7）为减小测量误差，测量时所用推力应尽可能接近校对零位时所用的推力。

8）测量时，应以固定量爪定位，摆动活动量爪，找到正确位置进行读数，测量时，两量爪不应倾斜。

9）对于有测量深度尺的，以游标卡尺尺身端面定位，然后推动尺框使测度尺测量面与被测表面贴合，同时保证深度尺与被测尺寸方向一致，不能向任意方向倾斜。

10）长期不用时，取出电池。

3. 带表卡尺的使用及注意事项

带表卡尺如图 2-6-3 所示。

1）不能拆卸带表卡尺，不能摔碰及施加过大的外力。

2）不能在有强磁场的环境中使用带表卡尺。

3）测量前检查表盘和指针的正确性，有无松动现象，检查表针转动的平稳和稳定性。

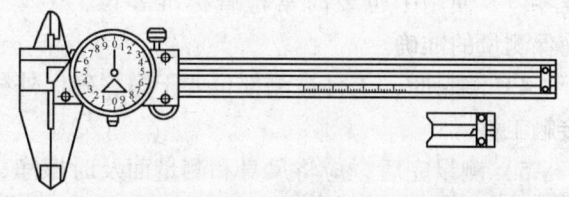

图 2-6-3　带表卡尺

4）测量时，应以固定量爪定位，摆动活动量爪，找到正确位置进行读数，测量时，两量爪不应倾斜。

5）对于有测量深度尺的，以游标卡尺尺身端面定位，然后推动尺框使测度尺测量面与被测表面贴合，同时保证深度尺与被测尺寸方向一致，不能向任意方向倾斜。

二、千分尺

千分尺是一种精密的量具，使用时应小心谨慎，动作轻缓，不要让它受到碰撞。千分尺内的螺纹非常精密，使用时要注意：测量前，转动千分尺的测力装置，使两测砧面靠合，同时看微分套筒与固定套筒的零线是否对齐，如有误差应调整固定套筒对零；测量时，用手转动测力装置，微分套筒和测力装置在转动时都不能过分用力；当转动微分套筒使测微螺杆靠近待测物时，一定要改旋测力装置，不能转动微分套筒使螺杆压在待测物上；当测量面已将待测物卡住或锁紧装置旋紧的情况下，决不能强行转动微分套筒。有些千分尺为了防止手温使尺架膨胀引起微小的误差，在尺架上装有隔热装置。使用时应手握隔热装置，而尽量少接触尺架的金属部分。使用千分尺测同一尺寸时，一般应反复测量几次，取其平均值作为测量结果。千分尺用毕后，应用纱布擦干净，在测砧与螺杆之间留出一点空隙，放入盒中。如长期不用可抹上润滑脂或润滑油，放置在干燥的地方。不要接触腐蚀性的气体。千分尺按用途和结构可分为：外径千分尺、内径千分尺、深度千分尺、螺纹千分尺、壁厚千分尺等。

1. 外径千分尺的使用及注意事项

外径千分尺如图 2-6-4 所示。

1）根据被测工件选用外径千分尺的规格，微分筒在整个测量范围内运行应平稳。

2）校准外径千分尺的基准块测量面要擦干净。

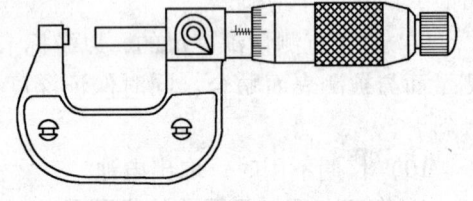

3）外径千分尺在测量前，要反复校准零位，使用中也要时常检查标准零位，确保测量的准确。

图 2-6-4　外径千分尺

4）测量时，工件被测部位要干净，确保外径千分尺测量面在工件直径处正确接触工件。

5）测量完后，应将尺身和测量面及时擦净，放入专用盒中。按保存要求在指定区域存放，不能与刀具、工具混放。

6）使用过程中外径千分尺若出现异常情况应及时送交有关部门检修。

2. 内径千分尺的使用及注意事项

内径千分尺和三爪内径千分尺如图 2-6-5 所示。

1）根据被测工件选用内径千分尺的规格，微分筒在整个测量范围内运行应

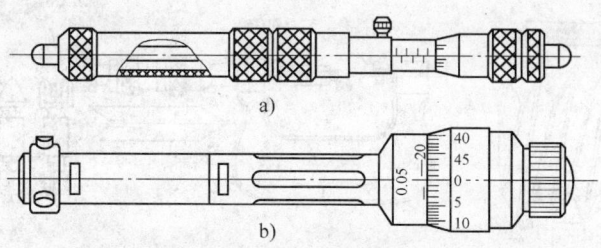

图 2-6-5　内径千分尺和三爪内径千分尺

a）内径千分尺　b）三爪内径千分尺

平稳。

2）校准内径千分尺的基准块测量面要擦干净。

3）在测量前，要反复校准内径千分尺的零位，使用中也要时常检查标准零位，确保测量的准确。

4）测量时，工件被测部位要干净，确保内径千分尺测量面在工件内孔直径方向的最大、轴向方向的最小处（孔的实际尺寸）正确接触工件。

5）测量完后，应将尺身和测量面及时擦净，放入专用盒中。按保存要求在指定区域存放，不能与刀具、工具混放。

6）使用过程中，内径千分尺若出现异常情况应及时送交有关部门检修。

3. 深度千分尺的使用及注意事项

深度千分尺如图 2-6-6 所示。

1）根据被测工件选用深度千分尺的规格，微分筒在整个测量范围内运行应平稳。

2）校准深度千分尺的基准块测量面要擦干净。

3）在测量前，要反复校准深度千分尺的零位，使用中也要时常检查标准零位，确保测量的准确。

4）测量时，工件被测部位要干净，确保深度千分尺测量杆与工件被测深度方向平行。

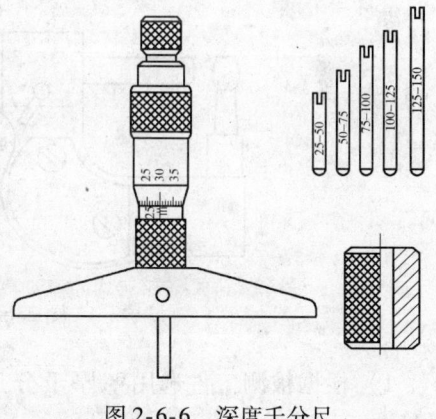

图 2-6-6　深度千分尺

5）测量完后，应将尺身和测量面及时擦净，放入专用盒中，按保存要求在指定区域存放，不能与刀具、工具混放。

6）使用过程中，深度千分尺若出现异常情况应及时送交有关部门检修。

4. 螺纹千分尺的使用及注意事项

螺纹千分尺如图 2-6-7 所示。

1）根据被测工件螺纹中径和螺距、牙型选用螺纹千分尺的规格及测量头规

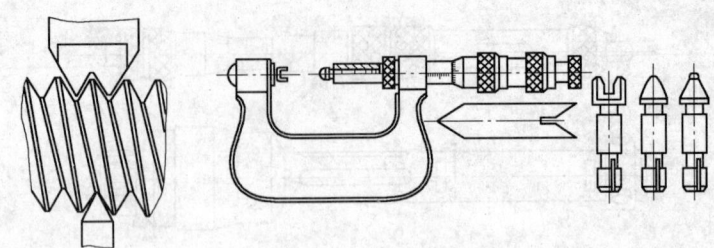

图 2-6-7　螺纹千分尺

格，微分筒在整个测量范围内的运行应平稳。

2）校准螺纹千分尺基准块的测量面要擦干净。

3）在测量前，要反复校准螺纹千分尺零位的准确性，使用中要经常检查标准零位，确保测量的准确。

4）测量时，工件被测部位牙型要干净无毛刺，确保螺纹千分尺两个测量头正确接触工件的螺纹牙侧上。

5）测量完后，应将尺身和测量面及时擦净，放入专用盒中，按保存要求在指定区域存放，不能与刀具、工具混放。

6）使用过程中，螺纹千分尺若出现异常情况应及时送交有关部门检修。

5. 壁厚千分尺的使用及注意事项

壁厚千分尺如图 2-6-8 所示。

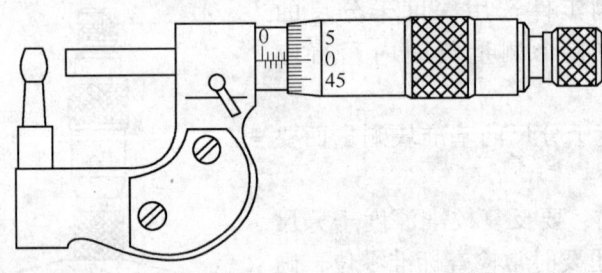

图 2-6-8　壁厚千分尺

1）根据被测工件选用壁厚千分尺的规格，微分筒在整个测量范围内运行应平稳。

2）校准壁厚千分尺基准块的测量面要擦干净。

3）在测量前，要反复校准壁厚千分尺零位的准确性，使用中要经常检查标准零位，确保测量的准确。

4）测量时，工件被测部位要干净，确保壁厚千分尺的两个测量面与工件被测表面平行，厚度尺寸一般要测量三点，以检查平行度。

5）测量完后，应将尺身和测量面及时擦净，放入专用盒中，按保存要求在指定区域存放，不能与刀具、工具混放。

6）使用过程中，壁厚千分尺若出现异常情况应及时送交有关部门检修。

三、百分表

百分表是一种带指示表的精密量具，具有结构简单、使用方便、价格便宜等优点。主要用于长度的相对测量和形状、位置偏差的相对测量，也可在某些机床或测量装置中用作定位和指示。常用的百分表有钟表式百分表和杠杆式百分表。

1. 钟表式百分表的使用及注意事项

钟表式百分表如图 2-6-9 所示。

1）根据被测工件选择不同行程的百分表。

2）测量前检查表盘和指针有无松动现象，检查表针转动的平稳和稳定性。

3）测量时，测量杆应垂直于工件表面，测圆柱时，测量杆应对准圆柱轴心线。测量头与被测工件表面接触时，测量杆应预先有 0.3～1mm 的压缩量，要保持一定的初始测力，以免工件的负偏差测不出来。

4）测量完后，应将表身和测量杆及时擦净，放入专用盒中。按保存要求在指定区域存放，不能与刀具、工具混放。

5）使用过程中，百分表若出现异常情况应及时送交有关部门检修。

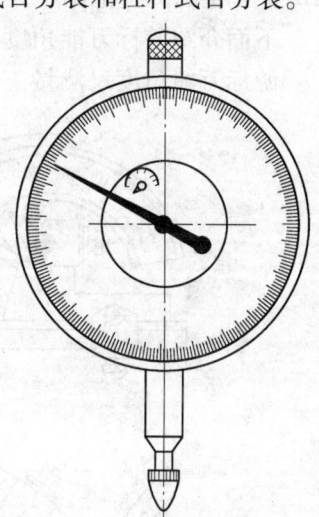

图 2-6-9　钟表式百分表

2. 杠杆式百分表的使用及注意事项

杠杆式百分表如图 2-6-10 所示。

1）测量前检查表盘和指针有无松动现象，检查表针转动的平稳和稳定性。

2）根据被测工件的测量需要，可以搬动杠杆测头改变测量方向。

3）测量时，测量杆轴线应与被测工件表面平行，其夹角越小，误差就越小，当夹角大于 15°时，其测量结果应进行修正。

4）测量完后，应将表身和测量杆及时擦净，放入专用盒中，按保存要求在指定区域存放，不能与刀具、工具混放。

5）使用过程中，百分表若出现异常情况应及时送交有关部门检修。

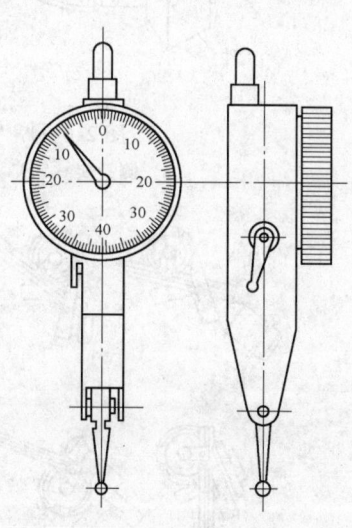

图 2-6-10　杠杆式百分表

四、游标万能角度尺

游标万能角度尺又被称为角度规、游标角度尺和万能量角器，它是利用游标读数原理来直接测量工件角或进行划线的一种角度量具，适用于机械加工中的内、外角度测量，可测 0°～320° 的外角及 40°～130° 的内角。Ⅰ型的测量范围是 0°～320°，Ⅱ型的测量范围是 0°～360°。

下面介绍游标万能角度尺的使用及注意事项。

游标万能角度尺测量工件示意图如图 2-6-11 和图 2-6-12 所示。

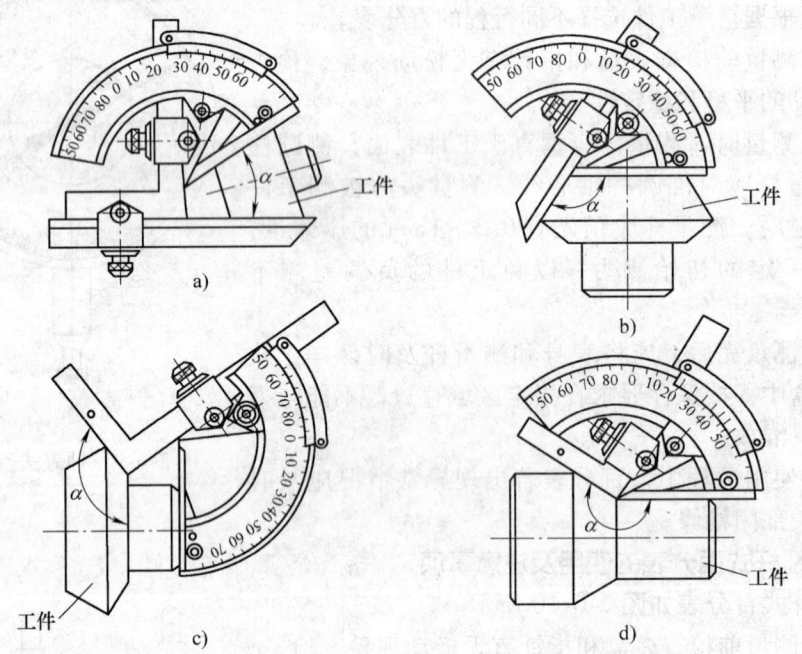

图 2-6-11　Ⅰ型游标万能角度尺测量工件示意图
a）测量 0°～50°　b）测量 50°～140°　c）、d）测量 140°～230°

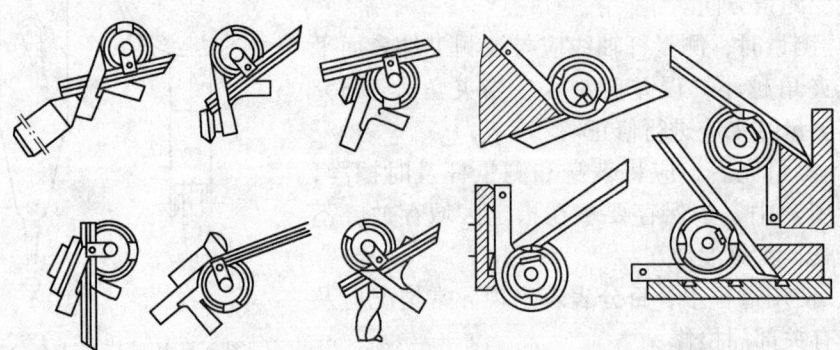

图 2-6-12　Ⅱ型游标万能角度尺测量工件示意图

1）使用前，应观察游标的零刻线和尾刻线与尺身的对应线是否对准，并及时调整。对不能调整的误差应在测量时作相应的误差增减。

2）测量时，应使游标万能角度尺的两个测量面与被测工件表面在全长上保持良好接触，然后拧紧制动器上的螺母后读数。

3）Ⅰ型游标万能角度尺测量角度在 0°～50°，应装上角尺与直尺；在 50°～140°，应装上直尺；在 140°～230°，应装上角尺；在 230°～320°不应装角尺和直尺。

4）测量完后，应将尺身和直尺、角尺等及时擦净，放入专用盒中，按保存要求在指定区域存放，不能与刀具、工具混放。

5）使用过程中若出现异常情况应及时送交有关部门检修。

五、常用精密量具及使用

1. 杠杆千分尺

杠杆千分尺（见图 2-6-13）是利用杠杆传动机构将尺架上两测量面的相对轴向运动转变为指示表指针的回转运动，由指示表读取两测量面间微小位移的微米级外径千分尺。其使用与普通外径千分尺相同，但适用于批量较大的精密零件的检测。指示表分度值为 0.001mm 的杠杆千分尺可测量尺寸公差等级为 6 级；分度值为 0.002mm 的杠杆千分尺可以测量尺寸公差等级为 7 级。

（1）绝对测量 把被测工件放在杠杆千分尺活动测砧和测微螺杆之间的正确位置上，调节微分筒，使它的某一刻线与固定套筒上的纵向刻线对准，并使表盘上的指针有适当的示值，然后按动几次按钮，使示值稳定，这时，微分套筒上的读数加上表盘的读数，就是被测工件的实际尺寸。

（2）相对测量 可用量块作为标准件来调整杠杆千分尺，使表盘指针回到零位，然后用锁紧

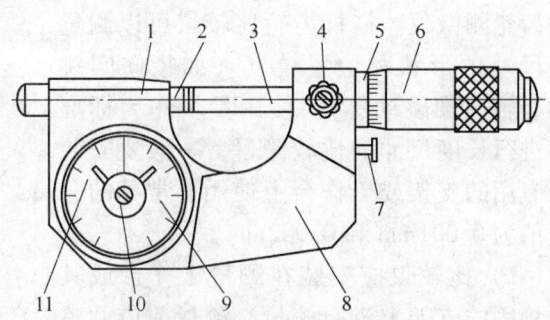

图 2-6-13 杠杆千分尺

1—尺架 2—活动测砧 3—测微螺杆 4—锁紧装置
5—固定套筒 6—微分筒 7—按钮 8—隔热装置
9—指示表 10—调零机构 11—公差指示器

装置将测微螺杆锁住，在表盘上读数，这样可避免测微头示值误差的影响，提高测量精度。测量时，先用手压住按钮，使活动测砧退回，然后将被测工件放入两测量面之间，松开按钮，按一两次，示值稳定后的读数就是被测工件的偏差值。

2. 杠杆卡规

杠杆卡规（见图 2-6-14）是一种具有卡板形尺架的测量器具，它利用杠杆齿轮放大原理制成，其分度值常见的有 0.001mm 和 0.002mm。可以用比较法测量精

密零件的外形尺寸，也可以测量几何形状误差（如圆度、圆柱度）。适合于对尺寸规格统一的批量较大的精密零件检测。

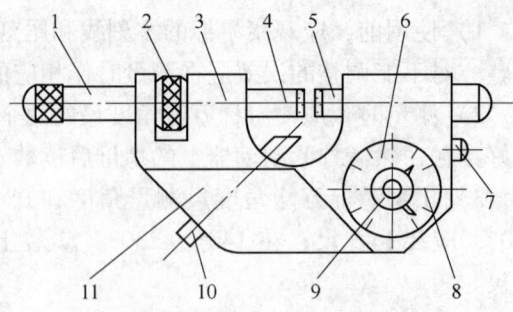

图 2-6-14 杠杆卡规

1—制动把 2—调整螺母 3—尺架 4—可调测杆
5—活动测头 6—指示装置 7—按钮 8—公差指示器
9—调零装置 10—定位柱 11—隔热装置

杠杆卡规的测量方法与杠杆千分尺的相对测量相似，用量块作为标准件调零位。测量时，先用手压住按钮，使活动测头退回，然后将被测工件放入两测量面之间，松开按钮，使活动测头轻轻接触被测面，按一两次，示值稳定后，观察指示机构的指针位置，并读取读数。读数就是被测工件的偏差值。

3. 杠杆齿轮比较仪

杠杆齿轮比较仪（见图 2-6-15）利用杠杆、齿轮传动系统，将测量杆的直线位移转换为指针在弧形刻度盘上的角度位移，并由刻度盘进行读数的测量器具，也叫杠杆齿轮测微仪。杠杆齿轮比较仪可以测量外尺寸的形状和位置精度（如径向圆跳动、轴向圆跳动等）。使用量块作为标准件进行长度尺寸的比较测量，一般要安装在专用的支架或工作台上使用。常见的分度值为 0.001mm 和 0.002mm。

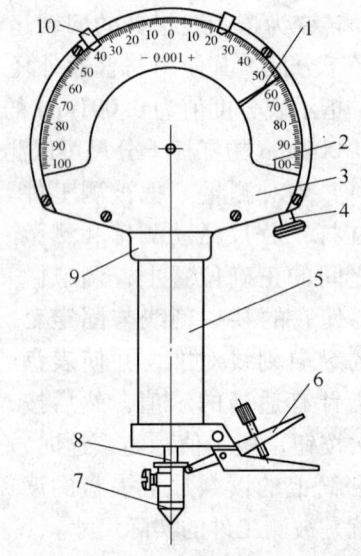

图 2-6-15 杠杆齿轮比较仪

1—指针 2—刻度盘 3—表壳 4—调零装置
5—轴套 6—拨叉 7—测头 8—测量杆
9—表体 10—公差指示器

1）比较仪应安装在测量工作台或其他稳固的支架上进行测量，测量前应调整工作台平面与比较仪测量杆的轴线垂直度。

2）操作时，测量杆应缓缓下降，使测头轻轻地与被测工件或量块接触，避免测量杆受撞击产生变形或损坏指针。

3）测量时应尽量使用刻度盘刻线的中间部分，以提高测量准确度。

4）检测成批工件时，可利用刻度盘上的公差指示器，以提高检测效率。

5）测量不同尺寸形状的工件时，可以选用相适应的工作台。

4. 扭簧比较仪

扭簧比较仪（见图 2-6-16）又称扭簧测微仪，是利用扭簧元件作为尺寸的转换和放大机构，将测量杆的直线位移转变为指针在弧形刻度盘上的角位移，并由刻度盘进行读数的测量器具。可以对高精度零件进行外尺寸和形状精度的检验。其精度高、灵敏度好，传动机构中没有摩擦和间隙，但使用不当容易损坏指针和扭簧。常见的分度值有 0.002mm、0.001mm、0.0005mm 和 0.0002mm 等。

其使用方法与杠杆齿轮比较仪基本相似，但由于扭簧比较仪的示值范围较小，在调整测头与工件接触时要更加仔细，测头绝对不能与被测件或工作台面撞击，也不要用力按压测头或测量杆，避免损坏比较仪。

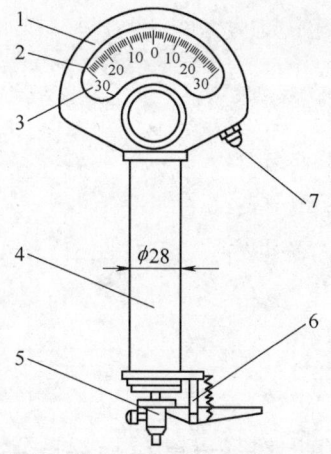

图 2-6-16　扭簧比较仪
1—表壳　2—刻度盘　3—指针　4—套筒
5—测头　6—拨叉　7—调零装置

5. 水平仪

水平仪（见图 2-6-17）是测量角度变化的一种量仪，主要用于测量设备安装时的平面度、直线度和垂直度，也可测量零件的微小倾角等。机械行业使用的普通水平仪分为条式和框式。普通水平仪的分度值为 0.02mm/m 和 0.05mm/m。

测量前，检查水平仪的零位是否正确，如不正确，对于可调式水平仪还应该调整零位。

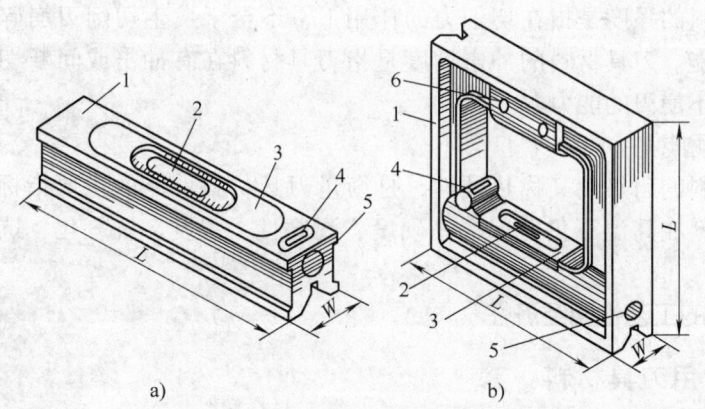

a)　　　　　　　　　　b)

图 2-6-17　水平仪
a）条式水平仪　b）框式水平仪
1—主体　2—主水准泡　3—盖板　4—副水准泡
5—调整机构　6—隔热把手

第七章
车　刀

一、对刀具材料的基本要求

金属切削过程中，直接完成切削工作的是刀具切削部分。刀具的切削性能主要取决于切削部分的材料性能，车刀切削部分在工作时要承受较大的切削力和较高的切削温度以及摩擦、冲击和振动。因此车刀材料应具备以下性能。

1. 高硬度和好的耐磨性

刀具材料的硬度必须高于被加工材料的硬度才能切下金属，一般刀具材料的硬度应在 60HRC 以上，刀具材料越硬，其耐磨性就越好。

2. 足够的强度与冲击韧度

刀具材料的强度是指在切削力的作用下，不至于发生切削刃崩碎与刀杆折断所具备的性能。刀具材料的冲击韧度是指刀具材料在有冲击或间断切削的工作条件下，保证不崩刃的能力。

3. 高的耐热性

刀具材料的耐热性又称热硬性，是衡量刀具材料性能的主要指标，它综合反映了刀具材料在高温下仍能保持高硬度、耐磨性、强度、抗氧化、抗粘接和抗扩散的能力。

4. 良好的工艺性和经济性

二、常用刀具材料

1. 碳素工具钢

碳素工具钢是 $w(C)$ 为 0.65% ~ 1.35% 的优质钢，淬火后的硬度为 60 ~ 64HRC。含碳量越高，硬度与耐磨性越高，但韧性会降低。碳素工具钢的耐热性很差，当切削刃工作温度超过 200 ~ 250℃时，硬度将急剧下降，逐渐失去切削能力。因此，这种钢只能在 8 ~ 10m/min 的低速下工作，主要用于制造手用锯条、锉刀等手动工具。

2. 合金工具钢

在碳素工具钢中加入一定量的合金元素，如钨（W）、铬（Cr）、钼（Mo）、钒（V）、锰（Mn）等即成为合金工具钢。这些钢淬火后的硬度达 60~65HRC，与碳素工具钢近似，其耐热性约 300~400℃，比碳素工具钢稍高，其切削速度可比碳素工具钢刀具高约 20%。合金工具钢与碳素工具钢相比，它的主要优点是淬火变形小、淬透性高，适于制造要求热处理变形小的低速刀具，如手用丝锥、铰刀等。

3. 高速钢

高速钢是以钨（W）、铬（Cr）、钼（Mo）、钒（V）、钴（Co）为主要合金元素的高合金含量的合金工具钢。高速钢与碳素工具钢和合金工具钢相比，具有较高的耐热性。它的常温硬度为 63~69HRC。当切削温度在 550~650℃时，仍能保持其切削性能。高速钢具有很高的强度，抗弯强度为一般硬质合金的 2~3 倍，韧性也高，比硬质合金高几十倍。高速钢的切削速度比碳素工具钢高出 2~3 倍，寿命提高 10~40 倍。高速钢的工艺性能也很好，热处理变形小，能磨出锋利的刃口，用它能制造出精度高而且形状复杂的刀具（如麻花钻、拉刀、成形刀具、丝锥、齿轮刀具）。目前，高速钢是制造各种刀具的主要材料。

高速钢按用途不同，可分为普通高速钢和高性能高速钢。

（1）普通高速钢　普通高速钢具有一定的硬度（62~67HRC）和耐磨性、较高的强度和韧性，切削时的切削速度一般不高于 50~60m/min，不适合高速切削和硬材料的切削。常用牌号有 W18Cr4V、W6Mo5Cr4V2 等。

（2）高性能高速钢　在普通高速钢中增加碳、钒的含量或加入一些其他合金元素而得到耐热性、耐磨性更高的新钢种。可用于切削高强度钢、高温合金、钛合金等难加工材料，但这类钢的综合性能不如普通高速钢。常用牌号有 W12Cr4V5Co5、W2Mo9Cr4VCo8 等。

4. 硬质合金

硬质合金是用钨和钛的碳化物粉末加上钴为粘结剂，采用粉末冶金方法制成（经高压压制后再高温烧结而成）。由于硬质合金中金属碳化物含量很高，故它的硬度很高，可达 89~94HRA，耐磨性很好，耐热性可达 800~1000℃。因此，切削性能远超过高速钢，刀具寿命可提高几倍到几十倍。在相同寿命下，其切削速度比高速钢提高 4~10 倍，它是用于高速切削的主要刀具材料。硬质合金一般制成各种形式的刀片，焊接或夹固在刀体上使用，也可制成整体刀具，但数量较少。切削加工常用的硬质合金可分为三个主要类别，分别以字母 K、P、M 表示。

（1）K［即钨钴（YG）］类硬质合金　这类硬质合金是由碳化钨（WC）和粘结剂钴（Co）组成的，与其他类型的硬质合金相比，其韧性、导热性能较好，能承受较大的冲击力，因此，适于加工脆性材料，如铸铁、有色金属及非金属材料。K 类硬质合金的牌号有 K01、K10、K20、K30……等几种。每一类别中，数字愈大，耐磨性愈低，而韧性愈高。

（2）P［即钨钛钴（YT）］类硬质合金　这类硬质合金由 WC、TiC 和 Co 组成，这类硬质合金在 K 类硬质合金的基础上，加入了碳化钛（质量分数为 5%~

30%），故其耐磨性和耐热性比 K 类硬质合金高，但韧性差。因此，它主要适用于高速切削塑性大的材料，如钢、铸钢等长切屑的黑色金属。P 类硬质合金的牌号有 P01、P10、P20、P30、P40……等几种。随着合金牌号的增大，耐磨性降低，韧性增加，切削速度降低，进给量增大。

（3）M 类硬质合金 [即钨钛钽（铌）钴类（YW）] 这类合金是在 K 类和 P 类硬质合金中添加了少量的碳化钽（TaC）或碳化铌（NbC）派生出来的。可提高硬质合金的硬度、耐磨性、耐热性和抗氧化能力，并细化晶粒，其抗弯强度比 K 类稍低，但硬度、耐磨性却提高了许多，可以加工冷硬铸铁、有色金属，也可以用于高锰钢、淬硬钢的精加工与半精加工。其代号有 M10、M20、M30、M40 等（YW1、YW2）。

5. 其他材料

除碳素工具钢、合金工具钢、高速钢和硬质合金外，还有几种高硬度的材料。

（1）陶瓷 陶瓷是在三氧化二铝的基础上，添加一些微量添加剂（如 TiC、Ni、Mo 等）经冷压烧结而成，是一种廉价的非金属刀具材料。陶瓷有很高的高温硬度，在 1200℃时硬度为 80HRA，并且具有优良的耐磨性和抗粘接能力，化学稳定性好，但它的抗弯强度低，因此，一般用于高硬度材料的精加工。

（2）人造金刚石 人造金刚石是碳的同素异构体，经高温高压转变而成。人造金刚石的硬度极高，其维氏硬度达到 10000HV，比硬质合金高几倍（1050～1800HV），它的耐磨性极好，但它的耐热温度较低，在 700～800℃时易脱碳，失去其切削能力，同时，它与铁族金属亲合作用大，切削时因粘附作用而损坏刀具。故人造金刚石可用于高硬度、耐磨材料的加工和有色金属及其合金的加工。

（3）立方氮化硼 立方氮化硼是由氮化硼经高温高压转变而成。它的硬度仅次于人造金刚石，耐热温度高达 1400℃，耐磨性能也较好，一般用于高硬度材料和难加工材料的精加工。

三、常见车刀的种类与用途

1. 按车刀结构划分

（1）整体式车刀 刀头部分和刀杆部分均为同一种材料，用作整体式车刀的刀具材料一般是整体高速钢。

（2）焊接式车刀 刀头部分和刀杆部分分属两种材料，即刀杆上镶焊硬质合金刀片，经刃磨后所形成的车刀。

（3）机械夹固重磨式车刀 刀头部分和刀杆部分分属两种材料，它是将硬质合金刀片用机械夹固的方法固定在刀杆上的，只有一个刀尖和一个切削刃，用钝后就必须刃磨。

（4）机械夹固可转位式车刀 刀头部分和刀杆部分分属两种材料，它也是将硬质合金刀片用机械夹固的方法固定在刀杆上，它的硬质合金刀片形状为多边形，有多条切削刃，多个刀尖，用钝后只需将刀片转位即可使用新的刀尖和切削刃进行切削而不需重新刃磨。

2. 按车刀用途划分

在车削过程中，由于零件的形状、大小和加工要求不同，采用的车刀也不相同。车刀的种类很多，用途各异（见图2-7-1）。

（1）外圆车刀　外圆车刀也叫做偏刀。常用的偏刀主偏角为90°，用来车削工件的外圆和台阶，有时也用来车削端面，特别是用来车削细长工件的外圆，可以避免把工件顶弯。偏刀分为左偏刀和右偏刀两种，常用的是右偏刀，它的切削刃向左。

（2）端面车刀　常用的端面车刀主偏角为45°，用于车削端面和倒角，使工件长度达到需要的尺寸。加工大型端面有时也可以用反偏刀横装的方式进行车削。

（3）切断刀和切槽刀　切断刀的刀头较长，这是为了减少工件材料消耗和切断时能切到中心的缘故。因此，切断刀的刀头长度必须大于工件的半径。切槽刀与切断刀基本相似，为了提高刀具强度，刀头长度比所加工槽深长3～5mm，其刀头形状应与槽形一致。

（4）车孔刀　车孔刀又称镗孔刀，用来加工内孔。它可以分为通孔刀和不通孔刀两种。通孔刀的主偏角小于90°，一般在45°～75°之间，副偏角20°～45°，镗孔刀的后角应比外圆车刀稍大，一般为10°～20°（贴近孔壁处的后角应以孔的弧度作为参考）。不通孔刀的主偏角应大于90°，刀尖在刀杆的最前端，为了使内孔底面车平，刀尖与刀杆外端距离应小于内孔的半径。

（5）螺纹车刀　螺纹车刀用于车削工件外圆表面及内圆表面螺纹。螺纹按牙型有三角形、矩形和梯形等，相应使用管螺纹车刀、矩形螺纹车刀和梯形螺纹车刀等。

（6）成形刀　成形刀有凹、凸之分。用于车削内外圆角、内外圆弧槽或者各种特殊形面。

四、车刀的组成及角度

1. 车刀的组成

车刀由刀头和刀杆两部分组成。刀头用于切削，又称切削部分；刀杆用于把车刀装夹在刀架上，又称夹持部分。车刀刀头在切削时直接接触工件，它具有一定的几何形状。如图2-7-2所示是车刀刀头的组成。

（1）前刀面　刀具上切屑流过的表面。

（2）主后刀面　同工件上加工表面相互作用或相对应的表面。

（3）副后刀面　同工件上已加工表面相互作用或相对应的表面。

（4）主切削刃　前刀面与主后刀面相交的交线部位。

（5）副切削刃　前刀面与副后刀面相交的交线部位。

（6）刀尖主、副切削刃相交的交点部位　为了提高刀尖的强度和寿命往往把刀尖刃磨成圆弧形和直线形的过渡刃。

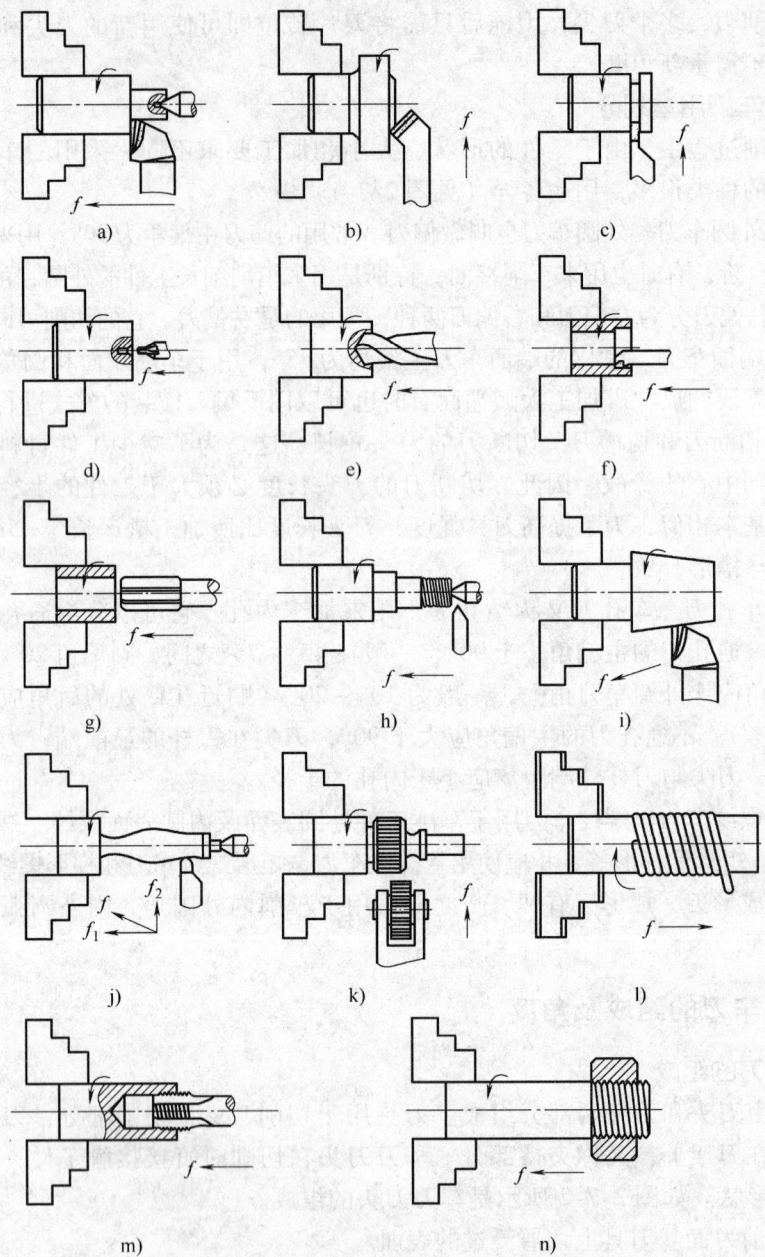

图 2-7-1　常用车刀的种类和用途

a）90°外圆车刀车削外圆　b）45°端面车刀车削端面　c）切刀切断工件

d）中心钻钻中心孔　e）麻花钻钻孔　f）内孔车刀车削内孔

g）铰刀铰削内孔　h）螺纹车刀车削外螺纹　i）90°偏刀车削锥体

j）圆弧刀车削圆弧面　k）滚花刀滚压外圆　l）缠绕弹簧

m）丝锥攻内螺纹　n）板牙套外螺纹

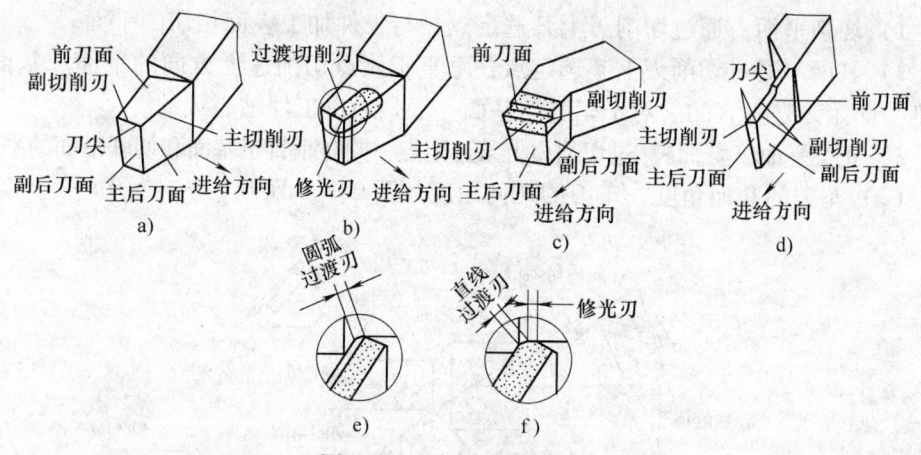

图 2-7-2　车刀刀头的组成

（7）修光刃　副切削刃近刀尖处一小段平直的切削刃。与进给方向平行且长度大于工件每转一转车刀沿进给方向的移动量，才能起到修光作用。

2. 车刀的几何角度

（1）车削过程中工件上形成的三个表面　如图 2-7-3 所示，分别是已加工表面、待加工表面和加工表面（也叫过渡表面）。

（2）确定刀具角度的辅助平面　车刀的三个辅助平面如图 2-7-4 所示，分别为切削平面、基面和正交平面（截面）。

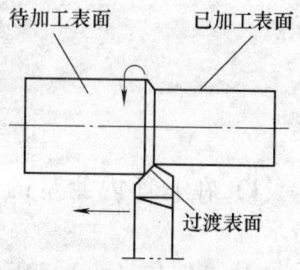

图 2-7-3　车削过程中工件上形成的三个表面

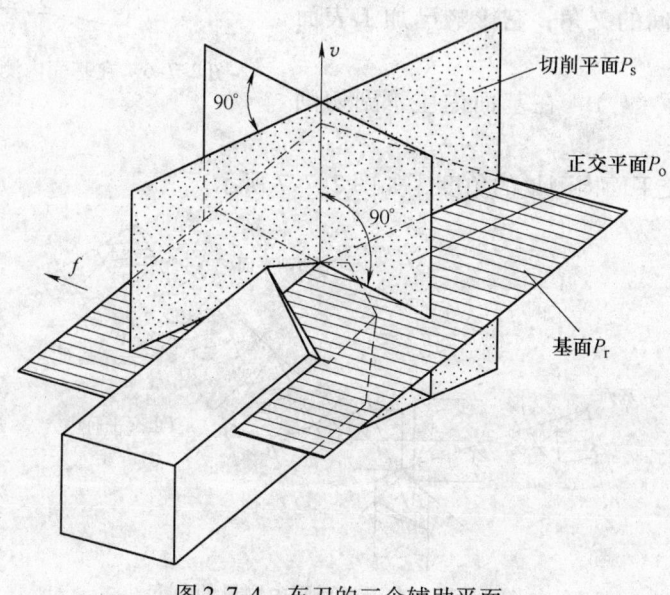

图 2-7-4　车刀的三个辅助平面

1）切削平面 通过切削刃上某选定点，与工件加工表面相切的平面。

2）基面 通过切削刃上某选定点，垂直于该点切削速度方向的平面。基面与切削平面始终是垂直的。对于车削，基面一般是通过工件轴心线的。

3）正交平面（截面） 过切削刃上某选定点，同时垂直于基面和切削平面的平面。

（3）车刀的几何角度 车刀的几何角度如图 2-7-5 所示。

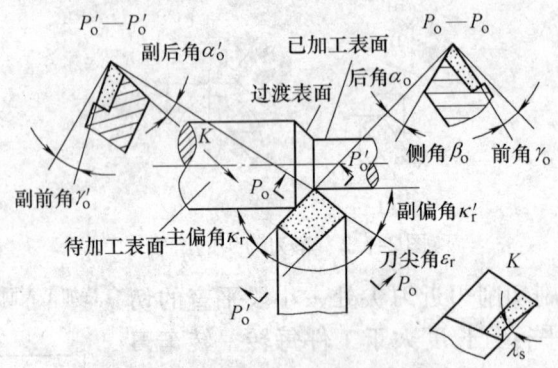

图 2-7-5 车刀的几何角度

1）在基面内测量的角度，如图 2-7-6 所示。

① 主偏角（κ_r） 在基面内主切削刃与进给方向之间的夹角，车削时常取 $\kappa_r = 30° \sim 90°$。

② 副偏角（κ_r'） 在基面内副切削刃与反进给方向之间的夹角，它影响已加工表面的粗糙度。

③ 刀尖角（ε_r） 在基面内主、副切削刃之间的夹角。

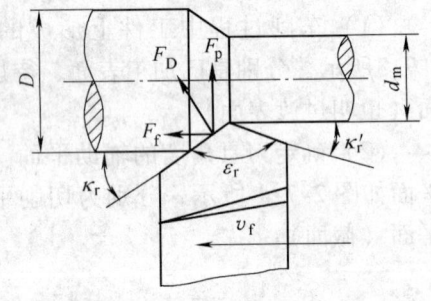

图 2-7-6 在基面内测量的角度

2）在正交平面内测量的角度，如图 2-7-7 所示。

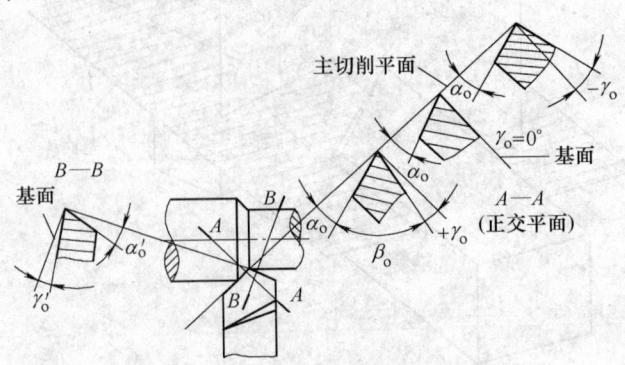

图 2-7-7 在正交平面内测量的角度

① 前角（γ_o）　前刀面与基面之间的夹角。γ_o 大，切削刃锋利，但强度差；γ_o 为负时，刃口钝而强度高，适宜加工硬材料。

② 后角（α_o）　切削平面与后刀面之间的夹角。α_o 较小时，刀具强度高而摩擦大，工件表面质量较差；α_o 较大则相反，车刀通常取 $\alpha_o = 6° \sim 12°$。

③ 楔角（β_o）　前刀面与主后刀面之间的夹角，通常取 $\beta_o = 90° - (\gamma_o + \alpha_o)$。

3）在切削平面内测量的角度。刃倾角（λ_s）为主切削刃与基面之间的夹角。

五、刀具几何角度的选择原则

1. 前角的选择

增大前角能降低切削力和切削热，但会削弱切削刃强度和散热面积，减小前角可改善刀头散热条件和提高刀头的强度，但会使切削力和切削热增加。

前角的选择原则为在刀具强度许可的条件下，尽量选择大的前角。前角的选择包括确定其正负和角度。

（1）前角的角度　前角的角度数值应该由工件材料、刀具材料及工艺要求来确定。工件材料的强度和硬度较低时，可取较大甚至很大的前角，反之，前角应取小值，甚至负值。刀具材料的强度和韧性较差，前角应取小值，反之，取较大的值。粗加工时，特别是断续车削、承受冲击载荷或对有硬皮的铸、锻件粗车时，应适当减小前角；精加工时，应选取较大的前角。

（2）负前角　负前角一般用于硬质合金车刀，切削强度很高的钢材。采用负前角可以使刀片受压而不变弯，同时使楔角增大，切削刃不易磨损及崩刃。高速钢刀具因为抗弯强度高、韧性好，不宜采用负前角。刀具前角的选择可归纳为前角大，刃口锋利，强度较差，适用于精加工；前角小，强度较高，散热较好，适用于粗加工。

2. 主后角的选择

主后角的作用是减小主后刀面与工件之间的摩擦，提高已加工表面质量和延长刀具寿命，配合前角调整切削刃和刀头部分的锋利程度、强度和散热条件。小后角车刀在特定的条件下可抑制切削时的振动。

后角的选择原则为在粗加工时以确保刀具强度为主，应取较小的后角（4°～6°）；在精加工时以确保表面加工质量为主，一般取后角 8°～12°。一般车刀（切断刀除外）的副后角和后角取相同的数值。

后角的选择可归纳为后角大，刃口锋利，摩擦小，适用于精加工；后角小，强度较高，散热较好，适用于粗加工。

3. 主偏角的选择

主偏角可以影响已加工表面残留面积的高度，影响各切削分力的比例，影响刀尖的强度和刀具的耐磨强度，影响断屑效果。

主偏角的选择原则为工艺系统刚性好，取小值；按工件台阶的角度选取；需要加强散热时，取小值；根据加工批量要求，需要刀具通用性好时，一般取 90°和 45°。

4. 副偏角的选择

副偏角可以影响已加工表面残留面积的高度，影响刀头的强度及散热效果，选择时应首先考虑满足工件表面质量要求。

副偏角的选择原则为工艺系统刚性好，尽量取小值；为提高表面质量一般取小值，必要时可磨出一小段 0° 的修光刃；需要较大的刀尖强度时取小值；刀具在工件中间切入时可根据需要适当取大值。

5. 刃倾角的选择

刃倾角可以影响加工表面的质量，影响各切削分力的比例，影响刀尖的强度，影响切削工件时刀具切入切出的平稳性。

刃倾角的选择原则为粗加工、断续切削，工件强度、硬度大时刃倾角取负值，有利于增加刀尖强度。精加工或微量切削时刃倾角取正值，使刀具的实际刃口半径下降，锋利程度提高，且有利于切屑排向待加工表面。

六、刀具的安装

刃磨好的车刀，如果安装不正确就会改变车刀应有的角度，直接影响工件的加工质量，严重的甚至无法进行正常切削。所以，使用车刀时必须正确安装车刀。

1. 刀头伸出不宜太长

车刀在切削过程中要承受很大的切削力，伸出太长刀杆刚性不足，极易产生振动而影响切削。所以，车刀刀头伸出的长度应以满足使用为原则，一般不超过刀杆高度的两倍。

2. 车刀刀尖高度要对中

车刀刀尖要与工件回转中心高度一致，高度不一致会使切削平面和基面变化而改变车刀应有的静态几何角度，而影响正常的车削，甚至会使刀尖或切削刃崩裂。装得过高或过低均不能正常切削工件。

3. 车刀放置要正确

车刀在刀架上放置的位置要正确。加工外表面的刀具在安装时其中心线应与进给方向垂直，加工内孔的刀具在安装时其中心线应与进给方向平行，否则会使主、副偏角发生变化而影响车削。

4. 正确选用垫刀片

垫刀片的作用是垫起车刀使刀尖与工件回转中心高度一致。刀垫要平整，放置要正确。选用时要做到以少代多、以厚代薄。

5. 安装要牢固

车刀在切削过程中要承受一定的切削力，如果安装不牢固，就会松动、移位而发生意外。所以使用压紧螺钉紧固车刀时不得少于两个且要可靠。

七、切削液

车削过程中，切屑、刀具和工件相互摩擦会产生很高的切削热。在正确使用刀具的基础上合理地选用切削液，可以减少切削过程中的摩擦，从而降低切削温度、减小切削力及工件的热变形，对提高加工精度和表面质量尤其是对提高刀具寿命起着重要的作用。

1. 切削液的作用

（1）冷却作用　切削液浇注到切削区域后，通过切削热的热传递和汽化，能吸收和带走切削区大量的热量，而改善散热条件，使切屑、刀具和工件上的温度降低，尤为重要的是降低前刀面的温度。切削液冷却作用的好坏，取决于它的热导率、比热容、汽化热、汽化速度、流量和流速等。一般水溶液的冷却性能最好，油类最差，乳化液介于两者之间，接近于水溶液。

（2）润滑作用　车削加工时，切削液渗透到工件与刀具、切屑的接触表面之间形成边界润滑而达到润滑作用。

（3）清洗作用　浇注切削液能冲、带走在车削过程中产生的碎、细切屑，从而起到清洗并防止刮伤已加工表面和车床导轨面的作用。

（4）防锈作用　在切削液中加入防锈剂，如亚硝酸钠、磷酸三钠和石油磺酸钡等，在金属表面生成保护膜，使机床、工件不受潮湿空气、水分和酸等介质的腐蚀，从而起到防锈作用。

2. 常用切削液种类及其选用

（1）水溶液　水溶液的主要成分是水并加入防锈剂，主要起冷却作用。一般用于精车和铰孔等。

（2）乳化液　乳化液是将乳化油用水稀释而成的液体。而乳化油则是由矿物油、乳化剂及添加剂配成的。使用时，按产品说明配制后使用。低浓度主要起冷却作用，适用于粗加工；高浓度主要起润滑作用，适用于精加工和复杂工序加工。

（3）切削油　切削油包括润滑油、轻柴油、煤油等矿物性油，豆油、菜籽油、蓖麻油、鲸油等动植物性油。普通车削、攻螺纹、铰孔等可选用润滑油；加工有色金属和铸铁时应选用粘度小、浸润性好的煤油与其他矿物油的混合油；自动机床可选用粘度小、流动性好的轻柴油。

总之，切削液的选用应根据被加工工件材料、刀具材料、加工方法和加工要求来确定，而不是一成不变。相反，如果选择不当就得不到应有的效果。

八、切削用量基本知识

1. 切削运动

要进行切削加工，金属切削机床必须为形成工件表面提供主运动和进给运动两种相对运动，外圆车削运动如图 2-7-8 所示。

（1）主运动 主运动通常是由机床主轴旋转形成的。它的衡量参数是切削速度 v_c。

（2）进给运动 进给运动是刀具和工件之间附加的相对运动，配合主运动依次地连续不断地维持切削。它的衡量参数是进给速度 v_f。

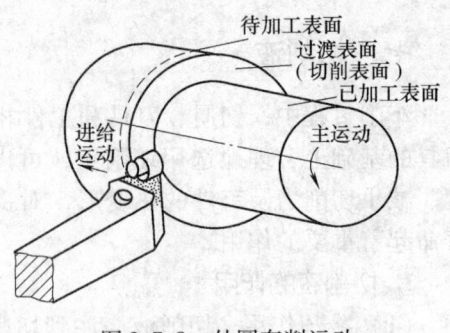

图 2-7-8 外圆车削运动

2. 切削用量

切削用量是指切削速度、进给量和背吃刀量，三者又称为切削用量三要素。

（1）切削速度 v_c（m/s 或 m/min） 切削速度是切削刃上某选定点相对于工件主运动的瞬时速度。切削速度的计算公式（当主运动为回转运动时）为

$$v_c = \frac{\pi \times D \times n}{1000}$$

式中　v_c——切削速度（m/min）；

　　　　D——工件的回转直径（mm）；

　　　　n——工件的转速（r/min）。

（2）进给量 f（mm/r） 工件或刀具转一周（或每往复一次），两者在进给运动方向上的相对位移量称为进给量。单位时间的进给量称为进给速度 v_f（mm/s）。进给速度 v_f、进给量 f 和转速之间的关系为

$$v_f = fn$$

（3）背吃刀量 a_p（mm） 背吃刀量为工件已加工表面和待加工表面间的垂直距离，它表示切削刃切入工件的深度，因而也称为切削深度。

3. 切削用量的选择

（1）合理选择切削用量的目的 在被加工材料、刀具材料、刀具几何参数、车床等切削条件一定的情况下，选择的切削用量不仅对切削阻力、切削热、积屑瘤、工件的加工精度、表面粗糙度有很大的影响，而且还与降低生产成本，提高生产率有密切的关系。加大切削用量对提高生产效率有利，但过分增加切削用量会加大刀具磨损，甚至会发生损毁刀具和机床等严重后果。选择合理的切削用量的目的是在保证人身安全、设备安全以及工件加工质量的前提下，充分地发挥机床潜力和刀具切削性能。在不超过机床的有效功率和工艺系统刚性所允许额定负荷的情况下，尽量选用较大的切削用量。

（2）选择切削用量的一般原则

1）粗车时切削用量的选择。粗车时，加工余量较大，主要应考虑尽可能提高生产效率和保证必要的刀具寿命。切削速度增加会导致切削温度升高，致使刀具磨损加快、刀具使用寿命明显下降，所以应首先选择尽可能大的进给量，然后再

选取合适的背吃刀量，最后在保证刀具寿命的前提下选取较大的切削速度。

① 背吃刀量（a_p）。背吃刀量应根据工件的加工余量和工艺系统的刚性来选择。在保留半精加工余量和精加工余量后，应尽量将剩下余量一次切除，以减小进给次数。若总加工余量太大，刀具强度、机床功率不允许一次切去所有余量时，应分两次或多次进刀。第一次背吃刀量必须选取大一些，特别是被加工件表面层有硬皮的铸铁、锻件毛坯或切削不锈钢等冷硬现象较严重的材料时，应尽量使第一次背吃刀量超过硬皮或冷硬层厚度，否则会使刀尖与冷硬层长时间磨损以致破损。

② 进给量（f）。影响进给量的主要因素是切削阻力和工件表面粗糙度。粗车时，工件加工的表面粗糙度要求不高，只要工艺系统的刚性和刀具强度允许，可以选较大的进给量。精加工时应按照工件的表面质量要求选取进给量。

③ 切削速度（v_c）。粗车时切削速度的选择，主要考虑切削的经济性，既要保证刀具的经济寿命，又要保证切削负荷不超过机床的额定功率。刀具材料耐热性好，则切削速度可选得高些；工件材料的强度、硬度高或塑性太大或太小，切削速度均应选取低些；断续切削或不连续表面切削时，应取较低的切削速度；工艺系统刚性较差时，切削速度应适当减小。

2）精车时切削用量的选择。精车时加工余量较小，选择切削用量时主要考虑要保证工件的加工精度和表面质量。由于精车时背吃刀量小，切削阻力也相应较小，刀具磨损也不突出，此时应尽可能选择较高的切削速度，然后根据工件质量要求选取合适的进给量。

① 切削速度。中等切削速度易产生积屑瘤，精加工时为了避免积屑瘤产生，提高表面粗糙度，当用硬质合金车刀切削时，一般可选用较高的切削速度（80～120mm/min），这样即可提高生产效率及工件表面质量。而高速钢车刀热硬性相对较差，宜采用较低的切削速度，以降低切削温度。

② 进给量。精车时，增大进给量会加大工件的表面粗糙度值，故精车时通常根据工件表面质量要求选用较小的进给量。

③ 背吃刀量。精车的背吃刀量是根据被加工表面的精度、粗糙度及精加工余量决定的。选用硬质合金精车刀，由于其刃口不易磨得很锋利，最后一刀的背吃刀量不宜过小。若选用高速钢车刀，由于其刃口能刃磨到 10～15μm，则可选较小的背吃刀量。

常用的切削用量推荐表见表 2-7-1。

表 2-7-1 常用的切削用量推荐表

工 件 材 料	加工内容	背吃刀量/mm	切削速度/(m/min)	进给量/(mm/r)	刀 具 材 料
碳素钢 $\sigma_b > 600MPa$	粗加工	5～7	60～80	0.2～0.4	P 类
	粗加工	2～3	80～120	0.2～0.4	
	精加工	2～6	120～150	0.1～0.2	

（续）

工件材料	加工内容	背吃刀量/mm	切削速度/(m/min)	进给量/(mm/r)	刀具材料
碳素钢 $\sigma_b > 600MPa$	钻中心孔		500~800r/min		W18Cr4V
	钻孔		25~30	0.1~0.2	
	切断（宽度<5mm）		70~110	0.1~0.2	P类
铸铁 HBW<200	粗加工	5~7	50~70	0.2~0.4	K类
	精加工	2~6	70~100	0.1~0.2	
	切断（宽度<5mm）		50~70	0.1~0.2	

第八章

切削的基本原理

　　金属切削是用刀具与工件做相对运动，将零件上多余金属切除的过程，是切屑产生和形成已加工表面的过程。

　　金属切削过程是被切削金属层在刀具作用下，经过挤压产生滑移变形的过程。这个过程会伴随着金属变形、切削力、切削热、刀具磨损等物理现象。生产过程中出现的诸如鳞刺、积屑瘤、振动、卷屑与断屑等问题，也都和切削过程有关。

一、切削过程

1. 切屑形成过程

　　切削时，在刀具切削刃的切割和前刀面的推挤作用下，被切削的金属层会产生剪切、滑移、变形，最后脱离工件变为切屑，这个过程称为切削过程。

　　切屑的形成过程如图 2-8-1 所示。

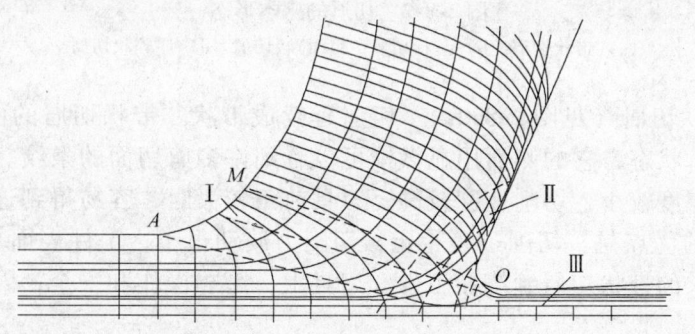

图 2-8-1　切屑的形成过程

　　第 I 变形区：近切削刃处的切削层内产生的剪切变形区。

　　被切削金属层在刀具前面的挤压力作用下，首先产生弹性变形，当最大切应力达到材料屈服极限时，即会发生剪切滑移。随着前刀面的逐渐趋近，塑性变形逐渐增大，并伴随有变形强化，直至滑移终止，被切削金属层与工件母体脱离成为切屑沿前刀面流出。

第Ⅱ变形区：与前刀面接触的切屑层内产生的变形区。

经第一变形区剪切滑移而形成的切屑，在沿前刀面流出过程中，靠近前刀面处的金属受到前刀面挤压而产生剧烈摩擦，再次产生剪切变形，使切屑底层薄薄的一层金属流动滞缓。这一层滞缓流动的金属层称为滞流层。滞流层的变形程度比切屑上层大几倍甚至几十倍。

第Ⅲ变形区：近切削刃处已加工表层内产生的变形区。

第三变形区的变形是指工件加工表面和已加工表面金属层受到切削刃钝圆部分和后刀面的挤压、摩擦而产生塑性变形的区域，造成表层金属的纤维化和加工硬化，并产生一定的残余应力。此变形区的金属变形，将会影响工件的表面质量及其使用性能。

2. 切屑的类型

金属切削时，由于工件材料、刀具几何形状和切削用量等加工条件的不同，所形成的切屑形状也各异，一般有以下四种基本形态（见图2-8-2）。

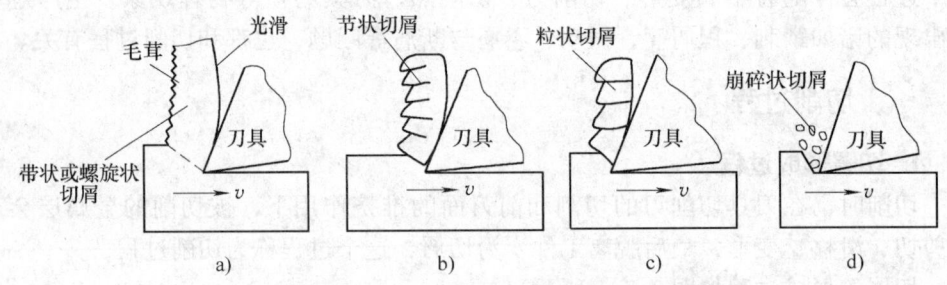

图 2-8-2　切屑的基本形态

a）带状切屑　b）节状切屑　c）粒状切屑　d）崩碎状切屑

（1）带状切屑（见图2-8-2a）　切屑延续成带状。带状切屑的内表面光滑，外表面呈毛茸状态，它的侧面用显微镜可以看到许多剪切面的条纹。在切削塑性金属，切削厚度较小，切削速度较高，刀具前角较大时，容易得到这种切屑。形成这种切屑的优点是，切削过程稳定，切削力波动很小，工件表面加工质量高。缺点是，过长的带状切屑缠绕在工件和刀具上，影响操作和安全，因此，必须采取断屑措施。

（2）节状切屑（见图2-8-2b）　这类切屑的外表面呈锯齿状，内表面有裂纹。这是因为切割时其内部局部切应力达到了材料的强度极限。在切削塑性金属时，切削厚度较大，切削速度较低，前角较小易得到这类切屑。在形成这类切屑过程中，切削力波动较大，切削过程也欠平稳，易造成工件已加工表面粗糙度较大。

（3）粒状切屑（见图2-8-2c）　在切削时，如果切屑破裂成较大的不规则的块状结构，这种切屑叫做粒状切屑。形成这类切屑的原因是：切屑内部的切应力超过了材料的强度极限，切屑沿某一截面破裂，不能形成连续的切屑所致。一般在切削塑性金属时，切削厚度大，切削速度低，刀具前角小，容易得到这种切屑。形成这种切屑时，切削力波动很大，切削过程很不平稳，工件已加工表面粗糙度大，故在加工中尤其是精加工应避免出现这种切屑。

（4）崩碎状切屑（见图2-8-2d）　在切削脆性金属时（如铸铁、黄铜），切削层金属在刀具前面的推挤作用下，切削刃前方的金属在塑性变形很小时就被挤裂、脆断，形成大小不一、不规则的碎块状切屑，这类切屑叫做崩碎切屑。形成这类切屑时，切削力变化很大，工件的已加工表面粗糙度很大。刀具的前角越小，切削厚度越大时，越容易产生这类切屑。

3. 积屑瘤

（1）积屑瘤的形成　在一定的条件下，切削塑性金属时，刀尖附近贴着一小块硬度较高的金属，如图2-8-3所示，这块金属称为积屑瘤。它对切削过程和加工表面质量有很大影响。

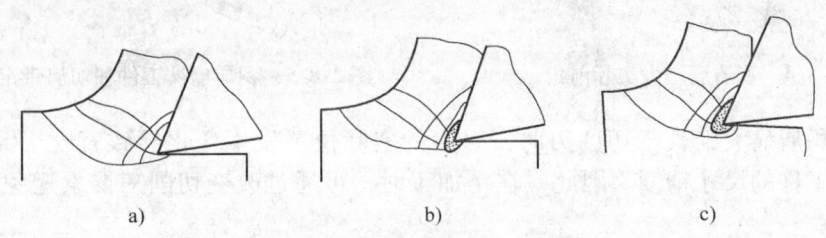

图2-8-3　积屑瘤的形成

产生积屑瘤要有一定的条件和原因。其一是切削塑性金属，其二是中等切削速度（5～60m/min）。在切削一般钢料或其他塑性材料时，切削层金属在刀具的切削刃切割作用下，被迫脱离母体，底层沿着刀具前面流动，切削层与前刀面之间发生摩擦。同时，切削过程中，刀具的前面对切屑的推挤作用产生巨大的压力。巨大的压力和摩擦使切屑底层金属的流动速度较切屑的上层缓慢得多，并沿前刀面产生很大的变形，即出现滞流现象。当切屑与前刀面的压力和温度达到一定时，产生冷焊现象，经过冷焊的切削底层金属就停留在前刀面上，形成一层积屑瘤，这层积屑瘤又使与它接触的那一层金属又产生很大的塑性变形，并堆积其上。经过不断堆积，积屑瘤逐渐长大，当长到一定的高度时，形成了一个完整的积屑瘤并代替切削刃进行切削。积屑瘤的存在，改变了刀具的前角。

当切削速度很低（<5m/min），刀具前面与切削层之间的压力和温度较低时，不具备形成积屑瘤的条件。当切削速度很高时，切削底层的金属温度很高。底层金属的流动性增加。摩擦因数明显降低，也不会形成积屑瘤。

（2）积屑瘤对切削的影响

1）保护刀具。积屑瘤的硬度约为工件材料硬度的2～4倍，焊附在刀具的前面上，能代替切削刃进行切削，保护了切削刃和前刀面，减少了刀具的磨损。积屑瘤对粗加工是有积极作用的。

2）增大实际前角。有积屑瘤的车刀，可增大实际前角至30°～35°，减小了切屑的变形，降低了切削力，如图2-8-4所示。

3）影响工件尺寸精度及表面质量。积屑瘤产生是时有时无，时大时小，极不稳定的。在切削过程中，有些积屑瘤被切屑带走，有些被嵌入工件已加工表面，使工件表面形成硬点和毛刺，表面粗糙度值变大，如图2-8-5所示。

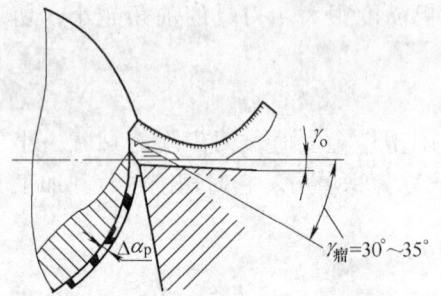

图2-8-4 积屑瘤增大实际前角

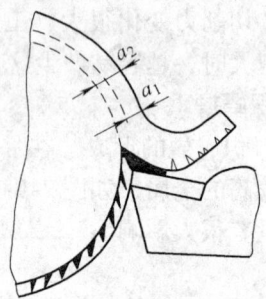

图2-8-5 积屑瘤被工件和切屑带走的情况

当积屑瘤大到长于切削刃时，刀尖的实际位置发生变化导致背吃刀量改变，影响了工件的尺寸精度。因此，在精加工时，可通过改变切削三要素避免产生积屑瘤。

（3）影响积屑瘤的主要因素　影响积屑瘤的主要因素是工件材料、切削速度、进给量和切削液等。其中切削速度对产生积屑瘤的影响最大。除此之外，影响积屑瘤的因素还有刀具前角和切削厚度。前角较大时，切屑变形减小，有利于抑制积屑瘤的产生；切削厚度增加，切屑与前刀面的接触长度也会随着增大，将增加生成积屑瘤的可能性。

4. 加工硬化

塑性金属经过切削加工后其表面强度、硬度都要提高而塑性下降的现象叫做加工硬化，简称冷硬现象。产生冷硬现象的原因是因为金属材料在加工过程中的塑性变形造成的。塑性变形愈大，表面变形硬化愈严重。硬化层的硬度可达工件硬度的1.2～2倍，硬化层深度可达0.07～0.5mm，给后序加工造成困难，增加刀具的磨损，还影响工件的表面质量。因为冷硬现象的出现会伴随残余应力和细微裂纹同时产生，这将使工件表面材料性能降低。

冷硬现象虽然有些不利影响，但也有可以利用的一面。例如，在抑制残余应力，特别是细微裂纹的条件下，利用滚压加工产生加工硬化，可使已加工表面的硬度、强度和耐磨性提高。

二、切削力

切削时，切削刀具对工件的作用力称为切削力F_r，它作用在工件上。切削时，工件材料抵抗刀具切削所产生的阻力称为切削阻力 F_r'，它作用在刀具上。切削力 F_r 与切削阻力 F_r' 是一对大小相等、方向相反，分别作用在两个不同物体上的作用力与反作用力，如图 2-8-6 所示。

切削阻力在切削过程中，对刀具的寿命、机床功率消耗和工件的加工质量都有很大的影响。

1. 切削阻力的来源

切削时，刀具不仅要受到来自被切削金属、切屑以及工件表面层金属的塑性变形和弹性变形所产生的变形抗力（$F_{弹1}$、$F_{弹2}$、$F_{塑1}$、$F_{塑2}$），而且还要受到前刀面与切屑及后刀面与工件表面间的摩擦阻力 f_1、f_2，而切削阻力就是这些力的合力（矢量和），如图 2-8-7 所示。

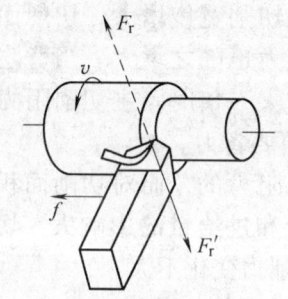

图 2-8-6 切削力 F_r 与切削阻力 F_r'

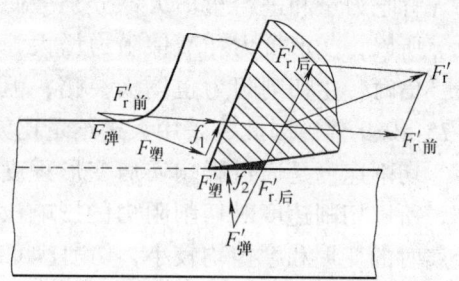

图 2-8-7 切削阻力的来源

2. 切削阻力的分解

切削阻力 F_r' 是一个空间矢量，它的大小与方向都不易测量。为了便于分析切削阻力的作用及测量，计算切削力的大小，通常将切削阻力 F_r' 分解成三个相互垂直的分力：主切削阻力 F_z'、径向阻力 F_y'、轴向阻力 F_x'（见图 2-8-8）。

当已知三个分力数值后，合力 F_r' 的数值可按下式计算：

$$F_r' = \sqrt{F_x'^2 + F_y'^2 + F_z'^2}$$

（1）主切削阻力 F_z' 它垂直于基面，与切削速度 v_c 方向一致，它是诸分力中最大的一个，消耗的动力最多，约占机床总功率的 95% ~ 99%。F_z' 会使刀杆产生弯曲。因此安装刀具时刀杆应尽量伸出短些。

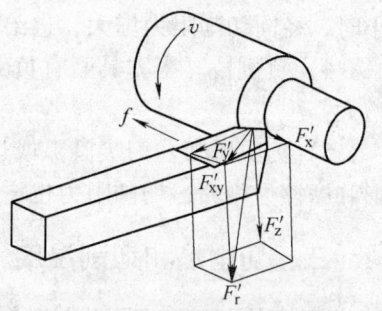

图 2-8-8 切削阻力与分解

（2）径向阻力 F_y' 它在基面内，且与径向进给方向平行，它不消耗机床功率。但是，它的反作用径向切削力，作用于工件的径向，有将工件顶弯的趋势。当工件细长，工艺系统等刚性不足时，容易产生弯曲变形与振动，影响加工精度和表面粗糙度。

（3）轴向阻力 F_x'。 它在基面内，且与纵向进给方向平行，它只消耗机床总功率的 1%～5%。由于它与工件轴线平行，有使车刀朝与进给相反方向偏转的趋势。因此，车刀安装时应锁紧牢靠，避免因车刀移动而使工件报废。

3. 影响切削阻力的因素

（1）工件材料　工件材料的硬度、强度、塑性变形、切屑与刀具间的摩擦都影响切削阻力。工件材料的硬度或强度越高，切削阻力就越大。工件材料的塑性或韧性越高，变形抗力和摩擦力越大，切削阻力也越大。钢的强度与变形大于铸铁，因此切削钢材时的切削阻力较切削铸铁时的切削阻力大（0.5～1 倍左右）。

（2）切削用量　切削用量中，主要是背吃刀量和进给量，通过影响切削面积来影响切削阻力。其中背吃刀量对切削阻力的影响最大，其次是进给量。

背吃刀量和进给量增大，分别会使切削厚度、切削宽度增大，切削面积也增大。所以，变形抗力和摩擦阻力增大，因而切削阻力也随之增大。当背吃刀量增大一倍时，主切削阻力也增大一倍；但当进给量增大一倍时，主切削阻力只增加0.75～0.9 倍。因此，采用大进给量比大背吃刀量更要省力。

切削速度是通过影响切屑变形程度来影响切削阻力的，而对切削面积没有影响，所以切削速度对切削阻力的影响没有背吃刀量和进给量的影响大。切削脆性金属时的变形和摩擦均较小，切削速度改变时，切削力变化不大。

（3）车刀角度

1）前角。前角越大，切屑变形越小，切削阻力明显减小。

2）主偏角。切削塑性金属时，当主偏角小于 60°～75°时，主偏角增大，主切削阻力将减小；当主偏角大于 60°～75°时，主偏角增大，则由于刀尖圆弧的影响，主切削阻力将随之增大。切削脆性金属时，当主偏角大于 45°后，主切削阻力基本不随其角度变化而改变。

3）刃倾角。刃倾角在 10°～45°变动时，主切削阻力基本不变。但当刃倾角减小时，径向切削阻力增大，进给力减小。

4）负倒棱。当刀具磨有负倒棱时，切削刃变钝，切屑变形增大，切削阻力也增大。

5）刀尖圆弧。刀尖圆弧或过渡刃增大，切削刃参与切削的长度增加，切屑变形和摩擦力增大，切削阻力也增大。

三、切削热和切削温度

切削热是切削过程中因金属变形和摩擦而产生的热量。切削热和由它产生的切削温度，直接影响刀具的磨损和使用寿命，并影响工件的加工精度和表面质量，尤其在高速切削时更为明显。

1. 切削热的来源与扩散

切削热的来源有三个：一是切削层金属发生弹性变形和塑性变形；二是切屑

与前刀面的摩擦；三是工件与后刀面摩擦。切削过程中上述变形与摩擦消耗的功率绝大部分转化为热能。

切削热通过切屑、工件、刀具和周围的介质扩散。经实验表明：切削热传至各部分的比例一般是切屑带走的热量最多。如不用切削液，以中等切削速度切削钢材料时，切削热的50%～86%由切屑带走，10%～40%传入工件，3%～9%传入车刀，1%左右传入周围空气。

2. 切削温度

切削热的产生使切削区域的温度上升，而切削温度在切削区域的分布是不均匀的。通常说的切削温度是指切屑与前刀面接触区域的平均温度。切削温度的高低取决于切削热的多少及散热条件的好坏。

3. 影响切削温度的主要因素

（1）工件材料的影响　工件材料是通过其强度、硬度和热导率等性能不同而影响切削温度的。当工件材料的强度和硬度较低、热导率大时，产生的热量较少，切削温度就低。反之则高。

（2）切削用量的影响　切削用量（v_c、f、a_p）增大，切削温度升高，其中切削速度（v_c）的影响最大，其次是进给量（f），背吃刀量（a_p）影响最小。

（3）刀具角度影响

1）前角（γ_o）。前角的大小影响切削变形和摩擦，对切削温度的影响较明显。前角增大，变形和摩擦减小，产生热量小，切削温度下降。但前角过大，由于楔角减小，刀头体积减小，刀具散热条件变差，切削温度反而略为上升。

2）主偏角（κ_r），在相同的背吃刀量下，增大主偏角，主切削刃参加切削的长度 L_c 缩短，刀尖角 ε_r 减小，切削热相对集中，散热条件变差，切削温度将升高，如图2-8-9所示。

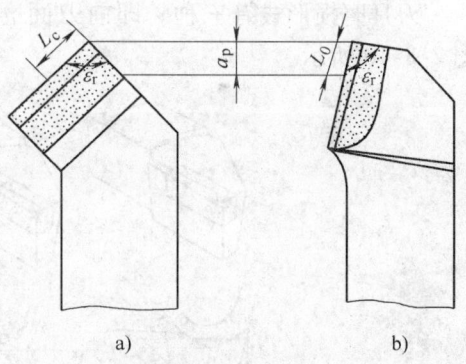

图 2-8-9　主偏角对主切削刃工作长度和刀尖角的影响

a) κ_r 小，刀尖角大　b) κ_r 大，刀尖角小

（4）其他因素的影响　合理选用并充分加注切削液可有效降低切削温度。

4. 切削温度对加工的影响

切削温度对切削加工的影响具有两重性。

（1）切削温度对切削加工的不利影响

1）切削温度的升高会加速刀具磨损，降低刀具寿命。

2）刀具或工件在受热后，会发生膨胀变形，影响加工精度，尤其是在加工有色金属或细长类工件时更为突出。

3）工件表面与刀具后面接触的瞬间，温度可上升到几百度，但与后面脱离接触后温度又急剧下降，这一过程虽然较短暂，但会使工件表面产生有害的残留张应力。严重时会造成工件表面烧伤和退火现象。

（2）切削温度对切削加工的有利影响

1）切削温度会使工件材料软化，使工件易于切削，这对加工一些硬度较高、但高温强度并不高的材料（如淬硬钢），是很有利的。

2）对一些性质较脆而耐热性好的刀具材料（如硬质合金、陶瓷材料等），适当的高温能改善材料的韧性，减少崩刃现象。

3）较高的切削温度不利于积屑瘤的生成，可减轻刀具的磨损及改善工件表面质量。

四、刀具的磨损和磨钝标准

刀具在切削过程中将逐渐产生磨损。当刀具磨损量达到一定程度时，可以明显地发现切削阻力加大，切削温度上升，切屑颜色改变，产生切削振动，已加工表面质量也明显恶化，工件尺寸可能会达不到要求，此时，必须对刀具进行重磨或更换新刀。

1. 刀具磨损形式

刀具磨损形式有三种。即前刀面磨损、后刀面磨损、前后刀面同时磨损，如图 2-8-10 所示。

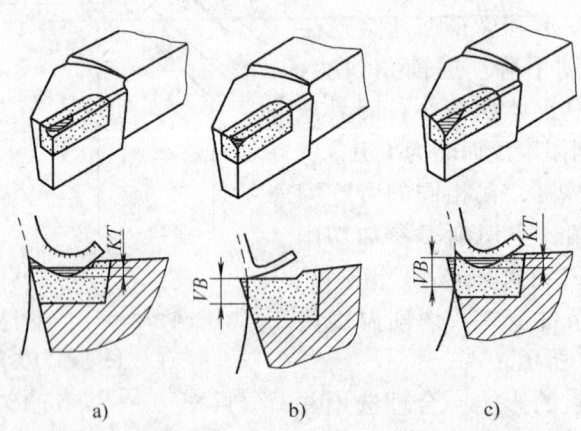

图 2-8-10　刀具磨损形式

a）前刀面磨损　b）后刀面磨损　c）前后刀面同时磨损

（1）前刀面磨损　前刀面磨损是指刀具的前面出现月牙洼。使用较大的切削速度和较大的切削厚度切削塑性金属时，容易出现月牙洼。月牙洼状磨损的逐渐扩展，将使切削刃强度降低，容易崩刃而使刀具破坏。

（2）后刀面磨损　磨损的部位主要发生在后刀面。它是由于加工表面和刀具后刀面之间存在强烈的挤压和摩擦，使后刀面靠近切削刃处产生破损并磨出沟痕。这种磨损一般发生在切削脆性金属或以较小的背吃刀量（$a_p < 0.1\text{mm}$）切削塑性金属的条件下。其磨损值用 VB 表示。

（3）前、后刀面同时磨损　这是一种综合的磨损，是指前刀面的月牙洼和后刀面的沟痕同时发生。在切削塑性金属时，大多数出现的是这种情况。单纯的前刀面磨损和后刀面磨损是很少发生的。

2. 刀具磨损过程

刀具的磨损过程一般可分为三个阶段。刀具磨损过程曲线如图 2-8-11 所示。

通常说的刀具磨损主要指后刀面的磨损，因为大多数情况下后刀面都有磨损，它的 VB 大小对加工精度和表面粗糙度影响较大，而且测量也较方便，故目前一般都用后刀面上磨损量来反映刀具磨损的程度。

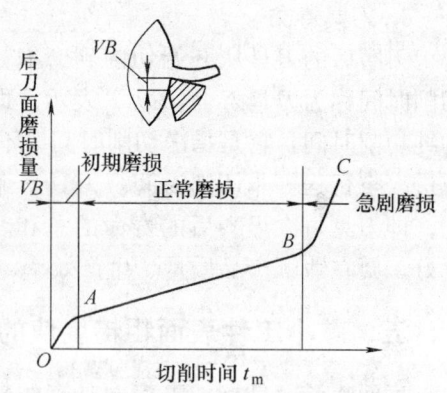

图 2-8-11　刀具磨损过程曲线

（1）初期磨损阶段（OA 段）　这一阶段磨损曲线的斜率较大。由于刃磨后的新刀具，其后刀面与加工表面间的实际接触面积很小，压强很大，故磨损很快。初期磨损量的大小与刀具刃磨质量有很大关系，通常在 $VB = 0.05 \sim 0.1\text{mm}$。经过研磨的刀具，其初期磨损量小，而且要耐用得多。

（2）正常磨损阶段（AB 段）　经过初期磨损，刀具后面上被磨出一条狭窄的棱面，压强减小，故磨损量的增加也缓慢下来，并且比较稳定。这就是正常磨损阶段，也是刀具工作的有效阶段。这一阶段中磨损曲线基本上是一条向上斜率较小的斜线，其斜率代表刀具正常工作时的磨损强度。磨损强度是比较刀具切削性能的重要指标之一。

（3）急剧磨损阶段（BC 段）　刀具经过正常磨损阶段后，切削刃显著变钝，切削力增大，切削温度升高。这时刀具的磨损情况发生了质的变化而进入剧烈磨损阶段。这一阶段的磨损曲线斜率很大，即磨损强度很大。此时刀具如继续工作，则不但不能保证加工质量，而且刀具材料消耗多，甚至完全丧失切削能力。故应当使刀具避免发生剧烈磨损，避免在这个阶段进行切削加工。

3. 刀具的磨钝标准

刀具磨损后将影响切削力、切削温度和加工质量，因此必须根据加工情况规定一个最大的允许磨损值，这就是刀具的磨钝标准。一般刀具的后面上都有磨损，它对加工精度和切削力的影响比前面磨损显著，同时后面磨损量比较容易测量，因此在刀具管理和金属切削研究中多按后面磨损尺寸来制定磨钝标准。通常所谓磨钝标准是指后面磨损带中间部分平均磨损量允许达到的最大值，以 VB

表示。

如用硬质合金车刀粗车碳钢时，$VB = 0.6 \sim 0.8mm$；粗车铸铁时，$VB = 0.8 \sim 1.2mm$；精车时，$VB = 0.1 \sim 0.3mm$，为磨钝标准。

加工大型工件，为避免中途换刀，一般采用较低的切削速度以延长刀具使用寿命。此时切削温度较低，故可适当加大磨钝标准。在自动化生产中使用的精加工刀具，一般都根据工件精度要求制定刀具磨钝标准。在这种情况下，常以刀具的径向磨损量 NB 作为衡量标准，如图 2-8-12 所示。

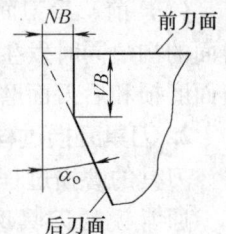

图 2-8-12　刀具磨损量

4. 刀具寿命

刃磨后的刀具从开始切削到磨损量达到磨钝标准为止的切削时间称为刀具寿命。以 T 表示，即刀具在两次重磨之间的纯切削时间。它是指净切削时间，不包括用于对刀、测量、快进、空行程等非切削时间。刀具寿命是一把刀从开始使用到报废所用时间的总和，即刀具每次刃磨后的寿命的总和。现代生产中，不能片面追求刀具寿命越长越好，要在兼顾产品质量、生产效率、加工成本的前提下力求刀具寿命的最大化。

五、减小工件表面粗糙度值的方法

表面粗糙度是指加工表面具有的较小间距和微小峰谷不平度。其两波峰或两波谷之间的距离（波距）很小（在 1mm 以下），用肉眼是难以区别的，因此它属于微观几何形状误差。表面粗糙度越小，则表面越光滑。表面粗糙度的大小，对机械零件的使用性能有很大的影响。

表面粗糙度的评定参数有轮廓算术平均偏差 Ra，微观不平度十点高度 Rz 和轮廓最大高度 Ry。由于 Ra 参数能充分反应表面微观几何形状高度方向的特性，并且几何测量方法比较简单，因而是标准推荐优先选用的最基本的评定参数。已加工表面的表面粗糙度和表面层的物理力学性能是衡量已加工表面的表面质量标准。表面粗糙度对零件的耐磨性、耐蚀性、疲劳强度和配合性质都有很大影响。如何减小表面粗糙度值也是切削原理研究的重要内容之一。

1. 影响工件表面粗糙度的因素

（1）残留面积　工件上的已加工表面，是由刀具主、副切削刃切削后形成的。两条切削刃在已加工表面上遗留下来未被切去部分的截面积，称为残留面积，如图 2-8-13 所示，从图中可以看出，残留面积越大，高度越高，表面粗糙度值越大。此外，切削刃不光洁也会影响工件表面加工质量。切削刃越光洁，越锋利，已加工表面的表面粗糙度值就越低。切削时刀尖圆弧及后刀面的挤压与摩擦使工件材料发生塑性变形，还会将残留面积挤歪，因而增大了工件已加工表面的表面粗糙度值。

（2）鳞刺　当用很小的刀具前角和很低的切削速度切削塑性金属时，工件表

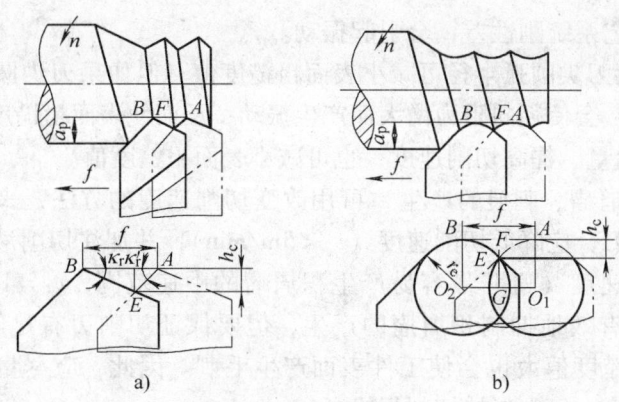

图 2-8-13 残留面积

面上会产生近似与切削速度方向垂直的横向裂纹和呈鳞片状的毛刺简称鳞刺。当鳞刺出现时，可使表面粗糙度值增大。

（3）积屑瘤 用中等速度切削塑性金属产生积屑瘤后，因积屑瘤既不规则又不稳定，一方面其不规则部分代替部分切削刃切削，在工件表面上划出一些深浅不一的沟纹。另一方面一部分脱落的积屑瘤嵌入已加工表面，使之形成硬点和毛刺，会增大工件表面粗糙度值。

（4）振动 刀具、工件及机床部件产生的周期性的振动会使工件已加工表面出现周期性的振纹，使表面粗糙度值明显增大。

2. 减小工件表面粗糙度值的方法

在切削加工中，若发现工件表面粗糙度值达不到图样的要求时，应先仔细观察和分析工件表面粗糙度值变大的形式和原因，找出影响表面粗糙度值变大的主要因素，从而有针对性地提出解决办法。

下面介绍几种常见的导致工件表面粗糙度值大的现象（见图2-8-14）。

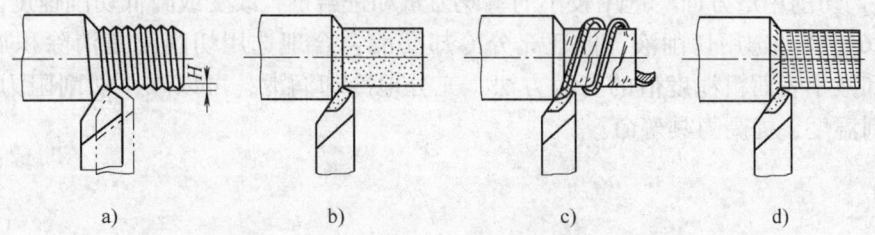

图 2-8-14 常见的表面粗糙度值大的现象

a）残留高度高 b）表面毛刺 c）切屑拉毛 d）振纹

（1）减小残留面积高度 从图 2-8-14 中可知减小主偏角、副偏角和进给量及增大刀尖圆弧半径，都可以减小残留面积高度，具体实施时要注意以下几个方面：

1）一般减小副偏角对减小表面粗糙度值效果明显。但减小主偏角 κ_r 会使径向阻力增大，若工艺系统刚性差，会引起振动。

2）适当增大刀尖圆弧半径可减小表面粗糙度值。但如果刀尖圆弧半径过大且机床刚性不足时，会使径向阻力增大而产生振动，反而使表面粗糙度值变大。

3）减小进给量、提高切削速度，也可减小表面粗糙度值。

（2）避免积屑瘤、刺痕的产生　可用改变切削速度的方法，来抑制积屑瘤的产生。高速钢车刀，应降低切削速度（$v_c < 5 \mathrm{m/min}$），并加注切削液；硬质合金车刀，应提高切削速度（避开最容易产生积屑瘤的中速范围，$v_c = 15 \sim 30 \mathrm{m/min}$）。增大车刀前角能有效地抑制积屑瘤的产生，但要保证切削刃有足够强度。另外，切削刃表面的粗糙度值大也会使工件表面产生毛刺。因此，应尽量减小前、后刀面的表面粗糙度值，经常保持切削刃锋利。

（3）避免磨损亮斑　当刀具严重磨损时，已加工表面会出现亮斑或亮点，切削时产生噪声，磨钝的切削刃会将工件表面挤压出亮痕，使表面粗糙度值变大，这时应及时重磨或更换刀具。

（4）防止切屑拉毛已加工面　被切屑拉毛的工件表面，会在已加工表面出现一些不规则的浅划痕。选用正刃倾角的车刀，使切屑流向工件待加工表面，并采取合适的断屑槽措施能有效避免和防止此现象发生。

（5）防止和消除振纹　车削时产生的振动会使工件表面出现周期性的横向或纵向的振纹。为此应注意以下几个方面：

1）机床方面。增强车床安装的稳固性；调整主轴间隙，提高轴承精度；调整中、小滑板镶条间隙小于 0.04mm，并保证移动平稳、轻便。

2）刀具方面。提高刀杆刚性；合理选择刀具几何参数，经常保持切削刃光洁、锋利。

3）工件方面。增加工件的安装刚性，尽量缩短工件悬伸长度；改变装夹方式；细长类工件应采用中心架或跟刀架辅助等支撑。

4）切削用量方面　选用较小的背吃刀量和进给量，改变或降低切削速度。

（6）合理选用切削液，保证充分冷却润滑　合理选用切削液是消除积屑瘤、鳞刺和减小表面粗糙度值的有效方法。充分地冷却润滑，可以减小切削阻力，降低切削温度，提高刀具寿命。

第九章

车床的维护保养

一、车床的维护

车床在使用一段时间后，两个相互接触的零件间产生磨损，其工作性能逐渐受到影响，这时，就应对车床的一些部件进行适当的调整、维护，使车床恢复到正常的技术状态。

车床的一级保养是由操作人员完成的，二级保养是由操作人员与维修人员共同完成的，其保养维护周期及每次保养维护的时间还应该根据车床结构、粗精加工条件等不同情况合理确定，并经常结合实际加以调整。

1. 车床保养维护的主要内容

1）车床的不易保养部位及重点部位进行拆卸、彻底清洗、擦拭外表和内部。

2）检查解体部位的零件，对磨损零件进行修复，对难以恢复其应有精度的零件，应予以更换。

3）调整主轴轴承、离合器、链轮链条、丝杠螺母、导轨镶条的间隙，调整传动带的松紧程度，紧固松动部件。

4）清洗过滤器、油毡、油线、油标等，清洗冷却装置，修理或更换水管接头，消除润滑系统和冷却装置中的渗漏现象，增添润滑油，更换切削液。

5）清洗导轨与润滑面，清除毛刺及划伤表面。

6）检查电气装置，更换损坏元件。

7）检查安全装置是否可靠，并进行调整。

2. 车床的一级保养

车床保养工作直接影响到零件加工质量的好坏与生产效率的高低，为了保证车床精度，保证车床的使用寿命，通常当车床运行 500h 后（约三个月），需要进行一级保养，一级保养工作由操作人员完成，保养时必须切断电源以确保安全。

（1）主轴箱的保养

1）拆下过滤器并进行清洗，使其无杂物并重新装配。

2）检查主轴，其锁紧螺母应该无松动现象，紧定螺钉应拧紧。

3）调整制动器及离合器摩擦片的间隙。

（2）交换齿轮箱、溜板箱的保养

1）拆下齿轮、轴套、扇形板进行清洗，然后重新装配，在润滑脂杯中注入新油脂。

2）调整齿轮啮合间隙。

3）检查轴套应无晃动现象。

4）清洗溜板箱。

（3）刀架和滑板的保养

1）拆下方刀架清洗。

2）拆下中、小滑板丝杠、螺母、镶条进行清洗。

3）拆下床鞍防尘油毛毡，进行清洗、加油，然后重新装配。

4）中滑板的丝杠、螺母、镶条、导轨加油后重新装配，调整镶条间隙和丝杠螺母间隙。

5）小滑板的丝杠、螺母、镶条、导轨加油后重新装配，调整镶条间隙和丝杠螺母间隙。

6）擦净方刀架底面，涂油，重新装配，压紧。

（4）尾座的保养

1）拆下尾座套筒和压紧块，进行清洗、涂油。

2）拆下尾座丝杠、螺母进行清洗，加油。

3）清洗尾座并加油。

4）重新装配尾座并调整。

（5）润滑系统的保养

1）清洗冷却泵、过滤器和盛液盘。

2）检查并保证油路畅通，油液、油绳、油毡应清洗无铁屑。

3）检查润滑油，油脂应保持良好，油杯应齐全，油标应清晰。

（6）电器的保养

1）清扫电动机、电器箱上的尘屑。

2）检查电器装置应固定齐全。

（7）外表的保养

1）清洗车床外表面及其各罩盖，保持其清洁，无锈蚀、无油污。

2）清洗丝杠、光杠、操纵杠。

3）检查并补齐各螺钉、手柄、手柄球。

（8）车床附件的保养　中心架、跟刀架、顶尖、夹盘、花盘等，应齐全洁净，摆放整齐，并对各部件进行必要的润滑。

（9）注意事项　进行一级保养工作，事先应做好充分的准备工作，如准备好拆装的工具、清洗装置、润滑油料、放置机件的盘子和必要的备件等；保养应有条不紊地进行，拆下的机件应有序放置，不允许乱放，做到文明操作。

3. 车床的二级保养

机床运行 5000h 进行二级保养。保养工作由维修人员与操作人员共同完成，在完成一级保养内容的同时，做好细致的拆、检、维修、更换内容，并对易损件进行测绘、制造，作为备用零件使用。

（1）主轴箱的保养

1）拆下过滤器并进行清洗，使其无杂物并重新装配。

2）检查主轴，其锁紧螺母应无松动现象，紧定螺钉应拧紧。

3）调整制动器及离合器擦片的间隙。

4）检查传动系统，修复或更换易磨损件。

5）调整主轴轴向间隙。

6）清除主轴锥孔毛刺，以符合精度要求。

（2）交换齿轮箱与溜板箱的保养

1）拆下齿轮、轴套、扇形板进行清洗，然后重新装配，在润滑脂杯中注入新油脂。

2）调整齿轮啮合间隙。

3）检查轴套应无晃动现象。

4）检查、修复或更换易损零件。

5）清洗溜板箱。

6）调整开合螺母。

7）检查、修复或更换易损零件。

（3）刀架和滑板的保养

1）拆下方刀架清洗。

2）拆下中、小滑板丝杠、螺母、镶条进行清洗。

3）拆下床鞍防尘油毛毡，进行清洗、加油，然后重新装配。

4）中滑板的丝杠、螺母、镶条、导轨加油后重新装配，调整镶条间隙和丝杠螺母间隙。

5）小滑板的丝杠、螺母、镶条、导轨加油后重新装配，调整镶条间隙和丝杠螺母间隙。

6）擦净方刀架底面，涂油，重新装配，压紧。

7）检查、修复或更换易损零件。

（4）尾座的保养

1）拆下尾座套筒和压紧块，进行清洗、涂油。

2）拆下尾座丝杠、螺母进行清洗，加油。

3）清洗尾座并加油。

4）重新装配尾座并调整。

5）检查、修复尾座套筒精度。

6）检查、修复或更换易损零件。

（5）润滑系统的保养

1）清洗冷却泵、过滤器和盛液盘。

2）检查并保证油路畅通，油液、油绳、油毡应清洗无铁屑。

3）检查润滑油，油脂应保持良好，油杯应齐全，油标应该清晰。

4）检查液压泵、液压缸及油管接头处无泄漏。

5）检查调整液压操作阀杆，根据磨损情况修复或更换。

（6）电器的保养

1）清扫电动机、电器箱上的尘屑。

2）检查电器装置应固定齐全。

3）拆洗电动机轴承。

4）检修整理电器箱，应符合设备完好的标准要求。

（7）外表的保养

1）清洗车床外表面及其各罩盖，保持其清洁，无锈蚀、无油污。

2）清洗丝杠、光杠、操纵杠。

3）检查并补齐各螺钉、手柄、手柄球。

（8）车床附件的保养　中心架、跟刀、顶尖、夹盘、花盘等，应齐全洁净，摆放整齐，并对各部件进行必要的润滑。

（9）精度

1）校正车床水平，检查、调整、修复精度。

2）精度符合设备完好标准要求。

（10）注意事项　进行二级保养工作，事先应做好充分的准备工作，如准备好拆装的工具、清洗装置、润滑油料、放置机件的盘子和必要的备件等；保养应有条不紊地进行，拆下的机件应有序放置，不允许乱放，做到文明操作。

二、车床的润滑

车床上的导轨与床鞍、齿轮与齿轮、轴承滚珠（滚柱）与滚道以及其他接触表面在相对运动时，都存在着摩擦现象。摩擦会造成机件逐渐磨损，多损耗动力，又使接触面发热，甚至损坏。为了减少相对运动之间的摩擦阻力，保持车床的精度和传动效率，延长车床使用寿命，最好的办法就是对运动表面进行润滑。由于油分子有一定特性，它能吸附在金属表面上，形成一层极薄而又牢固的油膜，在不同条件下，这层油膜具有不同的"承载能力"，能将两个金属面部分甚至全部地隔开，使金属之间或与其他物体之间的摩擦变成油分子之间接触（内摩擦），这就大大改善了运动条件。

1. 车床润滑的作用

（1）减少摩擦　两个机械零件接触表面在做相对运动时存在摩擦现象，摩擦会使零件磨损阻力增大，甚至使接触表面发热而损坏，以润滑油脂加入摩擦接触表面后，可使摩擦因数降低，从而达到减少摩擦的作用。

（2）减少磨损　润滑油脂在两个相对运动零件的表面形成一层油膜，避免了金属和金属的直接接触，减少磨损。

（3）降低温度　摩擦所损耗的功全部转变为热能，特别是润滑不充分的时候，会产生大量的热，温度增高很快，甚至发生融熔，润滑油可以把产生的热量带走，使润滑表面的温度降低。

（4）防止生锈　润滑油涂在表面，形成一层保护膜，防止锈蚀。

（5）形成密封　润滑脂具有防止润滑剂的漏出和杂质渗入的密封作用。

2. 车床的润滑系统

机床零件的所有摩擦面，应当全面按期进行润滑，以保证机床工作的可靠性，并减少零件的磨损及功率的损耗。润滑系统包括手工润滑和集中循环润滑。集中循环润滑是用液压泵将润滑油经油管输送到各润滑点，并经回油管溜回油箱。其中主轴箱和进给箱都采用集中循环润滑方式。

（1）润滑油脂与润滑油的更换　机床可采用 L-AN46 全损耗系统用油（相当于 30 号机械油），其粘度为 $(3.81 \sim 4.59) \times 10^{-6} m^2/s$，可按工作环境的温度进行调整。主轴箱及进给箱采用集中循环润滑，油箱和溜板箱润滑油在两班制的车间里面 50 ~ 60 天更换一次，但是第 1 次和第 2 次应为 10 ~ 20 天更换，以便排出试车时未能洗净的污物，废油放尽后，储油箱和油线要用干净煤油彻底清洗，注入的油应用过滤网，油面不得低于油标中心线。

（2）集中润滑的过程　液压泵由主电动机拖动，把润滑油打到主轴箱与进给箱内，开机后应检查主轴箱油床是否出油。起动主电动机 1min 后主轴箱内得到的油量可使各部得到润滑油，主轴方可起动。进给箱上有储油槽，使液压泵泵出的油润滑到各点，最后润滑油流回油箱，主轴箱后端三角形过滤器，每周应用煤油清洗一次。

（3）床鞍、床身导轨和齿轮的润滑　溜板箱下部是储油槽，应把油注入到油标的中心位置，床鞍和床身导轨的润滑由床鞍内油盒供给润滑油的，每班加油一次，加油时旋转床鞍手柄将滑板移动至床鞍后方或前方，在床鞍的中部的油盒中加油，溜板箱上有储油槽，由羊毛线引油润滑至各轴承，蜗杆和部分齿轮浸在油中，当转动时造成油雾润滑各齿轮，当油位低于油标时应打开加油孔，向溜板箱内注油。

（4）刀架和横向丝杠的润滑　刀架和横向丝杠用油枪加油，床鞍防护油毡，每周用煤油清洗一次，并及时更换已磨损的油毡。

（5）交换齿轮的润滑　交换齿轮轴头有一塞子，每班拧动一次，使轴内的润滑油脂供应轴与套之间的润滑。

（6）尾座套筒和丝杠、螺母的润滑　尾座套筒和丝杠、螺母的润滑可用油枪每班加一次油。

（7）丝杠、光杠及起动杠的轴颈润滑　丝杠、光杠及起动杠的轴颈润滑是由后托架的储油池内的羊毛线引油润滑的，每班注油一次。

（8）变向机构立轴的润滑　变向机构立轴的润滑，每星期应注油一次。

（9）液压仿行刀架的润滑（专用设备使用）　液压仿行刀架的润滑（专用设备使用），调整手柄部分的两个油杯，刀架轴上的油塞，导轨的润滑每班注油一次。

3. 车床润滑系统故障和原因

（1）液压泵不起动或起动后吸不上油　当出现这种情况的原因和解决方法：

1）油箱里面油面过低，吸油管过滤圆筒漏出油面。解决方法是向油箱里面加油，使油面达到油箱上的油位要求。

2）液压泵的旋转方向不对。应调整液压泵的安装方向或调整电动机的旋转方向。

3）吸油管或液压泵有严重漏气现象。如果发现漏气现象，一定要消除掉。

4）油不清洁，吸油管的过滤筒被堵塞。这时应将过滤筒拆下，洗干净后在装上，并用油在过滤一次。

5）液压泵的配合处配合过紧或填料筒内的填料压得过紧，消耗功率太多。应对新装配的液压泵进行检查，发现有这种情况，应按过盈配合公差重新刮研，达到正确尺寸后再装配。

6）液压泵内零件有严重磨损，间隙过大。应把磨损严重的零件修理好或更换后再装配使用。

7）除以上原因外，电压过低、液压泵转速过低、输油管被堵塞、低温时润滑油粘度过高也会造成液压泵吸不上油的现象。

（2）液压泵发生噪声，压力不稳定和油量不足　出现这种情况的原因和解决方法：

1）电动机轴与液压泵轴不在同一中心线上，使液压泵内发生金属的摩擦声。这时可调整安装误差或检修弹性联轴器。

2）有漏气现象，空气进入了液压泵，造成压力不稳定，油量不足。造成漏气现象的原因很多，但主要是吸油管漏气或液压泵本身漏气，可以用油壶在可疑的接头处和液压泵接管处浇油试验的办法进行检查，如发现油被吸入，则该处就是漏气的地方，用涂料将接头处堵严或将接头处重新拧紧。另外，液压泵的油封损坏也能使空气进入泵体内，可更换新油封。油箱内油面低或吸油管过滤筒局部露出油面，也能使空气进入泵内，所以要注意检查。

3）吸油管面积过小，使润滑油不能及时补充到液压泵内，造成空室现象。消除的办法是将吸油管加粗（吸油管一般应大于出油管）。另外，吸油管或过滤器不清洁，部分滤油网被杂质堵塞，造成进油面积不足，也能造成空室现象。应清洗过滤器，消除油管中的杂质。

4）回油管安装不正确或油箱中油面过低，使回油管末端露出油面，油中就会充满气泡。这时候油要起泡沫，压力计的指针不断地晃动，油温也会提高。

5）液压泵零件（如齿轮轴、轴套、叶片、定子圈和泵体等）安装不合适或者某些零件磨损严重甚至损坏，这样将会出现漏油增多、出油不均、油量不足或发生噪声等现象。此时应进行修理或更换零件。

6）液压泵的某些部分（齿轮的牙齿间、齿轮端面与泵体间、叶片与转子或定子圈等）装配不合适或磨损造成的间隙过大。检修时，齿轮端面与泵体间的间隙应不超过 0.04 ~ 0.08mm；叶片与转子或定子圈宽度间的间隙应保持在 0.015 ~ 0.03mm 之间。

7）液压泵的转速过高或过低都会造成压力不稳定和油量不足的问题。

（3）液压泵产生振动　　出现这种情况的原因和解决方法：

1）液压泵中进入空气。这是使液压泵产生振动的主要原因。检修和消除漏气现象的方法参看上文。

2）液压泵内部零件（齿轮、叶片、活塞等）有损坏现象。这时有刺耳的敲击声出现，必须把液压泵拆开检修。

3）液压泵松动时应检查安装情况，拧紧后可消除振动。

4）吸油管太细或被堵塞，过滤器、分配阀被堵塞，润滑油不能顺利通过。这时应把堵塞的杂质清除，使润滑油顺利通过即可消除振动。

5）油质粘度太大也能使液压泵产生振动。应更换粘度低的润滑油。

4. 常见卧式车床的润滑　车床的常用润滑有以下几种：

（1）浇油润滑　车床外露的滑动表面，如车床的床身导轨面、中溜板导轨面、小溜板导轨面和丝杠等，擦干净后采用油壶浇油润滑。

（2）溅油润滑　车床齿轮箱内等部位的零件，一般是利用齿轮转动时把润滑油飞溅到各处进行润滑。换油期一般为每三个月一次。注入新油时应用滤网过滤，油面不得低于油标中心线。

（3）油绳润滑　用毛线浸在油槽中，利用毛细管作用把油引到所需的润滑处，如车床进给箱就是利用油绳润滑的。

（4）弹子油杯润滑　尾座和中、小溜板摇手柄转动轴承处，一般采用弹子油杯润滑。润滑时，用油枪嘴把弹子按下，注入润滑油。弹子油杯润滑每班次至少一次。

(5) 油脂（润滑脂）杯润滑　车床交换齿轮箱内交换齿轮的中间齿轮，一般采用润滑脂杯润滑。在润滑脂杯中装满工业润滑脂，拧紧油杯盖时，润滑油就挤入轴承套内。

(6) 液压泵循环润滑　这种方式是依靠车床内的液压泵供应充足的油量到所需位置来进行润滑。

第十章

车外圆柱面、端面和台阶

一、外圆车刀

1. 常用的外圆车刀

常用的外圆车刀按其主偏角（κ_r）分别为90°、75°和45°三种。

（1）90°外圆车刀 简称偏刀，按进给方向的不同又分为左偏刀和右偏刀两种。偏刀外形见图2-10-1。

左偏刀的主切削刃在刀体右侧（见图2-10-1b），相对右偏刀来说，使用量较少，它是由左向右进给（床头向床尾），又称反偏刀。常用来车削工件的外圆和左向台阶（见图2-10-2b），也可以横向装夹用于车削盘类工件的端面（见图2-10-3）。

右偏刀的主切削刃在刀体左侧（见图2-10-1c），由右向左进给（床尾向床头），又称正偏刀。右偏刀一般用来车削工件的外圆、端面和右向台阶。因为它的主偏角较大，

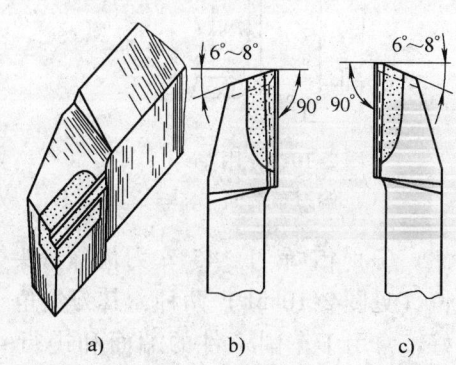

图 2-10-1 偏刀外形

a）右偏刀外形 b）左偏刀 c）右偏刀

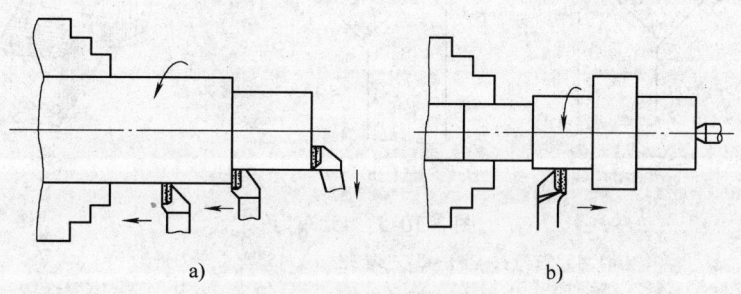

图 2-10-2 偏刀的使用

a）右偏刀 b）左偏刀

127

车削外圆时作用于工件的径向切削力较小，不易将工件顶弯（见图 2-10-2a）。在车削端面时，使用副切削刃切削，由工件外圆向中心进给。当背吃刀量较大时，由于车刀副偏角的原因造成刀尖靠前，切削刃在后，切削力会使车刀扎入工件形成凹面。为避免这一现象，可改为由中心向外圆进给，由主切削刃切削，但背吃刀量受车刀主后角影响应取小值。特殊情况下还可改为端面车刀的几何角度来车削。

（2）75°车刀　75°车刀的刀尖角（ε_r）大于90°，分左偏刀和右偏刀。刀头体积相对较大、强度好、散热好、寿命长，因此适用于粗车轴类工件的外圆和铸、锻件等余量较大的工件（见图 2-10-4a），其左偏刀还用来车削大型盘类零件的端面（见图 2-10-4b）。

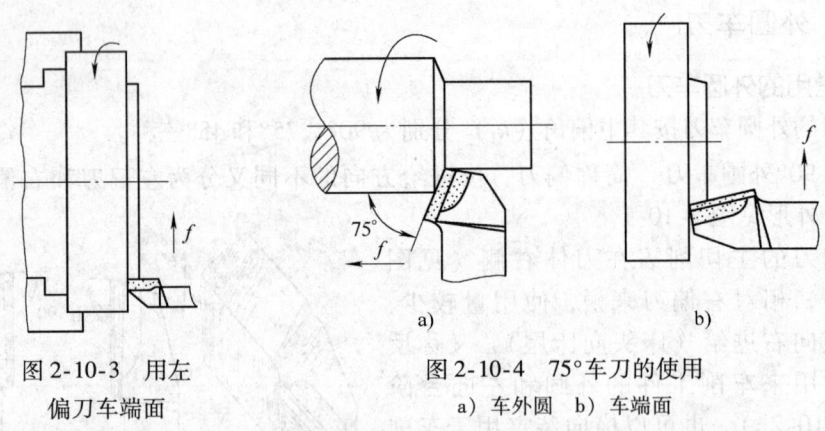

图 2-10-3　用左
偏刀车端面

图 2-10-4　75°车刀的使用
a）车外圆　b）车端面

（3）45°车刀　45°车刀俗称弯头刀、倒角刀。分为左偏（见图 2-10-5a）和右偏（见图 2-10-5b）两种，其刀尖角（ε_r）等于90°，刀体强度和散热条件相对加好，常用于车削工件的端面和进行 45°内、外倒角，也可用来车削外圆。（见图 2-10-6）

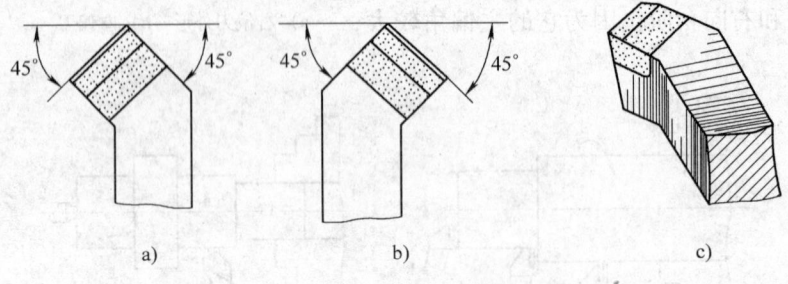

图 2-10-5　45°车刀
a）45°右弯头　b）45°左弯头　c）45°弯头车刀外形

2. 车刀安装

将刃磨好的车刀装夹在方刀架上。车刀安装正确与否，直接影响车削的顺利进行和工件的加工质量。装夹车刀时必须注意以下几点：

1）车刀装夹在刀架上的伸出部分应尽量短，伸出长度约为刀柄厚度的 1～1.5 倍，以增强其刚性。车刀下面垫片的数量要尽量少（一般为 1～2 片），垫入后不要超过刀体宽度。压紧刀体至少用两个螺钉，用力适当。（见图2-10-7）。

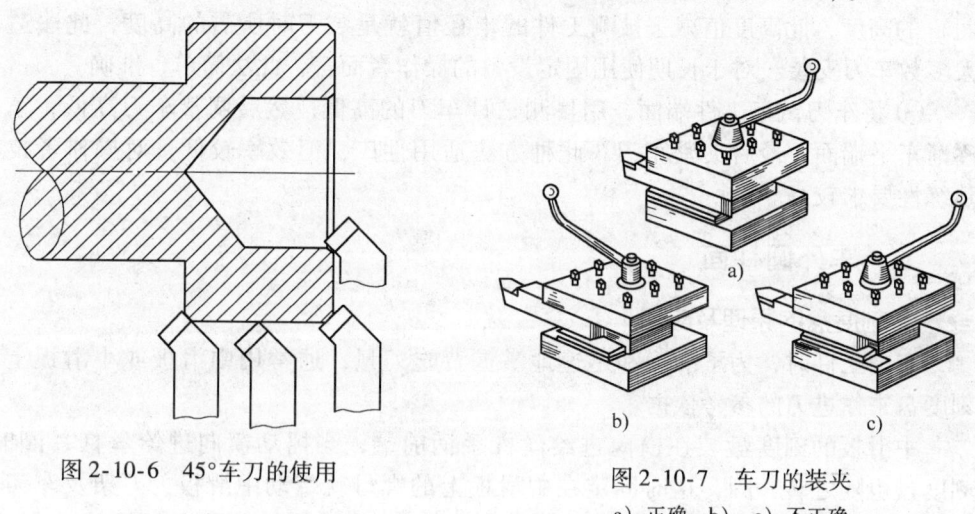

图 2-10-6　45°车刀的使用

图 2-10-7　车刀的装夹
a) 正确　b)、c) 不正确

2）车刀刀尖应与工件中心等高（见图2-10-8b）。车刀刀尖高于工件轴线（见图 2-10-8a），会使车刀的实际工作后角减小，车刀后面与工件之间的摩擦增大。车刀刀尖低于工件轴线（见图 2-10-8c），会使车刀的实际工作前角减小，切削阻力增大。尤其是使用硬质合金车刀时，刀尖高于中心，在车至端面中心时会留有凸头，再用力车会挤掉刀尖（见图2-10-8d）。刀尖低于中心，车到中心处的凸台会使刀尖崩碎（见图2-10-8e）。

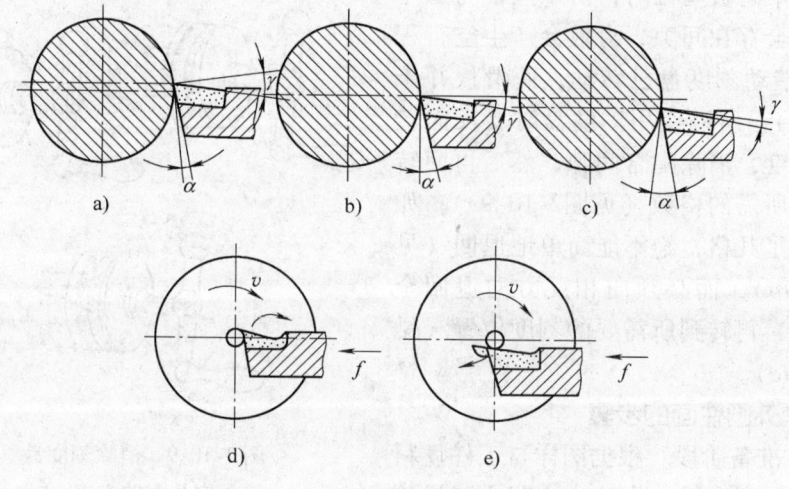

图 2-10-8　安装高低对车刀的影响

3）为使车刀刀尖对准工件中心，通常采用的方法有以下几种：

① 根据机床尾座顶尖的高低装刀。此种方法适合对过中心要求低的刀具。

② 根据车床的主轴中心高，用钢直尺测量装刀，要求高时可用高度尺测量。具体方法是：车削工件外圆，使用高度尺测量外圆到一个固定位置（如中滑板平面）的高度，此高度值减去被测工件的半径值就是装刀时所需的高度，此法适于大多数车刀安装。对于长期使用固定设备的操作者而言，此法简单、准确。

③ 将车刀试车工件端面，用目测估计车刀的高低，然后调整车刀高低，车刀逐渐车平端面，最后夹紧车刀。此种方法适用性广，但效率较低，对操作者技术熟练性要求较高。

二、车外圆柱面

1. 刻度盘的原理及应用

车削工件时，为了准确和迅速地掌握背吃刀量，通常用中滑板或小滑板上的刻度盘来作进刀的参考依据。

中滑板的刻度盘装在横向进给丝杠手柄前端，当摇动横向进给丝杠一圈时，刻度盘也随之转一圈，这时固定在中滑板上的螺母就带动中滑板、刀架及车刀一起移动一个螺距。如果 CA6140 车床中滑板丝杠螺距为 5mm，刻度盘分为 100 格，当手柄摇转一周时，中滑板就移动 5mm，中滑板也转过 100 个格，当刻度盘每转过一格时，中滑板移动量则为 0.05mm。

小滑板的刻度盘可以用来控制车刀短距离的纵向移动，其刻度原理与中滑板的刻度盘相同，不同的是中滑板进给以直径方向出现，即中滑板进一个格0.05mm，工件实际减小 0.1mm，而小滑板是以长度方向出现，进一个格就是一个格，即工件长度减少 0.05mm。

转动中滑板丝杠时，由于丝杠与螺母之间的配合存在间隙，滑板会产生空行程（即丝杠带动刻度盘已转动，而滑板并未立即移动）。所以使用刻度盘时要反向转动适当角度，消除配合间隙，然后再回转刻度盘到所需的格数（见图2-10-9a）；如果多转动了几格，绝不能简单地退回（见图 2-10-9b），而必须向相反方向退回全部空行程，再转到所需要的刻度位置（见图 2-10-9c）。

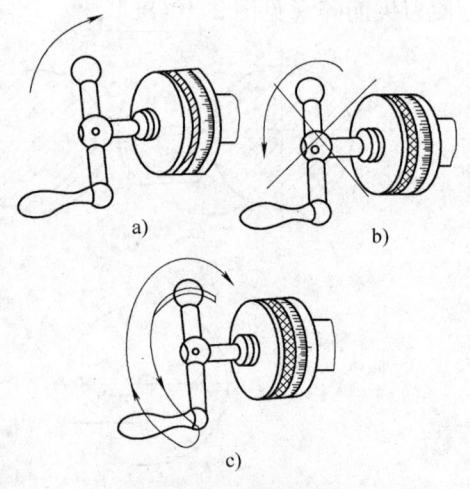

图 2-10-9　消除刻度盘空行程的方法

2. 车外圆柱面的步骤

（1）准备阶段　根据图样与工件坯料尺寸确定加工余量，大致决定背吃刀量的大小及纵向进给的次数。

（2）对刀阶段　起动车床使主轴正向旋转。左手摇大滑板，右手摇中滑板，使车刀刀尖靠近工件待加工表面并轻轻接触。中滑板手柄不动，反向摇动大滑板手轮，使车刀向右离开工件 2 ~ 3mm。

（3）进刀阶段　摇动中滑板手柄，使车刀横向进给，其进给为一次的背吃刀量（此时要注意背吃刀量与工件直径的关系）。

（4）试切阶段　试切削的目的是为了保证工件的精加工尺寸。车刀横向进刀后纵向移动 2 ~ 5mm（卡尺或千分尺能够测量的长度），纵向退回，停车测量。如尺寸符合要求，就可继续切削；如尺寸不合格，可调整中滑板刻度盘（尺寸大了，继续横向进刀，尺寸小了要记住刻度，中滑板多退，让出中滑板空行程后重新进刀）。

（5）车削阶段　通过试切削调整好背吃刀量便可正常车削（机动或手动纵向进给）。当车削到所需部位时，退出车刀，停车测量。

如需要多次进给，可车到所需长度后中滑板不动，大滑板退出后再次进中滑板刻度后再次车削外圆。

3. 外圆的测量

（1）外径尺寸的测量　测量外径时，一般精度尺寸（公差值在 0.05mm 以上）常选用游标卡尺，精度要求较高时则选用千分尺。

（2）径向圆跳动的测量　将工件支撑在车床上的两顶尖之间，如图 2-10-10 所示，杠杆百分表（或钟表式百分表）的测量头与工件被测部分的外圆接触，并预先将测头压下 0.5 ~ 1mm（杠杆表行程小，应适当减少预压量），当工件转过一圈，百分表读数的最大与最小差值就是该测量截面上的径向圆跳动误差。在全长上测量若干截面的最大值即该工件的径向圆跳动。

也可将工件支撑在平板上的 V 形架上，并在其轴向设一支撑限位，以防止测量时的轴向位移，如图 2-10-11 所示。让百分表测头和工件被测部分外圆接触，按上述方法测量。

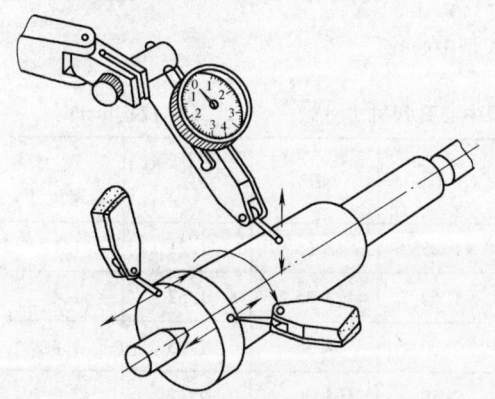

图 2-10-10　用百分表测量圆跳动

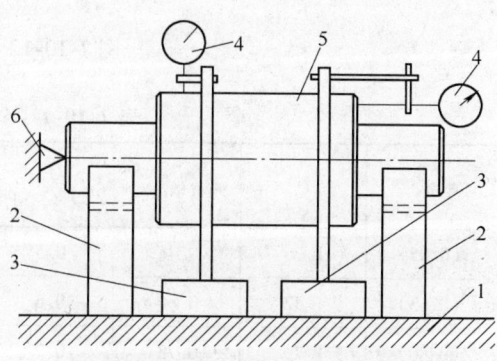

图 2-10-11　用 V 形架支撑测量圆跳动
1—平板　2—V 形块　3—测量架
4—百分表　5—工件　6—顶尖

（3）端面圆跳动的测量　若将百分表测量测头与所需测量的端面预设压紧量后接触，当工件转过一圈，百分表读数的最大差值即为该直径测量面上的端面圆跳动误差（见图2-10-10和图2-10-11）。按上述方法在若干直径处测量，其端面圆跳动量最大值为该工件的端面圆跳动误差。

4. 中心孔

当零件长度较长、质量较大时，会给工件的装夹定位带来困难。这时就需要为工件钻中心孔用顶尖支承工件以增加工件的刚性。另外中心孔是轴类工件的精定位基准，对工件的加工质量影响较大。因此，所钻出的中心孔必须圆整、光洁、角度正确。而且轴两端中心孔轴线必须同轴，对精度要求较高的轴在热处理后和精加工前均应对中心孔修研。

（1）中心孔的种类、形状和用途　常见的中心孔有四种形式（GB/T145—2001）A型、B型、C型和R型，其中常用的是A型、B型。

1）A型中心孔。A型中心孔由圆锥孔和圆柱孔两部分组成。圆锥孔的圆锥角一般为60°（重型工件用90°），它与顶尖锥面配合，起到定中心的作用并承受工件质量和切削力。圆柱孔可储存润滑油，并可防止顶尖头触及工件，保证顶尖锥面和中心孔的锥面配合贴切，以达到正确定心。一般适用于不需要多次装夹或不保留中心孔的工件。A型中心孔见图2-10-12，A型中心孔尺寸见表2-10-1。

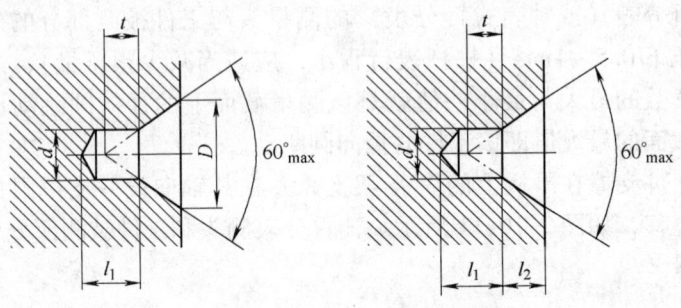

图 2-10-12　A 型中心孔

表 2-10-1　A 型中心孔尺寸　　　　　　　　（单位：mm）

d	D	l_2	t （参考尺寸）	d	D	l_2	t （参考尺寸）
(0.05)	1.06	0.48	0.5	(1.25)	2.65	1.21	1.1
(0.63)	1.32	0.60	0.6	1.60	3.35	1.52	1.4
(0.80)	1.70	0.78	0.7	2.00	4.25	1.95	1.8
1.00	2.12	0.97	0.9	2.50	5.30	2.42	2.2

（续）

d	D	l_2	t （参考尺寸）	d	D	l_2	t （参考尺寸）
3.15	6.70	3.07	2.8	6.30	13.20	5.98	5.5
4.00	8.50	3.90	3.5	(8.00)	17.00	7.79	7.0
(5.00)	10.60	4.85	4.4	10.00	21.20	9.70	8.7

注：1. 尺寸 l_1 取决于中心钻的长度 l_1，即使中心钻重磨后再使用，此值也不应小于 t 值。

2. 中同时列出了 D 和 l_2 尺寸，制造厂可任选其中一个尺寸。

3. 括号内的尺寸尽量不采用。

2）B 型中心孔。B 型中心孔是在 A 型中心孔的端部再加 120°的圆锥倒角，用以保护 60°的锥面不致拉毛碰伤，并使工件端面容易加工。一般应用于多次装夹的工件。B 型中心孔见图 2-10-13，B 型中心孔尺寸见表 2-10-2。

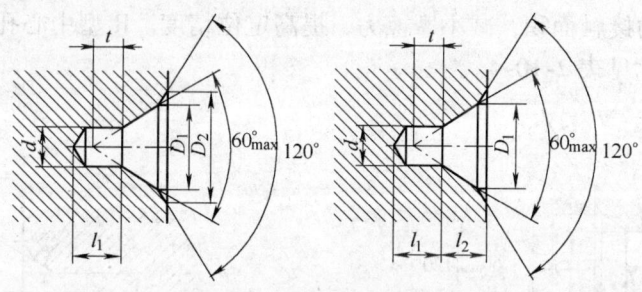

图 2-10-13　B 型中心孔

表 2-10-2　B 型中心孔尺寸　　　　　　　（单位：mm）

d	D_1	D_2	l_2	t （参考尺寸）	d	D_1	D_2	l_2	t （参考尺寸）
1.00	2.12	3.15	1.27	0.9	4.00	8.50	12.50	5.05	3.5
(1.25)	2.65	4.00	1.60	1.1	(5.00)	10.60	16.00	6.41	4.4
1.60	3.35	5.00	1.99	1.4	6.30	13.20	18.00	7.36	5.5
2.00	4.35	6.30	2.54	1.8	(8.00)	17.00	22.40	9.36	7.0
2.50	5.30	8.00	3.20	2.2	10.00	21.20	28.00	11.66	8.7
3.15	6.70	10.0	4.03	2.8					

注：1. 尺寸 l_1 取决于中心钻的长度 l_1，即使中心钻重磨后再使用，此值也不应小于 t 值。

2. 表中同时列出了 D_2 和 l_2 尺寸，制造厂可任选其中一个尺寸。

3. 尺寸 d 和 D_1 与中心钻的尺寸一致。

4. 括号内的尺寸尽量不采用。

3）C 型中心孔。C 型中心孔外端形似 B 型中心孔，里端有一段小的内螺纹，它可以将其他零件轴向定在轴上，或将零件吊挂放置。C 型中心孔见图 2-10-14，C 型中心孔尺寸见表 2-10-3。

表 2-10-3　C 型中心孔尺寸　　　　　　　　　（单位：mm）

d	D_1	D_2	D_3	l	l_1（参考尺寸）	d	D_1	D_2	D_3	l	l_1（参考尺寸）
M3	3.2	5.3	5.8	2.6	1.8	M10	10.5	14.9	16.3	7.5	3.8
M4	4.3	6.7	7.4	3.2	2.1	M12	13.0	18.1	19.8	9.5	4.4
M5	5.3	8.1	8.8	4.0	2.4	M16	17.0	23.0	25.3	12.0	5.2
M6	7.4	9.6	10.5	5.0	2.8	M20	21.0	28.4	31.3	15.0	6.4
M8	8.4	12.2	13.2	6.0	3.3	M24	26.0	34.2	38.0	18.0	8.0

4）R 型中心孔。R 型中心孔是将 A 型中心孔的圆锥母线改为圆弧线，以减少中心孔与顶尖的接触面积，减小摩擦力，提高定位精度。R 型中心孔见图 2-10-15，R 型中心孔尺寸见表 2-10-4。

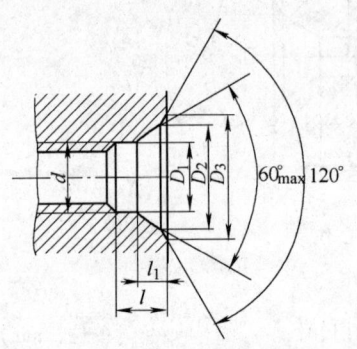

图 2-10-14　C 型中心孔

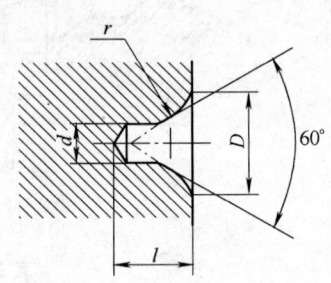

图 2-10-15　R 型中心孔

表 2-10-4　R 型中心孔尺寸

d	D	l_{min}	T		d	D	l_{min}	T	
			max	min				max	min
1.00	2.12	2.3	3.15	2.50	4.00	8.50	8.9	12.50	10.00
(1.25)	2.65	2.8	4.00	3.15	(5.00)	10.60	11.2	16.00	12.50
1.60	3.35	3.5	5.00	4.00	6.30	13.20	14.0	20.00	16.00
2.00	4.25	4.4	6.30	5.00	(8.00)	17.00	17.9	25.00	20.00
2.50	5.30	5.5	8.00	6.30	10.00	21.20	22.5	31.50	25.00
3.15	6.70	7.0	10.00	8.00					

注：括号内的尺寸尽量不采用。

这四种中心孔的圆柱部分作用是：储存油脂，避免顶尖触及工件，使顶尖与60°圆锥面配合贴紧。中心孔的尺寸以圆柱直径（D）为公称尺寸，它是选取中心钻的依据。圆柱直径在 6.3mm 以下的中心孔常用高速钢制成的中心钻直接钻出。表 2-10-5 是常用的 A 型、B 型中心孔的选择。

表 2-10-5 常用的 A 型、B 型中心孔的选择　　　　（单位：mm）

d		D		D_1	D_2	选择中心孔的参考数据		
A 型	B 型	A 型	B 型		B 型	原料最小端部直径 D_0	轴状原料最大直径 D_0	工件最大质量/kg
1.00		2.12			3.15	4	>4 ~ 7	—
(1.25)		2.65			4.00	6	>5 ~ 7	—
1.60		3.35			5.00	6.5	>7 ~ 10	15
2.00		4.25			6.30	8	>10 ~ 18	120
2.50		5.30			8.00	10	>18 ~ 30	200
3.15		6.70			10.00	12	>30 ~ 50	500
4.00		8.50			12.50	15	>50 ~ 80	800
(5.00)		10.60			16.00	20	>80 ~ 120	1000
6.30		13.20			18.00	25	>120 ~ 180	1500
(8.00)		17.00			22.40	30	>180 ~ 220	2000
10.00		21.20			28.00	35	>180 ~ 220	2500

（2）钻中心孔的方法

1）在卡盘上装夹找正工件后夹紧。装夹好中心钻，调整合理的主轴转速，根据中心钻大小选择转速在 500 ~ 1200r/min。

2）车平端面，中心处不能留有凸头。

3）移动尾座，中心钻接近工件端面后锁紧尾座。

4）开动车床，观察中心钻的中心线是否与工件旋转中心一致。必要时需要调整尾座找正。

5）手摇尾座手轮进给，进给不要太快，要缓慢均匀，并充分浇注切削液。

6）钻到深度后稍稍停止手摇进给 2 ~ 3s，使中心孔光滑完整，之后快速退出中心钻。

三、车端面和台阶

1. 车端面

开动机床使工件旋转，移动小滑板或床鞍，选择好背吃刀量，摇动中滑板手柄作横向进给，由工件外缘向中心车削（见图 2-10-16a），也可由中心（代孔类零件常用此法）向外缘车削（见图 2-10-16b）。对于长时间车削端面的工件或工序，要锁紧大滑板（见图 2-10-17）。若选用 90°外圆车刀车削端面尤其是大端面，尽可能采取由中心向外车削的方法。

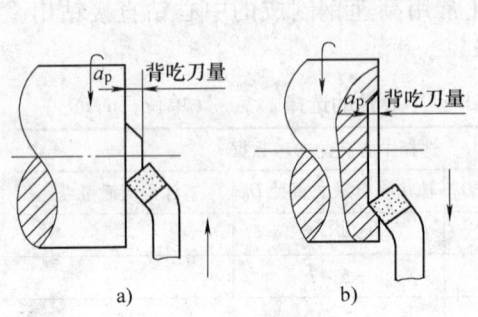

图 2-10-16　横向进给车端面

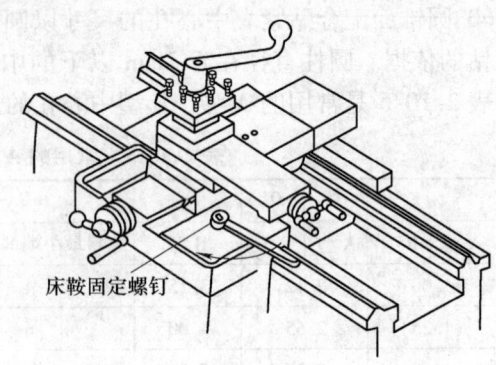

图 2-10-17　锁紧床鞍定位

2. 车台阶

车台阶时，不仅要车削外圆，还要车削台阶端面。因此，车削时既要保证外圆及台阶面长度尺寸，又要保证台阶平面与工件轴线的垂直度要求。

车台阶时通常选用 90°外圆偏刀。尤其是精车时为了保证台阶端面和轴线垂直度，一般取主偏角大于 90°~93°，并保证车刀装夹后的工作主偏角大于等于 90°。

车削台阶工件，一般分粗、精车。粗车台阶长度时最外端的台阶长度留精车余量，其余各台阶可车至长度。

精车时，通常在机动进给精车外圆靠近台阶长度位置时，以手动进给代替机动进给。当车到台阶面时，应变纵向进给为横向进给，移动中滑板由里向外慢慢精车，以确保台阶面对轴线的垂直度。

车削台阶较小时，由于两直径相差不大，可选 90°偏刀，直接车出，如图 2-10-18a 所示。

车削台阶加大时，由于两直径相差较大，可选主偏角大于 90°的偏刀或安装后的工作主偏角稍大于 90°，用车端面的方式车出台阶。

加工工件重要的是保证精度。车削台阶时，可通过以下几种方法控制台阶长度：

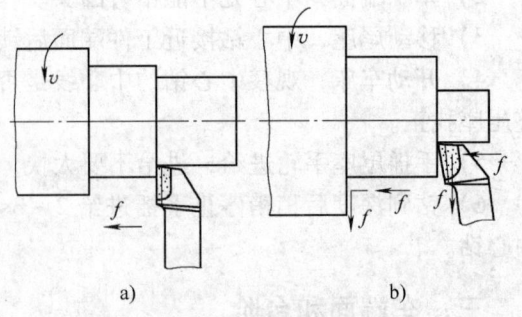

图 2-10-18　台阶的车削方法
a）车削小台阶　b）车削大台阶

（1）刻线法　先用钢直尺或样块量出台阶的长度尺寸，用车刀刀尖在台阶的所在位置处车出细线（见图 2-10-19a）。

（2）用挡铁控制台阶长度　在成批生产台阶轴时，为了准确迅速掌握台阶长度，可用挡铁定位来控制（见图2-10-19b）。先把挡铁1固定在床身导轨的适当位置，与图上台阶a_3的台阶面轴向位置一致。挡铁2、3的长度分别等于a_2、a_1的长度。当床鞍纵向进给碰到挡铁3时，工件台阶长度a_1车好；拿去挡铁3，调整好下一个台阶的背吃刀量，继续纵向进给；当床鞍碰到挡铁2时，台阶长度a_2车好；当床鞍碰到挡铁1时，台阶长度a_3车好。这样就完成了全部台阶的车削。用这种方法车削台阶可减少大量的辅助测量时间。但需要注意的是装夹工件要有工艺台阶用于在卡盘端面定位来限制工件轴向方向窜动，或者在车床主轴锥孔内安装限位心轴挡住工件防止其轴向窜动，以保证工件的轴向尺寸。

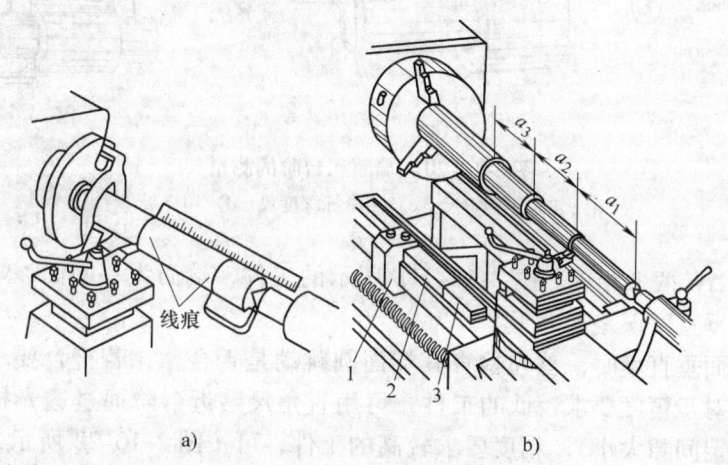

图2-10-19　台阶的控制方法
a）刻线确定位置　b）挡铁定位

（3）用大滑板刻度盘控制台阶长度　CA6140型车床大滑板刻度盘一格等于1mm，可按台阶长度控制大滑板进给时刻度盘转动的格数。也可以用刀尖在工件端面上对刀后摇动大滑板按照台阶长度先划线后再车削。

3. 端面和台阶的测量

对端面的要求是既与轴心线垂直，又要求平整、光直。一般可用钢直尺和刀口尺来检测端面的平面度（见图2-10-20a）。端面除特殊要求外不允许中心留有小凸台或鼓肚现象出现。

台阶的长度尺寸和垂直误差可以用钢直尺（见图2-10-20b）和游示深度尺（见图2-10-20c）测量，对于批量生产或精度要求较高的台阶，可以用样板测量（见图2-10-20d）。

4. 端面对轴线垂直度的测量

端面圆跳动和端面对轴线的垂直度有一定的联系，但两者又有不同的概念。端面圆跳动是端面上任一直径处的轴向跳动，而垂直度是整个端面对基准线的垂直误差。图2-10-21a所示的工件，由于端面为倾斜平面，其端面圆跳动量为Δ，

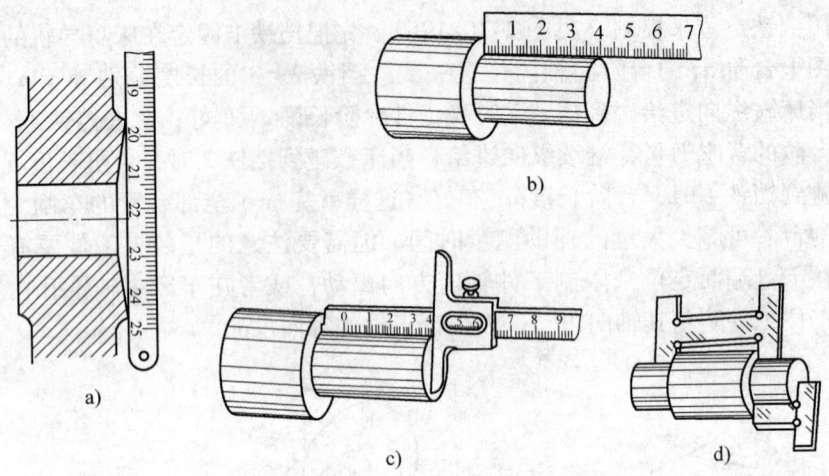

图 2-10-20 端面和台阶的测量

a)、b) 用钢直尺 c) 用游标深度尺 d) 用样板

垂直度也为 Δ，两者相等。图 2-10-21b 所示的工件，端面为一凹面，端面圆跳动量为零，但垂直度误差却大于零。

测量端面垂直度时，首先检查其端面圆跳动是否合格，若符合要求再测量端面垂直度。对于精度要求较低的工件，可用直角尺贴近台阶通过透光检查（可以利用塞尺确定间隙大小）。精度要求较高的工件，可按图 2-10-22 所示，将轴支撑在置于平板上的垂直导向块中，然后用百分表从端面中心点逐渐向边缘移动，百分表指示读数的最大值就是端面对轴线的垂直度。

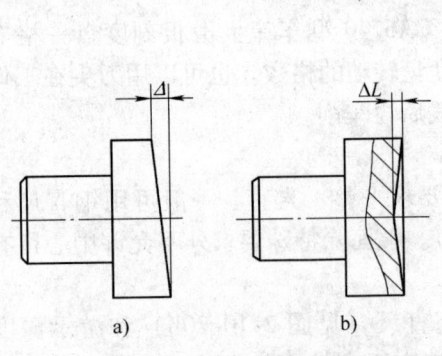

图 2-10-21 端面圆跳动与垂直度的区别

a) 倾斜端面 b) 内凹端面

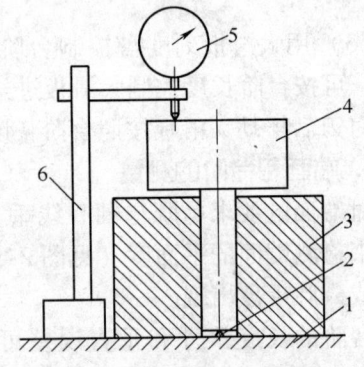

图 2-10-22 垂直度的检验

1—平板 2—固定支承 3—垂直导向块
4—工件 5—百分表 6—测量架

在加工现场还可以将轴安装在自定心卡盘上，移动中滑板用百分表仿照上述方法测量，但这种方法要考虑车床中滑板移动对主轴中心线的垂直度误差。

第十一章

车内圆柱面

在机器零件中，一般把轴套、衬套等零件称为套类零件。如齿轮、轴套、带轮等。因支承和联接配合的需要，不仅有外圆柱面，而且有内圆柱面。一般情况下，通常采用钻孔、扩孔、车孔和铰孔等方法来加工内圆柱面。

为了与轴类工件相配合，套类工件上一般加工有精度较高的孔，尺寸精度为 IT7~IT8，表面粗糙度值 Ra 要求达到 $0.8~1.6\mu m$。此外，有些套类零件还有几何公差的要求。

一、在车床上钻孔

以普通麻花钻为例。

1. 麻花钻的组成

从图 2-11-1b 麻花钻外形图可知。麻花钻由柄部、颈部和工作部分三部分组成。

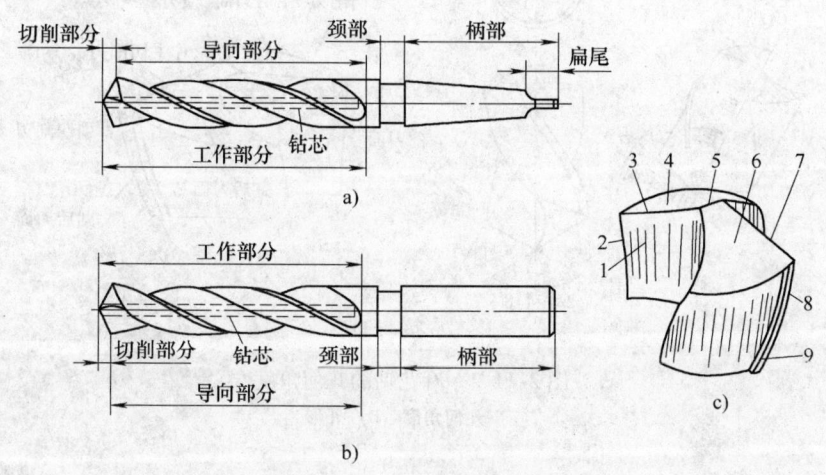

图 2-11-1 麻花钻的组成

1—前面 2、8—副切削刃（棱边） 3、7—主切削刃 4、6—后面 5—横刃 9—副后面

（1）柄部 麻花钻的装夹部分，用来传递转矩。当麻花钻直径小于16mm时一般采用直柄，如图2-11-1b。大于16mm时则多采用莫氏圆锥柄，如图2-11-1a。

（2）颈部 柄部和工作部分的联接处，并作为磨削外径时砂轮退刀和打标记、牌号的地方。

（3）工作部分 是麻花钻的主要部分，由导向部分和切削部分组成。

1）导向部分 麻花钻的导向部分由两条螺旋槽所形成的两螺旋形刃瓣组成，两刃瓣由钻芯联接。为减小两螺旋形刃瓣与已加工表面的摩擦，在两刃瓣上制出了两条螺旋棱边（称为刃带），用以引导麻花钻并形成副切削刃；螺旋槽用以排屑和导入切削液，从而形成前面；导向部分的直径向柄部方向逐渐减小，形成倒锥，其倒锥量为（0.05～0.12mm）/100mm，类似于副偏角，以减小刃带与工件孔壁间的摩擦；钻芯直径（即与两槽底相切圆的直径）影响麻花钻的刚性和螺旋槽截面积。对标准麻花钻而言，为提高麻花钻的刚性，钻芯直径制成向钻柄方向增大的正锥，其正锥量一般为（1.4～2mm）/100mm。此外，导向部分也是切削部分的备磨部分。

2）切削部分 麻花钻的切削部分由两个螺旋形前面、两个由能够刃磨的后面、两条刃带（副后面）、两条主切削刃、两条副切削刃（前面与刃带的交线）和一条横刃组成。

2. 麻花钻切削部分的几何角度

麻花钻的几何角度如图2-11-2所示。

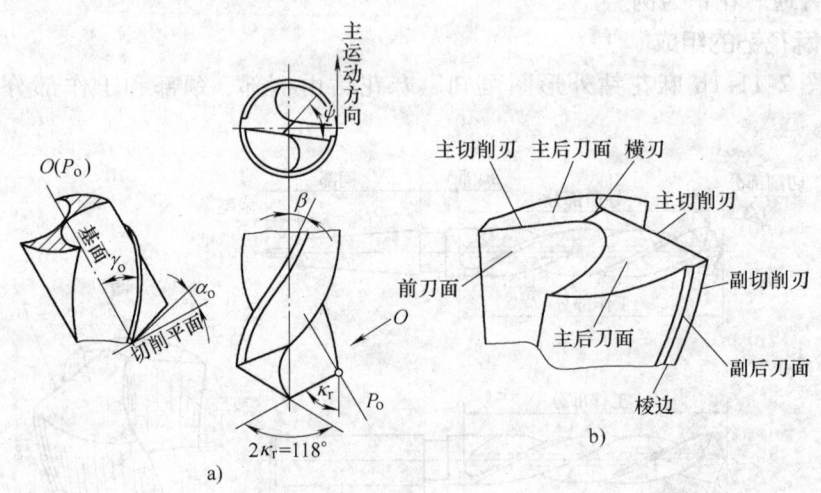

图 2-11-2 麻花钻的几何角度

a）几何角度 b）外形

（1）顶角（$2\kappa_r$） 麻花钻的两切削刃之间的夹角叫顶角。角度一般为118°。钻软材料时可取小些（尖一些），因为顶角小了，轴向阻力小，刀尖角（ε）增大，有利于散热，可在较软材料钻削，但这时麻花钻所受到的切削转矩会增大，切屑变形，排屑不畅，也影响了切削液的注入，所以钻硬材料时取118°。麻花钻顶角与切削刃的关系见图2-11-3。从图中可看出，当顶角在118°左右时，两条切削刃呈直线形；顶角大于118°时，两条切削刃向钻体内呈凹形；顶角大于118°时，两条切削刃向钻体外部呈凸形。

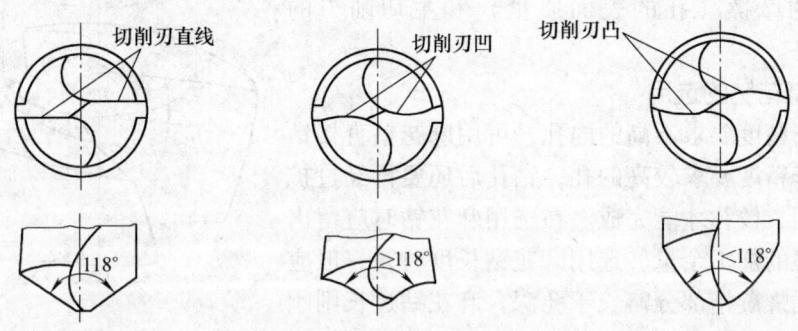

图2-11-3　麻花钻顶角与切削刃的关系

a) $2\kappa_r = 118°$　b) $2\kappa_r > 118°$　c) $2\kappa_r < 118°$

（2）横刃斜角（ψ）　横刃（当麻花钻后刀面磨出时横刃就自然形成的）它分别与两条主切削刃之间所夹的锐角叫横刃斜角，通常为55°。横刃斜角的大小随刃磨后角的大小而变化。后角大，横刃斜角减小，横刃变长，钻削时周向力增大（进给力增大、定心作用差），后角小则钻削困难。

（3）前角（γ_o）　主切削刃上任一点的前角是过该点的基面与前刀面之间的夹角。麻花钻前角的大小与螺旋角、顶角、钻心直径等因素有关，其中影响最大的是螺旋角。由于螺旋角随直径大小而改变，所以主切削刃上各点的前角也是变化的（见图2-11-4），靠近外缘处前角最大，自外缘向中心逐渐减小，大约在麻花钻直径1/3处以内开始为负前角，前角的变化范围为±30°。前角影响切屑的变形和主切削刃的强度，决定着切削的难易程度。

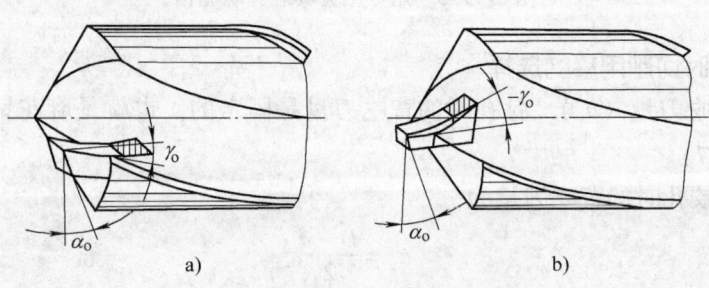

图2-11-4　麻花钻前角的变化

a) 外缘处前角　b) 钻心处前角

（4）后角（α） 主切削刃上任一点的后角是过该点切削平面与主后刀面之间的夹角，见图2-11-5。和前角一样，后角也是变化的，靠近外缘处最小，接近中心处最大，变化范围为 $8° \sim 14°$，靠近钻心处的后角最大一般为 $20° \sim 26°$。实际后角应在圆柱面内测量后刀面与切削平面的夹角。后角影响后刀面与切削平面的摩擦（孔的表面质量）和主切削刃的强度。

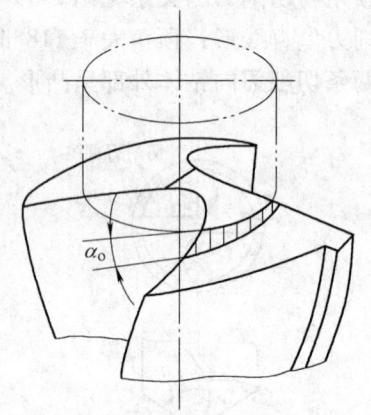

图2-11-5　在圆柱面内测量麻花钻的后角

3. 麻花钻的选用

对于精度要求不高的内孔，可用麻花钻直接钻出，对于精度要求较高的孔，钻孔后还要再经过扩孔或车削、铰孔才能完成。在选用麻花钻时应留出下道工序的加工余量。选用麻花钻长度时，一般应使麻花钻螺旋槽部分略长于孔深，麻花钻过长则刚性差，麻花钻过短则排屑困难，也不宜钻通孔。

一般情况下，直柄麻花钻可用钻夹头装夹，再将钻夹头的尾部锥柄插入尾座锥孔内；锥柄麻花钻可根据尾部的莫氏锥柄的型号不同直接或用莫氏过渡锥套插入尾座锥孔中。在实际加工中也可用专用夹具安装麻花钻（见图2-11-6）。

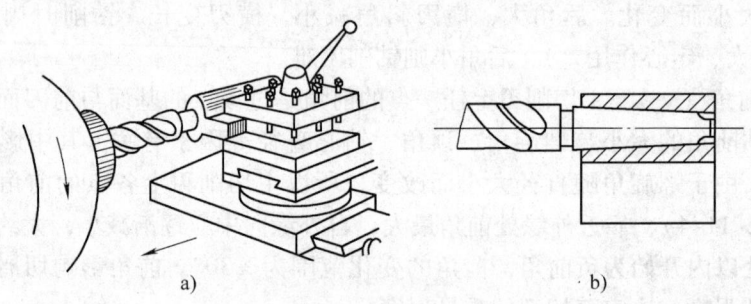

a)　　　　　　　　　　　　　　　　b)

图2-11-6　用专用夹具装夹麻花钻

4. 钻孔时切削用量的选择

（1）背吃刀量（a_p） 钻孔时的背吃刀量是固定的，也就是麻花钻直径的1/2（见图2-11-7）。

扩孔、铰孔时的背吃刀量为

$$a_p = \frac{D - d}{2}$$

（2）切削速度（v_c） 钻孔时的切削速度是指麻花钻主切削刃外缘处的线速度，即

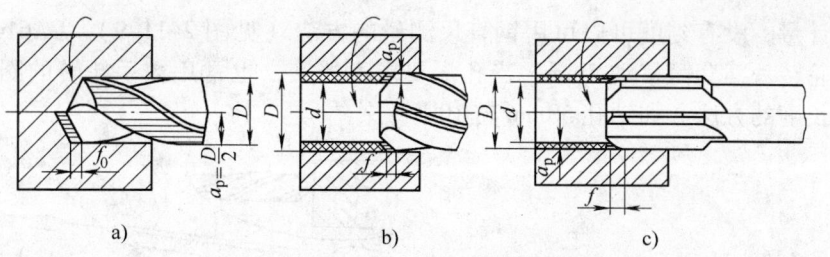

图 2-11-7　定尺寸刀具加工时的切削用量

a）钻孔　b）扩孔　c）铰孔

$$v_c = \frac{\pi D n}{1000}$$

式中　v_c——切削速度（m/mim）；

D——麻花钻的直径（mm）；

n——主轴转速（r/mim）。

用高速钢麻花钻钻钢料时，切削速度一般选 $v_c = 15 \sim 35$ m/mim；钻铸铁时 $v_c = 70 \sim 90$ m/mim；扩孔时切削速度可略高一些。

（3）进给量（f）　在车床上钻孔时，工件转一周，麻花钻沿轴向方向移动的距离为进给量。在车床上是用手慢慢转动尾座手轮来实现进给运动的。进给量太大会使麻花钻磨损加剧甚至折断，一般直径为 $10 \sim 30$ mm 的麻花钻钻钢料时，f 选 $0.15 \sim 0.4$ mm/r；钻铸铁时，进给量略大些，一般选 $f = 0.2 \sim 0.4$ mm/r。在实际应用中可根据工艺系统刚性、麻花钻的刃磨角度和工件材料来适当提高或降低。

5. 钻孔方法与注意事项

（1）钻孔的方法

1）钻孔前先车平工件端面，以利于麻花钻正确定心。孔有直线度要求或麻花钻直径在 20mm 以内时，应该先使用中心钻钻引孔，用以引导麻花钻钻孔。

2）钻孔时，麻花钻中心要对准工件旋转中心，否则可能会使孔径钻大、钻偏甚至折断麻花钻。

3）用细长麻花钻钻孔时，为了防止麻花钻晃动，可在刀架上夹一挡铁（见图 2-11-8）帮助麻花钻定心。但挡铁不能将麻花钻顶过工件回转中心，否则容易将孔钻偏，严重的将折断麻花钻。当麻花钻已正确定心钻入时，可退出挡铁。

4）较小的孔可以一次钻出，大孔则不宜用大麻花钻一次钻出。因为麻花钻大，其横刃亦长，轴向切削阻力亦大，钻削时费力，此时可先用一支小麻花钻钻孔，再用大麻花钻扩孔的方法。

5）钻孔后需铰孔的工件一般精度较高，有一定的直线度要求。除了选用麻花钻留铰削余量，还应遵循钻孔、扩孔、铰孔或钻孔、车孔、铰孔的方法加工，以防因孔径扩大没有铰削余量或达不到精度要求而报废。

6）钻通孔较钻不通孔简单，不通孔需要控制孔的深度。控制深度可用套筒上的刻度计量，没有刻度可以可用钢直尺测量的方法（见图2-11-9）。CA6140车床尾座手轮转一圈套筒移动5mm，当孔深要求不严实，也常用数手轮转的圈数来计量钻孔长度的方法。如钻孔50mm转10圈。

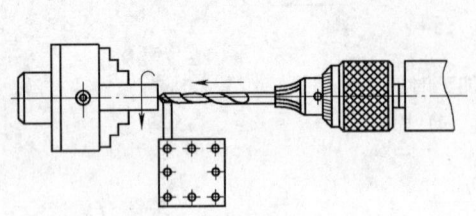
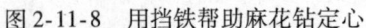

图2-11-8 用挡铁帮助麻花钻定心

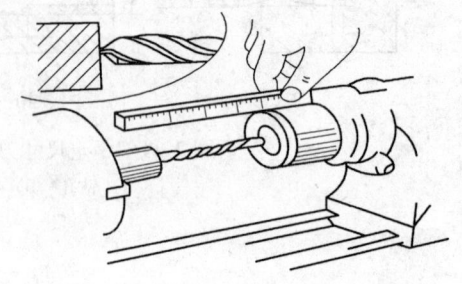

图2-11-9 用钢直尺计量钻孔深度

（2）钻孔时的注意事项

1）将麻花钻装入尾座套筒中，钻孔前应该找正尾座套筒中心与主轴回转中心的同轴度。

2）钻孔前必须将端面车平，中心处不允许有凸台，否则麻花钻不能正确定心，会使孔钻偏，孔径扩大严重时折断麻花钻。

3）钻孔时要本着慢进慢出的方法，当麻花钻刚接触工件端面时进给量要小，以防钻偏或麻花钻折断。通孔快要钻穿时，进给量也要小，防止麻花钻折断或从套筒中拔出。

4）钻小孔时，应先用中心钻钻中心孔引导麻花钻正确定心，在钻孔过程中必须经常退出麻花钻清除切屑。

5）钻削钢料时必须浇注充分的切削液，使麻花钻冷却。

6）钻削有色金属时要正确选用冷却方法，有些材料不能使用水冷的可以使用压缩空气进行空气冷却。

二、在车床上扩孔

用扩孔刀具扩大孔径的方法称为扩孔。在车床，一般精度的孔可直接选用合适直径的麻花钻，而精度较高时，则选用扩孔钻（见图2-11-10）：用扩孔钻扩孔，是常用作铰孔精加工前的半精加工，它的作用主要是校正孔的轴向偏差，使其得到较高的几何形状。扩孔的方法同钻孔，但要根据孔的精度要求，适当放慢钻削速度。

1. 扩孔钻的种类

1）扩孔钻切削部分按材料分有高速钢和硬质合金两种。

2）扩孔钻按柄分有直柄和锥柄两种。

2. 扩孔钻的特点

1）扩孔钻通常有3～4个切削刃，导向好，切削平稳。

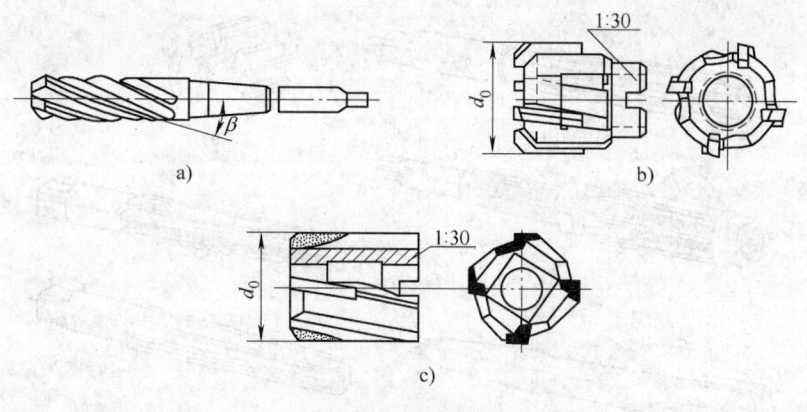

图 2-11-10 扩孔钻

a) 高速钢整体式　b) 镶齿套式　c) 硬质合金可转位式

2）扩孔时，扩孔钻没有横刃参与，扩削稳定。

3）扩孔钻背吃刀量较小，切屑少，加工质量较麻花钻好。

三、在车床上铰孔

铰孔用铰刀从工件内孔壁切除微量金属层，以提高其尺寸精度和减小其表面粗糙度值的方法。铰孔是应用较为普遍的孔的精加工方法，表面粗糙度值可达 $0.4\mu m$。铰孔是一种操作方便、生产率高、能够获得高质量孔的切削方式，故在生产中应用极为广泛。

1. 铰刀

铰刀可分为手用和机用两大类。手用铰刀工作部分较长，机用铰刀工作部分较短。铰刀一般为双数齿（4、6、8）等。齿数过多，刀具的制造刃磨较困难，在刀具直径一定时，刀齿的强度会降低，容屑空间小，由此造成切屑堵塞和划伤孔壁甚至崩刃。齿数过少，则铰削时的稳定性差，刀齿的切削负荷增大，且容易产生几何形状误差。按铰刀结构有整体式（锥柄和直柄）和套装式。铰刀常见类型如图 2-11-11 所示。选用铰刀时，要根据生产条件及加工要求而定。单件或小批量生产时，选用手用铰刀；成批大量生产时，采用机用铰刀。

铰刀的公差等级分为 H7、H8、H9 三级，其公差由铰刀专用公差确定，分别适用于铰削 H7、H8、H9 公差等级的孔。上述的多数铰刀，每一类又可分为 A、B 两种类型，A 型为直槽铰刀，B 型为螺旋槽铰刀。螺旋槽铰刀切削过程稳定，故适于加工断续表面。

2. 铰刀的装夹

在车床上铰孔时，一般将机用铰刀的锥柄配合莫氏锥套插入尾座套筒的锥孔中，并调整尾座套筒轴线与主轴轴线相重合，同轴度一般应小于 0.02mm。但当一般精度的车床，其主轴轴线与尾座轴线非常精确地在同一轴线上是比较困难时，

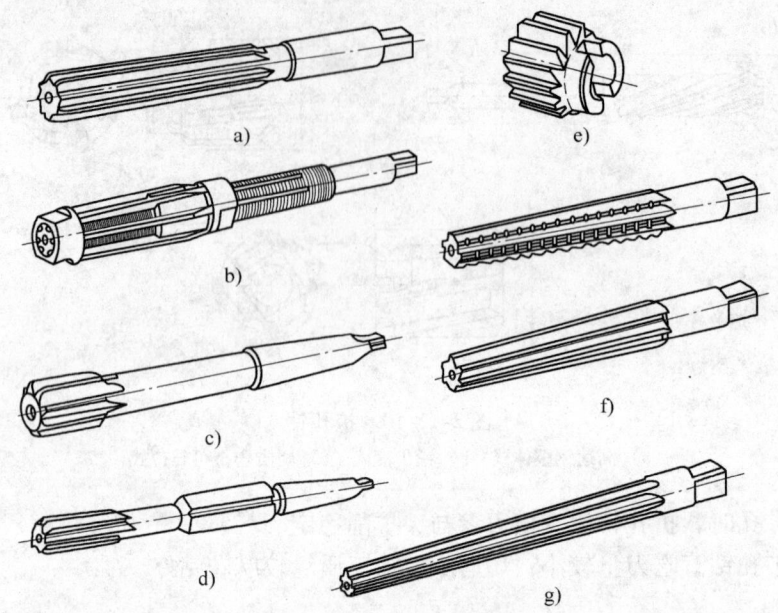

图 2-11-11   铰刀常见类型

a) 整体手用圆柱铰刀   b) 可调节手用铰刀   c) 锥柄机用铰刀   d) 带导向结构机用铰刀
e) 套式机用铰刀   f) 直柄莫氏锥度铰刀   g) 手用1:50锥度销铰刀

可选用浮动式铰刀或浮动套筒。

为保证工件的同轴度，常采用浮动套筒（见图 2-11-12）来装夹铰刀。铰刀通过浮动套筒 1 插入孔中，利用套筒与主体 3，轴销 2 与套筒之间存在一定的间隙，而产生浮动。铰削时，铰刀通过微量偏移来自动调整其中心线与孔中心线重合，从而消除由于车床尾座套筒锥孔与主轴同轴误差而对铰孔质量的影响。

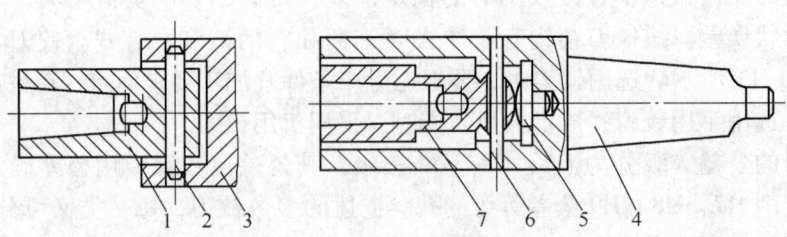

图 2-11-12   浮动套筒

1、7—套筒   2、6—轴销   3、4—主体   5—支撑块

3. 确定合理的铰削用量

铰削用量对铰削质量、生产效率及铰刀磨损影响较大。

（1）铰削余量   铰孔一般遵循钻孔—扩孔—铰孔或钻孔—车孔—铰孔的方法

进行。铰孔前，要留有适当的铰削余量。余量的大小直接影响到铰孔的质量。铰孔余量的大小直接影响到孔的质量。余量太小，往往不能把前道工序所留下的加工痕迹铰去；余量太大时，切屑会挤满在铰刀的齿槽中，使切削液不能进入切削区，严重影响表面粗糙度，或因负荷过大而使铰刀迅速磨损，甚至使切削刃崩碎。铰孔余量应根据铰削材料和铰刀材料确定，一般高速钢铰刀铰削余量取 0.08 ~ 0.12mm，硬质合金铰刀取 0.15 ~ 0.20mm。

（2）切削速度（v_c）　铰刀属于定尺寸精加工刀具，高的切削速度会加速它的磨损，所以，铰孔采用低速铰削来提高铰孔质量。用高速钢铰刀一般切削速度小于 5m/min；用硬质合金铰刀铰削孔时，可取大些。

（3）进给量（f）　铰刀的工作部分较长，在保证加工质量的前提下，f 值可取得大些。标准高速钢铰刀加工钢件，要得到表面粗糙度值 $Ra0.63\mu m$，则进给量一般不能超过 0.4mm/r，对于铸铁件，可增加至 0.6mm/r。使用硬质合金铰刀可适当大些，但一般不能超过 0.6mm/r，对于铸铁件，可增加至 1mm/r。

4. 合理选用切削液

一般用高速钢铰刀铰削钢件时，常用 10% ~ 15% 乳化液或硫化油；铰削铸铁件时，常用煤油。用硬质合金铰刀铰孔时应连续、充分地供给切削液，以免骤冷骤热造成刃口崩裂。另外在切削液中加入极压添加剂，有利于改善铰削效果。

5. 金刚石铰刀

金刚石铰刀是采用电镀的方法将金刚石磨料颗粒包镶在 45 钢（或 40Cr）刀体上制得的。用金刚石铰刀铰孔，铰削质量很高，加工精度可达 IT4 ~ IT5 级，表面粗糙度值 Ra 可低于 $0.05\mu m$。

四、车孔

车孔是车削加工的主要内容之一，也可以作为半精加工和精加工。车孔后的精度一般可达 IT7 ~ IT8，表面粗糙度值 Ra 可达 1.6 ~ 3.2μm。

孔的加工比车削外圆要困难很多，有以下几个特点：孔加工是在工件内部进行的，观察切削情况很困难。尤其是孔小而深时，基本无法观察；刀柄尺寸由于受孔径和孔深的限制，不能做得太粗，又不能太短，由此造成刀杆强度不足。特别是加工孔径小、长度长的孔时，此问题更为突出，排屑和冷却较困难，孔的测量比外圆困难。

1. 车孔刀的种类

内孔车刀通常也叫做内孔镗刀。其切削部分基本上与外圆车刀相似。只是多了一个弯头而已。根据刀片和刀杆的固定形式，镗刀分为整体式和机械夹固式。

（1）整体式镗刀　整体式镗刀一般分为高速钢和硬质合金两种。高速钢整体式镗刀其刀头、刀杆都是高速钢制成的。硬质合金整体式镗刀，只是在切削部分焊接上一块合金刀头片，其余部分都是用碳素钢制成。整体式镗刀如图 2-11-13 所示。

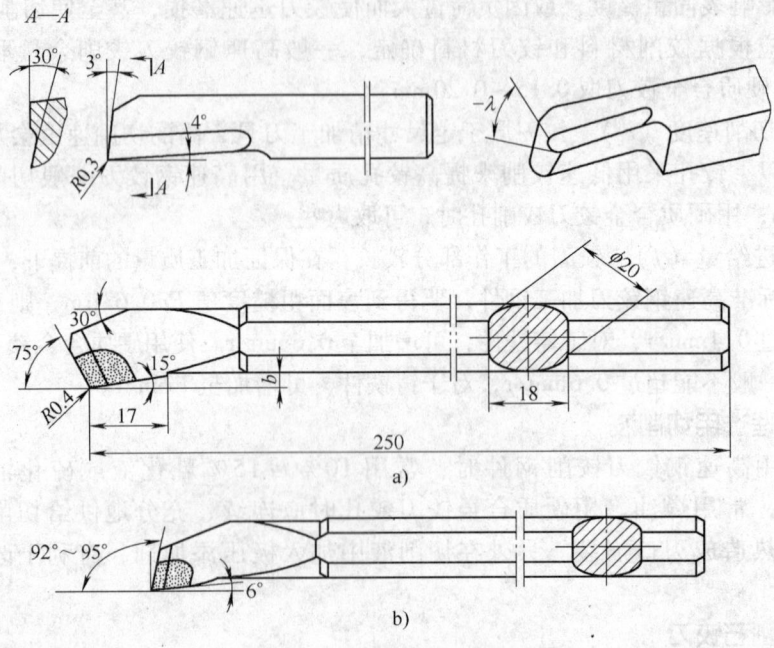

图 2-11-13　整体式镗刀

（2）机械夹固镗刀　机械夹固镗刀由刀排、小刀头、紧固螺钉组成，其特点是能增加刀杆强度，节约刀杆材料，即可安装高速钢刀头，也可安装硬质合金刀头。使用时可根据孔径选择刀排，因此比较灵活方便。机械夹固镗刀如图 2-11-14 所示。

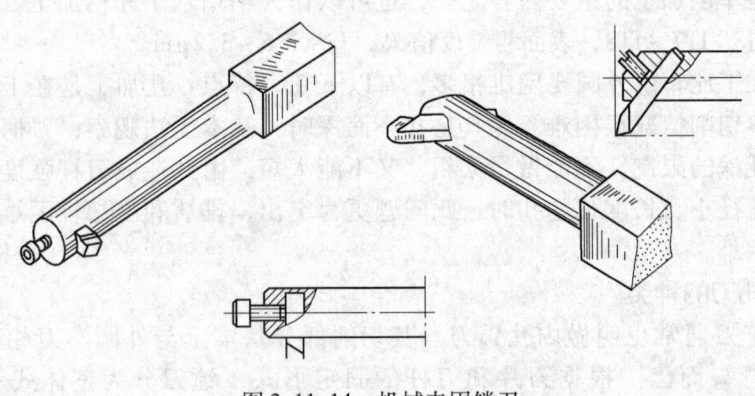

图 2-11-14　机械夹固镗刀

2. 孔车刀的几何角度

根据主偏角分为通孔车刀和不通孔车刀。通孔车刀和不通孔车刀如图 2-11-15 所示。

（1）通孔车刀　其主偏角取 45°～75°，副偏角取 5°～45°，后角取 5°～12°。为了防止后面跟孔壁摩擦，也可磨成双重后角。

（2）不通孔车刀　其主偏角取 90°～93°，副偏角取 3°～6°，后角取 6°～12°。前角一般在主切削刃方向刃磨，对纵向切削有利。在轴向方向磨前角，对横向切削有利，且精车时，内孔表面质量比较好。

内孔车刀几何角度见图 2-11-16。

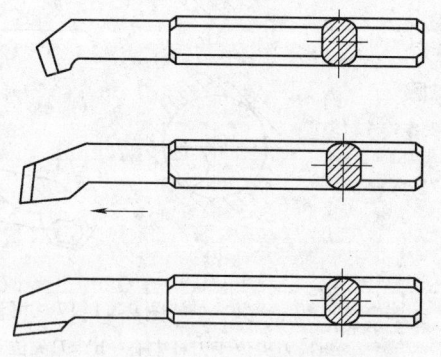

图 2-11-15　通孔车刀和不通孔车刀

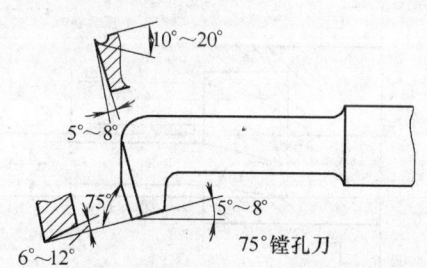

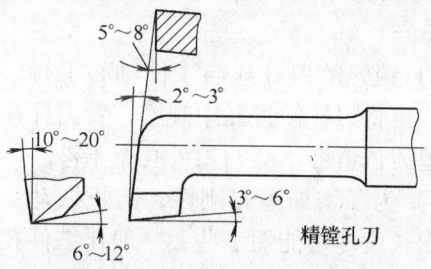

图 2-11-16　内孔车刀几何角度

3. 车孔的关键技术

车孔的关键技术是解决内孔车刀的刚性和排屑问题。增加内孔车刀的刚性主要采取增加内孔车刀刚性的措施：

1）尽量增加刀柄的截面积，通常内孔车刀（图 2-11-17d）的刀尖位于刀柄的上面，这样刀柄的截面积较小，尤其是加工平底孔时还不到孔截面积的 1/4（见图 2-11-17b），若使内孔车刀的刀尖位于刀柄的中心线上，那么刀柄在孔中的截面积可大大地增加（见图 2-11-17a）。

2）尽可能缩短刀柄的伸出长度，以增加车刀刀柄刚性，减小切削过程中的振动，如图 2-11-17c 所示。此外还可将刀柄上下两个平面做成互相平行，这样就能很方便地根据孔深调节刀柄伸出的长度。

3）为了顺利排屑，精车通孔要求切屑流向待加工表面。

4. 镗孔车刀的安装

镗孔车刀的安装见图 2-11-18。

1）镗孔车刀安装时，刀尖应对准工件中心或略高一些，这样可以避免镗刀受

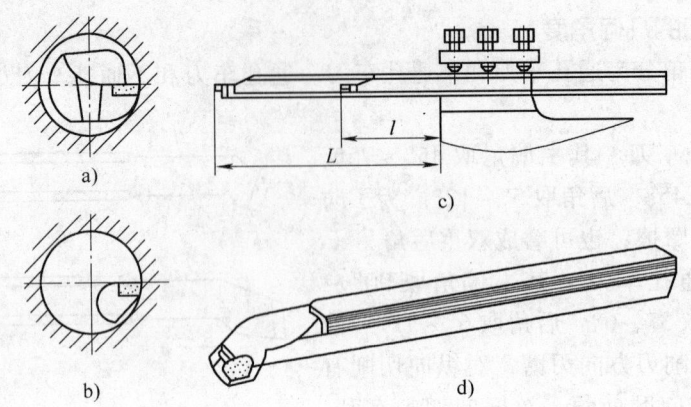

图 2-11-17 可调节刀柄长度的内孔车刀

a）刀尖位于刀杆中心 b）刀尖位于刀杆上面 c）刀杆伸出长度 d）车刀外形

到切削压力下弯产生扎刀现象，而把孔镗大。

2）镗刀的刀杆应与工件轴心平行，车孔前，可将刀杆伸进孔中观察，看刀杆在进刀和退刀位置会不会与工件孔壁干涉。

3）为了增加镗刀刚性，防止振动，刀杆伸出长度尽可能短一些，一般比工件孔深长 5～10mm。

4）加工台阶孔时，主切削刃应和端面成 3°～5° 的夹角，即主偏角应该在 93°～

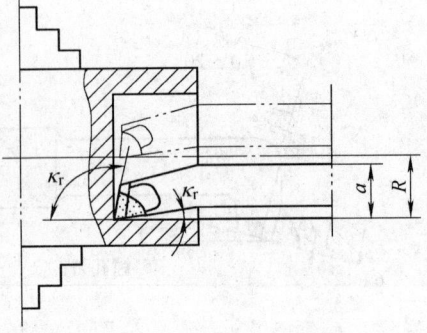

图 2-11-18 镗孔车刀的安装

95°。在镗削内端面时，要求横向有足够的退刀余地。

5. 孔的加工方法

孔的形状不同，车孔的方法也有差异。

（1）直通孔

1）直通孔的车削基本上与车外圆相同，只是进刀和退刀的方向相反。

2）车孔刀的刚性比外圆车刀相差很多，所以车孔时的切削用量要比车外圆时适当减小些，特别是车小孔或深孔或刀杆较细时，其切削用量应更小。

（2）车台阶孔 车台阶孔要采用主偏角 $\kappa_r \geq 90°$（一般为 93°～95°）的车刀。

1）车直径较小的台阶孔时，由于观察困难而尺寸精度不宜掌握，所以常采用先车小孔再车大孔的方法。

2）车大的台阶孔时，若便于观察和测量，一般采用各个孔同时粗车再同时精车的方法。

3）车削孔径尺寸相差较大的台阶孔时，最好采用先粗车，当孔径大时更换刀杆直径大的内孔车刀精车的方法。

4）控制车孔深度的方法通常采用粗车时在刀柄上刻线痕作记号（见图2-11-19a）或加装限位挡片（见图2-11-19b）以及用大滑板刻度盘来控制等，精车时可通过测量后用小滑板刻度盘来控制车孔深度的方法。

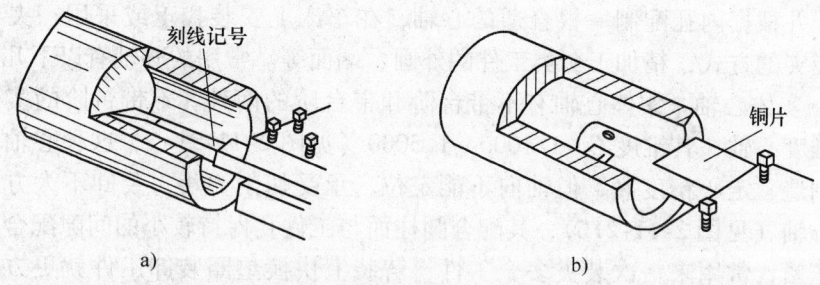

图2-11-19　控制车孔深度的方法
a）刻线痕法　b）加装挡片法

5）切削用量的选择。车孔时，由于刀柄刚性差、冷却条件不好等容易引起振动，因此它的切削用量应比车外圆时要低些。

五、保证套类零件技术要求的方法

套类零件主要加工表面是内孔、外圆和端面。这些表面不仅有形状精度、尺寸精度和表面粗糙度的要求，而且彼此间还有较高的位置精度要求。只要通过选择合理的装夹方法和工艺手段就能达到一定的精度要求。

1. 在一次装夹中完成加工

在单件小批量车削套类工件生产中，可以在一次安装中尽可能把工件全部或大部分表面加工完成。这种方法不存在因安装而产生的定位误差，如果车床精度较高，可获得较高的形位精度。但采用这种方法车削需要经常转换刀架或更换刀具，尺寸较难掌握，切削用量也需要经常改变（见图2-11-20）。

车床上加工的多数尺寸相对小而短的零件，大多采用在一次装夹中完成一侧表面的加工，这样既可保证精度又能提高加工效率。

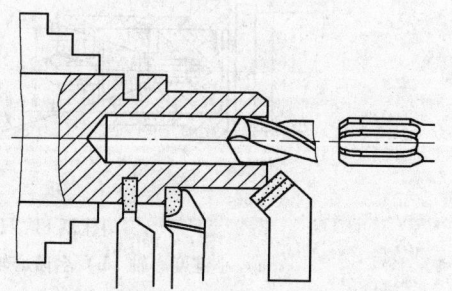

图2-11-20　一次装夹中加工工件

2. 以外圆为基准保证位置精度

车床上以外圆为基准保证工件位置精度时，一般应用软卡爪装夹工件。软卡爪可用铸铁、黄铜、铝材料或含碳量低的钢材制成，这种卡爪装在卡盘后在本身车床上依据所夹持的工件外圆尺寸车削成形，因此可确保装夹精度。其次，当装夹已加工表面或软金属时，装夹面积大，不易夹伤工件表面。

3. 以内孔为基准保证位置精度

车削中、小型的轴套、带轮、齿轮等工件时，一般可用已加工好的内孔为定位基准，并根据内孔配制一根合适的心轴，在车床上安装找正或采用一夹一顶及两顶尖装夹的方式，精加工套类工件的外圆、端面等。常用的心轴有以下几种：

（1）实体心轴　实体心轴有不带台阶和带台阶的两种。不带台阶的实体心轴又称小锥度心轴，其锥度 $C = 1:1000 \sim 1:5000$（见图 2-11-21a），这种心轴的特点是容易制造、定心精度高，但轴向不能定位，承受切削力小，装卸不太方便。带台阶的心轴（见图 2-11-21b），其配合圆柱面与工件孔保持较小的间隙配合，工件靠螺母压紧，常用来一次装夹多个工件，若装上快换垫圈装卸工件就更方便，但由于心轴与工件内孔是间隙配合，其定心精度较低，保证工件同轴度的能力较差。

（2）胀力心轴　胀力心轴依靠材料弹性变形所产生的胀力来固定工件，图 2-11-21c 为装夹在机床主轴锥孔中的胀力心轴，胀力心轴的圆锥角最好为 30°左右，最薄部分壁厚 3 ~ 6mm。为了使胀力均匀，开槽可做成三等份（见图 2-11-21d）。胀力心轴装卸方便，定心精度高，应用广泛。单件、小批量使用的心轴可用脆性材料如铸铁制作，长期使用的胀力心轴可用综合性能较好的弹簧钢等材料制作。

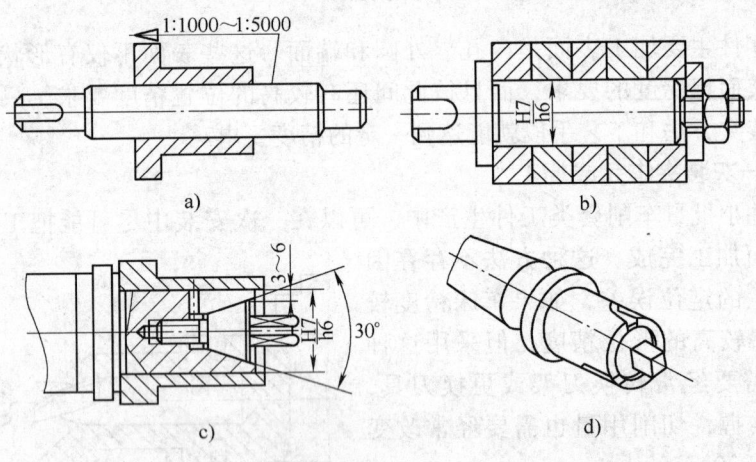

图 2-11-21　各种常用心轴

a）小锥度心轴　b）台阶心轴　c）胀力心轴　d）三等份槽心轴

第十二章

车槽和切断

在车削中使用刀具把材料或工件切成两部分的加工方法叫做切断。在车削中使用刀具把材料或工件切出沟槽部分的加工方法叫做切槽。切槽与切断如图2-12-1所示。

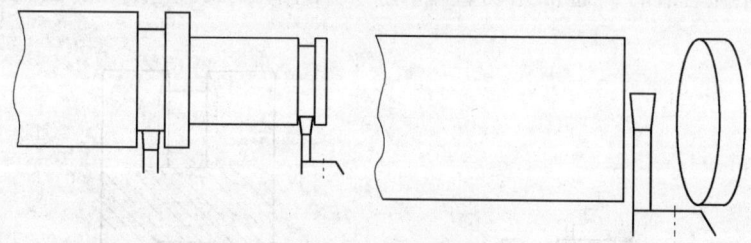

图 2-12-1　切槽与切断

车削工件外轮廓上的沟槽，称为车外沟槽。常见的外沟槽有：外圆沟槽、圆弧沟槽、斜沟槽（越程槽）、端面沟槽及异形沟槽（V 形、燕尾形等）（见图 2-12-2）等。

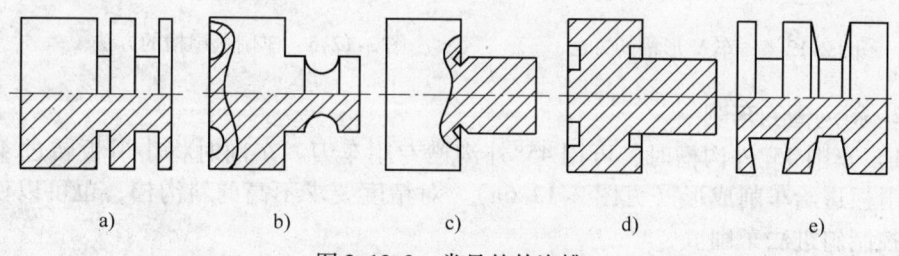

a)　　　　　b)　　　　　c)　　　　　d)　　　　　e)

图 2-12-2　常见的外沟槽

a）外圆沟槽　b）圆弧沟槽　c）斜沟槽　d）端面沟槽　e）异形沟槽

一、车外沟槽和切断

1. 车削外沟槽的方法

车槽刀安装时应垂直于工件中心线。

1）车削精度不高的和宽度较窄的沟槽时，可用刀宽等于槽宽的车槽刀，采用一次直进法车出（见图2-12-3a）。

2）车削较宽的沟槽时，可用多次直进法切割（见图2-12-3b），并在槽壁两侧留一定精车余量，然后根据槽深、槽宽进行精车。

3）车削较小的圆弧槽时，一般以成形刀一次车出；较大的圆弧槽，可用双手联动车削的方法，以样板检查并修车，最后以锉刀修整。

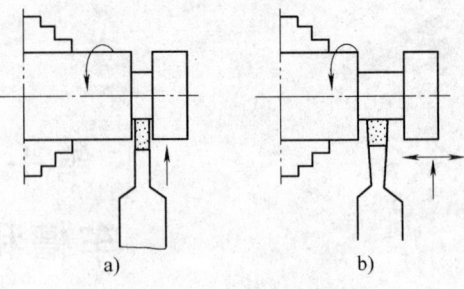

图 2-12-3　直沟槽的车削
a）窄沟槽的车削　b）宽沟槽的车削

4）车削较小的 V 形槽时，一般以成形刀一次完成，较大的 V 形槽，通常先切直槽，然后用角度切刀直进法或左右切削法完成（见图2-12-4）。

5）车削燕尾槽时，通常先切直槽，然后用角度切刀左右切削法完成（见图2-12-5）。

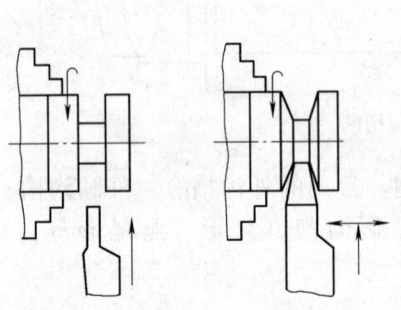

图 2-12-4　车 V 形槽的方法

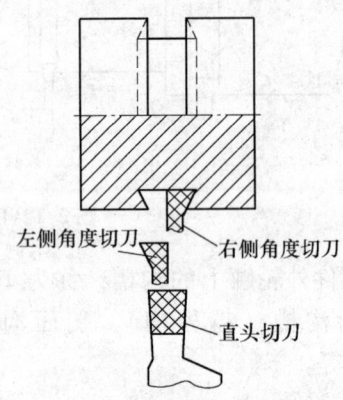

图 2-12-5　车削燕尾槽的方法

2. 斜沟槽的车削

1）车削 45°外沟槽时，可用 45°外沟槽专用车刀。车削时将小滑板转过 45°，用小滑板进给车削成形（见图 2-12-6a）。对精度要求不高的斜沟槽，也可以使用两手控制斜进法车削。

2）车圆弧沟槽时，把车刀刃磨出圆弧切削刃（见图 2-12-6b），并直接车削成形。

3）车削端面沟槽时，采取横向控制槽深、纵向控制深度的方法。

刀具后角要参照端面槽直径比照镗孔刀角度刃磨。

3. 沟槽的检查与测量

（1）精度要求低的沟槽　可用钢直尺测量。

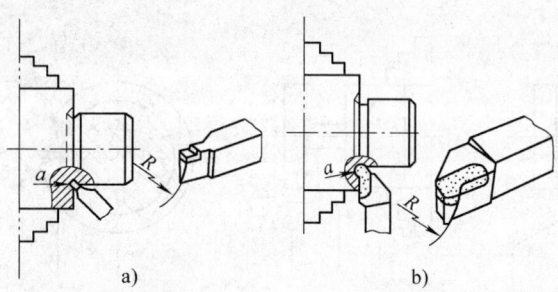

图 2-12-6　斜沟槽车刀及车削方法

a）45°外沟槽车刀　b）圆弧沟槽车刀

（2）精度要求高的沟槽　可用车床刻度控制宽度并用样块、卡尺或千分尺测量。

4. 切断

（1）切断时切削用量的选择　由于切断刀刀体较长造成刀具强度较差，在选择切削用量时，应适当减小其数值。硬质合金切断刀可比高速钢切断刀选用的切削用量要大，切断钢件材料时的切削速度比切断铸铁材料时的切削速度要高，而进给量可小些。

1）背吃刀量（a_p）　切断、车槽时的背吃刀量等于切断刀刀刃的宽度。

2）进给量（f）　切断时的进给量要考虑工艺系统刚性适当增减。一般用高速钢车刀切断钢料时 f 可选择在 0.05 ~ 0.1mm/r；切断铸铁料时 f 可选择在 0.1 ~ 0.2mm/r；用硬质合金切断刀切断钢料时 f 可选择在 0.1 ~ 0.2mm/r；切断铸铁料时 f 可选择在 0.15 ~ 0.25mm/r。

3）切削速度（v_c）　切断时的切削速度要根据工件材料、刀具材料和机床刚性等来选择。用高速钢车刀切断钢料时，$v_c = 30 ~ 40m/min$；切断铸铁料时，$v_c = 15 ~ 25m/min$；用硬质合金切断刀切断钢料时，$v_c = 80 ~ 120m/min$；切断铸铁料时，$v_c = 60 ~ 100m/min$。

（2）切断方法

1）直进法切断。切断刀垂直于工件轴线方向进行切断（见图2-12-7a）。这种方法切断效率高，但对车床刚性、滑板的间隙、切断刀的角度以及刀具装夹都有较高的要求，操作不当会造成切刀折损。

2）左右借刀法切断。在工艺系统刚性不足的情况下，可采用左右借刀法切断（见图2-12-7b）。这种方法是切槽宽度大于刀宽，在槽内反复径向切削直至切断工件。

3）切刀反装法切断。切刀反装法是指工件反转，车刀反向装夹（见图2-12-7c），这种切断方法切屑自然下落，排屑顺利，切削平稳，宜用于较大直径工件的切断，但是对于靠螺纹旋紧的卡盘结构要有保险装置方能反向车削。

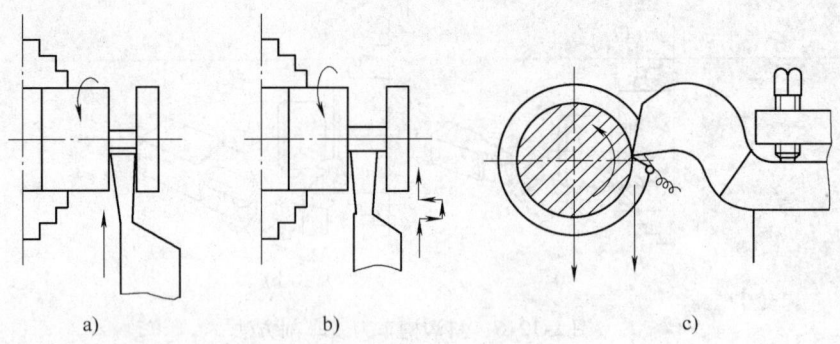

图 2-12-7　切断工件的三种方法

a）直进法　b）左右借刀法　c）切刀反装法

切断工件时，尤其是工件直径较大的，切断刀在槽内散热情况极差，切削刃容易磨损，排屑也比较困难，极易造成"扎刀"现象，严重影响刀具的使用寿命。可以采用合理刃磨切刀几何角度（如减小后角角度、选用负值前角）来改善散热状况，刃磨断屑槽可增大前角减少切削力并控制切屑形状，刃磨刃倾角控制排屑方向等方法克服。此外，合理的选用切削用量也是保证切断顺利进行的有效手段。

二、车内沟槽和端面槽

在零件结构中，除有外沟槽外，还有内沟槽、端面槽和轴间槽。在车端面槽和轴间槽时，沟槽车刀几何形状是外圆车刀与内圆车刀的综合，其中刀具左侧切削刃后角相当于内车孔刀的后角。

1. 内沟槽

（1）常见内沟槽的种类和作用

1）退刀槽。车内螺纹、磨内孔或插内齿时起退刀作用，或为了拉油槽方便，两端开有退刀槽，如图 2-12-8a 所示。

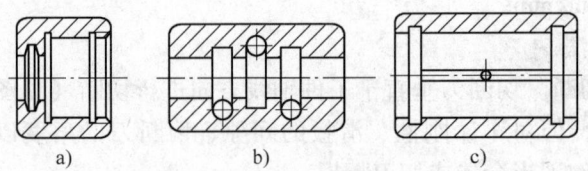

图 2-12-8　内沟槽

a）梯形内沟槽和退刀槽　b）通气内沟槽　c）内油槽

2）密封槽。见图 2-12-8a 中的梯形槽，主要是用来嵌入密封圈、油毛毡，防止套内的润滑油溢出和外面的尘土侵入，起到密封作用。

3）通油槽。在各种液压和气压滑阀中，有用来通油和通气用的内沟槽，如图 2-12-8b、c 所示。这类内沟槽一般有较高的轴向位置要求。

（2）常见的内沟槽车刀　内沟槽车刀与切断刀的几何形状相似，装夹方式为横装，同内孔刀。在内孔中车槽，车槽时注意刀具主后面的影响，应刃磨成双重主后角或圆弧形主后角，在较小的孔中加工内沟槽，一般是整体式车刀，如图2-12-9a所示，在较大直径的孔中加工内沟槽，可采用机夹式车刀，如图2-12-9b所示。

内沟槽车刀的装夹应使主切削刃与内孔轴线等高或略高，两侧副偏角要对称，并且主切削刃与轴线平行，否则槽底平面难以车平（特殊要求的倾斜槽底要求切削刃与槽底平行装夹）。在采用机夹式装夹的内沟槽车刀时，刀头的伸出长度 a 应大于槽深 h 且切削刃到刀杆后的距离（即刀杆直径 d 加上刀头伸出长度 a）小于底孔直径，如图2-12-10所示。

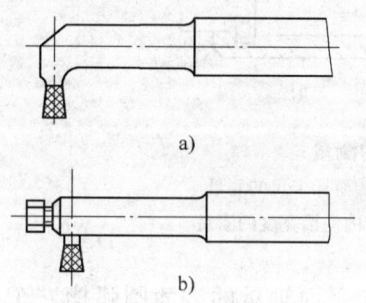

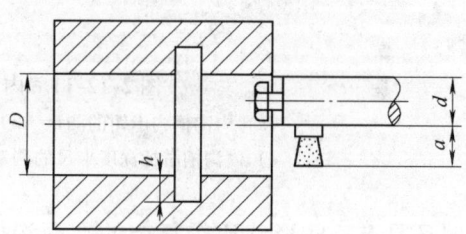

图2-12-9　内沟槽车刀（一）
a）整体式　b）机夹式

图2-12-10　内沟槽车刀（二）

（3）内沟槽的车削　内沟槽刀柄直径受底孔径和槽深的双重限制，比车内孔的直径还要小。车削时观察难度大、排屑困难，所以车削内沟槽比车削孔还要复杂。车窄的内沟槽可以直接用主切削刃等于内沟槽宽的内沟槽刀来保证；宽槽可以用中滑板刻度盘来控制直径尺寸，用大滑板和小滑板刻度控制轴向尺寸。车削带角度的如梯形密封槽时，槽窄而浅的可用成形槽刀直接车出，宽而深的一般是先用内沟槽刀车出直槽，然后用角度内沟槽刀左右分别车削成形。

（4）内沟槽的测量

1）内沟槽的深度一般用弹簧内卡钳测量（见图2-12-11a），测量时，先将弹簧内卡钳收缩，放入内沟槽，然后调整卡钳螺母，使卡脚与槽底径表面接触。测出内沟槽直径，然后将内卡钳收缩取出，弹簧张力使卡钳恢复到所测量的尺寸，用卡尺或千分尺测出其卡脚张开尺寸。当内沟槽直径较大时，可用弯脚游标卡尺测量（见图2-12-11b）。

2）内沟槽的轴向尺寸可用内孔槽游标深度卡尺测量（见图2-12-11c）。

3）内沟槽的宽度可用样板、专用量具测量（见图2-12-11d），当内孔直径很大时，可用通用量具直接测量。

2. 车端面槽

（1）端面沟槽的种类和作用　常见的端面沟槽如图2-12-12所示。机器零件

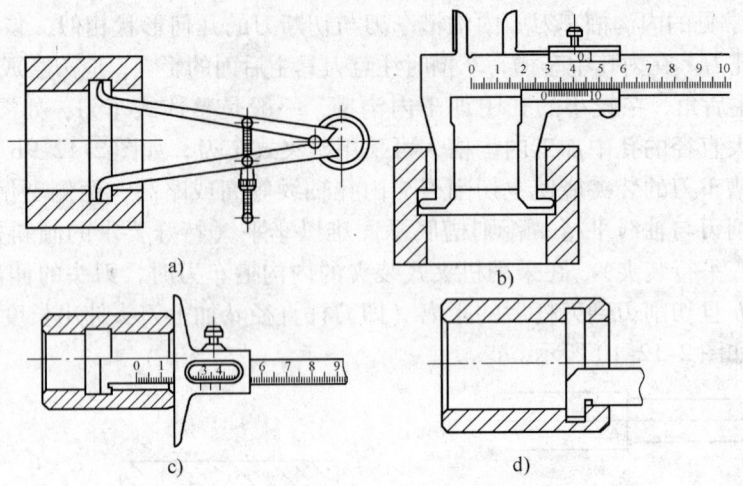

图 2-12-11　内沟槽的测量
a）内沟槽内卡钳的测量　b）内孔槽游标卡尺的测量
c）内沟槽游标深度卡尺的测量　d）内沟槽宽度的测量

上有时还具有一些形状比较复杂的端面沟槽，如平面轴承的端面圆弧槽，车床中滑板转盘上的 T 形槽、磨床砂轮连接盘上的燕尾槽和内圆磨床端盖上的端面直槽等，都可以在车床上加工。

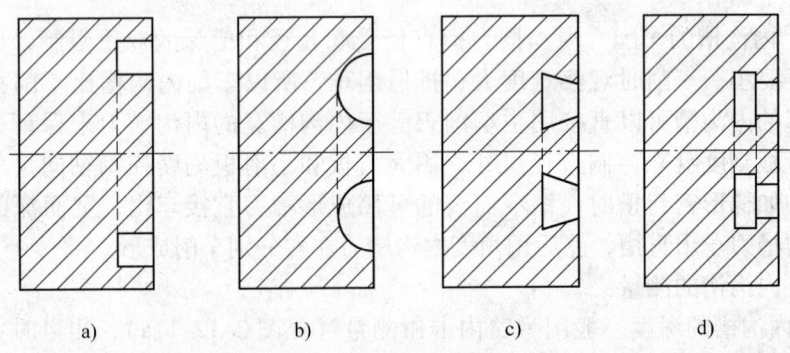

图 2-12-12　常见的端面沟槽
a）端面直槽　b）端面圆弧槽　c）端面燕尾槽　d）端面 T 形槽

（2）端面槽的车削

1）车端面直槽。在端面上车直槽时，端面直槽刀的几何形状是外圆车刀和内孔刀的综合，如图 2-12-13 所示，外沿刀尖 a 处相当于车削内孔，所以该处副后面的圆弧半径 R 必须小于端面槽大径圆弧半径，防止副后面与工件端面槽孔壁相碰。安装端面直槽刀时，一方面应保证两个副偏角相对称，另一方面注意使其主切削刃垂直于工件轴线，否则槽底平面无法保证与工件轴线垂直。

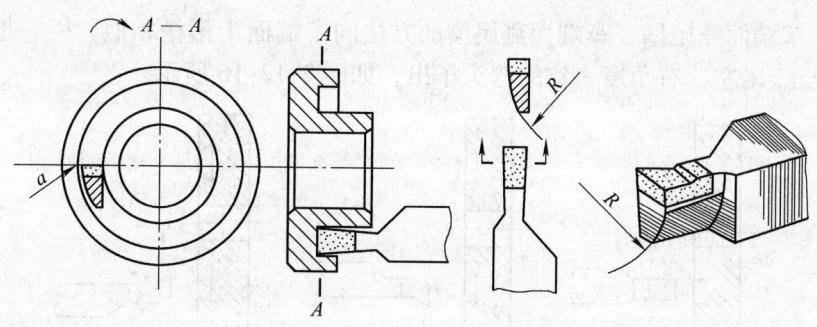

图 2-12-13　端面直槽刀形状

对于比较深的沟槽，为了增强刀头的支撑刚性，避免振动，可使用后面带有加强肋的车刀，如图 2-12-14 所示。

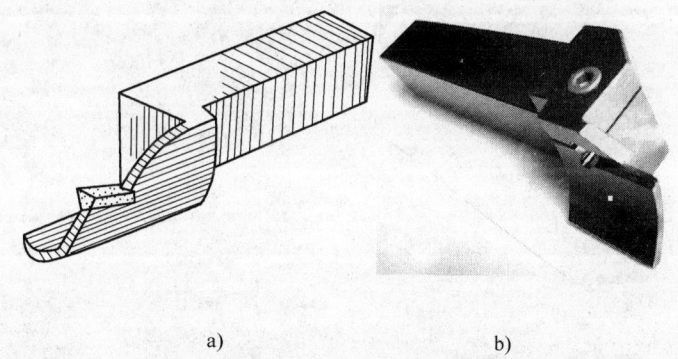

a)　　　　　　　　　　b)

图 2-12-14　带有加强肋的端面车槽刀
a）焊接式　b）机夹式

2）车端面 T 形槽。车端面 T 形槽可先用端面直槽刀车出直槽，如图 2-12-15a 所示，再用右向弯头车槽刀车外侧内沟槽，如图 2-12-15b 所示，最后用左向弯头车槽刀车内侧内沟槽，如图 2-12-15c 所示。为了避免弯头车槽刀与直槽侧面圆弧相碰，应将弯头车槽刀侧面磨成圆弧形，刀头宽度应小于端面槽宽度。

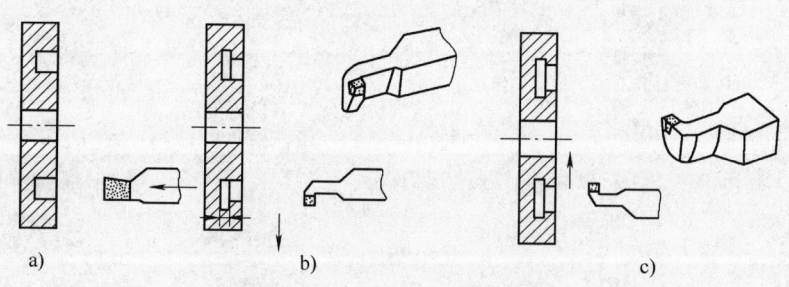

a)　　　　　　　　　b)　　　　　　　　　c)

图 2-12-15　端面 T 形槽
a）车端面直槽　b）车外侧内沟槽　c）车内侧内沟槽

3）车端面燕尾槽。车端面燕尾槽的方法同车端面 T 形槽相似，用一把直槽刀和两把与燕尾左、右角度一致的弯头车出，如图 2-12-16 所示。

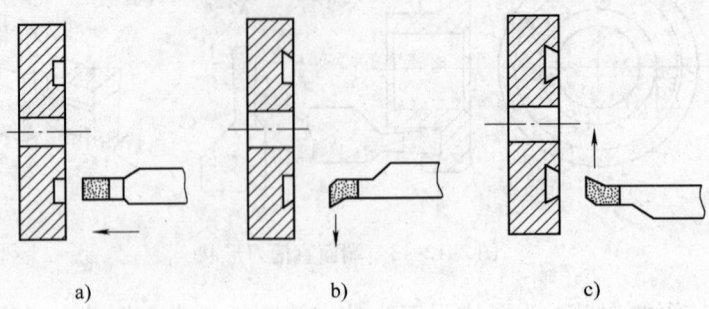

图 2-12-16　端面燕尾槽

a）车端面直槽　b）车外侧燕尾槽　c）车内侧燕尾槽

第十三章
车削圆锥面

在机床与工具中，圆锥及圆锥配合的零件应用的很广泛。在加工圆锥时，对尺寸精度、角度精度、几何精度和表面粗糙度都有要求。

一、圆锥的术语、定义及公式

1. 圆锥表面
与轴线成一定角度，且一端相交于轴线的一条直线段（母线），围绕着该轴线旋转形成的表面称为圆锥表面。

2. 圆锥
由圆锥表面与一定尺寸所限定的几何体，称为圆锥。圆锥又分为外圆锥和内圆锥两种。

3. 圆锥的基本参数
圆锥各部尺寸关系见图 2-13-1。

（1）圆锥角（α） 在通过圆锥轴线的截面内，两条素线间的夹角。车削圆锥时小滑板搬动的角度是所车锥度的一半，故常用到的是圆锥半角 $\alpha/2$。

（2）最大圆锥直径（D） 简称大端直径。

（3）最小圆锥直径（d） 简称小端直径。

（4）圆锥长度（L） 最大圆锥直径与最小圆锥直径之间的轴向距离。

（5）锥度（C） 最大圆锥直径与最小圆锥直径之差对圆锥长度之比，即

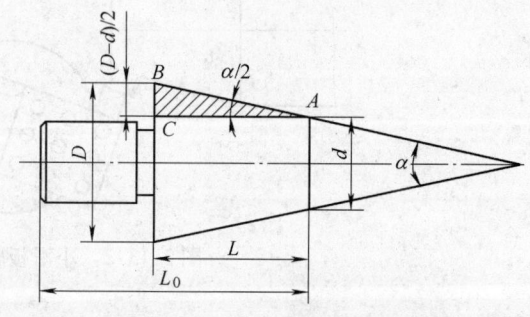

图 2-13-1　圆锥各部尺寸关系

$$C = (D - d)/L$$

4. 圆锥各部分尺寸计算公式

圆锥四个基本参数是圆锥角、大端直径、小端直径和圆锥轴向长度，只要知道其中任意三个参数，其他一个未知参数即能通过公式求出。

圆锥角 α 和圆锥半角 $\alpha/2$ 与其他三个参数的关系：

$$C = (D - d)/L;$$
$$\tan(\alpha/2) = (D - d)/2L;$$

由以上公式可得出其他三个参数的公式：

$$D = d + 2L\tan(\alpha/2)$$
$$d = D - 2L\tan(\alpha/2)$$
$$L = (D - d)/2\tan(\alpha/2)$$

在圆锥半角（$\alpha/2$）小于6°时，可采用以下近似公式计算：

$$\alpha/2 = 28.7° \times (D - d)/L$$

二、车外圆锥

车外圆锥的方法主要有：转动小滑板法、偏移尾座法、仿形法和宽切削刃车削法四种。但是无论采用哪种方法，都要求车刀刀尖准确地对准工件回转中心，否则会产生双曲线误差。

1. 转动小滑板法车外圆锥

转动小滑板法是将小滑板按工件的圆锥半角（圆锥斜角）$\alpha/2$ 要求转动一个相应的角度，使车刀的运动轨迹与所要加工的圆锥素线平行。（见图2-13-2）这种方法操作简便、调整范围大，主要适用于工件长度较短、圆锥角较大的单件、小批量生产。

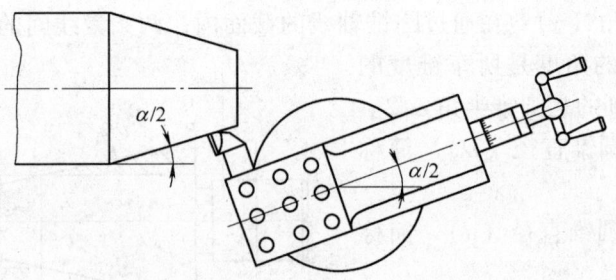

图2-13-2 小滑板转动的角度

（1）转动小滑板法车外圆锥面的方法

1）装夹车刀。车刀刀尖必须严格对准工件的旋转中心，否则车出的圆锥素线将不是直线，而是双曲线。

2）确定小滑板转动角度。根据工件图样选择相应的公式计算出圆锥半角 $\alpha/2$，圆锥半角 $\alpha/2$ 即是小滑板应转动的角度。

3）转动小滑板。用扳手将小滑板锁紧螺母松开，转至需要的圆锥半角 $\alpha/2$ 后螺母锁紧。圆锥半角 $\alpha/2$ 的值通常不是整数，其小数部分用目测估计之后再通过试车逐步找正。小滑板转动的角度值可以稍大于车削圆锥的半角，因为角度搬动偏小会使圆锥素线车长而难以修正圆锥长度尺寸。

车削常用标准工具的圆锥和专用的标准圆锥时，小滑板转动角度可参考表 2-13-1。

表 2-13-1　车削常用锥度和标准锥度时小滑板转动角度

名　称		锥　度	小滑板转动角度
莫氏锥度	0	1:19.212	1°29′27″
	1	1:20.047	1°25′43″
	2	1:20.020	1°25′50″
	3	1:19.922	1°26′16″
	4	1:19.254	1°29′15″
	5	1:19.002	1°30′26″
	6	1:19.180	1°29′36″
标准锥度	30°	1:1.866	15°
	45°	1:1.207	22°30′
	60°	1:0.866	30°
	75°	1:0.625	37°30′
	90°	1:0.5	45°
	120°	1:0.289	60°
	0°17′11″	1:200	0°08′36″
	0°34′23″	1:100	0°17′11″
	1°8′45″	1:50	0°34′23″
	1°54′35″	1:30	0°57′17″
	2°51′51″	1:20	1°25′56″
	3°49′6″	1:15	1°54′33″
	4°46′19″	1:12	2°23′09″
	5°43′29″	1:10	2°51′15″
	7°9′10″	1:8	3°34′35″
	8°10′16″	1:7	4°05′08″
	11°25′16″	1:5	5°42′38″
	18°55′29″	1:3	9°27′44″
	16°35′32″	7:24	8°17′46″

车正外圆锥时，小滑板应逆时针方向转动一个圆锥半角 $\alpha/2$，反之则应顺时针方向转动一个圆锥半角 $\alpha/2$，如图 2-13-3 所示为车削前顶尖时小滑板逆时针转动 30°。

4）粗车外圆锥。车外圆锥也要分粗车、精车。通常先按圆锥大端直径和圆锥面长度车成圆柱体，然后再车圆锥面。车削前应调整好小滑板导轨与镶条间的配合间隙。此外车削前还应根据工件圆锥面长度确定小滑板的行程长度，此处应注意小滑板导轨伸出太多时不要与卡盘碰撞。粗车外圆锥面时，使刀尖与轴端外圆面轻轻接触后，小滑板向后退出；然后中滑板按刻度向前进相应的深度，开动车床后，双手交替转动小滑板手柄，手动进给速度要保持均匀和不间断，如图 2-13-4 所示。在车削过程中，背吃刀量会逐渐减小，当车至终端，将中滑板退出，小滑板则快速后退复位。

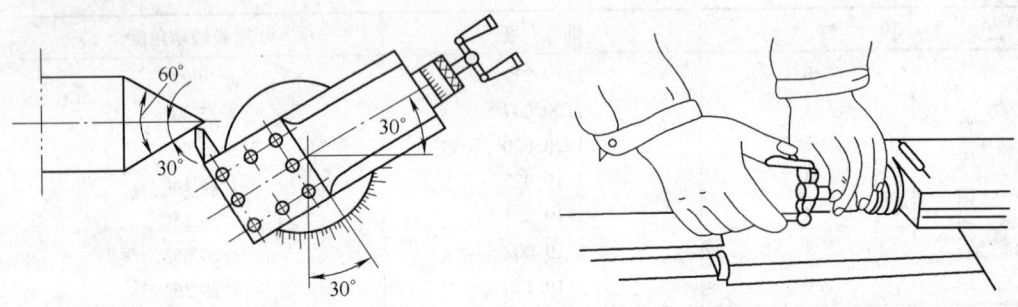

图 2-13-3　车正外圆锥　　　　　图 2-13-4　双手交替转动小滑板车圆锥

　　5）找正圆锥角度。找正圆锥角度可使用样板透光法来检验；可使用游标万能角度尺测量来找正工件圆锥角度；也可以使用标准锥度（套）塞规，这里介绍使用锥度套规检验找正圆锥的方法（见图 2-13-5）。

　　粗车圆锥后将圆锥套规轻套在工件上，如图 2-13-5a 所示，用手捏住套规轻轻摆动，如果一端有间隙，就表明锥度不正确。图 2-13-5b 中大端有间隙，说明小滑板转动角度小了；图 2-13-5c 中小端有间隙，说小滑板转动角度大了。此时可以松开小滑板锁紧螺母，按角度调整方向用铜棒轻轻敲动小滑板，使小滑板做微小转动，然后锁紧螺母。角度调整好后，再次车外圆锥面。当用套规检测时，左、右两端均不能摆动时，表明圆锥角度基本正确。此时可在工件锥度表面均匀地相隔 180°或相隔 120°薄薄的涂抹两条或三条涂抹红丹，用作精确检查（一般要求内外锥面配合接触达到 70%以上）。根据接触情况判断圆锥角大小，判断小滑板调整的方向和调整量，调整后再试车，直到圆锥角度找正为止。然后粗车圆锥面，根据需要留精车余量。

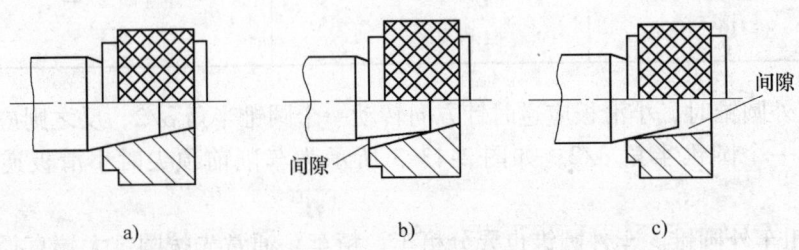

图 2-13-5　粗车后检验圆锥角度的方法

6）精车外圆锥面。锥度找正后的精车，主要是提高工件的表面质量、控制圆锥面尺寸精度。因此精车外圆锥面时，车刀必须锋利、耐磨，按精加工要求选择好切削用量。若用标准锥度套规检测时，首先用钢直尺或游标卡尺测量出工件端面至套规过端界限面的距离 a（见图 2-13-6），然后通过计算算出到达尺寸要求所需的背吃刀量 a_p：

$$a_p = a\tan(\alpha/2) \text{ 或 } a_p = a \times (C/2)$$

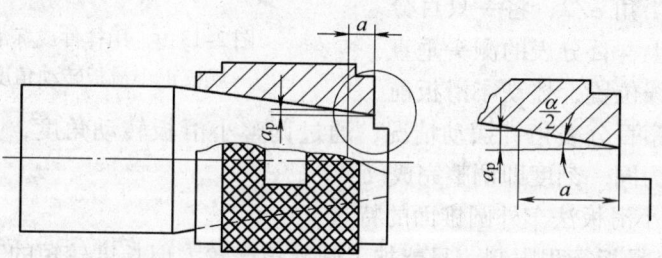

图 2-13-6　车外圆锥控制尺寸的方法

　　求出所需的背吃刀量后，将刀尖轻触工件圆锥小端外圆表面后使用小滑板退出，中滑板按 a_p 值进给，小滑板手动进给精车圆锥面至尺寸，如图 2-13-7 所示。

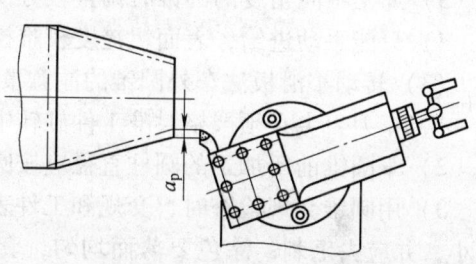

图 2-13-7　计算法车圆锥尺寸

　　另外，也可以利用移动大滑板法确定背吃刀量 a_p。根据量出工件端面到套规刻线处长度 a（见图 2-13-8a），使车刀接触工件小端外圆锥面后，沿小滑板方向退出，退出的距离是车刀距离工件端面一个轴向长度 a 值（见图 2-13-8b），然后移动大滑板使车刀同工件小端端面接触（见图 2-13-8c），此时虽然没有移动中滑板，但车刀已经切入了所需的深度。这种方法虽然方便，但是受刀尖过渡刃（刀尖圆弧半径）和测量 a 值误差的影响较大。

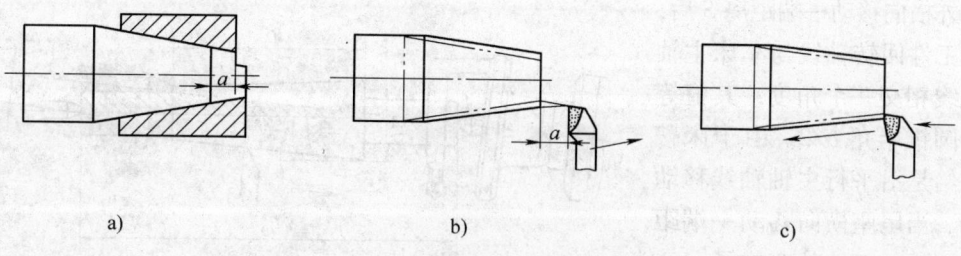

a)　　　　　　　　　　　　b)　　　　　　　　　　　　c)

图 2-13-8　移动床鞍法控制锥体尺寸

如果待加工的工件已有样件或标准塞规，可以采用百分表直接找正小滑板转动角度后加工，如图2-13-9所示。先将样件或塞规装夹在两顶尖之间（需要严格找正尾座套筒中心线对主轴中心的同轴度），把小滑板转动相应的圆锥半角 $\alpha/2$；将一只百分表固定在刀架上，百分表的测头垂直接触样件中心线位置，摇动小滑板前

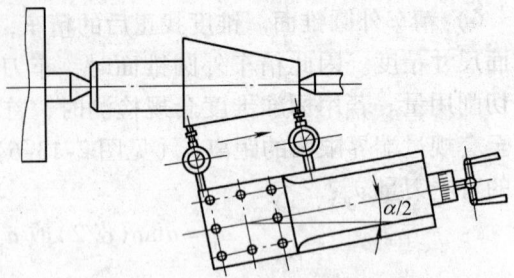

图2-13-9　用样件或标准塞规校正小滑板转动角度

进、后退，观察百分表指针摆动情况，通过调整小滑板转动角度，直至百分表指针在锥体前后为同一刻度即调整完成。

（2）转动小滑板法车外圆锥面的特点

1）因受小滑板行程限制，只能加工圆锥角度较大但长度较短的工件。

2）应用范围广，操作简便。

3）加工不同角度的圆锥时调整较方便。

4）只能手动进给，表面粗糙度较难控制，劳动强度大。

（3）转动小滑板法车外圆锥的注意事项

1）车刀刀尖必须严格对准工件旋转中心，避免产生双曲线误差。

2）车圆锥前所加工的圆柱直径应按圆锥大端直径适当留出余量。

3）用圆锥套规检查时，套规和工件表面均用棉纱擦干净；工件表面粗糙度值要小，并应去毛刺；涂色要薄而均匀，套规转动在半圈以内，不可来回旋转影响涂色的准确性。

4）车刀切削刃要始终保持锋利，工件表面应一刀车出。

5）精车时的切削用量最好和之前检验找正锥度时的切削用量一致，以免由于切削力的变化影响锥度的接触面积。

2. 偏移尾座法车外圆锥

偏移尾座法适用于加工锥度小、锥形部分较长的外圆锥工件。

采用偏移尾座法车外圆锥面，须将工件装夹在两顶尖间，把尾座上滑板向里或者向外横向移动一端距离 S 后，使工件回转轴线与车床主轴轴线相交一个角度，其值等于圆锥半角 $\alpha/2$。由于床鞍进给是沿平行主轴轴线移动的，当尾座横向移动一端距离 S 后，工件就车成了一个圆锥体，如图2-13-10所示。

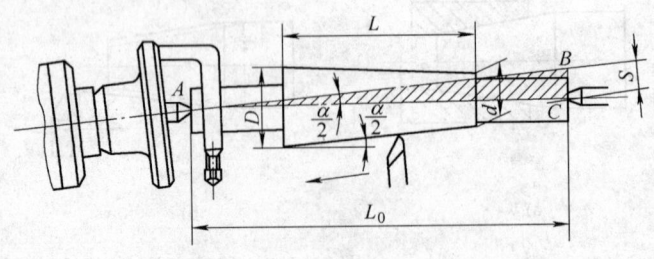

图2-13-10　偏移尾座法车圆锥

（1）偏移尾座法车外圆锥的方法

1）计算尾座偏移量 S。用偏移尾座法车削圆锥时，尾座的偏移量不仅与圆锥长度有关，而且还与两个顶尖之间的距离有关，这段距离一般可近似看作工件全长 L_0。尾座偏移量 S 可以根据下列近似公式计算：

$$S = L_0(D - d)/2 \text{ 或 } S = C/2 \times L_0$$

式中　S——尾座偏移量（mm）；

　　　D——大端直径（mm）；

　　　d——小端直径（mm）；

　　　L_0——工件全长（mm）；

　　　C——锥度。

例如，用偏移尾座法车一外圆锥工件，当工件锥度部分 $D = 70\text{mm}$、$d = 68\text{mm}$、$L_0 = 150\text{mm}$ 时，其尾座偏移量 S 按上述公式计算得出尾座偏移量是 1.5mm。

再如用偏移尾座法车一外圆锥工件，当锥度 $C = 1:20$、$L_0 = 100\text{mm}$ 时，其尾座偏移量 S 按上述公式计算得出尾座偏移量是 2.5mm。

2）装夹工件　前后顶尖对齐，在工件两中心孔内加润滑脂，用两顶尖装夹工件，将两顶尖距离调整至工件总长 L_0（尾座套筒在尾座内伸出长度应小于套筒总长的 1/2 以提高刚性）。工件在两顶尖间的松紧程度，以手不用力能拨动工件而工件轴向不窜动为宜。

3）偏移尾座。尾座偏移量 S 计算出来后，常采用以下几种方法偏移尾座：

① 用尾座的刻度偏移尾座。偏移时，先松开尾座紧固螺母，然后用六角扳手转动尾座上层两侧调整螺钉 1、2，根据所加工的工件锥度方向确定向里或向外偏移，之后，按尾座刻度把尾座上层移动一个 S 距离。最后拧紧尾座紧固螺母，如图 2-13-11 所示。这种方法比较方便，只要尾座上有刻度的车床都可以采用。

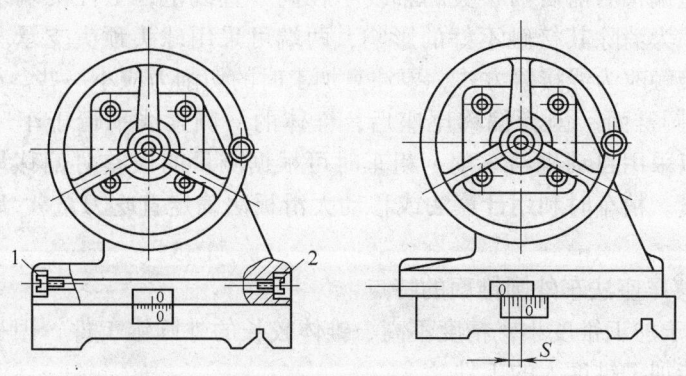

图 2-13-11　用尾座刻度偏移尾座的方法

1、2—调整螺钉

② 用百分表偏移尾座。利用百分表偏移尾座比较准确。使用这种方法时，先将百分表固定在刀架上，使百分表的测头与尾座套筒接触（百分表应位于尾座套筒轴心线的水平面内，测头应垂直于套筒轴线），然后偏移尾座。当百分表指针转动数值等于 S 值时，将尾座锁紧，锁紧螺母同时还要观察百分表是否变动，如图 2-13-12 所示。

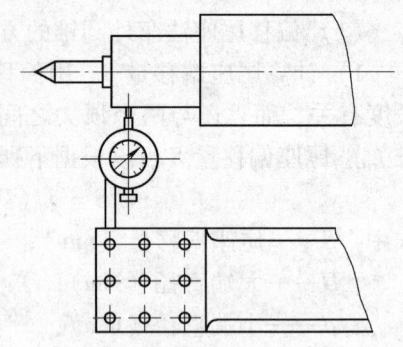

图 2-13-12　用百分表偏移
尾座的方法

③ 用锥度量棒或试件偏移尾座。先把锥度量棒或标准试件装夹在两顶尖之间，在刀架上装一百分表，使百分表测头与量棒或试件表面接触。百分表的测量杆要垂直量棒或标准试件表面，且测头位于通过其中心水平面。然后偏移尾座，纵向移动大滑板，使百分表在两端的读数一致后，固定尾座即可，如图 2-13-13 所示。使用这种方法偏移尾座，须选用的锥度量棒或标准试件总长应与所加工工件的锥度相同、总长相等，否则，加工出的锥度会出现误差。

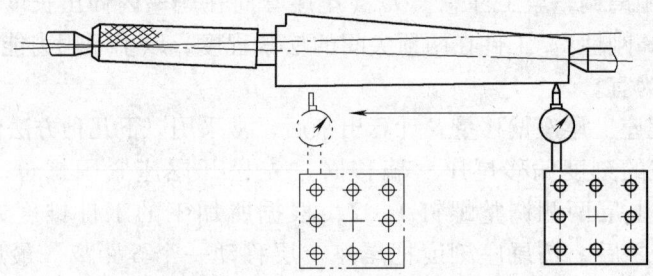

图 2-13-13　用锥度量棒偏移尾座的方法

由于尾座偏移后前后两顶尖的轴线不在同一直线上，工件两端中心孔和顶尖都接触不好，为消除其接触不好的影响，两端可采用球头顶尖支承。此接触方式将中心孔面接触改为线接触方式，要注意加工时的切削力应小一些。

4）车外圆锥面　因为偏移尾座后，锥体的一侧素线平行于车床主轴纵向方向，所以可以采用自动进给车削。粗车时可根据测量的误差对偏移量修正，并留出精加工余量。精车时利用计算法或移动大滑板法确定背吃刀量 a_p 后，精车圆锥面至尺寸。

（2）偏移尾座法车外圆锥面的特点

1）适用于加工锥度小，精度不高、锥体较长的外圆锥工件，因受尾座偏移量的限制，不能加工锥度大的工件。

2）可以使用纵向自动进给车削，工件表面质量较好控制，表面粗糙度值 Ra 减小。

3）因工件两端须有中心孔，所以不能加工整锥体。

（3）偏移尾座法加工圆锥面的注意事项

1）两顶尖装夹车削锥体，背吃刀量不宜过大，机床转速不宜过高，连续旋转时间不宜过长。

2）随时注意两顶尖的顶紧程度以及顶尖和中心孔的磨损情况，防止因顶尖松动或顶尖损坏后工件飞出发生事故。

3）批量生产时，工件的长度和中心孔的大小对加工精度影响很大，所以应严格控制尺寸在公差允许范围内。

3. 仿形法车外圆锥

仿形法车圆锥是刀具按照仿形装置（靠模）进给对工件进行加工的方法，也叫靠模法。在卧式车床上安装一套仿形装置，该装置能使车床滑板按照设定的靠模的轨迹运动，从而使车刀的运动轨迹与圆锥面的素线平行，加工出所需的圆锥面，如图 2-13-14 所示。使用靠模时，需将中滑板上螺母与横向丝杆脱开，并用接长板与滑块连接在一起，滑块可以在靠模板的导轨上自由滑动。这样，当大拖板作自动或手动纵向进给时，中滑板与滑块一起沿靠模尺方向移动，即可车出圆锥斜角为 α 的锥面。需要注意的是，如想多次径向进给加工时，可将小刀架需扳转 90° 角方向，手柄朝向外侧，使其进给方向同中滑板一致，以便调整背吃刀量。

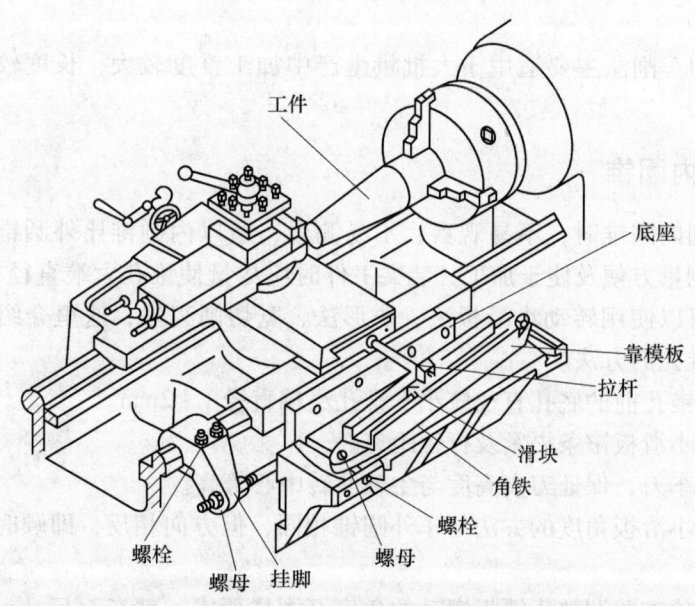

图 2-13-14　锥度仿形装置的结构

仿形法适用于加工长度较长、精度要求较高、批量较大的内外圆锥工件。仿形法车外圆锥面的特点：

1) 调整锥度准确、方便，生产效率高，适合于批量生产。

2) 能够自动进给，表面粗糙度值 Ra 较小，表面质量好。

3) 靠模装置角度调整范围较小，一般适用于圆锥半角 $\alpha/2 < 12°$ 的工件。若圆锥斜度太大，中滑板由于受到靠模尺的约束，纵向进给会产生困难。

4. 宽切削刃车削法车外圆锥

宽切削刃车外圆锥，实质上也属于成形法车削。宽切削刃（样板刀）车削圆锥面，是依靠车刀主切削刃直接车出圆锥面。车刀安装后，使主切削刃与主轴轴线的夹角等于工件的圆锥半角 $\alpha/2$，采用横向进给的方法加工出外圆锥面（见图 2-13-15）。有些零件加工时也采用纵向进给或横向与纵向结合的方法加工。

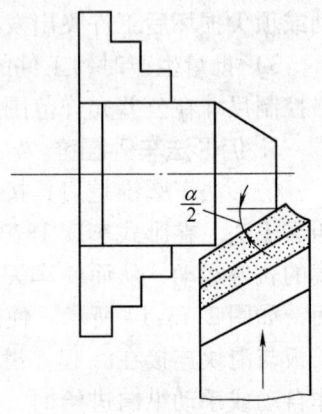

图 2-13-15 宽切削刃车削
圆锥面

宽切削刃车外圆锥面时，切削刃必须平直且通过主轴中心平面，刃倾角应为零度。车床及车刀必须具有很好的刚性，否则容易引起振动。当车削锥面较长的工件时，为避免切削力过大，只要接刀位置平滑，在精度要求内也可以采用分刀多次加工的方法。

宽切削刃车削法主要适用于大批量生产中加工锥度较大，长度较短的内、外圆锥面。

三、车内圆锥

因为车削内圆锥时，不易观察、不易测量，所以内圆锥比外圆锥困难。为了便于观察、测量方便及便于加工，装夹工件时应尽量使锥孔大端直径在夹具外面。加工内圆锥可以使用转动小滑板法、仿形法、宽切削刃法，这里介绍常用的转动小滑板车圆锥孔的方法。

1) 车削锥孔前的底孔直径应小于锥孔小端直径 $1 \sim 2mm$。

2) 调整小滑板镶条松紧及行程距离。

3) 装夹车刀，保证刀尖高度与主轴回转中心等高。

4) 转动小滑板角度的方法与车外圆锥相同，但方向相反，即顺时针转过圆锥半角。

5) 反复检查并调整小滑板搬动的角度至图样要求，精车至尺寸。精车内圆锥面控制尺寸的方法，与精车外圆锥面控制尺寸的方法相同，也可以采用计算法或移动床鞍法确定 a_p 值，如图 2-13-16、图 2-13-17 所示是使用标准锥度塞规车削内圆锥孔尺寸的方法。

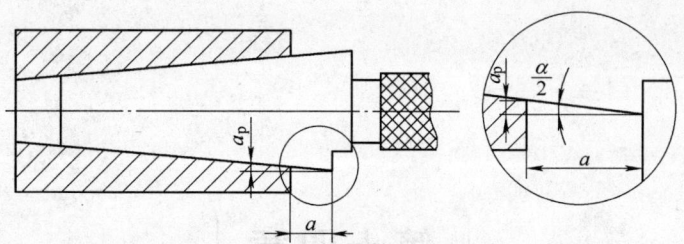

图 2-13-16　计算法控制车削内圆锥孔尺寸

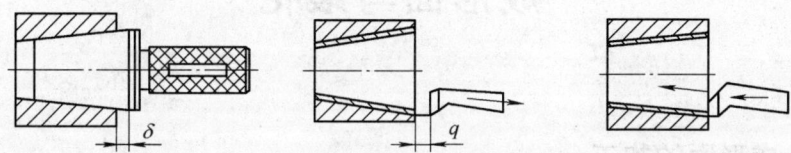

图 2-13-17　移动床鞍法控制车削内圆锥孔尺寸

此外还可以采用车刀反装或使用左偏内孔刀的方法车削内圆锥面，如图 2-13-18 所示。但须注意的是要配合好主轴的旋转方向。

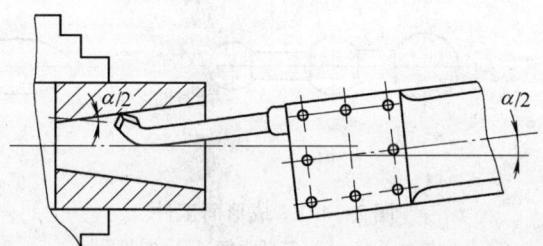

图 2-13-18　车刀反向车削内圆锥面的方法

第十四章
成形面与滚花

一、成形面的加工

机器上有些零件是曲线轮廓，例如手柄、圆球等。这些由曲面所组成的表面称为成形面。成形面工件如图 2-14-1 所示。成形面的加工可以根据其形状特点、精度高低和批量大小等情况采用双手控制法、成形法、仿形法和专用工具等加工方法。

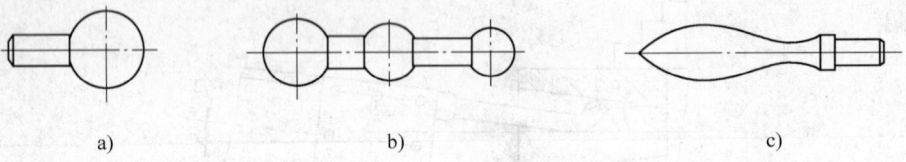

图 2-14-1　成形面工件

a）单球手柄　b）三球手柄　c）椭圆手柄

1. 双手控制法车成形面

双手控制法是一种用双手同时摇动小滑板手柄和中滑扳手柄，通过双手协调动作，使车刀的运动轨迹按照工件的表面曲线运动而车出所要求的成形面的一种方法，也是车工常用的一种加工方法。

双手控制法车削圆球如图 2-14-2 所示，车削单球手柄时，通常用小滑板与中滑板配合或大滑板与中滑板配合，通过合成纵、横进给运动来进行。

用双手控制法车成形面，首先要分析曲面各点的斜率，然后根据斜率来确定纵、横进给速度的快慢。例如，如图 2-14-3 所示的球面，自 a 至 c 点车削，车 a 点时，小滑板（或大滑板）进给速度要慢，中滑板退刀速度要快，车到 b 点时，小滑板（或大滑板）进给速度与中滑板退刀速度基本相同，车到 c 点时，小滑板（或大滑板）进给速度要快，中滑板退刀速度要慢。

这样，经过多次的合成运动，才能使车刀刀尖逐步逼近最终的曲线。此种操作方法的关键是双手配合要协调、熟练。为使每次接刀过渡圆滑，应采用主切削刃为圆弧的圆头车刀，如图2-14-4。

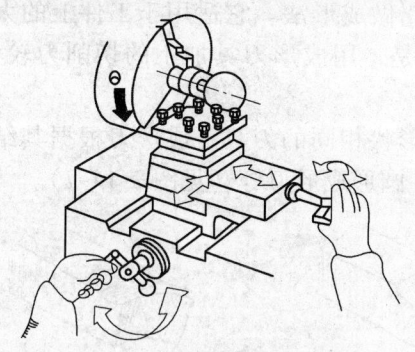

图 2-14-2　双手控制法车削圆球

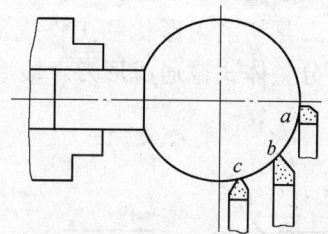

图 2-14-3　车圆球时的进给速度分析

　　双手控制法车削成形面的优点是：不需要其他特殊工具就能车出一般的成形面。缺点是：加工的工件精度不高，操作者必须具有熟练的技巧，工作强度大，生产效率低。

　　双手控制车削单球要计算相关的尺寸，见图2-14-5。

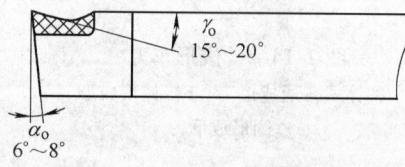

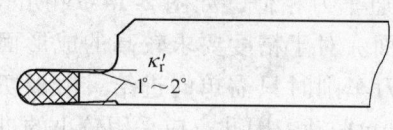

图 2-14-4　圆头车刀

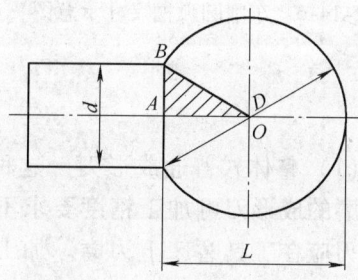

图 2-14-5　车削单球尺寸示意图

　　圆球部分长度尺寸的计算：$L = \dfrac{1}{2}(D + \sqrt{D^2 - d^2})$。

式中　L——圆球部分长度（mm）；

　　　D——圆球直径（mm）；

　　　d——柄部直径（mm）。

　　双手控制法车削圆弧槽，一般要先计算圆弧槽的深度，相关尺寸见图2-14-6。

　　圆弧槽深度尺寸的计算：$H = \dfrac{1}{2}(D - \sqrt{D^2 - d^2})$。

式中　H——圆弧槽部分深度（mm）；

　　　D——圆弧槽直径（mm）；

　　　d——圆弧槽宽度（mm）。

2. 成形法车成形面

用成形刀具对工件表面进行加工的方法叫做成形法。它适用于工件上的大圆角、较窄的曲面或工件数量较多的场合。但是，用成形刀具加工的切削力较大，对工艺系统刚性要求较高。

成形刀是切削刃形状和工件成形面母线形状相同的刀具。成形刀根据其结构形状不同分整体式普通成形刀、棱形成形刀、圆形成形刀等（见图2-14-7）。

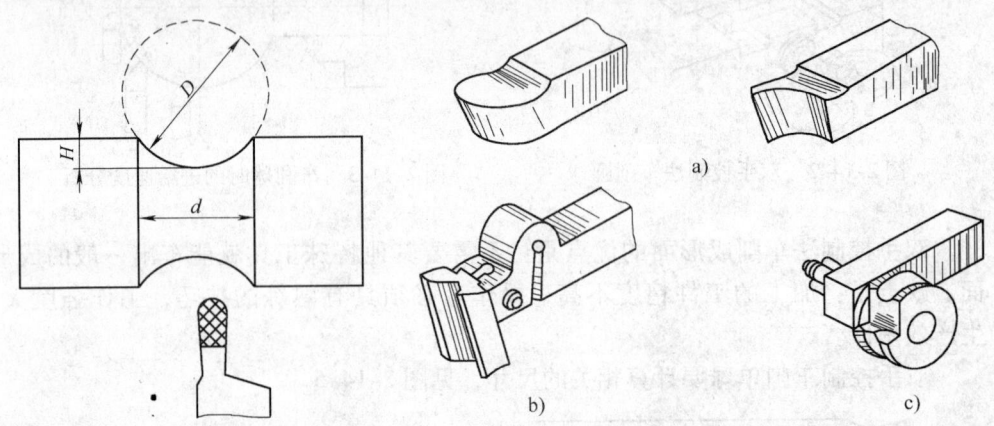

图 2-14-6　车削圆弧槽尺寸示意图

图 2-14-7　成形车刀
a）整体式普通成形刀　b）棱形成形刀
c）圆形成形刀

（1）整体式普通成形刀　这种车刀与普通车刀相似，如图2-14-7a所示。手工刃磨的成形刀可加工精度要求不高的成形面。对于精度要求较高的成形面，其切削刃应在工具磨床上刃磨。加工时，成形刀车削时只需单向进给。由于切削刃与工件的接触长度较大（见图2-14-8），易引起振动，因此，应采用较小的进给量和较低的切削速度并要使用切削液。条件允许可以使用顶尖支承。

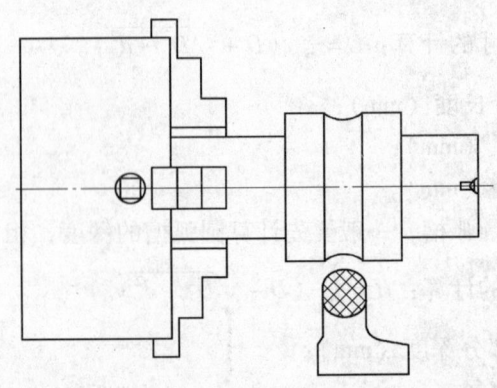

图 2-14-8　整体式普通成形刀的车削圆弧

（2）棱形成形刀　这种成形刀由刀头和弹性刀柄组成，如图 2-14-7b 所示。切削刃按照工件形状在工具磨床上磨出，制造较为精确。刀头后部装在弹性刀柄的燕尾槽中，用螺钉紧固。刀柄的燕尾槽是倾斜的，成形刀由此产生后角。切削刃磨损后，只需刃磨前刀面，并将刀头向上微量移动即可继续使用，直到刀头无法加持为止。棱形成形刀加工精度高，使用寿命很长，但是制造复杂，主要用于车削直径较大的成形面。

（3）圆形成形刀　这种成形刀做成圆轮状，在圆轮上开有缺口，从而形成前刀面和主切削刃，如图 2-14-7c 所示。使用时，圆形成形刀装在刀柄上，为了防止成形刀切削时转动侧面有端面齿与刀柄上的端面齿相互啮合。圆形成形刀的主切削刃与中心等高，其后角为 0°，如图 2-14-9a 所示。当主切削刃低于圆轮中心后，即可产生后角，如图 2-14-9b 所示。

主切削刃低于中心 O 的距离 H 可按照下式计算：

$$H = \frac{D}{2}\sin\alpha_\text{p}$$

式中　D——圆形成形刀直径（mm）；

α_p——成形刀的纵向后角，一般取 8°~10°；

H——切削刃低于圆轮中心的距离（mm）。

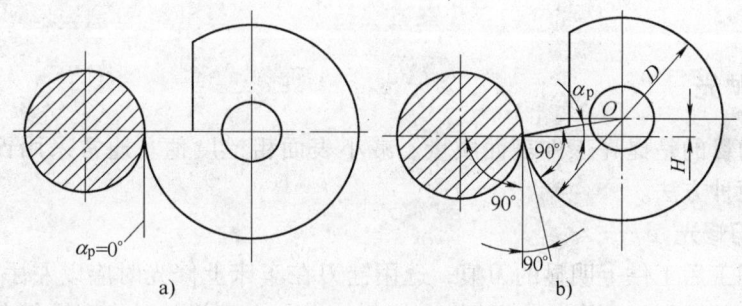

图 2-14-9　圆形成形刀的后角

a）后角为零　b）切削刃低于中心后产生的纵向后角

3. 仿形法车成形面

刀具按照仿形装置（靠模）进给，从而对工件进行加工的方法叫做仿形法。用仿形法车成形面与车圆锥相似，只需把锥度仿形板（靠模）换成一个带有与加工件曲面相同的曲线仿形板（靠模）即可，常用的仿形法有以下两种：

（1）靠模板仿形法车成形面　用床身仿形装置（见图 2-14-10）车成形面与用仿形法车圆锥体方法相同，但由于曲面仿形板是曲线槽，需将滑块改成滑柱。使用这种方法加工，生产率高、形面正确、质量稳定，适合批量生产。如需多次进给车削，只需将小滑板转过 90° 即可。

（2）用尾座靠模仿形法车成形面　尾座靠模法如图 2-14-11 所示，把一个标准的样件3装在尾座套筒内。在刀架上装上副刀架3，副刀架上装有圆头车刀2和靠模杆5。车削时，靠模杆5始终贴着标准件表面移动，前面的圆头车刀2就在工件上车出形状相同的成形面。这种方法要注意的是车刀到工件的距离要仔细调整才能保证精度。另外还可以通过调整车刀到工件的距离来实现粗、精车和车削直径不同但长度相同的曲面。

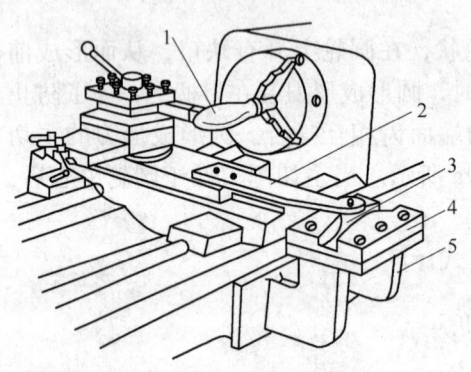

图2-14-10　靠模板仿形法
1—工件　2—拉杆　3—滚柱
4—仿形板　5—支架

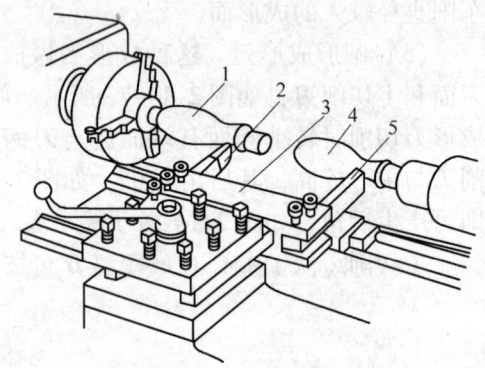

图2-14-11　尾座靠模仿形法
1—工件　2—圆头车刀　3—副刀架
4—标准样件　5—靠模杆

二、抛光

抛光的目的是提高工件表面质量、减小表面粗糙度值。通常采用锉刀修光和砂布抛光两种方法。

1. 锉刀修光

对于加工后工件上明显的刀痕，选用锉刀在车床上修光时应以左手握锉刀柄，右手握锉刀前端的锉削姿势，见图2-14-12，避免卡盘旋转时伤到操作者。

在车床上锉削时，车床的转速要选择适当。转速过高锉刀容易磨钝；转速过低，使工件产生形状变形。锉削时用力要轻缓均匀，尽量利用锉刀的有效长度，注意使锉刀平面始终与成形表面各处相切，否则会将工件锉成多边形等不规则形状。精细修锉时，除选用特细锉外，还要用铜丝刷清理齿缝，以防锉屑嵌入齿缝中划伤工件表面。

2. 砂布抛光

经过车削和锉刀修光后，表面质量还达不到要求时，可用砂布抛光（见图2-14-13）。砂布越细，抛光后表面粗糙度值越小。

用砂布进行抛光时，应比车削时的转速高一些，并且使砂布压在工件被抛光的表面上缓慢地左右移动。若在砂布和抛光表面上适当加入一些润滑油，可以提高表面抛光的效果。抛光时可将砂布包住锉刀或一薄铁片平压住工件抛光，不能手攥砂布包住工件抛光。

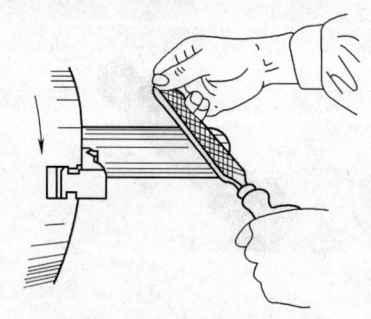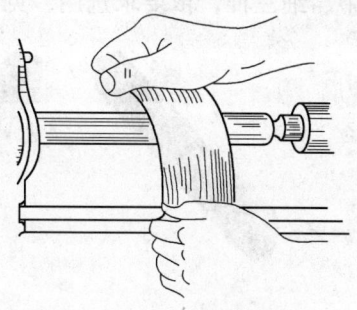

图 2-14-12　锉刀修光方法　　　　　图 2-14-13　砂布抛光方法

三、滚花的加工

零件的某些部位，为了增加摩擦力和使零件表面美观，往往在零件表面上进行各种花纹的滚花。例如车床上的刻度盘、外径千分尺的微分套管等。这些花纹一般是在车床上用滚花刀滚压而成的。

1. 花纹的种类

滚花的花纹一般有直纹、斜纹、网纹三种，常用的是直纹和网纹。如图 2-14-14 所示。其中网纹有菱形与方形，也就是 30°和 45°两种。花纹的粗细由齿距（p）来决定。滚花花纹以模数（m）来计算的通常有 $0.2m$、$0.3m$、$0.4m$、$0.5m$ 四种，其齿距为（$p = 3.14m$）0.628mm、0.942mm、1.257mm、1.571mm。通常花纹有米制和英制，英制的 p 值是按每寸多少牙数计算的；米制的 p 值为 0.3mm、0.4mm、0.5mm、0.6mm、0.7mm、0.8mm、1.0mm、1.2mm、1.4mm、1.6mm 等。

a)　　　　　　　　　b)　　　　　　　　　c)

图 2-14-14　滚花的种类
a）直纹滚花　b）斜纹滚花　c）网纹滚花

2. 滚花刀的种类

滚花刀通常有单轮、双轮及六轮三种。单轮滚花刀一般是滚压直花纹。双轮滚花刀和六轮滚花刀用于滚压网状花纹，它是由节距相同的一个左旋和一个右旋滚花刀组成一组。六轮滚花刀以节距大小分为三组，装夹在同一个特制的刀柄上，分粗、中、细三种，依要求选用，见图2-14-15。

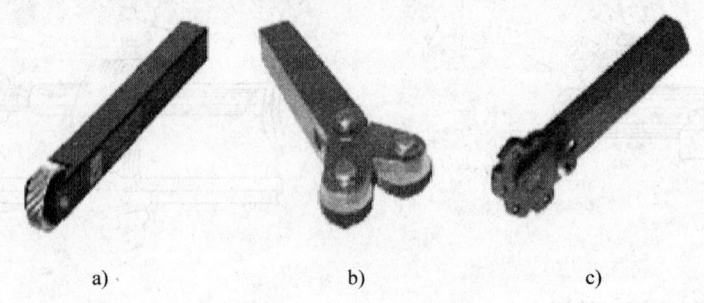

a)   b)   c)

图2-14-15   滚花刀种类
a）单轮滚花刀   b）双轮滚花刀   c）六轮滚花刀

3. 滚花刀的装夹方法

滚花刀刀杆厚度的中心处应与机床主轴回转中心等高。滚压有色金属和滚花表面精度较高的零件时，选择平行安装，如图2-14-16a所示。滚压碳素钢和滚花表面精度要求一般的零件时，选择滚花刀尾部装的略向左偏一些（3°~5°）的倾斜式安装，使滚花刀与工件表面产生一个很小的夹角（相当于偏刀的副偏角），如图2-14-16b所示，这样滚花刀就容易切入工件表面。

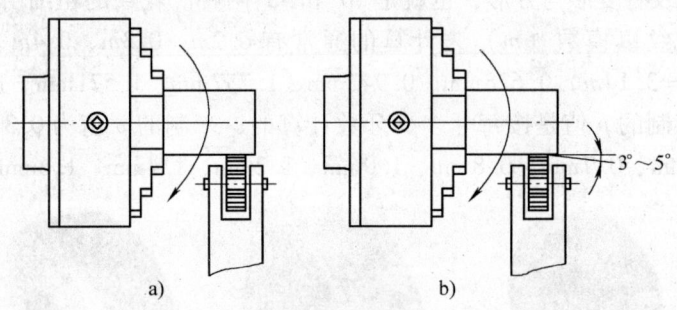

a)   b)

图2-14-16   滚花刀的安装
a）平行安装   b）倾斜安装

4. 滚花的方法

滚花时产生的力较大，使工件表面产生塑性变形，所以在车削滚花外径时，应根据工件材料的性质和滚花的节距（t）的大小，将滚花部位的外径车小约$(0.2~0.5)t$。

开始滚花时，挤压力要大，使工件圆周上一开始就形成较深的花纹，这样就不容易产生乱纹。为了减少开始滚压时的径向压力，可用滚花刀宽度的1/2或1/3进行挤压。

5. 滚花的注意事项

1）选用的滚花刀要转动灵活，否则会影响滚花顺利进行。

2）由于滚花时背向力和进给力都较大，工件必须装夹牢固，以防工件滚花过程中发生移动。

3）应选择较慢的转速，转速过快，容易损坏滚花刀，滚花刀与工件容易产生滑动。切削速度一般在 5～20m/min 左右，进给量选择在 0.2～0.6mm/r 左右。

4）合理使用切削液，切削液应浇注在滚花刀与加工表面之间。

5）在滚花过程中，不能用手或擦布去接触工件滚花表面，以防发生危险。

6. 滚花时产生乱纹的原因及预防方法（见表 2-14-1）

表 2-14-1　滚花时产生乱纹的原因及预防方法

产生乱纹的原因	预防方法
工件外圆周长不能被滚花刀齿距整除	把外圆略车小一些，使其能被齿距整除
滚轮与工件接触时，横向进给压力太小	一开始就加大横向进给量，使其压力增大
工件转速过高，滚轮与工件表面打滑	降低工件转速
滚轮转动不灵活或滚轮与轮轴配合间隙过大	调换滚花刀或轮轴
滚轮齿部磨损或齿间有切屑嵌入	更换滚轮或清理滚轮

第十五章
车削三角形螺纹

一、三角形螺纹的计算

1. 螺纹的形成

在圆柱表面上，沿着螺旋线所形成的，具有相同剖面的连续凸起和沟槽称为螺纹。图 2-15-1 是车床上车削螺纹的示意图。当工件旋转时，车刀沿工件轴线方向作等速移动即可形成螺旋线，经过反复多次进给便形成螺纹。

沿向右上升的螺旋线形成的螺纹（即顺时针旋入的螺纹）称为右旋螺纹，简称右螺纹；沿向左上升的螺旋线形成的螺纹（即逆时针旋入的螺纹）称为左旋螺纹，简称左螺纹。图 2-15-2 为螺纹旋向示意图。在圆柱表面上形成的螺纹称为圆柱螺纹；在圆锥表面上形成的螺纹称为圆锥螺纹。

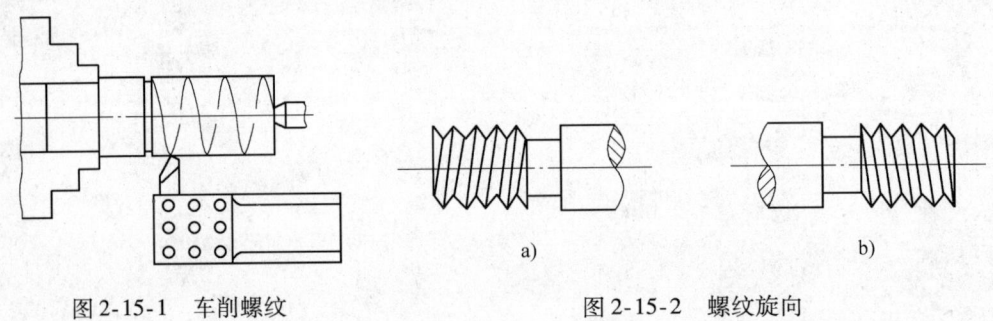

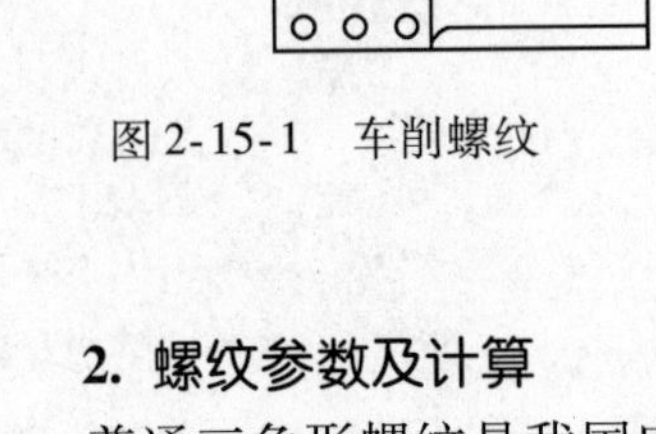

图 2-15-1　车削螺纹

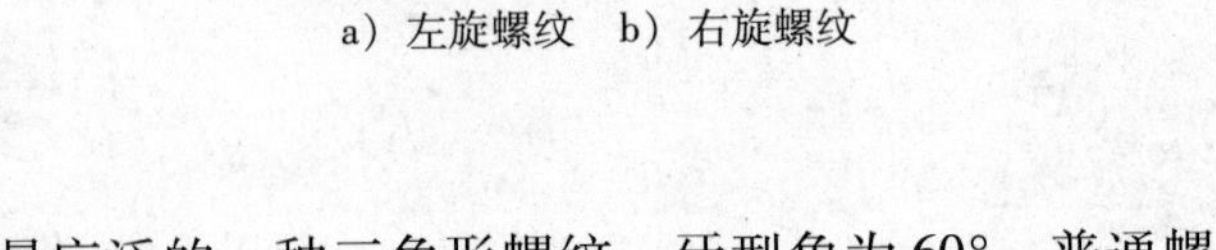

图 2-15-2　螺纹旋向
a）左旋螺纹　b）右旋螺纹

2. 螺纹参数及计算

普通三角形螺纹是我国应用最广泛的一种三角形螺纹，牙型角为 60°。普通螺纹分粗牙普通螺纹和细牙普通螺纹。

粗牙普通螺纹代号用字母"M"及公称直径表示，如 M6、M10、M24 等。细牙普通螺纹代号用字母"M"及公称直径×螺距表示，如 M20×1.5、M10×1 等。

左旋螺纹在代号末尾加注"LH"字，如 M6-LH、M16×1.5-LH 等，未注明的为右旋螺纹。

普通螺纹的基本牙型参数如图2-15-3所示。

图2-15-3中d、d_1、d_2分别表示外螺纹的大径、小径和中径，D、D_1、D_2分别表示内螺纹的大径、小径和中径，P表示螺距，牙型角为60°。

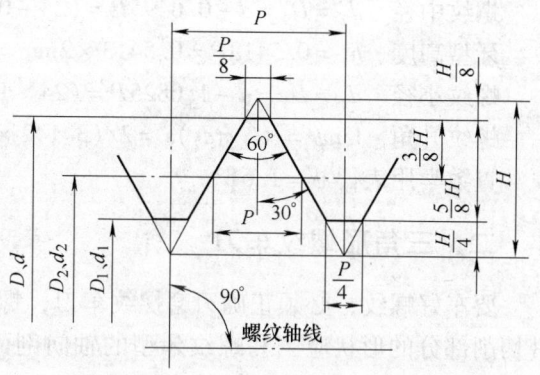

图 2-15-3　普通螺纹的基本牙型参数

（1）螺纹要素及各部分名称 螺纹要素由牙型、公称直径尺寸、导程（或螺距）、线数、旋向等组成。螺纹的形状只有当内、外螺纹的各个要素相同时，才能互相配合。

1）牙型角。它是在通过螺纹轴线的剖面上，相邻两牙侧间的夹角线的垂直线，即牙型半角$\alpha/2$必须相等。

2）螺距。它是相邻两牙在中径线上对应两点间的轴向距离。

3）导程。指同一螺旋线上相邻两牙中径线上对应点的轴向距离。当螺纹为单线时，导程与螺距相等，当螺纹为多线时，导程等于螺纹线数（z）与螺距（P）的乘积。

4）螺纹大径。它指与外螺纹牙顶或内螺纹牙底相切的假想圆柱面的直径。外螺纹大径用d表示，内螺纹大径用D表示。国家标准规定：螺纹大径的基准尺寸称为螺纹的公称直径，即是代表螺纹尺寸的直径。

5）中径。中径是一个假想圆柱的直径，该圆柱的母线通过螺纹牙型上的沟槽和牙厚处宽度相等。外螺纹中径用d_2表示，内螺纹中径用D_2表示。

6）螺纹小径。它指与外螺纹牙底或内螺纹牙顶相切的假想圆柱面直径。外螺纹小径用d_1表示，内螺纹小径用D_1表示。

7）牙型高度。它是螺纹牙型上，牙顶到牙底在垂直于螺纹轴线方向上的距离。

8）螺纹升角。它是在中径圆柱上，螺旋线的切线与垂直于螺纹轴线的平面间的夹角。

（2）各尺寸的计算公式

1）螺纹大径：d、D = 公称直径。

2）螺纹中径：$d_2 = D_2 = d - 0.6495P$。

3）牙型高度：$h_1 = 0.5413P$。

4）螺纹小径：$d_1 = D_1 = d - 1.0825P$。

5）螺纹升角：$\tan\psi = P/(\pi d_2)$。

例：试计算 M24×2 螺纹大径、螺纹中径、牙型高度、螺纹小径、螺纹升角。

解：d、D = 公称直径 = 24mm　螺距 P = 2mm

螺纹中径　$d_2 = D_2 = d - 0.6495P = (24 - 0.6495 \times 2)\text{mm} = 22.701\text{mm}$；

牙型高度　$h_1 = 0.5413P = 0.5413 \times 2\text{mm} = 1.0826\text{mm}$；

螺纹小径　$d_1 = D_1 = d - 1.0825P = (24 - 1.0825 \times 2)\text{mm} = 21.835\text{mm}$；

螺纹升角　$\tan\psi = P/(\pi d_2) = 2/(3.142 \times 22.701) = 0.0280$

查数学用表得 $\psi = 1.61°$。

二、三角形螺纹车刀

要车好螺纹，必须正确刃磨螺纹车刀，螺纹车刀按加工性质应属于成形刀具，其切削部分的形状应当和螺纹牙型的轴向剖面形状相符合，即车刀的刀尖角应该等于牙型角。

1. 三角形螺纹车刀的几何角度

1）刀尖角应该等于牙型角。车普通螺纹时为 60°，车寸制螺纹时为 55°。

2）前角一般为 0°~10°。因为螺纹车刀的纵向前角对牙型角有很大影响，所以精车时或精度要求高的螺纹，径向前角一般取 0°。

3）在车削螺纹时，因受螺纹升角的影响，进刀方向一面的后角应磨得稍大一些，车刀进刀方向的刃磨后角一般为（3°~5°）+ψ；为了保证刀头有足够的强度，车刀另一侧即进刀方向反方向的后角等于（3°~5°）-ψ。但直径大、导程小的三角形螺纹，这种影响可忽略不计。

2. 三角形螺纹车刀的刃磨

1）粗磨主、副后刀面，初步形成刀尖角。

2）粗、精磨前刀面，形成前角。（螺纹精车刀前角为 0°）

3）精磨主、副后刀面，形成主、副后角和刀尖角。刀尖角用样板或游标万能角度尺检查修正。硬质合金螺纹刀的刀尖角应小于螺纹牙型角 0.5°~1°。

4）刀尖应倒棱，倒棱宽度一般为 0.1 倍的螺距。

5）用油石研磨前、后刀面，使刃口平直光洁无崩口。

由于螺纹车刀的刀尖角要求高、刀头体积小，因此刃磨起来比一般车刀困难。在刃磨高速钢螺纹车刀时，必须及时用水冷却，否则容易引起刀尖退火；刃磨硬质合金车刀时，应注意刃磨顺序，以免产生刀尖破裂。在精磨时，应注意防止压力过大而振碎刀片，同时要防止硬质合金刀具在刃磨时骤然冷却而损坏刀具。

为了保证磨出准确的刀尖角度，在刃磨时可用螺纹角度样板测量，如图 2-15-4 所示。测量时把刀尖角与样板贴合，对准光源，仔细观察两边贴合的间隙，不符合要求的要进行修磨。对于要求角度严格的螺纹车刀，其角度可以使用角度尺测量或使用工具磨床直接磨出。

对于具有纵向前角的螺纹车刀可以用一种厚度较厚的特制螺纹样板来测量刀

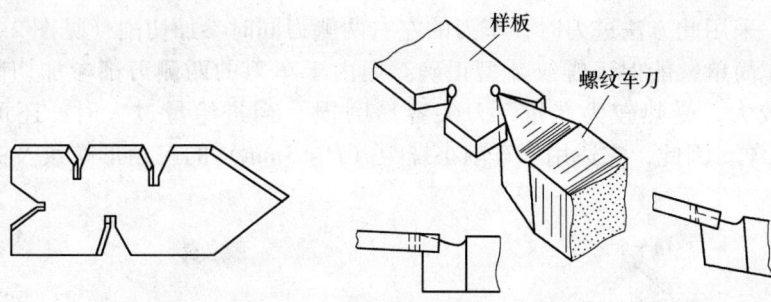

图 2-15-4　三角形螺纹车刀测量

尖角，如图 2-15-4 所示。测量时样板应与车刀底面平行，用透光法检查，这样量出的角度近似等于牙型角。

3. 螺纹车刀的装夹

1）刀头伸出不要过长，一般为 20~25mm（约为刀杆厚度的 1~1.5 倍）。

2）装夹车刀时，刀尖一般应对准工件回转中心线。刀尖装夹高度可根据尾座顶尖高度检查。要求安装准确的可以使用高度尺测量。

3）车刀刀尖角的对称中心线必须与工件轴线垂直，装刀时可用样板来对刀，如图 2-15-5 所示。如果把车刀装歪，车螺纹时就会产生牙型歪斜。

三、三角形螺纹的加工

加工螺纹前，调整车床中、小滑板镶条的间隙不能太紧，也不能太松。太紧了，摇动滑板费力，操作不灵活；太松了，容易产生"让刀"或"扎刀"现象。调整完毕后按工件螺距在进给箱铭牌上找到所需的导程或螺距，按照提示

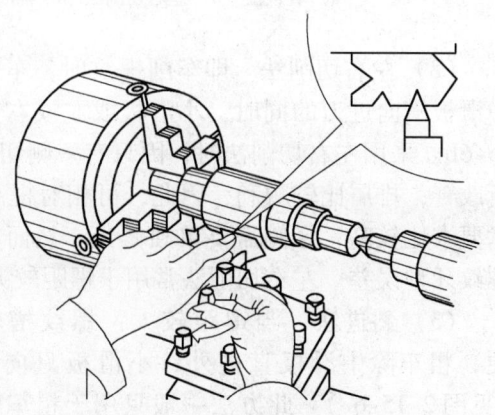

图 2-15-5　车刀装夹使用对刀样板

的手柄位置扳动相应手柄。加工进刀时要注意让过滑板的空行程。

三角形螺纹常用的加工方法有以下几种。

1. 按切削速度划分

车削螺纹时，按切削速度的大小有低速切削和高速切削两种。低速车螺纹时，一般选用高速钢车刀，分别进行粗、精车，低速车削精度高，表面粗糙度值低，但效率低。高速切削选用硬质合金车刀，高速车削效率可达低速车削的数倍，但不容易获得精度较高的螺纹。

2. 按进刀方式划分

（1）直进法　直进法见图 2-15-6a，是车削螺纹时，由中滑板横向进给的一种

进刀方法。采用此方法进刀时，车刀的左右两侧刃同时参加切削（见图 2-15-6d）。直进法操作简单，能保证螺纹牙型正确。但由于车刀的两侧刃都参加切削，所受的切削力较大，受热较为严重，刀尖容易磨损．当进给量过大时，还可能产生"扎刀"现象，因此，它适用于车削小螺距（$P < 3\text{mm}$）的三角形螺纹及高速车削螺纹。

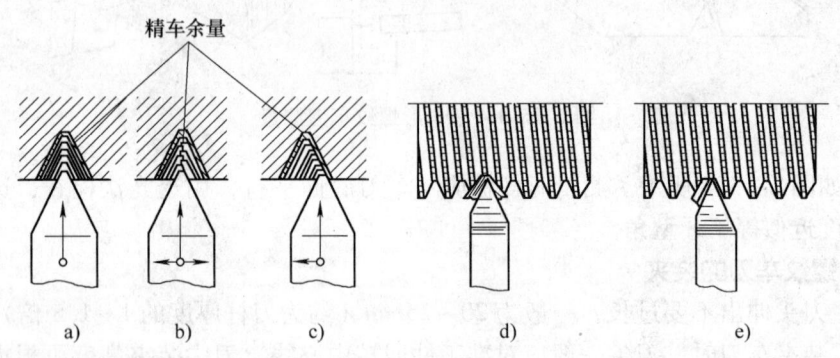

图 2-15-6　螺纹进刀方式

a）直进法　b）左右切削法　c）斜进法　d）双面切削　e）单面切削

（2）左右切削法　即车削螺纹时，车刀两侧刃中只有一切削刃进行切削即由中滑板横向进刀的同时，小滑板或左或右交替微量进刀的—种切削方法，见图 2-15-6b。采用左右切削法时，因只有一侧切削刃进行切削，刀具受力和受热情况有所改善，排屑比较顺利，因此，可相对提高切削用量（见图 2-15-6e）。但操作技术要求比较高，牙侧需要单独修光。然而，左右切削时车刀因单侧受力，会增大螺纹牙型误差。左右切削法常用于螺距较大的三角形螺纹以及梯形螺纹。

（3）斜进法　当螺距较大，螺纹槽较深，切削余量较大时，为了操作方便，粗车除中滑板直进外，小滑板只向一个方向移动，这种方法叫做斜进法（见图 2-15-6c）。此方法一般只用于粗车。精车时，则应采用左右分别车削的方法。具体方法是将车刀移至中间位置，再用直进法把牙底车到位，移动车刀将一侧精修到位后，再移动车刀精车另一侧。

用左右切削法和斜进法车螺纹时，因车刀是单刃切削，不易产生"扎刀"，还可获得较小的表面粗糙度值，但借刀量不能太大，否则会将螺纹牙槽车宽甚至车废。

四、内螺纹的加工

三角形内螺纹工件形状常见的有通孔、不通孔、台阶孔三种形式，如图 2-15-7 所示。其中通孔内螺纹容易加工。在加工内螺纹时，由于车削的方法和工件形状的不同，因此所选用的螺纹车刀也不相同。

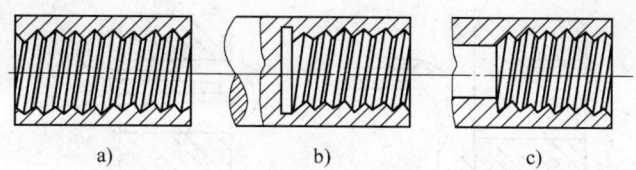

图 2-15-7 内螺纹形式

a）通孔内螺纹 b）不通孔内螺纹 c）台阶孔内螺纹

加工中常见的内螺纹车刀如图 2-15-8 所示。

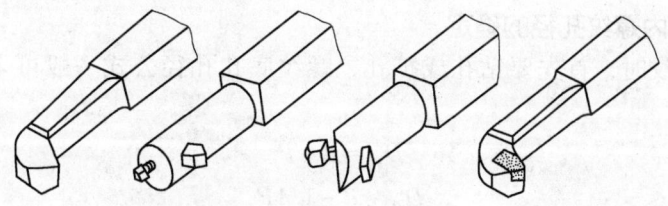

图 2-15-8 常见的内螺纹车刀

1. 内螺纹车刀的选择和装夹

（1）内螺纹车刀的选择 内螺纹车刀是根据它的车削方法和工件材料及形状来选择的。它的尺寸大小受到螺纹孔径尺寸限制，一般内螺纹车刀的刀尖至刀杆后面长度应比孔径小 3~5mm。否则车削时退刀困难，有可能碰伤牙顶。刀杆的大小在保证排屑和及时退刀的前提下，直径要尽可能大些。

（2）车刀的刃磨和装夹 内螺纹车刀的刃磨方法和外螺纹车刀基本相同。但是刃磨刀尖时要注意它的平分线必须与刀杆垂直，否则车内螺纹时会出现刀杆碰伤内孔的现象，如图 2-15-9 所示。刀尖过渡应合理，一般为 0.1 倍螺距。

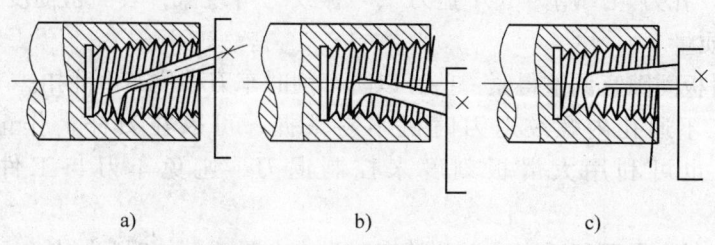

图 2-15-9 车刀的刃磨和装夹

在装刀时，必须严格按样板找正刀尖，如图 2-15-10a 所示，否则车削会产生错误的螺纹牙型。刀装好后，应在孔内摇动床鞍至终点检查是否碰撞。内螺纹刀安装如图 2-15-10 所示。

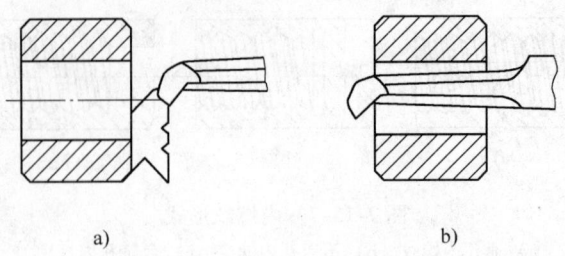

a)   b)

图 2-15-10   内螺纹车刀安装

2. 三角形内螺纹孔径的确定

在车内螺纹时，首先要钻孔或扩孔，螺纹底孔孔径公式一般可采用下面的公式计算：

塑性金属 $D_{孔} \approx d - P$

脆性金属 $D_{孔} \approx d - 1.1P$

3. 车内螺纹的注意事项

1）内螺纹车刀的两刃口要刃磨平直，否则会使车出的螺纹牙型侧面不直，影响螺纹精度及螺纹配合。

2）车刀的刀头不能太窄，否则螺纹已车到规定深度，可中径不能保证要求尺寸，还需要修光两侧。

3）由于车刀刃磨不正确或由于装刀歪斜，会使车出的内螺纹两侧的配合精度不一致。

4）车刀刀尖要对准工件中心，否则会影响刀具的工作角度，使车出的牙型不正确。车削产生振动、振纹甚至崩刀。

5）内螺纹车刀刀杆不能选择的太细，否则会由于切削力的作用，引起振颤和变形，出现"扎刀"、"啃刀"、"让刀"、"振纹"等现象，表面粗糙度值变大，严重影响工件质量。

6）小滑板间隙宜调整得紧一些，以防车削时车刀移位产生乱扣。

7）加工不通孔内螺纹退刀时机不易掌握，可以在刀杆上作记号或用挡块作标记，也可利用大滑板刻度来控制退刀，避免车刀与工件发生碰撞事故。

8）粗车时余量要留适当，以防精车时没有余量或精修时间过长。

9）螺纹车刀要保持锋利，达不到要求时及时更换或刃磨。

10）用螺纹塞规测量内螺纹，应停车检查。保证螺纹塞规通端通、止端止。检查不通孔螺纹，通端拧进的长度满足图样要求或实际使用长度。

11）车削内螺纹，应使用毛刷或牙刷清洁切屑，不能使用棉纱去擦拭，以免造成事故。

五、三角形螺纹的测量

1. 大径测量

螺纹大径的公差较大，一般可用游标卡尺或千分尺直接测得。

2. 螺距测量

螺距一般用钢直尺测量，普通螺纹的螺距较小，在测量时，根据螺距的大小，最好量 2 ~ 10 个螺距的长度，然后计算得出一个螺距的尺寸。如果螺距太小，则用螺纹样板（见图 2-15-11）测量，测量时把螺纹样板平行于工件轴线方向嵌入牙中，如果完全符合，则螺距正确。螺距的测量如图 2-15-12 所示。

图 2-15-11　螺纹样板

修配内螺纹时，在不知道螺距的情况下，可用一段粉笔在内螺纹牙型上轻蹭，取出后依照外螺纹螺距测量法测量粉笔上的牙型痕迹。

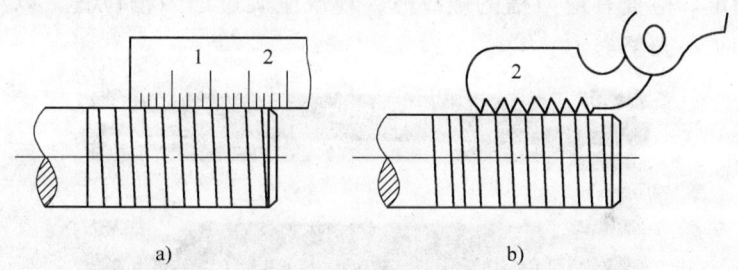

a) b)

图 2-15-12　螺距的测量

3. 中径测量

精度较高的三角形螺纹，可用螺纹千分尺测量，所测得的千分尺读数就是该螺纹的中径实际尺寸。如图 2-15-13 所示。中径值使用三针测量时，其方法见图 2-15-14，计算公式见表 2-15-1。

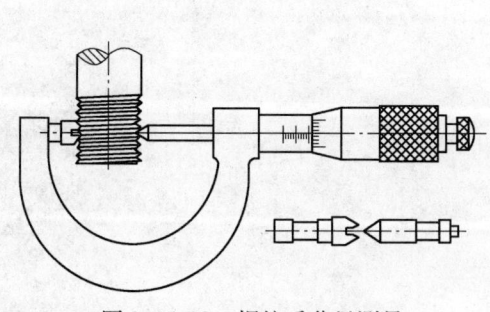

图 2-15-13　螺纹千分尺测量

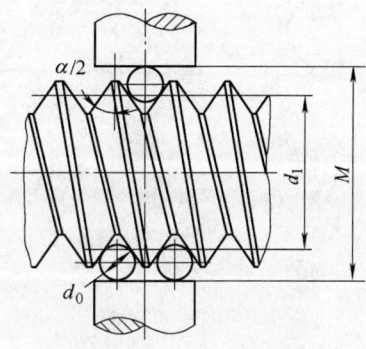

图 2-15-14　三针测量螺纹中径

表 2-15-1　三角形螺纹 M 值及量针直径的简化计算公式　（单位：mm）

螺纹牙型角	M 值计算公式	量针直径 d_D		
		最大值	最佳值	最小值
55°（寸制螺纹）	$M = d_2 + 3.166d_D - 0.961P$	$0.894P - 0.029$	$0.564P$	$0.481P - 0.016$
60°（米制螺纹）	$M = d_2 + 3d_D - 0.866P$	$1.01P$	$0.577P$	$0.505P$

4. 综合测量

螺纹量规分为螺纹塞规和螺纹环规，可对螺纹的各项尺寸进行综合性的测量。图 2-15-15 为螺纹塞规和环规。检查螺纹时，如果量规通端拧进去，而止端拧不进，说明螺纹尺寸精度符合要求。使用量规时不能用力过猛，以免损坏量规或拧不下来。

对精度要求不高的螺纹也可用标准螺母检查，以拧上工件时是否顺利和松动的感觉来确定。检查有退刀槽的螺纹时，环规应旋过退刀槽位置，以免螺纹最后一个牙型加工不完整。

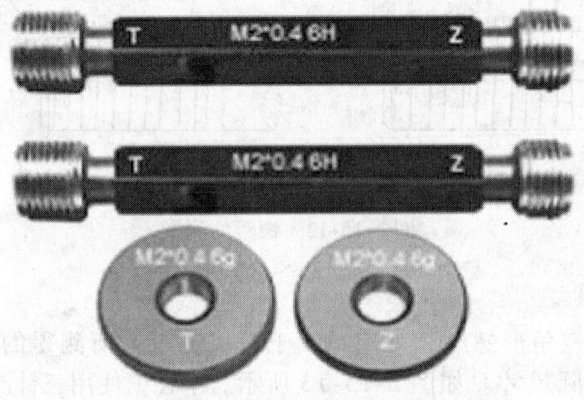

图 2-15-15　螺纹塞规和环规

第十六章

车梯形螺纹和蜗杆

一、车梯形螺纹

梯形螺纹是应用很广的传动螺纹，其牙型轴向断面形状是一个等腰梯形，一般作传动用，精度高；如车床上的长丝杠和中小滑板的丝杠等。它们的工作长度较长，使用精度要求较高，因此车削时比普通三角形螺纹困难。

梯形螺纹分米制和寸制两种。我国常用的是米制梯形螺纹（牙型角为30°），寸制梯形螺纹（牙型角为29°）在我国较少采用。

1. 梯形螺纹标记

梯形螺纹标记由螺纹代号、公差带代号及旋合长度代号组成，彼此用"–"分开。梯形螺纹代号由螺纹特征代号Tr和螺纹"公称直径×导程"来表示。螺纹的旋合长度分为中等旋合长度组（N）和长旋合长度组（L）。在一般情况下，中等旋合长度（N）用得较多，可以不标注。

梯形螺纹副的公差带代号分别注出内、外螺纹的公差带代号，前面的是内螺纹公差带代号，后面是外螺纹公差带代号，中间用斜线分隔。

梯形螺纹和螺纹副的标记示例见图2-16-1、图2-16-2、图2-16-3。

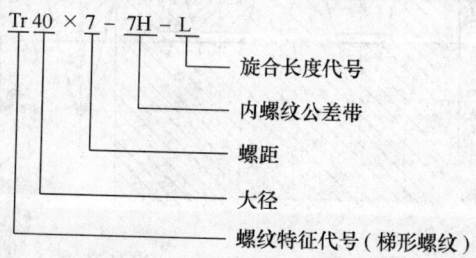

图2-16-1　单线梯形螺纹的标记示例

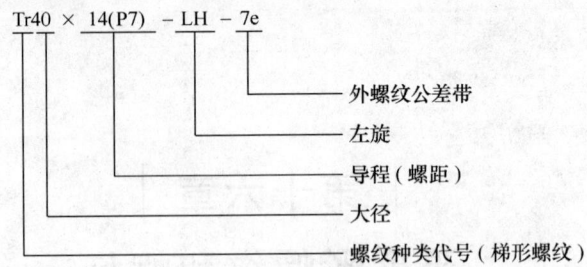

图 2-16-2 多线梯形螺纹的标记示例

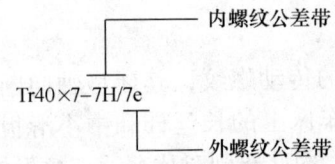

图 2-16-3 梯形螺纹副的标记示例

2. 梯形螺纹的计算

梯形螺纹的设计牙型如图 2-16-4 所示。

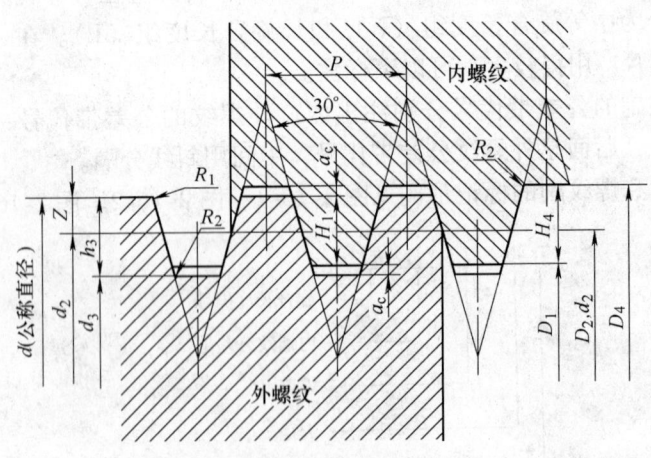

图 2-16-4 梯形螺纹的设计牙型

梯形螺纹各部分名称、代号及计算公式见表 2-16-1。

表 2-16-1　梯形螺纹各部分名称、代号及计算公式　　（单位：mm）

名　称		代　号	计　算　公　式		
牙型角		α	$\alpha = 30°$		
螺距		P	由螺纹标准确定		
牙顶间隙		a_c	P	1.5 ~ 5	6 ~ 12	14 ~ 44
			a_c	0.25	0.5	1
外螺纹	大径	d	公称直径		
	中径	d_2	$d_2 = d - 0.5P$		
	小径	d_3	$d_3 = d - 2h_3$		
	牙高	h_3	$h_3 = 0.5P + a_c$		
内螺纹	大径	D_4	$D_4 = d + 2a_c$		
	中径	D_2	$D_2 = d_2$		
	小径	D_1	$D_1 = d - P$		
	牙高	H_4	$H_4 = h_3$		
牙顶宽		f、f'	$f = f' = 0.366P$		
牙槽底宽		W、W'	$W = W' = 0.366P - 0.536a_c$		
螺纹升角		ψ	$\tan\psi = P/(\pi d_2)$		

例：车削一对 Tr42×10 的丝杠和螺母，试求内、外螺纹的大径、牙型高度、小径、牙槽底宽和中径尺寸。

解：根据表 2-16-1 中的公式：

大径 $d = 42$ mm

中径 $d_2 = d - 0.5P = (42 - 0.5 \times 10)$ mm $= 37$ mm

牙高 $h_3 = 0.5P + a_c = (0.5 \times 10 + 0.5)$ mm $= 5.5$ mm

小径 $d_3 = d - 2h_3 = (42 - 2 \times 5.5)$ mm $= 31$ mm

牙顶宽 $f = f' = 0.366P = 3.66$ mm

牙槽底宽 $W = W' = 0.366P - 0.536a_c = (3.66 - 0.268)$ mm $= 3.392$ mm

内螺纹大径 $D_4 = d + 2a_c = (42 + 2 \times 0.5)$ mm $= 43$ mm

内螺纹中径 $D_2 = d_2 = 37$ mm

内螺纹小径 $D_1 = d - P = (42 - 10)$ mm $= 32$ mm

牙高 $H_4 = h_3 = 5.5$ mm

由 $\tan\psi = P/(\pi d_2) = 10/3.14/37 \approx 0.0861$ 求得 $\psi \approx 4.92°$

3. 梯形螺纹公差

GB/T 5796.4—2005 对梯形螺纹公差带位置与基本偏差、公差带大小及公差等级、旋合长度、螺纹精度与公差带的选用和多线螺纹公差做了如下规定：

（1）梯形螺纹公差带位置与基本偏差　公差带的位置由基本偏差确定。标准规定梯形外螺纹的上偏差 es 及梯形内螺纹的下偏差 EI 为基本偏差。

对内螺纹大径 D_4、中径 D_2 及小径 D_1 规定了一种公差带位置 H（见图 2-16-5），其基本偏差为零，图中 T_{D_2} 为内螺纹中径公差，T_{D_1} 为内螺纹小径公差。

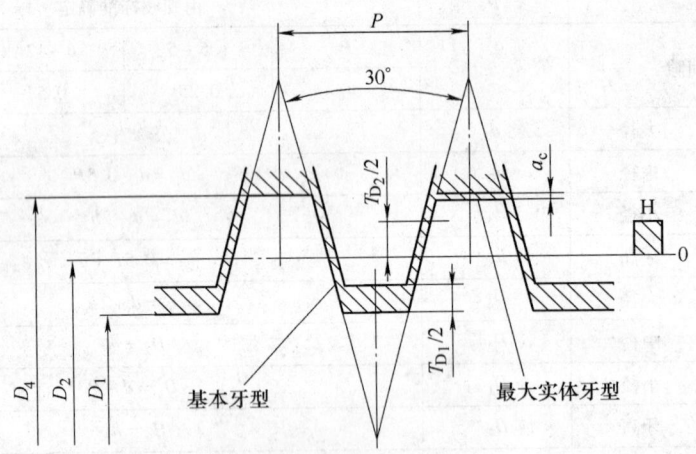

图 2-16-5　内螺纹公差带

对外螺纹的中径 d_2 规定了两种公差带位置 e 和 c（见图 2-16-6）。对大径 d 和小径 d_3 只规定了一种公差带位置 h，h 的基本偏差为零，e 和 c 的基本偏差为负值。图中 T_d 为外螺纹大径公差，T_{d_2} 为外螺纹中径公差，T_{d_3} 为外螺纹小径公差。

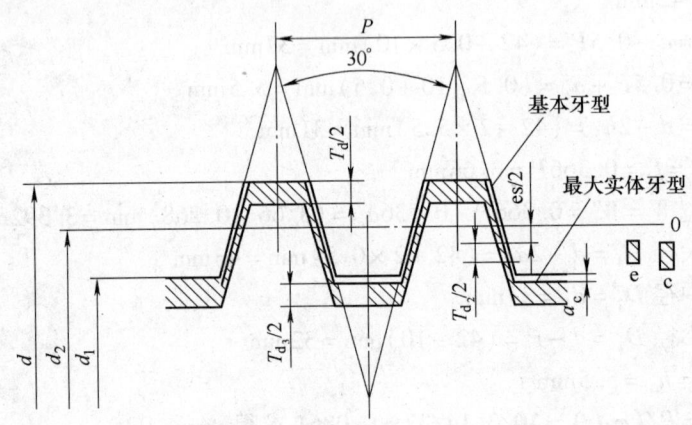

图 2-16-6　外螺纹公差带

梯形螺纹中径基本偏差见表 2-16-2。

表 2-16-2　梯形螺纹中径基本偏差

螺距 P/mm	基本偏差/μm		
	内 螺 纹	外 螺 纹	
	D_2	d_2	
	H	c	e
	EI	es	es
1.5	0	−140	−67
2	0	−150	−71
3	0	−170	−85
4	0	−190	−95
5	0	−212	−106
6	0	−236	−118
7	0	−250	−125
8	0	−265	−132
9	0	−280	−140
10	0	−300	−150
12	0	−335	−160
14	0	−355	−180
16	0	−375	−190
18	0	−400	−200
20	0	−425	−212
22	0	−450	−224
24	0	−475	−236
28	0	−500	−250
32	0	−530	−265
36	0	−560	−280
40	0	−600	−300
44	0	−630	−315

（2）公差带大小及公差等级　GB/T 5796.4—2005 规定的内、外螺纹各直径公差等级见表 2-16-3。

表 2-16-3　内、外螺纹各直径的公差等级

螺 纹 直 径	公 差 等 级
内螺纹小径 D_1	4
外螺纹大径 d	4
内螺纹中径 D_2	7、8、9
外螺纹中径 d_2	7、8、9
外螺纹小径 d_3	7、8、9

内螺纹小径公差见表2-16-4。

表 2-16-4　内螺纹小径公差 T_{D_1}　　　　（单位：μm）

螺距 P/mm	4 级公差	螺距 P/mm	4 级公差
1.5	190	14	900
2	236	16	1000
3	315	18	1120
4	375	20	1180
5	450	22	1250
6	500	24	1320
7	560	28	1500
8	630	32	1600
9	670	36	1800
10	710	40	1900
12	800	44	2000

外螺纹大径公差见表2-16-5。

表 2-16-5　外螺纹大径公差 T_d　　　　（单位：μm）

螺距 P/mm	4 级公差	螺距 P/mm	4 级公差
1.5	150	14	670
2	180	16	710
3	236	18	800
4	300	20	850
5	335	22	900
6	375	24	950
7	425	28	1060
8	450	32	1120
9	500	36	1250
10	530	40	1320
12	600	44	1400

内螺纹中径公差见表2-16-6。

表 2-16-6 内螺纹中径公差 T_{D_2}　　　　　　　（单位：μm）

公称直径 d/mm		螺距 P/mm	公差等级		
>	<		7	8	9
5.6	11.2	1.5	224	280	355
		2	250	315	400
		3	280	355	450
11.2	22.4	2	265	335	425
		3	300	375	475
		4	355	450	560
		5	375	475	600
		8	475	600	750
22.4	45	3	335	425	530
		5	400	500	630
		6	450	560	710
22.4	45	7	475	600	750
		8	500	630	800
		10	530	670	850
		12	560	710	900
45	90	3	355	450	560
		4	400	500	630
		8	530	670	850
45	90	9	560	710	900
		10	560	710	900
		12	630	800	1000
		14	670	850	1060
		16	710	900	1120
		18	750	950	1180
90	180	4	425	530	670
		6	500	630	800
		8	560	710	900
		12	670	850	1060
		14	710	900	1120
		16	750	950	1180
		18	800	1000	1250
		20	800	1000	1250
		22	850	1050	1320
		24	900	1120	1400
		28	950	1180	1500

（续）

公称直径 d/mm		螺距 P/mm	公 差 等 级		
>	<		7	8	9
180	355	8	600	750	950
		12	710	900	1120
		18	850	1060	1320
		20	900	1120	1400
		22	900	1120	1400
		24	950	1180	1500
		32	1060	1320	1700
		36	1120	1400	1800
		40	1120	1400	1800
		44	1250	1500	1900

外螺纹中径公差见表 2-16-7。

表 2-16-7　梯形外螺纹中径公差 T_{d_2}　（单位：μm）

公称直径 d/mm		螺距 P/mm	公 差 等 级		
>	<		7	8	9
5.6	11.2	1.5	170	212	265
		2	190	236	300
		3	212	265	335
11.2	22.4	2	200	259	315
		3	224	280	355
		4	265	335	425
		5	280	355	450
		8	355	450	560
22.4	45	3	250	315	400
		5	300	375	475
		6	355	425	530
		7	355	450	560
		8	375	475	600
		10	400	500	630
		12	425	530	670
45	90	3	265	335	425
		4	300	375	475
		8	400	500	630

（续）

公称直径 d/mm		螺距 P/mm	公差等级		
>	<		7	8	9
45	90	9	425	530	670
		10	425	530	670
		12	475	600	750
		14	500	630	800
		16	530	670	850
		18	560	710	900
90	180	4	315	400	500
		6	375	475	600
		8	425	530	670
		12	500	630	800
		14	530	670	850
		16	560	710	900
		18	600	750	950
		20	600	750	950
		22	630	800	1000
		24	670	850	1060
		28	710	900	1120
180	355	8	450	560	710
		12	530	670	850
		18	630	800	1000
		20	670	850	1060
		22	670	850	1060
		24	710	900	1120
		32	800	1000	1250
		36	850	1060	1320
		40	850	1060	1320
		44	900	1120	1400

外螺纹小径公差见表 2-16-8。

表 2-16-8　梯形外螺纹小径公差 T_{d_3}　　　　　（单位：μm）

公称直径 d/mm		螺距 P/mm	中径公差带位置为 c			中径公差带位置为 e		
			公差等级			公差等级		
>	<		7	8	9	7	8	9
5.6	11.2	1.5	352	405	471	276	332	398
		2	388	445	525	309	366	446
		3	435	501	589	350	416	504

（续）

公称直径 d/mm		螺距 P/mm	中径公差带位置为 c			中径公差带位置为 e		
			公差等级			公差等级		
>	<		7	8	9	7	8	9
11.2	22.4	2	400	462	544	321	383	465
		3	450	520	574	365	435	529
		4	521	609	690	426	514	595
		5	562	656	775	456	550	669
		8	709	828	965	576	695	832
22.4	45	3	482	564	670	397	479	585
		5	587	681	806	481	575	700
		6	655	767	899	537	649	781
		7	694	813	950	569	688	825
		8	734	859	1015	601	726	882
		10	800	925	1087	650	775	937
		12	866	998	1223	691	823	1048
45	90	3	501	589	701	416	504	616
		4	565	659	784	470	564	639
		8	765	890	1052	632	757	919
		9	811	943	1118	671	803	978
		10	831	963	1138	681	813	988
		12	929	1085	1273	754	910	1098
		14	970	1142	1355	805	967	1180
		16	1038	1213	1438	853	1028	1253
		18	1100	1288	1525	900	1088	1320
90	180	4	584	690	815	489	595	720
		6	705	830	986	587	712	868
		8	796	928	1103	663	795	970
		12	960	1122	1335	785	947	1160
		14	1018	1193	1418	843	1018	1243
		16	1075	1263	1500	890	1078	1315
		18	1150	1338	1588	950	1138	1388
		20	1175	1363	1613	962	1150	1400
		22	1232	1450	1700	1011	1224	1471
		24	1313	1538	1800	1074	1299	1561
		28	1338	1625	1900	1138	1375	1650

（续）

公称直径 d/mm		螺距 P/mm	中径公差带位置为 c			中径公差带位置为 e		
			公差等级			公差等级		
>	<		7	8	9	7	8	9
180	355	8	828	965	1153	695	832	1020
		12	998	1173	1398	823	998	1223
		18	1187	1400	1650	987	1200	1450
		20	670	850	1060	1050	1275	1573
		22	670	850	1060	1063	1287	1549
		24	710	900	1120	1124	1361	1636
		32	800	1000	1250	1263	1516	1827
		36	850	1060	1320	1313	1605	1930
		40	850	1060	1320	1363	1625	1950
		44	900	1120	1520	1440	1715	2065

（3）螺纹的旋合长度见表 2-16-9。

表 2-16-9　螺纹的旋合长度　　　　　　（单位：mm）

公称直径		螺距 P	旋合长度组		
			N		L
>	>		>	<	>
5.6	11.2	1.5	5	15	16
		2	6	19	19
		3	10	28	28
11.2	22.4	2	8	24	24
		3	11	32	32
		4	15	43	43
		5	18	53	53
		8	30	85	85
22.4	45	3	12	36	36
		5	21	63	63
		6	25	75	75
		7	30	85	85
		8	34	100	100
		10	42	125	125
		12	50	150	150

公称直径		螺距 P	旋合长度组		
			N		L
>	>		>	<	>
45	90	3	15	45	45
		4	19	56	56
		8	38	118	118
		9	43	132	132
		10	50	140	140
		12	60	170	170
		14	67	200	200
		16	75	336	236
		18	85	265	265
90	180	4	24	71	71
		6	36	106	106
		8	45	132	132
		12	67	200	200
		14	75	236	236
		16	90	265	265
		18	100	300	300
		20	112	335	335
		22	118	355	355
		24	132	400	400
		28	150	450	450
180	355	8	50	150	150
		12	75	224	224
		18	112	335	335
		20	125	375	375
		22	140	425	425
		24	150	450	450
		32	200	600	600
		36	224	670	670
		40	250	750	750
		44	280	850	850

（4）梯形螺纹精度与公差带的优先选用　GB/T 5796.4—2005 对梯形螺纹规定了中等和粗糙两种精度，其选用原则是：中等：一般用途；粗糙：对精度要求不高时采用。一般情况下优先按表 2-16-10 规定选用中径公差带。

表 2-16-10　梯形内、外螺纹选用中径公差带

精　　度	内螺纹推荐公差带		外螺纹推荐公差带	
	N	L	N	L
中等	7H	8H	7e	8e
粗糙	8H	9H	8c	9c

（5）多线螺纹公差　多线螺纹的顶径公差和底径公差与单线螺纹相同。多线螺纹的中径公差是在单线螺纹中径公差的基础上按线数不同分别乘以一个系数而得，各种不同的线数的中径公差系数见表 2-16-11。

表 2-16-11　梯形多线螺纹中径公差系数

线数	2	3	4	>5
系数	1.12	1.25	1.4	1.6

（6）梯形螺纹公差表格应用举例

例： 查表 Tr40×7 – 7H/7e 各直径上、下偏差。

解： 此为一梯形螺纹副。先查表 2-16-1 计算出内螺纹 Tr40×7 – 7H 各直径上、下偏差，然后再查表并计算出外螺纹 Tr40×7 – 7e 各直径上下偏差。

内螺纹各直径：

$$D_4 = d + 2\alpha_c = (40 + 2 \times 0.5)\,\text{mm} = 41\,\text{mm};$$

$$d_2 = d - 0.5P = (40 - 0.5 \times 7)\,\text{mm} = 36.5\,\text{mm};$$

$$D_1 = d - P = (40 - 7)\,\text{mm} = 33\,\text{mm}_\circ$$

根据标准规定，已知内螺纹中径 D_2、小径 D_1 的基本偏差 $\text{EI} = 0$。

查表 2-16-4：$T_{D_1} = 0.56\,\text{mm}$；

查表 2-16-6：$T_{D_2} = 0.475\,\text{mm}_\circ$

所以对于小径，$\text{EI} = 0$，$\text{ES} = \text{EI} + T_{D_1} = (0 + 0.56)\,\text{mm} = 0.56\,\text{mm}$。

对于中径，$\text{EI} = 0$，$\text{ES} = \text{EI} + T_{D_2} = (0 + 0.475)\,\text{mm} = 0.475\,\text{mm}$；

故内螺纹小径应为：$\phi 33^{+0.56}_{0}\,\text{mm}$，中径应为：$\phi 36.5^{+0.465}_{0}\,\text{mm}_\circ$

根据标准规定，大径的基本偏差也为零，即 $\text{EI} = 0$，而且对其上偏差不作规定。

外螺纹各直径：

$$d = 40\,\text{mm};$$

$$d_2 = D_2 = 36.5\,\text{mm};$$

$$d_3 = d - 2h_3 = d - 2(0.5P + \alpha_c) = [40 - 2(0.5 \times 7 + 0.5)]\,\text{mm} = 32\,\text{mm}_\circ$$

根据标准规定，外螺纹大径 d 和小径 d_3 的基本偏差为 0，即 $\text{es} = 0$。

查表 2-16-5：$T_d = 0.425\,\text{mm}$；

查表 2-16-7：$T_{d_2} = 0.355\,\text{mm}$；

查表 2-16-8：$Td_3 = 0.569 \mathrm{mm}$；

查表 2-16-2：梯形外螺纹中径基本偏差为 $-0.125 \mathrm{mm}$，即 $es = -0.125 \mathrm{mm}$。

所以对于大径：$es = 0$，$ei = es - Td = (0 - 0.425) \mathrm{mm} = -0.425 \mathrm{mm}$；

对于中径：$es = -0.125 \mathrm{mm}$，$ei = es - Td_2 = (-0.125 - 0.355) \mathrm{mm} = -0.480 \mathrm{mm}$；

对于小径：$es = 0$，$ei = es - Td_3 = (0 - 0.569) \mathrm{mm} = -0.569 \mathrm{mm}$；

故外螺纹大径应为：$\phi 40_{-0.425}^{0} \mathrm{mm}$，中径应为：$\phi 36.5_{-0.480}^{-0.125} \mathrm{mm}$，小径应为：$\phi 32_{-0.569}^{0} \mathrm{mm}$。

4. 梯形螺纹车刀及刃磨

车梯形外螺纹时，螺纹车刀分为粗车刀和精车刀两种。

（1）高速钢梯形螺纹粗车刀　高速钢梯形螺纹粗车刀如图 2-16-7 所示。为了左右切削并留精车余量，刀尖角应略小于牙型角 $0° \sim 0.5°$，刀尖宽度应小于牙型槽底宽 W。

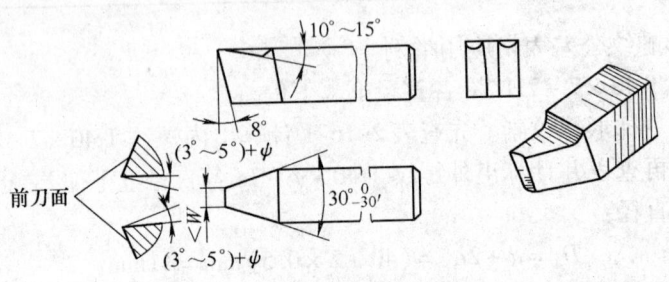

图 2-16-7　高速钢梯形螺纹粗车刀

（2）高速钢梯形螺纹精车刀　高速钢梯形螺纹精车刀如图 2-16-8 所示。车刀的径向前角为 $0°$，两侧切削刃之间的夹角等于牙型角。为了保证两侧切削刃切削顺利，两侧都磨有较大前角（$\gamma_o = 10° \sim 16°$）的卷屑槽，但车削时，此种车刀的前端不能参加切削，只能精车牙侧。

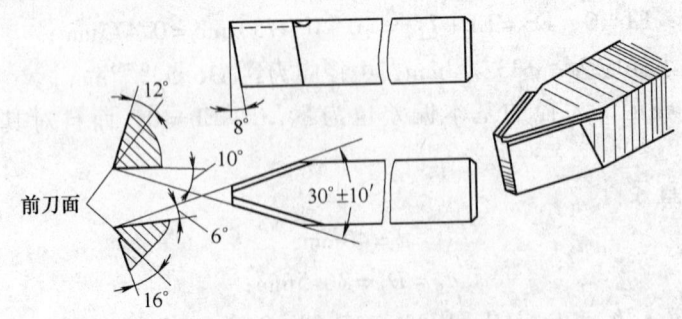

图 2-16-8　高速钢梯形螺纹精车刀

（3）硬质合金梯形螺纹车刀　车削精度一般的梯形螺纹时，为了提高效率，可以采用硬质合金车刀进行高速车削。硬质合金梯形螺纹车刀如图 2-16-9 所示。

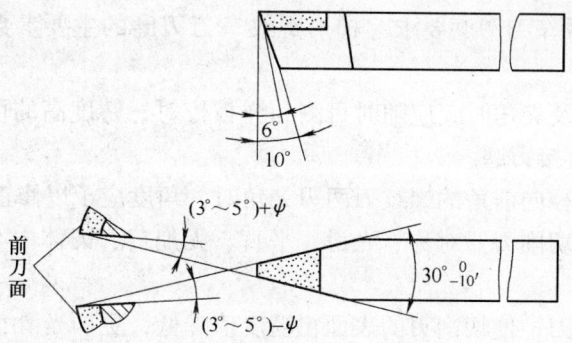

图 2-16-9　硬质合金梯形螺纹车刀

高速切削梯形螺纹时，由于三个刃同时切削，切削力大，容易引起振动，可在前刀面上磨出两个圆弧加以克服，如图 2-16-10 所示。

硬质合金梯形螺纹车刀的主要优点：

1）因为磨有两个圆弧，使径向前角增大，切削轻快，不易引起振动。

2）切屑呈球头状排出，保证安全，清除切屑方便。

（4）螺纹升角对车刀工作角度的影响　车削导程较大的螺纹时，螺纹升角（ψ）对车刀前角和后角影响较大。因此，在刃磨螺纹车刀时，须考虑这个影响：通过计算求得螺纹升角 ψ 后，在刃磨螺纹车刀时，将进刀一侧的后角加上 ψ，另一侧后角需要减去 ψ。

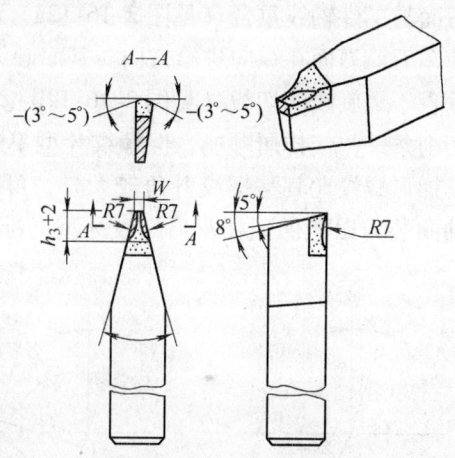

图 2-16-10　双圆弧硬质合金梯形螺纹车刀

（5）梯形内螺纹车刀　梯形内螺纹车刀如图 2-16-11 所示，它和三角形内螺纹车刀基本相同，只是刀尖角为 30°。

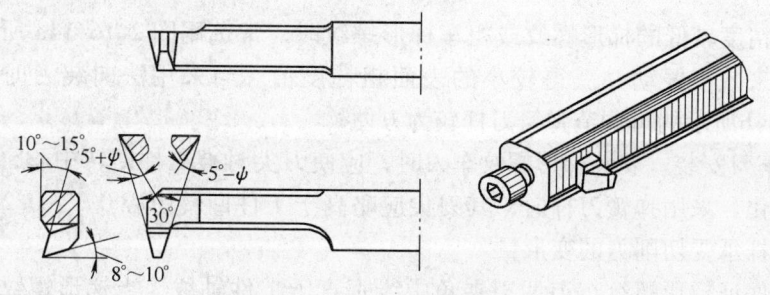

图 2-16-11　梯形内螺纹车刀

（6）梯形螺纹车刀刃磨要求　梯形螺纹车刀刃磨的主要参数是螺纹的牙型角和牙底槽宽度。

1）刃磨两刃及夹角时，应随时目测和样板校对，精度高的可使用角度尺测量或使用工具磨床直接刃磨。

2）刃磨带有径向前角的螺纹刀两刃夹角时，角度应予以修正。

3）刃磨后的切削刃要对称、光滑、平直、无崩口，刀体中心线相对两切削刃不歪斜。

4）用油石鐾刀，使切削刃的表面粗糙度值降低，更加光滑、平直。

5. 车刀的安装

1）车刀安装方式。车刀一般为轴向装刀和法向装刀两种。轴向装刀是使车刀前刀面与工件轴线重合（见图2-16-12a），其优点是车出的螺纹直线度好。法向装刀是使车刀前刀面在纵向进给方向对基面倾斜一个螺纹升角，即使前刀面在纵向进给方向垂直于螺旋线的切线（见图2-16-12b）。其优点是左右切削刃工作前角相等，改善了切削条件，使排屑顺畅，但螺纹牙型不成直线而是曲线（见图2-16-13）。因此，粗车梯形螺纹尤其是螺纹升角较大时，可采用法向装刀方式，精车螺纹，则必须采用轴向装刀以能保证精车后螺纹牙型的准确性。

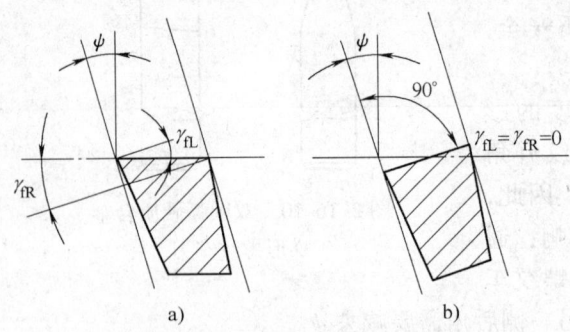 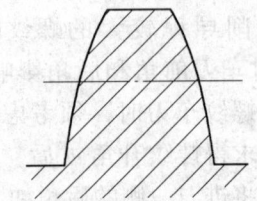

图2-16-12　车刀安装方法　　　　　图2-16-13　法向装刀切削工件
a）轴向装刀　b）法向装刀　　　　　　　　轴线剖面内的牙型

车削精度较低的梯形螺纹或粗车梯形螺纹时，常选用图2-16-14a所示的普通弹簧刀杆来减小振动并获得较小的表面粗糙度值。当采用法向装刀时，可选择图2-16-14b所示的可调节弹簧刀杆较为方便。

2）车刀安装。安装梯形螺纹车刀时，应使刀尖对准工件回转中心，以防止牙型角的变化。采用弹簧刀杆时，其刀尖应略高于工件回转中心0.1～0.2mm左右，以补偿刀杆承受切削力的变形量。

为了保证梯形螺纹车刀两刃夹角中线垂直于工件轴线，当梯形螺纹车刀在基面内安装时，可用螺纹样板进行校正对刀（见图2-16-15），或使用角度尺以螺纹刀一侧的角度为基准安装。在工具磨床上刃磨的梯形螺纹精车刀，由于各角度及尺寸比较精确，可用百分表校正刀柄侧面位置的方法装刀。

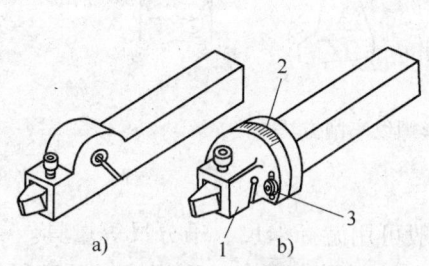 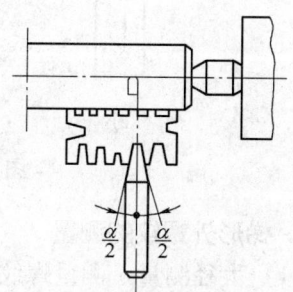

图 2-16-14　弹簧刀杆　　　　　　图 2-16-15　梯形螺纹车刀的安装

a）普通弹簧刀杆　b）可调节弹簧刀杆

1—刀体　2—刀柄　3—螺钉

6. 梯形螺纹车削方法

（1）工件装夹　梯形螺纹车削时一般采用两顶尖或一夹一顶方式装夹。粗车较大螺距的梯形螺纹时，由于切削力较大，通常采用单动卡盘装夹零件的工艺台阶并用活动顶尖顶住，以保证装夹牢固。精车螺纹时，由于切削力较小，有时为了保证工件的几何公差可以采用两顶尖装夹，以提高定位精度。

（2）车床的选择和调整　应使用精度较高、刚性较好的车床进行梯形螺纹加工。加工前要对车床进行必要的调整：

1）调整大、中、小滑板间隙，松紧适当。

2）检查交换齿轮，必要时可更换精度较高的齿轮。

3）检查、调整主轴的轴向窜动、径向圆跳动及丝杠的窜动。

4）调整摩擦片及制动带的松紧，使车床制动灵敏、正反转灵活。

（3）梯形螺纹的车削方法　车削梯形螺纹与三角形螺纹相比较，螺距大、牙型大、切削余量大、切削抗力大，而且精度要求较高，加之工件一般较长，所以加工难度大。通常对于精度要求较高的梯形螺纹采用低速车削的方法。

1）螺距小于 4mm 或精度要求不高的工件，可用一把梯形螺纹车刀，进行粗车和精车。粗车、精车时可采用直进法，也可采用左右分别精车的方法修光。

2）螺距小于 8mm 的梯形螺纹，一般采用左右切削法（见图 2-16-16c）或斜进法车削粗车，精车时采用左右分别精车的方法修光（见图 2-16-16d）。

3）螺距大于 8mm 的梯形螺纹，可采用分层切削的方法车削，批量较大时，还可以使用直槽刀先车螺旋槽再使用梯形螺纹刀车梯形槽的方法（见图 2-16-16a、b）。精车时采用左右分别精车的方法修光。

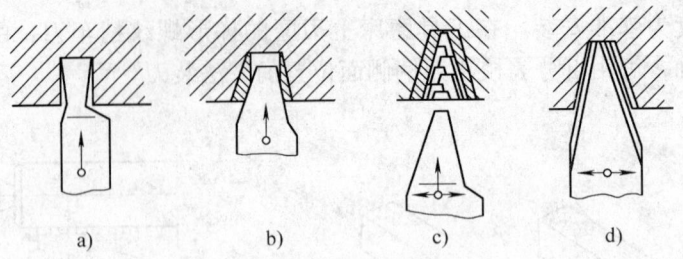

图 2-16-16　梯形螺纹车削方法

7. 梯形外螺纹的测量

（1）大径测量　测量螺纹大径时，一般可用游标卡尺、千分尺等量具。

（2）底径的控制　一般由中滑板刻度盘控制牙型高度，而间接保证底径尺寸。对于螺距比较大的梯形螺纹，还可以直接测量螺旋槽底到外圆的高度的方法控制。

（3）中径的测量

1）三针测量法。三针测量法是一种比较精密的测量方法。根据梯形螺纹中径值计算出三针测量所需的 M 值（见表 2-16-12）。测量时，把三根直径相等并在一定尺寸范围内（见表 2-16-12）的量针放在螺纹两侧的螺旋槽中，再用千分尺（见图 2-16-17a），导程较大时用公法线千分尺（见图 2-16-17b）量出两面量针顶点之间的距离 M。

表 2-16-12　梯形螺纹 M 值及量针直径的简化计算公式

螺纹牙型角	M 值计算公式	量针直径 d_D		
		最大值	最佳值	最小值
30° （梯形螺纹）	$M = d_2 + 4.864d_D - 1.866P$	$0.656P$	$0.518P$	$0.486P$

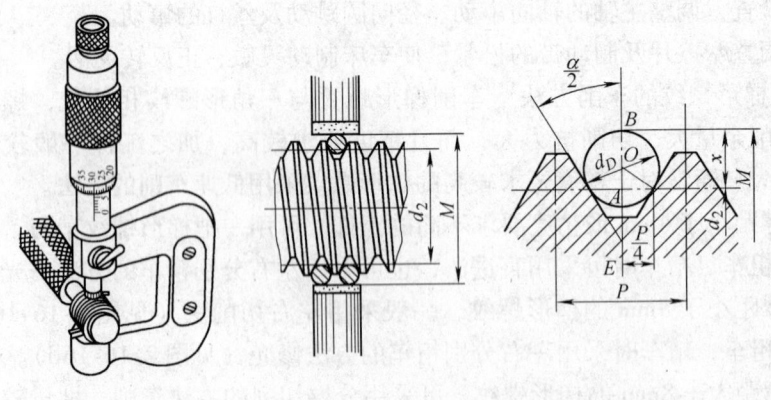

a)

图 2-16-17　螺纹中径测量

a）三针测量

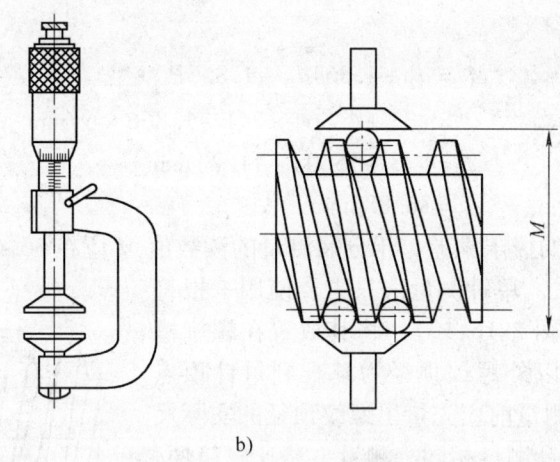

b)

图 2-16-17　螺纹中径测量（续）

b）公法线千分尺三针测量

2）量针的选择。量针的选择见表 2-16-12。三针测量的量针直径（d_D）不能太大，否则量针的横截面与螺纹牙侧不相切（见图 2-16-18a），无法量得中径的实际尺寸。也不能太小，不然量针陷入牙槽中，其顶点低于螺纹牙顶而无法测量（见图 2-16-18c）。最佳量针直径是指量针横截面与螺纹中径处于牙侧相切时的量针直径（见图 2-16-18b）。选用量针时，应尽量接近最佳值，以便获得较高的测量精度。

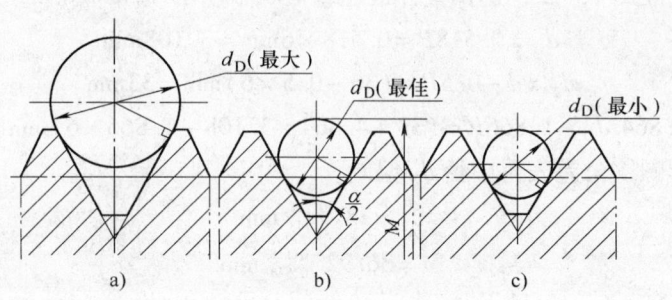

图 2-16-18　量针直径的选择

a）最大量针直径　b）最佳量针直径　c）最小量针直径

例：用三针测量 Tr36×6–7e 梯形螺纹中径，求千分尺读数 M 值。

解：根据表 2-16-12 中的计算式：

量针直径：$d_D = 0.518P = 0.518 \times 6\,\mathrm{mm} \approx 3.1\,\mathrm{mm}$

螺纹中径：$d_2 = d - 0.5P = (36 - 0.5 \times 6)\,\mathrm{mm} = 33\,\mathrm{mm}$

查梯形螺纹公差表得中径尺寸允许偏差为

$$d_2 = 33^{-0.118}_{-0.473}\,\mathrm{mm}$$

测量读数值：

$$M = d_2 + 4.864d_D - 1.866P$$
$$= (33 + 4.864 \times 3.1 - 1.866 \times 6)\text{mm}$$
$$= (33 + 15.08 - 11.2)\text{mm}$$
$$= 36.882\text{mm}$$

根据中径允许的极限偏差，千分尺测量的读数值 M 应在 $36.409 \sim 36.764\text{mm}$。

3）单针测量法。单针测量法只需要使用一根符合要求的量针（见图 2-16-19），将其放置在螺旋槽中，用千分尺量出以外螺纹顶径为基准到量针顶点之间的距离 A，在测量前应先量出螺纹顶径的实际尺寸 d_0，其原理与三针测量相同，测量方法比较简便。其计算公式如下：

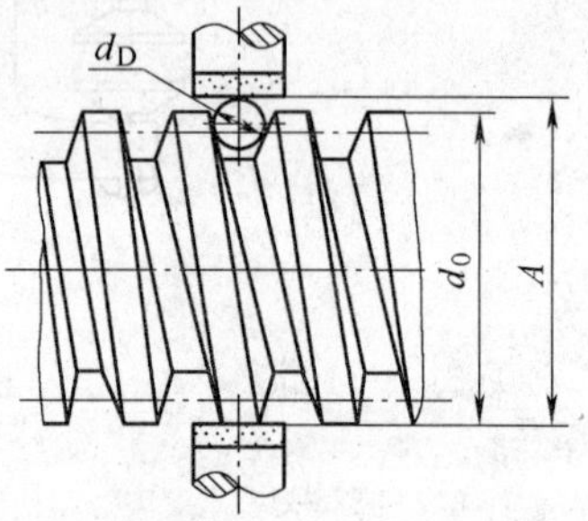

$$A = \frac{M + d_0}{2}$$

图 2-16-19　单针测量
螺纹中径

式中　A——单针测量值（mm）；

　　　d_0——螺纹顶径的实际尺寸（mm）；

　　　M——三针测量时量针测量距的计算值（mm）。

例：用单针测量 Tr36×6 −8e 螺纹时，量得工件实际外径 $d_0 = 35.95\text{mm}$，求单针测量值 A。

解：先查表 2-16-12，选择量针最佳直径 d_D，并计算 M 值：

$$d_D = 0.518P = 0.518 \times 6\text{mm} = 3.108\text{mm}$$
$$d_2 = d - 0.5P = (36 - 0.5 \times 6)\text{mm} = 33\text{mm}$$
$$M = d_2 + 4.864 d_D - 1.866P = (33 + 4.864 \times 3.108 - 1.866 \times 6)\text{mm} = 36.92\text{mm}$$

查表梯形螺纹公差表得中径 d_2 偏差

$$d_2 = 33^{-0.118}_{-0.543}\text{mm}$$
$$M = 36.92^{-0.118}_{-0.543}\text{mm}$$

根据 $A = \dfrac{M + d_0}{2}$，计算得出单针测量值应为 $A = 36.435^{-0.059}_{-0.272}\text{mm}$。

4）梯形螺纹的综合测量。若梯形螺纹精度要求不高，作为一般的传动副，可以采用标准梯形螺纹量规，对所加工的内、外梯形螺纹进行综合检查。

若螺纹各项精度要求较高，可用工具显微镜或三坐标测量仪进行各个尺寸参数的精密测量。

二、车蜗杆

蜗杆、蜗轮组成的运动副常用于减速传动机构，能传递两轴在空间成90°交错

的运动。蜗杆的齿形与梯形螺纹很相似，其轴
向剖面形状为梯形。常用的蜗杆有米制（齿形
角为 40°）和英制（齿形角为 29°）两种，我国
多采用米制蜗杆。

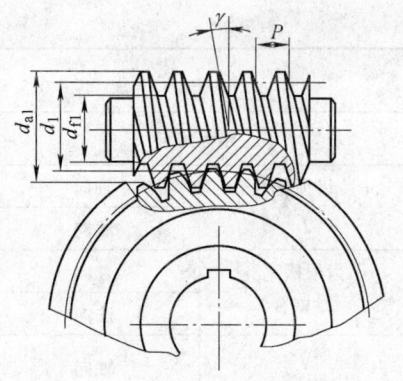

　　在轴向剖面内蜗杆和蜗杆传动相当于齿条
与齿轮间的传动，如图 2-16-20 所示，蜗杆的
各项基本参数也是在该剖面内测量的，并规定
为标准值。

1. 蜗杆主要参数的名称、符号及计算

　　米制蜗杆的各部分名称、符号及尺寸计算
见表 2-16-13。

图 2-16-20　　蜗杆和蜗杆传动

　　从图 2-16-20 中可以看出，蜗杆在传动时是否很好地与蜗轮相啮合，它的轴向
齿距必须等于蜗轮周节。

表 2-16-13　米制蜗杆的各部分名称、符号及尺寸计算

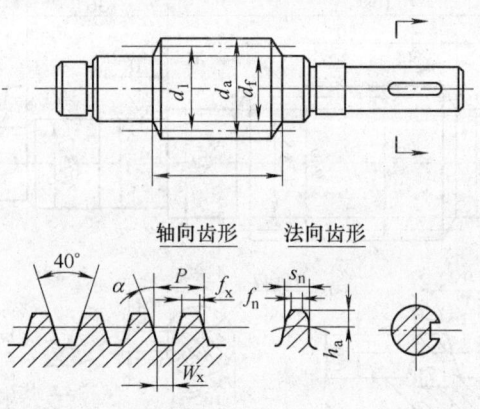

名　　称	计 算 公 式
轴向模数 m_x	（基本参数）
齿形角（2α）	$2\alpha = 40°$，（齿形角 $\alpha = 20°$）
齿距（周节）p	$p = \pi m_x$
导程 L	$L = zp = z\pi m_x$
全齿高 h	$h = 2.2 m_x$
齿顶高 h_a	$h_a = m_x$
齿根高 h_f	$H_f = 1.2 m_x$
分度圆直径 d_1	$d_1 = q m_x$（q 为蜗杆直径系数）
齿顶圆直径 d_a	$d_a = d_1 + 2 m_x$
齿根圆直径 d_f	$d_f = d_1 - 2.4 m_x$ 或 $d_f = d_a - 4.4 m_x$

（续）

名　　称		计算公式
导程角 γ		$\tan\gamma = \dfrac{L}{\pi d_1}$
齿顶宽 f	轴向	$f_x = 0.843 m_x$
	法向	$f_n = 0.843 m_x \ \cos\gamma$
齿根槽宽 W	轴向	$W_x = 0.697 m_x$
	法向	$W_n = 0.697 m_x \cos\gamma$
齿厚 s	轴向	$s_x = \dfrac{\pi m_x}{2} = \dfrac{P}{2}$
	法向	$s_n = \dfrac{\pi m_x}{2}\cos\gamma = \dfrac{P}{2}\cos\gamma$

例：车削图 2-16-21 所示蜗杆轴，齿顶圆直径 $d_2 = 42\text{mm}$，齿形角为 20°，轴向模数 $m_x = 3\text{mm}$，线数 $z = 1$，求蜗杆的各主要参数。

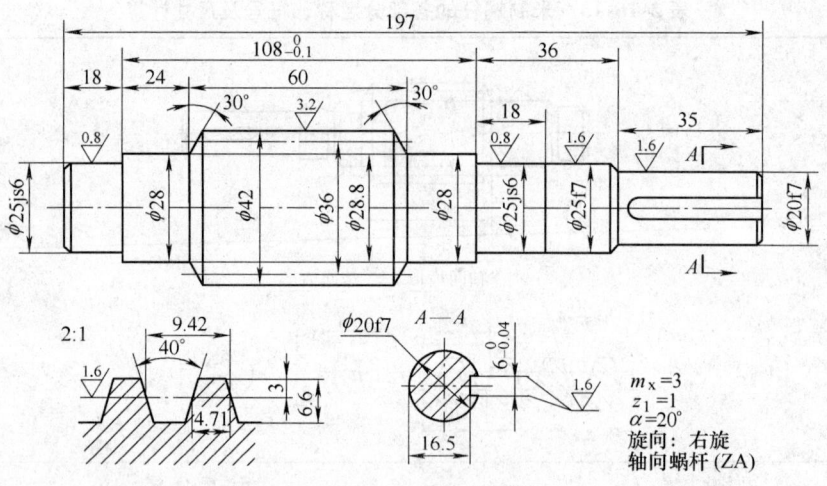

图 2-16-21　蜗杆轴零件图

解：根据表 2-16-13 中的计算公式

齿距　$p = \pi m_x = 3.1416 \times 3\text{mm} = 9.425\text{mm}$

导程　$L = z\pi m_x = 1 \times 3.1416 \times 3\text{mm} = 9.425\text{mm}$

全齿高　$h = 2.2 m_x = 2.2 \times 3\text{mm} = 6.6\text{mm}$

齿顶高　$h_a = m_x = 3\text{mm}$

齿根高　$h_f = 1.2 m_x = 1.2 \times 3\text{mm} = 3.6\text{mm}$

分度圆直径　$d_1 = d_a - 2m_x = (42 - 2 \times 3)\text{mm} = 36\text{mm}$

齿根圆直径　$d_f = d_1 - 2.4 m_x = (36 - 2.4 \times 3)\text{mm} = 28.8\text{mm}$

齿顶宽（轴向）　$f_x = 0.843 m_x = 0.843 \times 3\text{mm} = 2.53\text{mm}$

齿根槽宽（轴向）　　$W_x = 0.697m_x = 0.697 \times 3\text{mm} = 2.09\text{mm}$

齿厚（轴向）　　$s_x = P/2 = 9.425/2\text{mm} = 4.71\text{mm}$

导程角　　$\tan\gamma = L/\pi d = 9.425/3.1416 \times 36 = 0.084$

　　　　　　$\gamma = 4°48'$

齿厚（法向）　　$s_n = L/2\cos\gamma = 9.425/2\cos4°48' = 4.71 \times 0.9965\text{mm}$

　　　　　　　　　　$= 4.696\text{mm}$

2. 蜗杆的测量方法

1）齿顶圆直径可用游标卡尺、千分尺测量；齿根圆直径一般采用控制齿深或直接测量深度的方法保证。

2）分度圆直径可用三针或单针测量，方法与测量梯形螺纹相同。计算千分尺的读数值 M 及量针直径 d_D 的简化公式见表 2-16-14。

表 2-16-14　计算千分尺的读数值 M 和量针直径的简化公式

螺纹牙型角	M 值计算公式	量针直径 d_D		
		最大值	最佳值	最小值
40° （蜗杆）	$M = d_1 + 3.924d_D - 4.316m_x$	$2.446m_x$	$1.675Pm_x$	$1.61m_x$

3）蜗杆的齿厚测量。用齿厚游标卡尺测量法向齿厚如图 2-16-22 所示，使用齿厚游标卡尺进行测量，它是由相互垂直的齿高卡尺和齿厚卡尺组成（其刻线原理和读数方法与游标卡尺相同）。测量时，将齿高卡尺读数值调到 1 个齿顶高（必须排除齿顶圆直径误差的影响），使卡脚以法向卡入齿廓，卡脚测量面与蜗杆齿侧平行（此时，尺杆与蜗杆轴线间和夹角恰为导程角），如图 2-16-22B－B 放大视图所示。

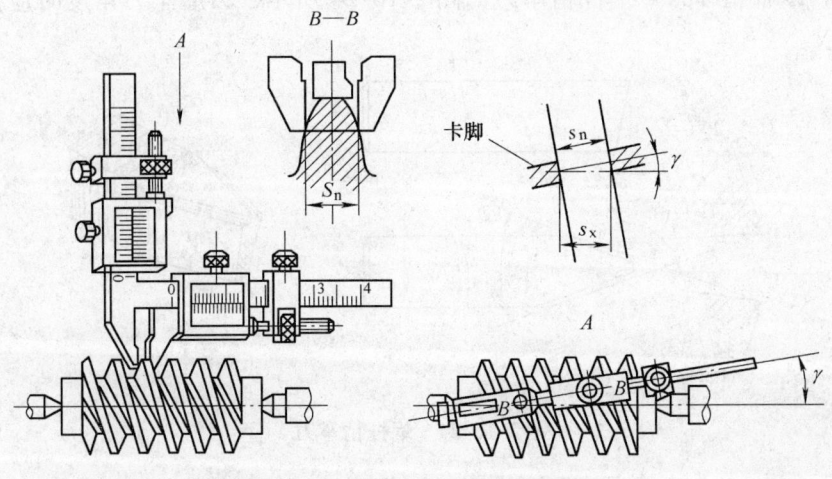

图 2-16-22　用齿厚游标卡尺测量法向齿厚

此时的最小读数，即是蜗杆分度圆直径上的法向齿厚 s_n。

图样上一般标的是轴向齿厚。由于蜗杆的导程角 γ 较大，轴向齿厚无法直接准确测量出来，所以在测量法向齿厚 s_n 后，再通过换算得到轴向齿厚 s_x 的方法来检验是否正确。

轴向齿厚与法向齿厚的关系是：

$$s_n = s_x \cos\gamma = \frac{\pi m_x}{2} \cos\gamma$$

3. 蜗杆的车削方法

（1）蜗杆车刀　一般选用高速钢车刀，为了提高蜗杆的加工质量，车削时应采用粗车和精车两阶段。右旋蜗杆粗车刀如图 2-16-23 所示。刃磨车刀角度时应注意以下几点：

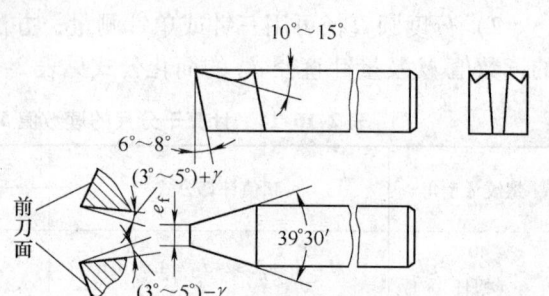

1）粗车刀左右切削刃之间的夹角要略小于齿形角 $0.5° \sim 1°$。

2）刀头宽度应小于齿根槽宽，粗车后留精加工余量。

3）切削钢件时，应磨有 $10° \sim 15°$ 的径向前角，以便排屑顺利，减少切削阻力。

图 2-16-23　右旋蜗杆粗车刀

4）径向后角应为 $6° \sim 8°$，工件材料强度高，后角需适当减小至 $2° \sim 5°$。

5）进给方向的后角为 $(3° \sim 5°) + \gamma$，背进刀方向的后角为 $(3° \sim 5°) - \gamma$。

6）粗车刀刀尖适当倒圆以提高强度。

（2）蜗杆精车刀　蜗杆精车刀如图 2-16-24 所示，刃磨车刀角度时应注意以下几点：

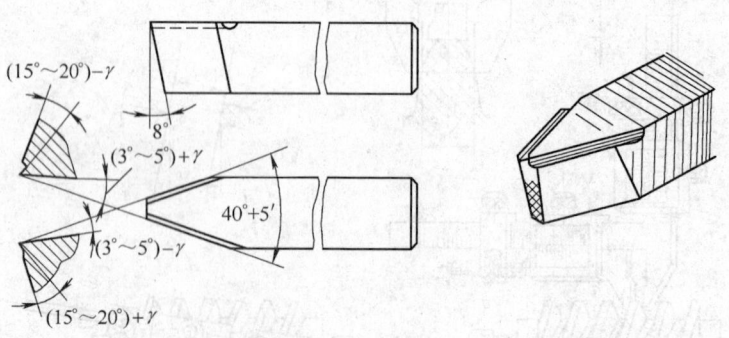

图 2-16-24　蜗杆精车刀

1）车刀切削刃夹角等于齿形角，切削刃要平、直，表面粗糙度值要小。

2）为了保证齿形角的正确，径向前角取 $0°$，如磨有径向前角，刀尖角要修正。

3）为了保证左右切削刃切削顺利，可磨出较大前角（$\gamma_o = 15° \sim 20°$）的卷屑槽。但是这种车刀的前端切削刃不能进行切削，只能使用两侧切削刃精修两侧齿面。

（3）蜗杆车刀的安装方法　米制蜗杆按齿形可以分为轴向直廓蜗杆（ZA）和法向直廓蜗杆（ZN）。

轴向直廓蜗杆的齿形在蜗杆的轴向剖面内为直线，在法向剖面内为曲线，在端平面内为阿基米德螺旋线，因此又称阿基米德蜗杆（见图2-16-25a）。

法向直廓蜗杆的齿形在蜗杆的齿根的法向剖面内为直线，在蜗杆的轴向剖面内为曲线，在端平面内为延伸渐开线，因此又称延伸渐开线蜗杆（见图2-16-25b）。

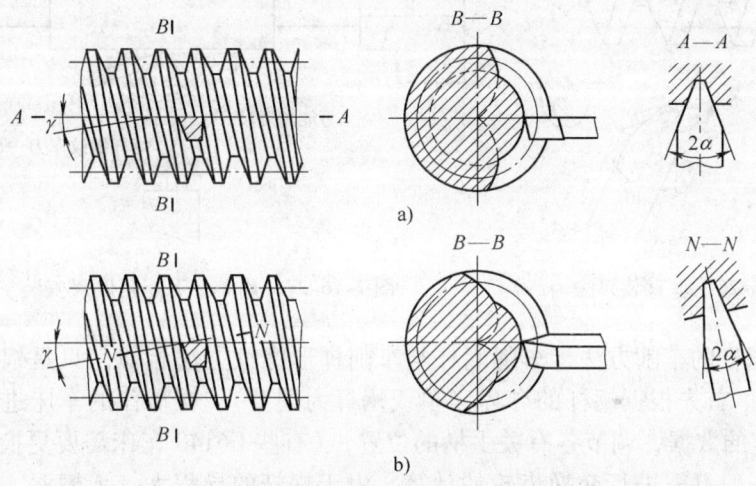

图2-16-25　蜗杆齿形的种类
a）轴向直廓　b）法向直廓

工业上常用阿基米德蜗杆（即轴向直廓蜗杆），因为这种蜗杆加工相对简单，没有特别标明是法向直廓蜗杆的则均为轴向直廓蜗杆。

车削这两种不同的蜗杆时，其车刀安装方式是有区别的。

车削轴向直廓蜗杆时，应采用水平装刀法。即装夹车刀时，车刀两侧刃组成的平面处于水平状态，且与蜗杆轴线等高。

车削法向直廓蜗杆时，应采用垂直装刀法。装车刀时，车刀两侧刃组成的平面处于既过蜗杆轴线的水平面内，又与齿面垂直的状态（见图2-16-26）。

加工螺纹升角较大的蜗杆，若采用水平装刀法，车刀的一侧切削刃将变成负前角，而两侧切削刃的后角一侧增大，而另一侧减小，这样就会影响加工精度和表面粗糙度，而且还很容易引起振动和扎刀现象。为此，粗加工时可采用可调节导程角的刀杆来进行车削。它可以很容易地满足垂直装刀的要求。操作时，只需使刀体相对于刀柄旋转一个蜗杆导程角 γ，然后用两只螺钉锁紧即可。由于刀体上开有弹性槽，车削时不易产生扎刀现象。

车削阿基米德蜗杆时，在粗车时也可采用垂直装刀法，但在精车时一定要采用水平装刀法，以保证齿形正确。

安装模数较小蜗杆车刀时，可用样板找正，安装模数较大的蜗杆时，可用游标万能角度尺来找正，如图 2-16-27 所示。

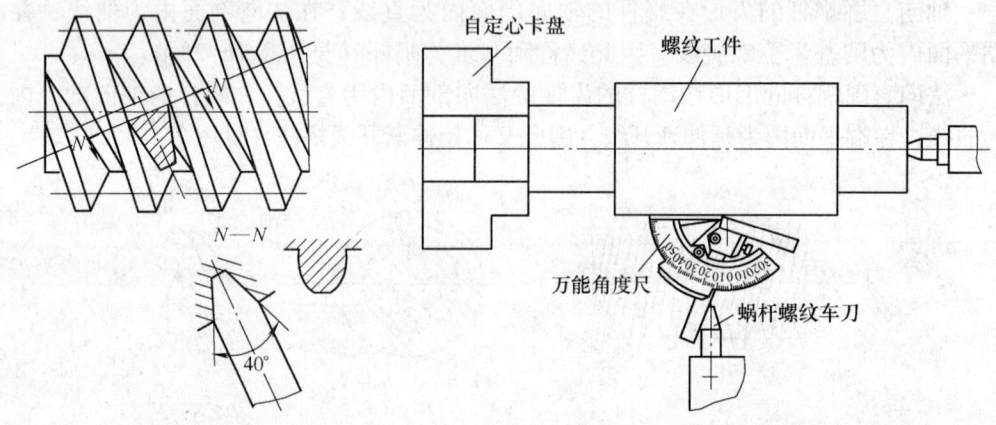

图 2-16-26　垂直装刀法　　　　　图 2-16-27　用游标万能角度尺安装车刀

（4）蜗杆的车削方法　车削蜗杆与车削梯形螺纹方法相似，只是蜗杆车刀刀尖角是 40°。首先根据蜗杆的导程（单线蜗杆为周节），在操作的车床进给箱铭牌上找到相应的数据，调节各有关手柄的位置，（有些 C6140 车床需要更换交换齿轮箱齿轮）一般不需进行交换齿轮的计算。由于蜗杆的导程大、牙槽深、切削面积大，车削比车梯形螺纹困难，故常主轴转速选用较低，采用倒顺车的方法来车削。粗车时可根据螺距的大小，选用下述方法：

1）左右切削法。为防止三个切削刃同时参加切削而引起扎刀，采取左右进给的方式，逐渐车至槽底，如图 2-16-28a 所示。

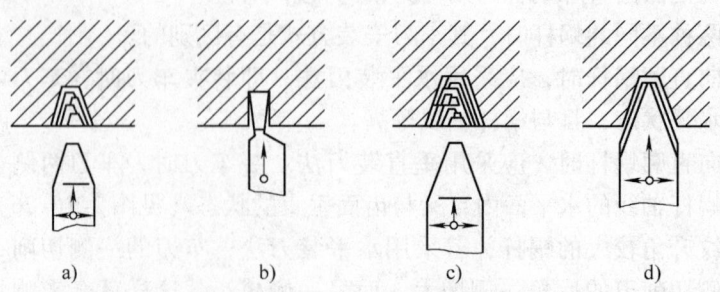

图 2-16-28　蜗杆的车削方法
a）左右切削法　b）切槽法　c）分层切削法　d）精车

2）切槽法。当 $m_x > 3mm$ 时，先用车槽刀将蜗杆直槽车至齿根处，然后再用粗车刀粗车成形，如图 2-16-28b 所示。

3）分层切削法。当 $m_x > 5mm$ 时，由于切削余量大，可先用粗车刀，按图 2-16-28c 所示方法，逐层地切入直至槽底。精车时，则选用两边带有卷屑槽的精车刀，将齿面精车成形，如图 2-16-28d 所示。

4. 车蜗杆的注意事项

1）蜗杆加工时，齿形深，切削力大，故工件装夹要牢固。

2）粗车蜗杆前，要调整机床各部间隙。

3）精车蜗杆时的车刀切削刃口要平直、锋利。

4）车削时及时测量法向齿厚，以控制精车余量。

三、车多线螺纹和多线蜗杆

1. 多线螺纹和多线蜗杆

沿一条螺旋线所形成的螺纹称为单线螺纹（蜗杆），沿两条或两条以上的螺旋线所形成的螺纹，该螺旋线在轴向等距分布称之为多线螺纹（蜗杆）。

判定螺纹的线数，可根据螺纹尾部螺旋槽的数目（见图 2-16-29），或从螺纹的端面上判定螺纹的线数（见图 2-16-30）。

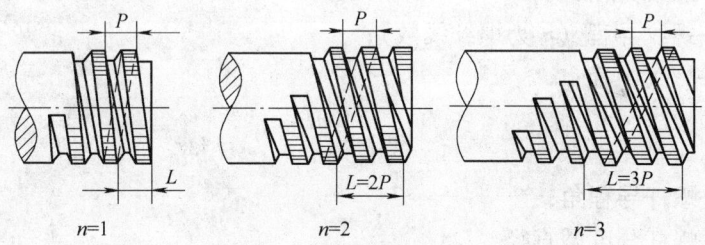

图 2-16-29　从螺纹尾部判定螺纹线数

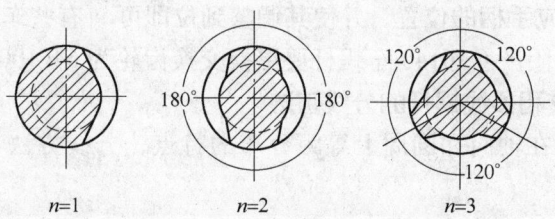

图 2-16-30　从螺纹端面判定螺纹线数

（1）多线螺纹的导程 L　是指在同一条螺旋线上相邻两牙在中径线上对应两点之间的轴向距离。多线螺纹的导程与螺距的关系是：$L = nP$。对于单线螺纹（或单线蜗杆），其导程就等于螺距（n 为线数）。

（2）多线蜗杆的导程 L　是指在同一条螺旋线上的相邻两齿在分度圆直径上对应两点之间的轴向距离。导程与轴向齿距 P 的关系是：$L = nP$。

（3）梯形螺纹由螺纹特征代号×导程（螺距）表示。如 Tr40 × 12（P6）。多线蜗杆一般在图样技术条件中单独标出线数，见表 2-16-15。

表 2-16-15　螺杆技术条件示例

轴向模数	m_x	3
线数	z_1	3
导程角	γ	10°
旋向		右
齿形角	α	20°

在计算多线螺纹或多线蜗杆的螺纹升角及蜗杆导程角时，必须按导程计算。即：

$$\tan\psi = \frac{nP}{\pi d_2}$$

式中　ψ——螺纹升角；

nP——螺纹导程（n 为螺纹线数）；

d_2——螺纹中径；

$$\tan\gamma = \frac{nP}{\pi d_1}$$

式中　γ——蜗杆导程角；

d_1——蜗杆分度圆直径。

多线螺纹（蜗杆）各部分尺寸的计算方法与单线相同。

在车床上车削螺纹和蜗杆时，只需在进给箱上的铭牌中根据所车工件的导程（或模数）找到相应手柄的位置，并使其调整到位即可（有些车床要更换交换齿轮箱中的齿轮，如沈阳产 CA6140 车蜗杆要更换交换齿轮为 64：100：97）。

2. 车多线螺纹和多线蜗杆的分线方法

根据多线螺纹在轴向和圆周上等距分布的特点，分线方法有轴向分线法和圆周分线法两种。

（1）轴向分线法　当车好第一条螺旋槽之后，把车刀沿螺纹（或蜗杆）轴线方向移动一个螺距，再车第二条螺旋槽。按这种方法只需精确控制车刀移动的距离，就可以完成分线工作。具体控制方法可采用：

1）用小滑板刻度移动分线。在车好一条螺旋槽后，利用小滑板刻度使车刀移动一个螺距，再车相邻的另一条螺旋槽，从而达到分线的目的。

小滑板刻度转过的格数 K 可用下式计算：

$$K = \frac{P}{a}$$

式中　P——螺距；

　　　a——小滑板刻度盘每格移动的距离（mm）。

这种分线方法简单，不需要辅助工具，但分线精度不高，一般用于多线螺纹的粗车。适于单件、小批量生产。但要注意的是小滑板在移动前应先找正其对主轴轴线的平行。

2）利用百分表和量块分线。在对螺距精度要求较高的螺纹和蜗杆分线时，可用百分表和量块控制小滑板的移动距离（见图 2-16-31）。把百分表固定在刀架上，并在床鞍上装一固定挡块，在车削前，移动小滑板，使百分表测头与挡块接触，并把百分表调整至零位。当车好第一条螺旋槽后，移动小滑板，使百分表指示的读数等于被车螺距。在对螺距较大的多线螺纹（或蜗杆）进行分线时，因受百分表行程的限制，可在百分表与挡块之间垫入一块（或一组）量块，其厚度最好等于工件螺距（或周节）。当百分表读数与量块厚度之和等于工件的螺距时，方可车削第二条螺旋线。

3）利用开合螺母结合小滑板移动分线。车削螺距大于车床丝杠螺距的多线螺纹时，在车好一条螺旋线后，打开开合螺母，移动大滑板一个或几个丝杠螺距，合上开合螺母（不是整倍数可结合小滑板刻度移动），再车削第二条螺旋线。

（2）圆周分线法　多线螺纹从端面上看，双线螺纹两线的起点在端面上相隔180°，三线螺纹的起点在端面上相隔 120°。这说明多线螺纹在端面上相隔的角度为 360°除以线数（n），圆周分线法就是根据这一原理进行分线的，即

$$\theta = \frac{360°}{n}$$

当车好第一条螺旋槽后，脱开工件与丝杠之间的传动链，并把工件转过一个相应角度 θ，再合上工件与丝杠之间的传动链，车削另一条螺旋槽，这样依次分线，就可车出多线螺纹。

1）利用交换齿轮分线。当车床主轴上交换齿轮（即 z_1）齿数是螺纹线数的整倍时，就可利用交换齿轮进行分线。分线时，开合螺母不能提起。当车好第一条螺旋线后，在主轴交换齿轮 z_1 上根据螺纹线数等分（见图 2-16-32 中，若 $z_1 = 60$，$n = 3$，则 3 等分齿轮于 1、2、3 点标记处），再以 1 点为起始点，在与中间齿轮上的啮合处也做一标记"0"。然后脱开主轴交换齿轮 z_1 与中间齿轮的传动，单独转动齿轮 z_1，当 z_1 转过 20 个齿，到达 2 点位置时，再使主轴交换齿轮 z_1 上的 2 点与中间齿轮上的"0"点啮合，就可以车削第二条螺旋线了。当第二条螺旋线车好后，重新脱开 z_1 和齿轮的传动，再单独转动主轴交换齿轮 z_1，当 z_1 又转过 20 个齿到达 3 点位置时，将 z_1 齿轮上的 3 点与中间齿轮上的"0"点啮合，就可以车第三

条螺旋线。用交换齿轮分线的优点是分线精度高，但操作比较麻烦。

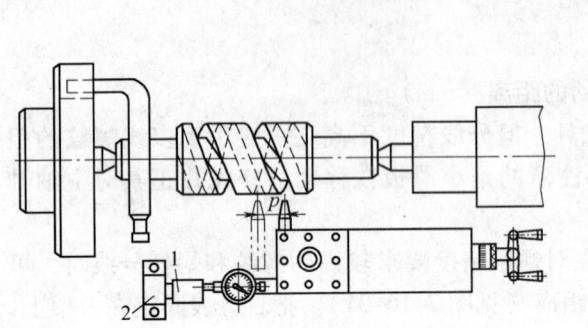

图 2-16-31　百分表和量块分线法

1—量块　2—挡块

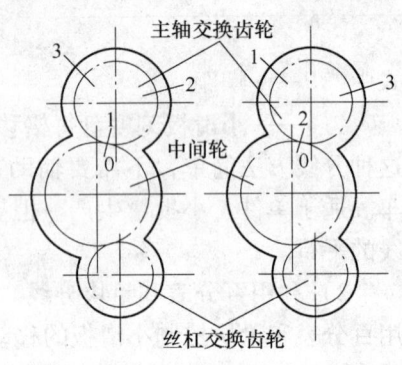

图 2-16-32　交换齿轮分线法

2) 用分度插盘分线。图 2-16-33 所示为车多线螺纹（或多线蜗杆）用的多孔插盘。装在车床主轴上，转盘 4 上有等分很高的定位插孔 2（分度盘一般等分 12 孔或 24 孔），它可以对线数为偶数的螺纹（或蜗杆）进行分线。

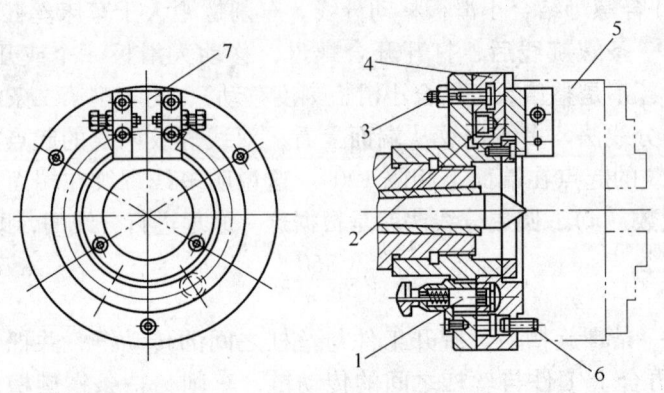

图 2-16-33　分度插盘分线法

1—定位插销　2—定位插孔　3—紧固螺母　4—转盘

5—夹具　6—螺钉　7—定位块

分线时，先停车松开紧固螺母 3 后，拔出定位插销 1，把转盘旋转一个 $360°/n$ 角度；再把插销插入另一个定位孔中，紧固螺母，分线工作就完成。转盘上可以安装卡盘与夹持工件，也可以装上定位块 7 拨动夹头，进行两顶尖间的车削。

这种分线方法的精度主要决定于分度盘的等分精度。等分精确，可以使该装置获得很高的分线精度。分度插盘分线操作简单、方便，但分线数量受插孔数量限制。

3）利用卡盘爪分线。当工件采用两顶尖装夹，可利用卡盘的卡爪分度（自定心卡盘分三线螺纹，利用单动卡盘分双线和四线螺纹）。车好一条螺旋槽之后，只需要松开顶尖，把工件连同鸡心夹头转动一个卡爪位置后再顶紧，就可车削另一条螺旋槽。这种分线方法比较简单，但是受卡爪本身精度及每个卡爪位置精度影响，螺纹分线精度不高。

3. 多线螺纹和多线蜗杆的车削方法

车多线螺纹时，分线精度不能一次保证，不能将一条螺旋线精车完好后，再车另一条螺旋槽，加工时应按下列步骤进行：

1）粗车第一条螺旋槽时，记住中、小滑板的刻度值。

2）根据加工条件或批量以及多线螺纹的精度要求，选择适当的分线方法进行分线。粗车第二条、第三条……螺旋槽。如用轴向分线法，中滑板的刻度值应与车第一条螺旋槽时相同，才能保证粗车后的齿形深度一致。如用圆周分线时，中、小滑板的刻度值应与第一条螺旋槽相同。

3）采用左右切削法加工多线螺纹时，为了保证多线螺纹的螺距精度，车削每条螺旋槽时车刀的轴向进给量必须相等。

4）精车多线螺纹应先精修每条螺旋线的同一侧牙侧面，再精修每条螺旋线的另一侧牙侧面。如图 2-16-34 所示，为修光双线螺纹的顺序（1 – 2 – 3 – 4），应当是先修第一条线的牙侧 1，再修第二条线的相同方向牙侧 2 及另一牙侧 3，再修光第一条的牙侧 4。修光中保证 1、2 的距离为一个螺距，修光 3 面时测量保证中径（或齿厚），修光 4 面时保证 3、4 面的距离为一个螺距。

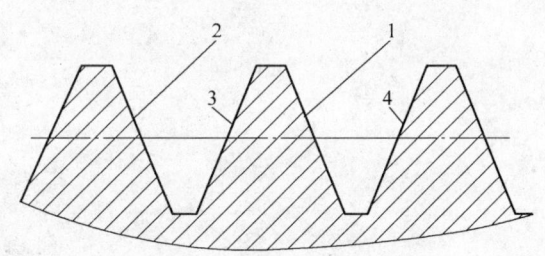

图 2-16-34 双线螺纹精修牙侧顺序

5）检验双线螺纹的齿距时，可使用齿厚卡尺，如图 2-16-35 的方法：在分度圆线位置测量 $(P_1 + S_x)$ 距离和 $(P_2 + S_x)$ 距离，然后减去同一个牙厚度 S_x，比较两个螺距的大小是否符合公差要求之内。

4. 车多线螺纹和多线蜗杆的注意事项

1）多线螺纹导程大，走刀速度快，车削时要注意力集中，防止发生意外。

2）车刀两侧后角要根据螺纹升角刃磨。

3）注意车削前调整车床各部件的间隙。

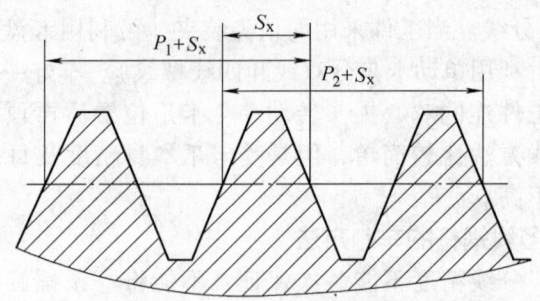

图 2-16-35　双线螺纹的螺距测量

4）使用小滑板分线，要检查小滑板与车床主轴轴线平行，所处位置是否满足分线行程要求。分线时注意滑板的丝杠间隙要让出。

5）用百分表、量块分线时，应使百分表测杆平行于主轴轴线，避免百分表倾斜造成分线误差。

6）精车时要多次循环分线，这样既能消除分线或赶刀所产生的误差，又能提高螺纹的精度和改善表面粗糙度。

7）精车时，为了保证精度及表面粗糙度，随时观察车刀磨损情况，刀具不锋利时及时刃磨或更换。

8）精车过程中要及时测量，修正螺距误差。

第十七章

偏心工件的车削

偏心工件就是零件的外圆和外圆或外圆与内孔的轴线平行而不重合（偏一个距离）的工件。这两条平行轴线之间的距离称为偏心距。外圆与外圆偏心的零件叫做偏心轴，外圆与内孔偏心的零件叫偏心套，如图2-17-1所示。

在机械传动中，回转运动变为往复直线运动或往复直线运动变为回转运动，一般都是利用偏心零件来完成的。例如车床主轴箱用偏心工件带动的润滑泵，汽车发动机中的曲轴等。偏心轴、偏心套一般都是在车床上加工。它们的加工原理基本相同，主要是在装夹方面采取措施，即把需要加工的偏心部分的轴线找正到与车床主轴旋转轴线相重合。一般车偏心工件的方法有：在自定心卡盘上车偏心工件、在单动卡盘上车偏心工件、在两顶尖间车偏心工件、在偏心卡盘上车偏心工件、在专用夹具上车偏心工件。

为确保偏心零件使用中的工作精度，关键要求是控制好轴线间的平行度和偏心距精度。

一、偏心工件的划线方法

1. 偏心工件的划线方法

划线时，先将工件的划线表面涂上显示剂，放置在如图2-17-2所示的V形块上，用高度游标卡尺找出中心线位置并记录下数值，再将高度游标卡尺调整移动一个偏心距离，在工件的四周和端面上画出偏心线，两条线之间的距离即为偏心距离。为防止涂色剂被擦掉，可在中心和偏心位置打上样冲眼。

将工件转过90°，用平行直角尺对齐已划好的端面线，然后再用刚调整好的高度游标卡尺在轴端面和四周划一道圈线。

2. 偏心工件划线的注意事项

1）划线用涂剂应有较好的附着性，应均匀地在工件上涂上薄薄一层，不宜涂厚，以免影响划线清晰度。

2）划线时，手轻扶工件，不能使工件发生转动。

3）划线后需要打样眼，样冲冲尖应仔细刃磨，要求圆而尖。

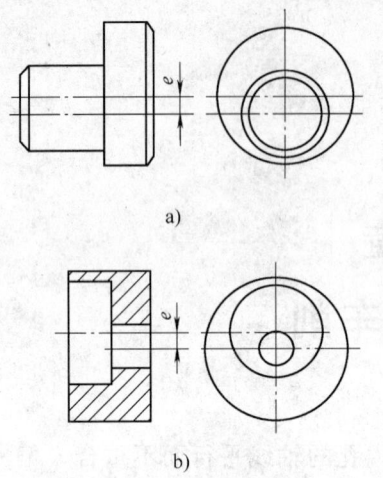

a)

b)

图 2-17-1　偏心工件

a）偏心轴　b）偏心套

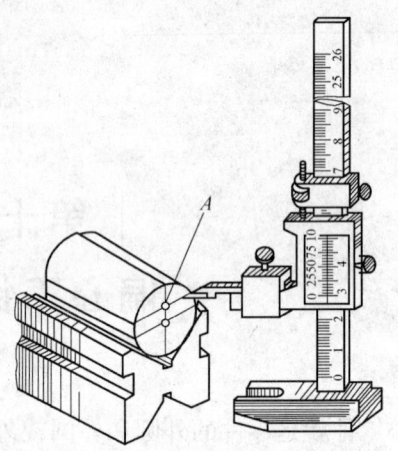

图 2-17-2　在 V 形架上划偏心的方法

4）敲样冲眼时，应使样冲与所标示的线条焦点处垂直，尤其是冲偏心轴孔时更要注意，否则会产生偏心误差。

5）对于偏心距要求高的工件，可在卧式加工中心或坐标镗床上加工。

二、车削偏心工件的方法

偏心工件可以用自定心卡盘、单动卡盘和两顶尖等夹具安装车削。

1. 用单动卡盘车削偏心工件

单动卡盘适于数量少、偏心距小、长度较短、不便于两顶尖装夹或形状比较复杂的偏心工件。

（1）划线后的工件　由于存在划线误差和找正误差，根据已划好的偏心圆来找正的方法适用于精度要求不高的偏心工件。装夹工件后，按照已经划好的偏心线和侧母线找正，使偏心圆的圆心位置与车床主轴中心线重合，如图 2-17-3 所示。夹紧牢固后即可以开始切削。必须注意的是：车削偏心工件对刀时，接触位置的直径是工件本身直径加上两倍的偏心距离。如车削偏心位置的直径为 φ80mm，偏心距是 4mm，则这个位置的实际回转直径是 φ88mm。

（2）工件上直接车偏心　在工件上直接车偏心时，可使用百分表找偏心的方法。找偏心时，先找正偏心位置的外圆或与其同轴的外圆，再以找正好的外圆为基准压上百分表，松开四爪中的一个卡爪，压紧对面的另一个卡爪，使工件的中心线与车床主

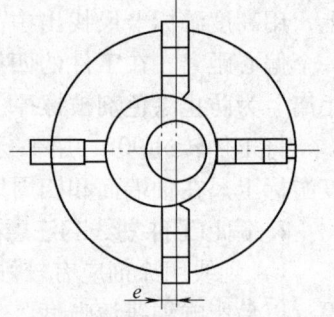

图 2-17-3　用单动卡盘装夹偏心工件

轴中心线偏出一个偏心距的距离。工件旋转一圈后，百分表上的最大值和最小值的差的一半即是偏心距。使用这种方法需要注意的是：工件紧出偏心后，偏心方向的一对卡爪的中心线始终是通过工件中心线的，而另一对卡爪的中心线会与工件中心线产生一个偏心距的距离，如偏心过大，这个方向的两个爪会产生夹不紧的现象。若工件装夹部分直径太小的时候，会产生偏心方向紧固不动的现象。

2. 用自定心卡盘车削偏心工件

（1）对于长度较短、形状比较简单的偏心工件，也可以在自定心卡盘上进行车削。其方法是在自定心卡盘的三爪中的任意一个卡爪与工件接触面之间，垫上一块预先选好的垫片，使工件轴线相对车床主轴轴线产生位移，并使位移距离等于工件的偏心距（见图2-17-4）。

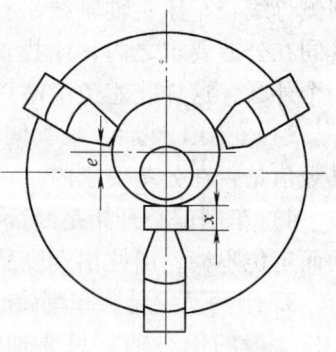

垫片厚度 x（见图2-17-4）可按下列公式计算：

$$x = 1.5e + K$$

$$K \approx 1.5\Delta e$$

$$\Delta e = e - e_{测}$$

式中　x——垫片厚度（mm）；

图 2-17-4　在自定心卡盘
上车偏心工件

　　e——工件偏心距（mm）；

　　K——偏心距修正值，正负值可按实测结果
　　　　确定（mm）；

$e_{测}$——试切后的实测偏心距（mm）。

Δe——试切后的实测偏心距误差（mm）。

例：如用自定心卡盘加垫片的方法车削偏心距 $e = 2\text{mm}$ 的偏心工件，试计算垫片厚度。

解：先暂不考虑修正值，初步计算垫片厚度：

$$x = 1.5e = 1.5 \times 2\text{mm} = 3\text{mm}$$

先垫入3mm厚的垫片进行试切削，然后检查其实际的偏心距。

此时假如实测数值为2.08mm，那么其偏心距误差为：

$$\Delta e = (2 - 2.08)\text{mm} = -0.08\text{mm}$$

$$K = 1.5\Delta e = 1.5 \times (-0.08)\text{mm} = -0.12\text{mm}$$

$$x = 1.5e + K = [1.5 \times 2 + (-0.12)]\text{mm} = 2.88\text{mm}$$

更换成2.88mm的垫片重新装夹车削即可。

假如实测数值为1.95mm，那么其偏心距误差为：

$$\Delta e = (2 - 1.95)\text{mm} = 0.05\text{mm}$$

$$K = 1.5\Delta e = (1.5 \times 0.05)\text{mm} = 0.075\text{mm}$$

$$x = 1.5e + K = (1.5 \times 2 + 0.075)\text{mm} = 3.075\text{mm}$$

更换成 3.075mm 的垫片重新装夹车削即可。

（2）用三爪垫片法车偏心的注意事项

1）选择垫片的材料应有一定硬度，以防止装夹时发生变形。如果做成平面垫片，垫片与工件之间将会定位不稳。垫片最好做成圆弧面，与工件接触的圆弧面，其圆弧大小等于或稍大于工件直径，如果与工件接触的圆弧面圆弧小于工件直径，则夹紧力会使垫片变形，造成误差。

2）为了保证偏心轴两轴线的平行度，装夹时应用百分表校正工件外圆，使外圆侧母线与车床主轴轴线平行。校正平行度的方法是找正相距较远的两点外圆使其同在公差要求之内，或找正一个端面与主轴轴线垂直后再找正同一工序车出的一个外圆，这样能避免工件只有某一截面的偏心距符合要求的现象。

3）安装工件后，校验偏心距时可用百分表测头在工件圆周上缓慢转动，观察其数值是否在公差要求内。百分表转动的数值一般为 2 倍偏心距。

4）车削偏心开始是断续切削，切削用量选择要合理，避免车削时工件产生晃动而定位不稳，由此出现废品或发生事故。

3. 用两顶尖装夹车削偏心工件

一般的偏心轴，只要轴的两端面能钻中心孔，有装夹鸡心夹头的位置，就可以安装在两顶尖间进行车削（见图 2-17-5）。

由于是用两顶尖装夹，在偏心中心孔中车削偏心圆，这与在两顶尖间车削一般外圆相类似，不同的是车偏心圆时，是断续切削，工件加工余量变化很大，因而车削中会产生较大的冲击和振动。要时刻注意观察中心孔的完好程度。

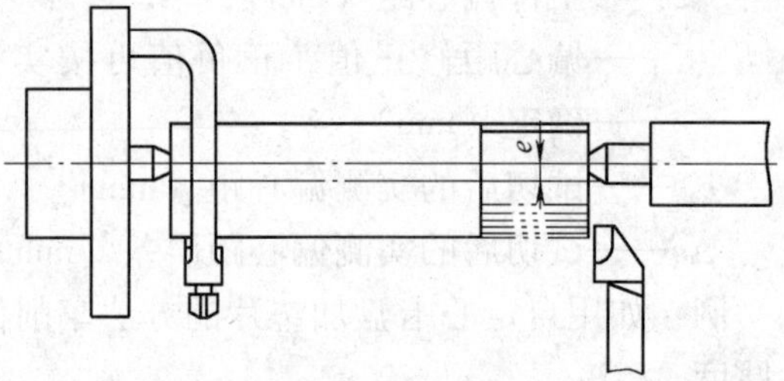

两顶尖车偏心的优点是不需要

图 2-17-5　在两顶尖间装夹车偏心

用很多时间去找正偏心。用两顶尖车削偏心工件的注意事项：

1）用两顶尖车削偏心工件时，其前提条件是要保证基准中心孔和偏心中心孔的钻孔位置精度。钻中心孔时应特别注意其位置精度，否则偏心距精度无法保证。

2）加工时若使用固定顶尖，则固定顶尖与中心孔的接触松紧程度要适当，避免长时间切削，且应在其间经常加注润滑油，以减少彼此磨损。

3）使用两顶尖方法车削时，为增加装夹刚度，尾座套筒伸出长度应尽量短。

4. 用双重卡盘车削偏心工件

将自定心卡盘装夹在单动卡盘上，并将自定心卡盘相对于主轴回转中心调整好一个偏心距（相当于单动卡盘找偏心，自定心卡盘是工件），加工偏心工件时，只需把工件安装在自定心卡盘上就可以车削，如图 2-17-6 所示。这种方法第一次校正比较困难，校正好偏心后加工其余零件时则不用校正偏心了，因此适用于加工成批零件。但两只卡盘重叠在一起,悬伸较长,离心力较大,长期使用时要注意配重保持平衡以防止发生意外事故。批量生产长度较短、偏心距不大且精度要求不高的偏心工件常使用这种方法。

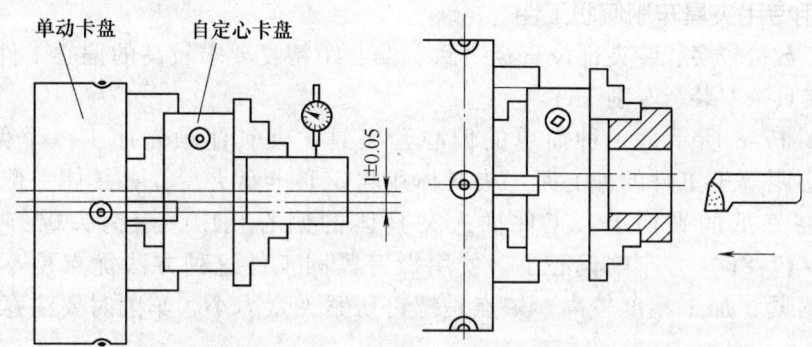

图 2-17-6   用双重卡盘安装偏心工件

5. 用偏心卡盘车削偏心工件

偏心卡盘的结构如图 2-17-7 所示,分为两层,底盘 2 用螺钉固定在车床主轴的连接盘上。偏心体 3 下部与底盘燕尾槽相互配合,其上部通过螺钉 6 与自定心卡盘 5 连接,利用丝杠 1 调整卡盘的中心距 e 的大小可在两个测量头 7、8 之间测得,当前面的自定心卡盘中心线与主轴中心线重合时,两测量头正好相碰,转动丝杠 1 时,测量头 8 逐渐离开 7,其离开的距离正好就是偏心距。当偏心距调整好后,锁紧螺钉 4,防止偏心体移动,然后工件安装在自定心卡盘上就可以车削了。

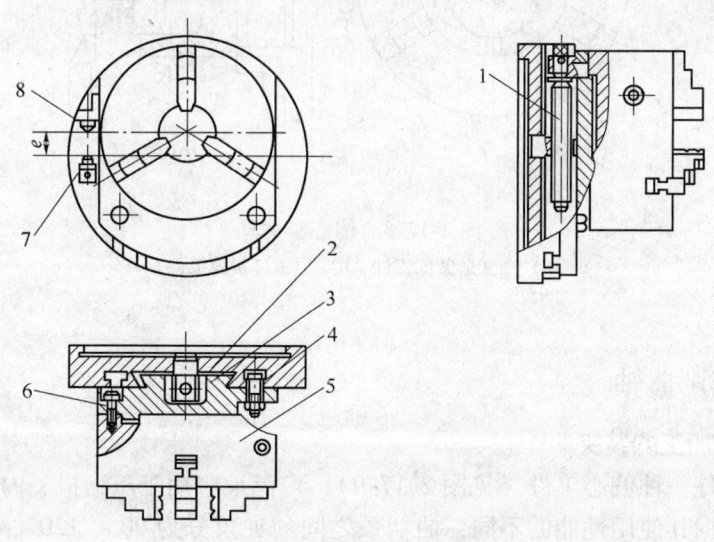

图 2-17-7   偏心卡盘的结构

1—丝杠 2—底盘 3—偏心体 4、6—螺钉 5—自定心卡盘 7、8—测量头偏心卡盘调整方便，通用性强。偏心卡盘的偏心距可用量块或百分表控制，是一种较理想的车偏心夹具。适合长度较短、批量较大的偏心距精度较高工件。

6. 用专用夹具车削偏心工件

加工数量较多、装夹部位直径一致、偏心距精度要求较高的偏心工件时，可用专用夹具来安装、车削工件。

图 2-17-8 所示是一种简单的偏心套夹具。夹具体预先加工一个偏心孔，使其偏心距等于工件的偏心距。夹具体用自定心卡盘夹持，夹具体一侧工艺台阶可抵在三爪的平面上，工件插入夹具体的偏心孔中，用铜头螺钉来固定（见图 2-17-8b）并车削偏心了。使用螺钉紧固工件这种方法优点是不用卡盘爪来回松紧，加工精度较高。缺点是螺钉压紧夹紧力小，车削时要注意控制切削力。

也可以将夹具体较薄处加工一条窄槽（见图 2-17-8a），依靠夹具变形来夹紧工件。制作这种偏心套的材料应当选用塑性变形小的材料，如铸铁、黄铜等。使用时注意每次装夹工件时，卡盘爪稍稍松开能取出工件即可，否则偏心套夹具位移将影响以后的工件加工精度。

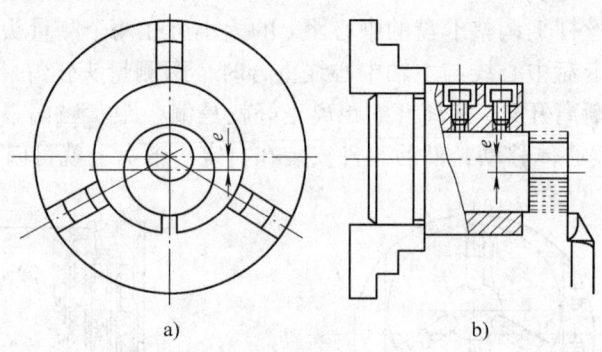

图 2-17-8　偏心套夹具
a）用变形紧固工件　b）用螺钉紧固工件

三、车削曲轴

1. 曲轴加工的装夹

曲轴也是一种偏心工件（见图 2-17-9），广泛地应用于压缩机、内燃机等机械中。曲轴根据其使用性能的不同，曲柄颈之间的夹角分为 90°、120°、180° 等几种形式。曲轴毛坯一般由锻造得到，也有采用球墨铸铁铸造而成。

由于曲轴形式特殊，刚性差，曲轴颈之间的夹角各不相同，因此，曲轴的车

图 2-17-9　曲轴

削主要是解决装夹方法、保证曲轴颈间的夹角及车削中的控制变形问题。

（1）用两顶尖装夹　曲轴实际上是一种多拐的偏心轴。其加工原理与偏心轴类似。加工时，只需预先在端面上钻出中心孔和偏心轴颈的中心孔，利用相对应的中心孔，可分别车削出曲轴的各个轴颈。此种方法适用于偏心距不大的单件或小批量生产的曲轴。

（2）用偏心夹板装夹　对于直径小、偏心距大，无法在曲轴两端面上钻中心孔的曲轴工件，经常使用偏心夹板进行车削。偏心夹板预先根据偏心距的要求钻出中心孔，曲轴两端的外圆配合在偏心夹板的孔内，并用螺栓紧固。由于曲轴上各曲拐的相对位置不同，所以偏心夹板也要相应地做成各种形状。装上偏心夹板，要使它的中心孔位置符合曲轴的偏心要求，并保证各曲柄颈要有足够的加工余量，如图 2-17-10 所示，夹板在装夹后必须找正在夹板两头的对等两个中心孔的同轴度，并与某两个曲轴颈同轴。

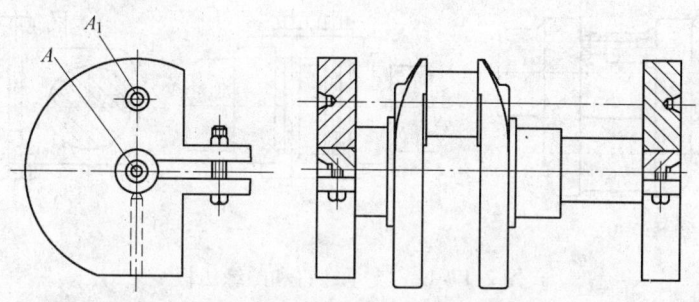

图 2-17-10　使用圆形偏心夹板装夹曲轴

（3）用偏心卡盘装夹　使用偏心卡盘装夹曲轴的方法如图 2-17-11 所示，车床主轴的联接盘上装有花盘 1，偏心卡盘体 4 与花盘 1 由燕尾配合联接。将曲轴装夹在偏心卡盘的半圆弧定位元件上，用盖板 3 夹紧。曲轴的偏心距用丝杠 2 调整，在测量头 7 和 8 之间测量，调整偏心距后，用 4 个 T 形螺栓 5 紧固。车削一组曲柄颈后，用分度板 9 进行分度，过程是先松开盖板 3，拉出定位销 10，将工件转过一个曲柄颈相位角，将定位销 10 插入分度板的下一个分度槽中，紧固盖板。

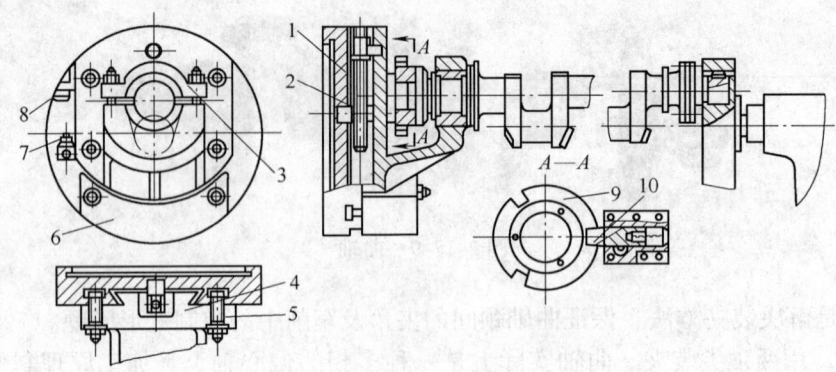

图 2-17-11 用偏心卡盘装夹曲轴
1—花盘 2—丝杠 3—盖板 4—偏心卡盘体 5—T 形螺栓 6—平衡块
7、8—测量头 9—分度板 10—定位销

（4）用专用偏心夹具装夹 当曲轴生产批量较大时，可以使用专用偏心夹具装夹。应根据曲轴的尺寸、分度、装夹要求设计。

2. 增强曲轴刚性的措施

（1）装凸缘压板或支承螺钉 在尚未车削的主轴颈和曲柄颈之间装上几个支承螺钉或凸缘压板，来增强曲轴车削时的刚性，如图 2-17-12 所示。使用支承螺钉时，每个螺钉的支承力要足够大，以防止螺钉被甩出，但也要防止曲轴变形。

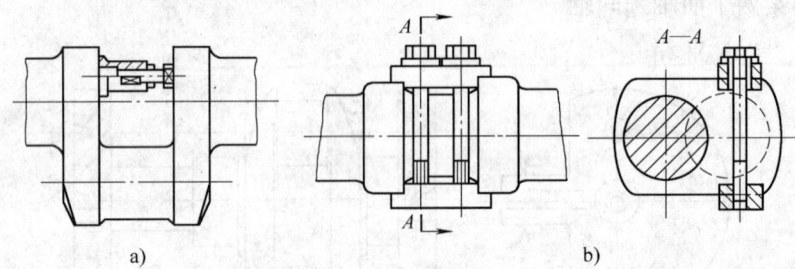

图 2-17-12 支承螺钉和凸缘压板
a）支撑螺钉 b）凸缘压板

（2）使用中心架 先车削刚性较好的主轴颈，然后在已车削的主轴颈上架上中心架，再车削相邻的主轴颈，依此类推，以增强曲轴的刚性。

（3）使用中心架偏心套 图 2-17-13 所示为中心架偏心套。这种中心架偏心套可在车削曲柄颈和扇板开档时使用。将偏心套装夹在主轴颈上，用盖板 1 和螺栓 2 夹紧，外缘用大型中心架支承。

3. 曲轴的车削方法简介

（1）较简单的两拐曲轴车削方法 如图 2-17-14 所示为简单的两拐曲轴颈的加工原理。该曲轴有两个曲柄颈 d_1、d_2，互成 180°。通常要求两曲柄颈的轴线与主轴轴线平行，两曲柄颈之间的角度误差在允许范围之内。可以采取如下工艺措施：

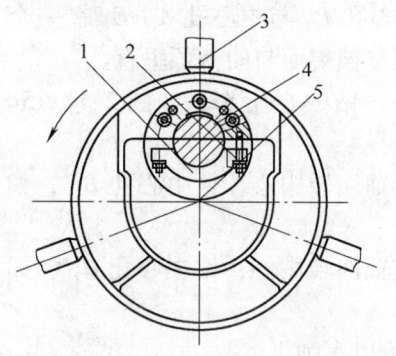

图 2-17-13 中心架偏心套
1—盖板 2—螺栓 3—中心架
4—主轴颈位置 5—曲轴颈位置

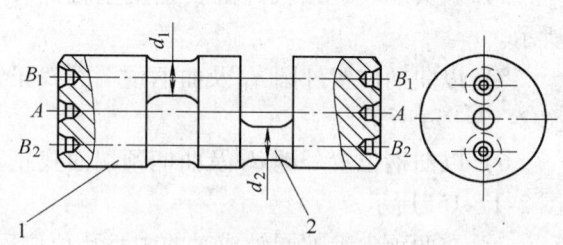

图 2-17-14 两拐曲轴颈加工原理
1—主轴颈 2—曲柄颈

1）通过划线，确定两端面钻基准圆中心孔 A 和偏心中心孔 B_1、B_2 的位置并钻中心孔。车削时采用两顶尖安装定位，先用两顶尖顶中心孔 A，粗车外圆，再用两顶尖分别顶偏心中心孔 B_1 和 B_2，切出曲轴颈，最后两顶尖顶在中心孔 A 中，精车主轴颈。若零件两端不允许保留偏心中心孔，则需在选择毛坯时预留出两端中心孔的长度，在加工完成后可将中心孔车去。

2）车曲轴时，要先粗车、后精车，避免由于工件刚性差、余量大、断续切削等原因而造成振动甚至工件变形而影响加工质量。

3）车削时，为了增加曲轴刚性，防止曲轴变形，可采取如图 2-17-12 中曲轴颈空档处用支撑螺钉撑住增加刚性。

4）加工时若使用固定顶尖，则固定顶尖与中心孔的接触松紧程度要适当，避免长时间切削，且应在中心孔与顶尖间经常加注润滑油，以减少彼此磨损。

5）使用两顶尖方法车削时，为增加曲轴装夹刚度，尾座套筒伸出长度应尽量短。

（2）在车床上钻同轴中心孔的方法 曲轴上的中心孔多是以成对形式出现的，在钻削中心孔时受划线精度和钻中心孔的位置精度要求很高，这些中心孔需要在后序加工中加以修正。批量生产时，中心孔常以坐标镗床或铣端面钻中心孔等专用设备加工。下面介绍一种在车床上钻削成对中心孔并保证一定同轴度的方法，如图 2-17-15 所示。

1）装夹工件后车外圆，钻中心孔 A，如图 2-17-15a 所示。

2）移动工件找一曲柄颈中心线与主轴中心线重合，即移动一个偏心数值，钻中心孔 B_1，如图 2-17-15b 所示，在曲柄位置粗切曲柄直径 d_1，保证曲柄颈空档端面与曲柄颈垂直。

3）移动工件找另一曲柄颈中心线与主轴中心线重合，即移动一个偏心数值，钻中心孔 B_2，如图 2-17-15c 所示。找正时注意中心孔 B_2 与中心孔 A、B_1 在一个平面内，在曲柄位置粗切曲柄直径 d_2，保证曲柄颈空档端面与曲柄颈垂直。

4）调头装夹，以大外圆找正至主轴回转中心，钻中心孔 A'，如图 2-17-15d 所示。

5）以曲柄位置外圆 d_1 及曲柄颈端面找正至主轴回转中心，钻中心孔 B_1'，如图 2-17-15e 所示。

6）以曲柄位置外圆 d_2 及曲柄颈端面找正至主轴回转中心，钻中心孔 B_2'，如图 2-17-15f 所示。

7）在两顶尖上按同轴成对的中心孔顶住后就可以车削了。

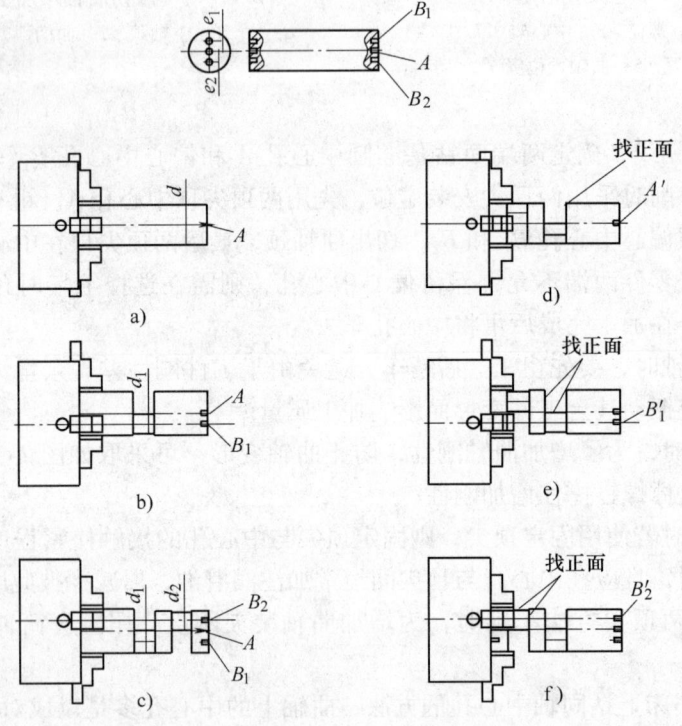

图 2-17-15　钻削成对中心孔的方法

4. 曲轴车削的注意事项

1）钻中心孔时要保证偏心距达到精度要求，并使两端相对应的中心孔保持在同一轴线上。

2）装夹曲轴后，要认真校正工件的静平衡，精车前还要重新校正，避免车削外圆出现圆度误差，甚至造成事故。

3）装夹细长型的曲轴时，为增加工件刚性，防止振动，可以使用偏心套和大型中心架进行支承车削。

4）在车削时，把不需要车削的曲轴颈部分用凸缘压板或支撑螺钉来增加刚性。

5）曲轴车削时，主轴转速不宜过高，转速变化范围应尽量小些，切削用量也不宜过大。

四、检测偏心距的方法

1. 在两顶尖间检测偏心距

对于两端有中心孔的轴类零件，可放在两顶尖间测量偏心距，如图 2-17-16 所示。检测时，先将偏心轴在两顶尖间转一圈观察其高点和低点的大概位置，使百分表的测量头接触在偏心低点部位，将百分表轻轻压进 0.5mm 的行程，前后慢速转动工件找到最低点，将表针转动到一个整数位置，再匀速缓慢地转动偏心轴，百分表上指示出的最大值与最小值之差的一半就是偏心距。

偏心套的偏心距也可以用类似上述方法来测量，但须将偏心套套在心轴上之后再使用两顶尖检测，如图 2-17-17 所示。

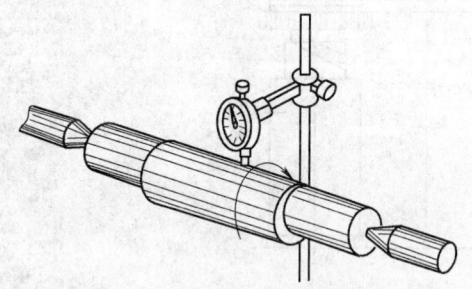
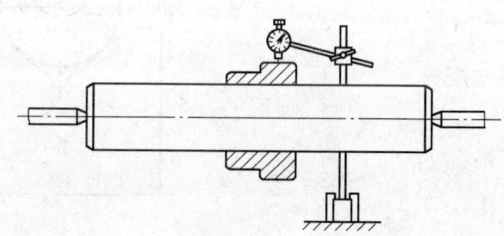

图 2-17-16　在两顶尖间检测偏心轴偏心距　　　　图 2-17-17　在两顶尖间检测偏心套偏心距

2. 在 V 形架上检测偏心距

当工件无中心孔或工件较短时可将工件外圆放置在 V 形架上，转动偏心工件，通过百分表读数最大值与最小值之间差值的一半确定偏心距，如图 2-17-18 所示。

若工件的偏心距较大超过百分表行程时，可采用图 2-17-19 所示的间接测量偏心距的方法。测量时，将 V 形架置于测量平板上，工件放在 V 形架中，转动偏心工件，用百分表先找出偏心工件的偏心外圆最高点，将工件固定，然后使可调整量块平面与偏心外圆最高点等高，再按下式计算出偏心工件的偏心外圆到基准外圆之间的最小距离 a，即

$$a = \frac{D}{2} - \frac{d}{2} - e$$

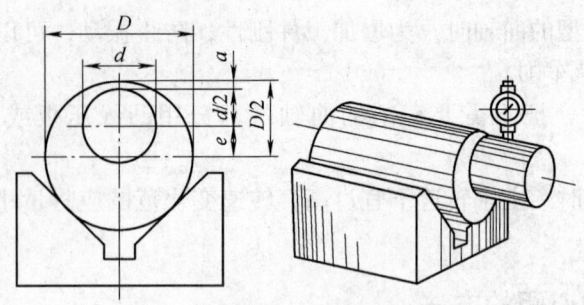

图 2-17-18　在 V 形架上间接测量偏心距

式中　a——偏心外圆到基准外圆之间的最小距离（mm）;

　　　D——基准圆直径的实际尺寸（mm）;

　　　d——偏心圆直径的实际尺寸（mm）;

　　　e——工件的偏心距（mm）。

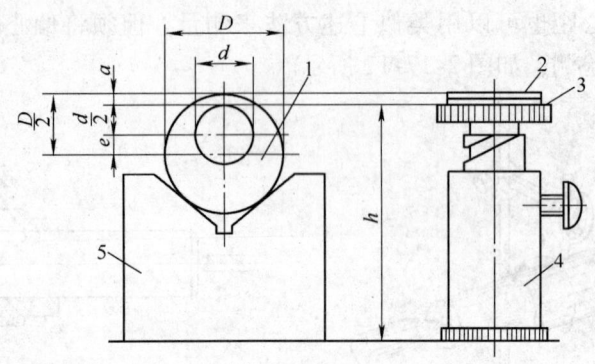

图 2-17-19　在 V 形架上间接测量较大的偏心距

1—偏心工件　2—量块　3—可调整量规平面　4—可调整量块　5—V 形架

选择一组量块，使之组成的尺寸等于 a，并将此组量块放置在可调整量块平面上，再水平移动百分表，先测量基准外圆最高点，得一读数 A，继而测量量块上表面的另一读数 B，比较这两个读数，看其误差值是否在偏心距误差的范围内，以确定此偏心工件的偏心距是否满足要求。

第十八章
薄壁工件加工与深孔钻

一、薄壁工件的车削特点

薄壁类零件具有质量轻、节材省料、结构紧凑等特点，被广泛地应用在各行业的产品上。一般回转类的薄壁零件多在车床上车削，由于薄壁工件的刚性差，在车削过程中，可能产生以下现象：

1）因工件壁薄，在夹紧力的作用下容易产生变形，从而影响工件的尺寸精度和形状精度。图 2-18-1a 所示的工件夹紧后，在夹紧力的作用下，会略微变成三边角，但车孔后得到的是一个圆柱孔（见图 2-18-1b）。当松开卡爪，取下工件后，由于弹性恢复，外圆恢复成圆柱形，而内孔则变成图 2-18-1c 所示的弧形三边形。

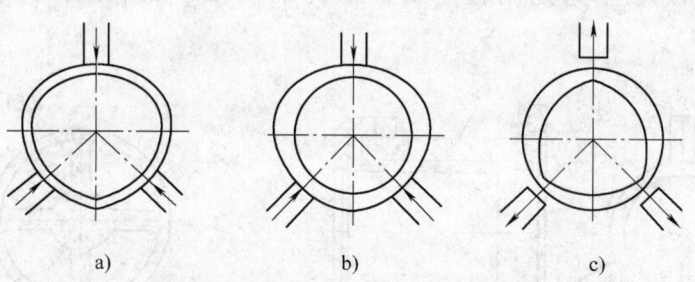

图 2-18-1　薄壁工件的夹紧变形

a）薄壁工件夹紧的状态　b）夹紧后车削　c）松开卡爪后的状态

2）因工件较薄，切削热会引起工件热变形，加工时工件尺寸不易控制。

3）在切削力（特别是径向切削力）的作用下，容易产生振动和变形，影响工件的尺寸精度、形状精度、位置精度和表面粗糙度。

二、防止和减少薄壁工件变形的方法

（1）加工时分粗、精车　粗车时，由于切削余量较大，当夹紧力稍大些，变形也相应大些；精车时，夹紧力可稍小些，一方面夹紧变形小，另一方面精车时还可以消除粗车时因切削力过大而产生的变形。

233

(2) 合理选用刀具的几何参数 精车薄壁工件时，刀柄的刚度要高，刃口要锋利，车刀的修光刃不宜过长，刀尖过渡刃或圆弧不宜过大。

(3) 增加装夹接触面 采用开缝套筒和特制的软卡爪，使装夹接触面增大，让夹紧力均布在工件上，从而使夹紧时工件不易产生变形（见图 2-18-2）。

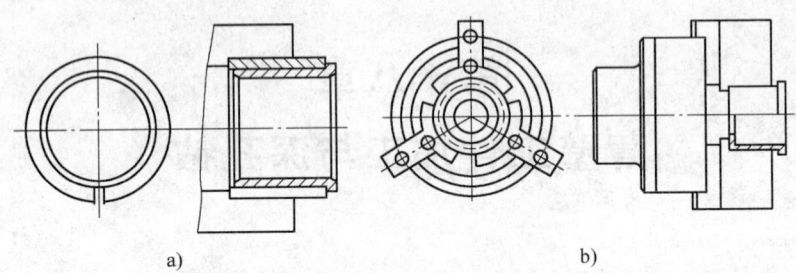

图 2-18-2 增大装夹接触面减少工件变形
a) 开缝套筒 b) 扇形卡爪或软卡爪

(4) 应用轴向夹紧夹具 车薄壁工件时，尽量不使用径向夹紧，而应选用轴向夹紧的方法，如图 2-18-3 所示。工件 1 靠螺母 2 的端面实现轴向夹紧，由于夹紧力 F 沿工件轴向分布，而工件轴向刚度大，不易产生夹紧变形。

(5) 增加工艺肋 在薄壁工件的其装夹部位特制几根工艺肋，使夹紧力作用在工艺肋上以增强此处刚性，减少工件的变形，加工后，再去掉工艺肋（见图 2-18-4）。

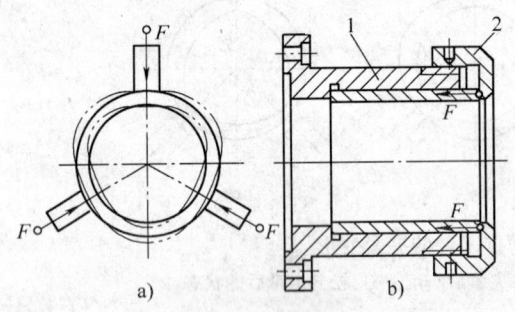

图 2-18-3 薄壁套的夹紧
a) 错误 b) 正确
1—工件 2—螺母

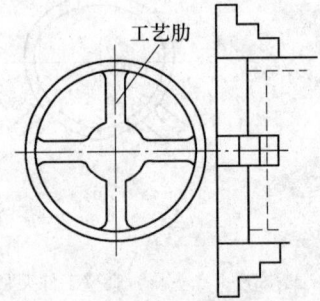

图 2-18-4 增加工艺肋减少变形

(6) 增加工艺凸边 增加凸边是也加强薄壁类刚性的工艺措施，如图 2-18-5 所示。对铸造类薄壁工件在铸造时增加工艺凸边，当车削内孔和外圆时夹紧力由工艺凸边来承受，可防止工件受夹紧力而发生变形。

(7) 用弹性胀力心轴装夹 如图 2-18-6 所示的工件，先将内孔加工好，装夹时以工价内孔及大端面为定位，旋紧胀力心轴螺钉即可精车薄壁套。胀力心轴装在主轴锥孔中，可保证心轴本身的定位精度。

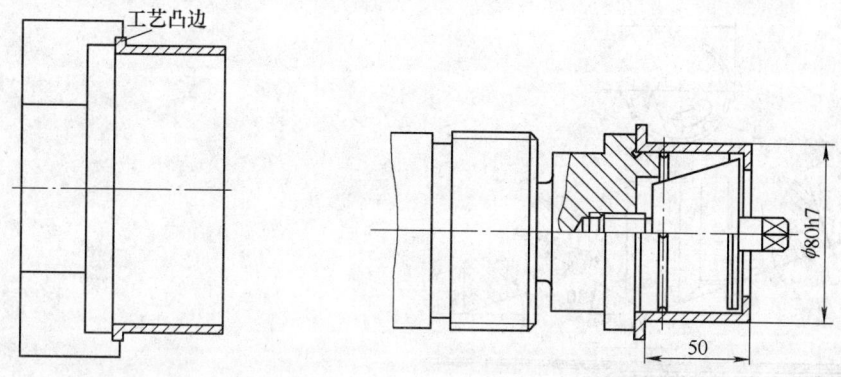

图 2-18-5　增加工艺凸边装夹薄壁套　　　　图 2-18-6　弹性胀力心轴装夹

（8）充分浇注切削液　根据不同的工件材料，合理选用并充分浇注切削液，降低切削温度，减少工件热变形。

三、深孔钻

在加工深孔时，由于刀柄受孔径和孔深的限制，使得刀柄细长，刚性差，车削时容易产生振动和让刀现象；由于孔深，钻削过程中，麻花钻容易引偏而导致孔轴线歪斜；由于孔深，切屑不易排除，切削液难于有效地冷却到切削区域，且刀具在深孔内切削，刀具的磨损和刀体的损坏等情况都无法观察，加工质量不易控制。因此，深孔加工也是一项难度较大的加工工艺，必须使用一些特殊的刀具（如深孔钻、深孔车刀等）及特殊的附件，同时对切削液的流量和压力也提出了较高的要求。

深孔加工的关键技术是深孔钻的几何形状和冷却、排屑问题，常见的有以下三种形式。

1. 枪孔钻和外排屑

在加工直径较小的深孔时，一般采用枪孔钻，枪孔钻及排屑如图 2-18-7 所示。枪孔钻用高速钢或硬质合金刀头与无缝钢管的刀柄焊接制成。刀柄上压有 V 形槽，是排出切屑的通道，腰形孔 2 是切削液的出口处。

枪孔钻钻孔时，狭棱 1 和 3 承受切削抗力，并作为钻孔时的导向部分。高压切削液从空心的刀杆经腰形孔 2 进入切削区，切屑就被切削液从 V 形槽中冲刷向外排出。由于枪孔钻是单刃，其刀尖偏向一边，所以刀杆刚进入工件时，刀杆会产生扭动，因此必须使用导向套 4。

2. 喷吸钻和内排屑

喷吸钻外形如图 2-18-8 所示，它的切削刃 1 交错分布在麻花钻的两边，颈部有喷射切削液的小孔 2，前端有两个喇叭形孔 3，切屑由小孔 2 喷射出的高压切削液的压力作用下，从这两个喇叭形孔冲入并吸进空心刀杆向外排出。

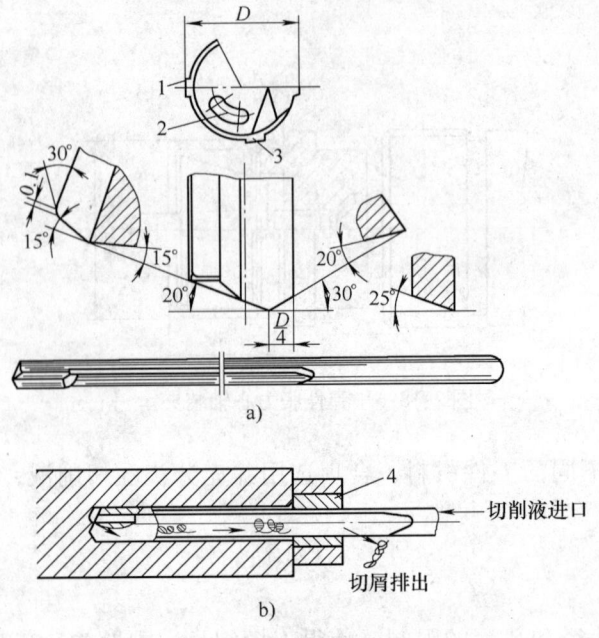

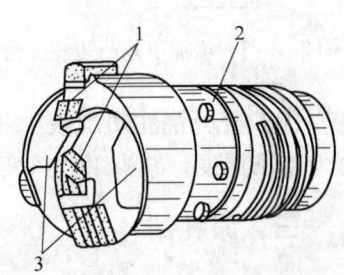

图 2-18-7　枪孔钻及排屑

1、3—狭棱　2—腰形孔　4—导向套

图 2-18-8　喷吸钻外形

1—切削刃　2—小孔　3—喇叭形孔

喷吸钻的工作原理如图 2-18-9 所示，喷吸麻花钻 1 用多线矩形螺纹联接在外套管 3 上，外套管用弹簧夹头 4 装夹在刀杆 5 上，内套管 2 的尾部开有几个向后倾斜 30° 的月牙孔 6，当高压切削液从进口 A 进入管夹头中心后，大部分的切削液从内、外套管之间，通过喷吸麻花钻部小孔 7 进入切削区，还有一部分切削液通过倾斜的月牙孔向后高速喷射，在内套管的前后产生很大的压力差。这样，钻出的切屑一方面由高压切削液从前后经两个喇叭形孔冲入内套管中，另一方面受内套管

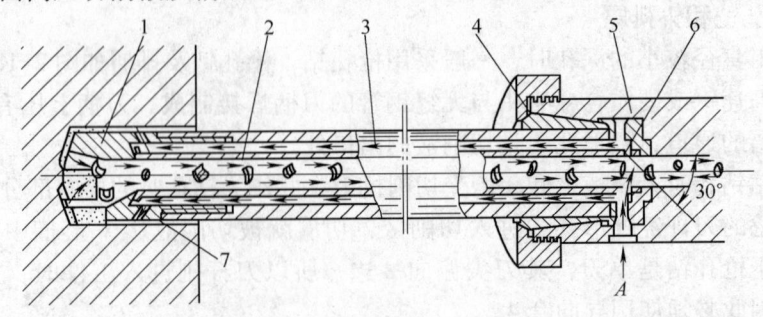

图 2-18-9　喷吸钻的工作原理

1—麻花钻　2—内套管　3—外套管　4—弹簧夹头　5—刀杆　6—月牙孔　7—小孔

内前后压力差的作用被吸出，在这两方面力量的作用下，切屑便可顺利地从排屑杆中排出。

由于此种排屑方式是利用切削液的喷和吸的作用，使切屑排出，故称为喷吸钻。

3. 高压内排屑钻

高压内排屑钻的工作原理如图2-18-10所示，高压大流量的切削液从封油头2经深孔钻1和孔壁之间进入切削区域，切屑在高压切削液的冲刷下从排屑外套管3的中间排出。采用这种方式，由于排屑外套管内没有压力差，所以需要有较高压力（一般要求1～3MPa）的切削液将切屑从切削区经排屑外套管内孔排出，因此称为"高压内排屑"。

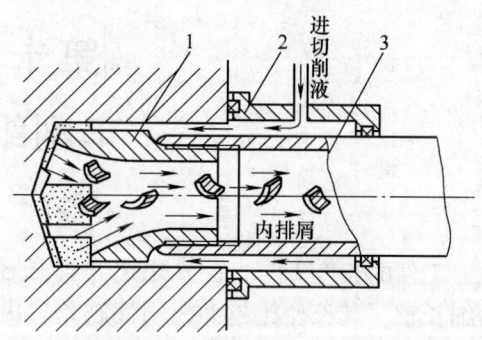

图 2-18-10 高压内排屑钻的工作原理
1—深孔钻 2—封油头 3—排屑外套管

第十九章
车削细长轴

工件的长度 L 与直径 d 之比（即长径比）大于 25 （$L/d > 25$）的轴类零件称为细长轴，其长径比越大，刚性越差。由于细长轴本身刚性差，因此车削过程中会出现以下一些问题：

1) 切削过程中，工件受热会产生弯曲变形，甚至会使工件卡死在顶尖间而无法加工。

2) 工件受切削力作用产生弯曲，从而引起振动，影响工件的精度和表面粗糙度。

3) 工件高速旋转时，在离心力的作用下，加剧了工件的弯曲与振动，因此切削速度不宜过高。

4) 由于工件长径比大，因自重、变形、振动而影响工件的圆柱度和表面粗糙度。

一、细长轴的装夹和车削方式

1. 中心架直接支承在工件中间

当工件可以分段车削时，中心架支承在工件的中间，见图 2-19-1。采用这种支承，长度与直径之比值可减少一半，细长轴的刚度可成倍增加。在工件装上中

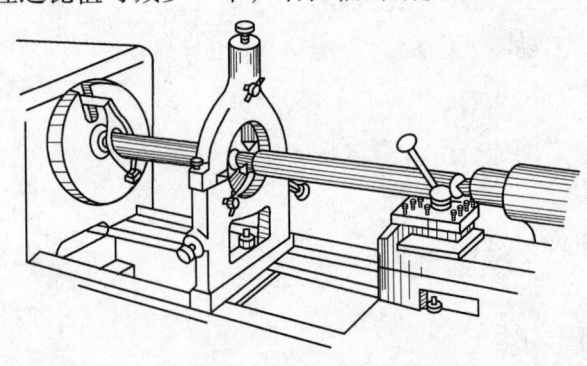

图 2-19-1　使用中心架车削细长轴

238

心架之前，必须在毛坯中间车一段支承中心架支承爪的沟槽，槽的直径比工件要求尺寸略大一些（留有精车余量）。在车这条沟槽时，进给量必须选得较小，主轴转速亦不能选得过高。车好沟槽后应用砂布抛光并达到圆柱度与表面粗糙度值小的要求。

　　在使用中心架支承工件车削中，支撑爪与工件接触处应经常加润滑油，防止磨损或"咬坏"，并要随时用手感来掌握工件与中心架三个支撑爪之间的振动、摩擦发热的情况，并根据现象及时调整三个支撑爪与工件接触表面间的间隙，不能等到出现"吱吱"的噪声或过热产生烧灼现象时再去调整。

2. 中心架配以过渡套筒支撑工件

　　对于中间不需要车削或车削沟槽是比较困难的，可以用过渡套筒套在工件外圆上再采取中心架支撑工件的方式车削上述细长轴。过渡套筒结构如图 2-19-2 所示。过渡套筒两端各装有 3～4 个调整螺钉，用这些螺钉夹持毛坯工件，使用时，调整过渡套筒上的螺钉，使过渡套筒轴线与车床主轴的轴线重合，然后装上中心架，使三个支撑爪与过渡套筒外圆轻轻接触，并能使工件均匀转动，即可车削，如图 2-19-3 所示。

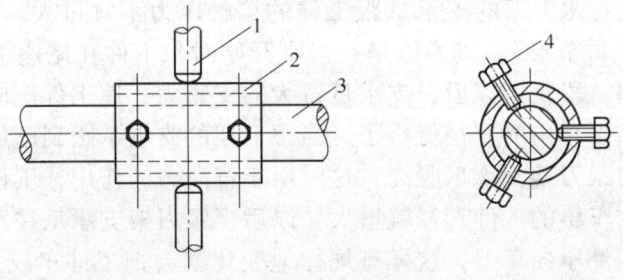

图 2-19-2　过渡套筒结构

1—中心架支撑爪　2—过渡套筒　3—细长轴工件　4—调整螺钉

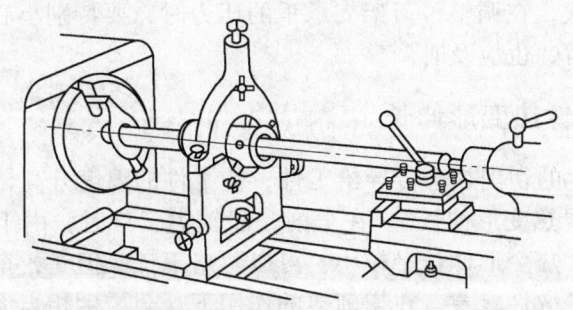

图 2-19-3　用过渡套筒及配合中心架车细长轴

3. 用跟刀架支撑车削细长轴

跟刀架一般分为两爪跟刀架、三爪跟刀架。两爪跟刀架在实际使用时，工件本身有一个向下的重力，工件免不了产生弯曲（见图2-19-4a），当车削时，工件往往因离心力瞬时离开支承爪，瞬时接触支承爪，而产生振动。使用三爪跟刀架支承时，工件一面由车刀抵住（见图2-19-4b），使工件上下、左右都不能移动，车削时稳定，不易产生振动。因此用三爪跟刀架支承车削细长轴是一项很重要的措施。

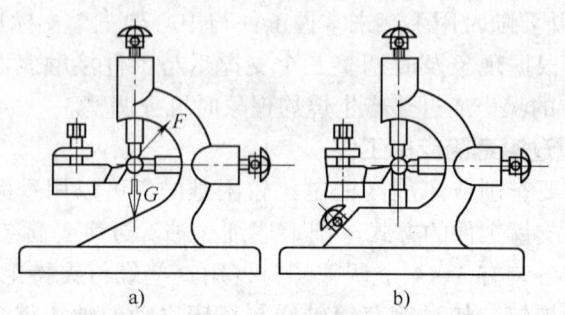

a)   b)

图 2-19-4　跟刀架

a）两爪跟刀架　b）三爪跟刀架

　　使用时须注意跟刀架的支承爪跟工件的接触压力不宜过大。如果压力过大，会把工件车成"竹节形"。其原因是：当刚开始时，工件在尾座端由顶尖顶住很难变形，但车削一段距离以后，支承爪过大的支紧力，使工件压向车刀，背吃刀量就增加了，结果车出的直径就小了。当跟刀架的支承爪跟到已经车小的外圆上时，工件表面与跟刀架支承爪脱离，这时由于背向力的作用，工件向外让开，使背吃刀量减小，车出的工件直径就增大。以后当跟刀架支承爪在跟到直径大的外圆上时，又把工件压向车刀，这样有规律地变化就会把工件车成"竹节形"。如果跟刀架的支承爪压力太小，甚至没有接触，那就不能起到跟刀架的作用，工件的轴线被离心力甩向车床回转轴线的外侧，发生弯曲变形，背吃刀量逐渐减小而形成腰鼓形。因此，在调整跟刀架支承爪的压力时，要特别小心。当支承爪在加工过程中磨损以后，也应及时调整。

二、减少工件热变形伸长

　　车削时，产生的切削热会传导给工件，使工件的温度升高，从而导致工件伸长变形，这就是"热变形伸长"。在车削一般轴类工件时，由于长径比较小，工件散热条件较好，热变形伸长量较小，可以忽略不计。但是，车削细长轴时，因为工件细长，热扩散性能差，在切削热的作用下，会产生相当大的线膨胀，从而使工件总伸长量变大，由于工件自重或在两顶尖间而弯曲变形，有时甚至会使工件在两顶尖间卡住。因此车细长轴时，必须考虑工件热变形的影响。工件热变形伸长量 ΔL 可按下式计算：

$$\Delta L = \alpha_l\, L\Delta t$$

式中　α_l——工件材料的线胀系数（1/℃）；

　　　L——工件的总长（mm）；

　　　Δt——工件升高的温度（℃）。

常用材料的线胀系数 α_l 可在表2-19-1中查出。

表 2-19-1　常用材料的线胀系数 α_l

材 料 名 称	温度范围/℃	$\alpha_l / \times 10^{-6}℃^{-1}$
灰铸铁	0 ~ 100	10.4
球墨铸铁	0 ~ 100	10.4
45 钢	20 ~ 100	11.59
T10A	20 ~ 100	11.0
20Cr	20 ~ 100	11.3
40Cr	25 ~ 100	11.0
65Mn	25 ~ 100	11.1
2Cr13	20 ~ 100	10.5
60Si2Mn	20 ~ 100	11.5 ~ 12.4
1Cr18Ni9Ti	20 ~ 100	16.6
Ni58	20	11.5
GCr15	100	14.0
38CrMoAIA	20 ~ 100	12.3
镍钼合金（磁尺用）	20 ~ 100	11.0
铁锰合金（磁尺用）	20 ~ 100	11.0
纯铜		17.2
黄铜	20 ~ 100	17.8
铝青铜	20 ~ 100	17.6
锡青铜	20 ~ 100	18.0
铝	0 ~ 100	23.8
镍	0 ~ 100	23.0
光学玻璃	20 ~ 100	11.0
普通玻璃	20 ~ 100	4 ~ 11.5
有机玻璃	20 ~ 100	120 ~ 130
水泥、混凝土	20	10 ~ 14
纤维、夹布胶木		30 ~ 40
聚氯乙烯管材	10 ~ 60	50 ~ 80
尼龙	0 ~ 100	110 ~ 150
硬橡胶、胶木	17 ~ 25	77

例：车削 $\phi 30\text{mm}$，长度 $L = 1200\text{mm}$ 的细长轴，材料为 45 钢，车削时受切削热的影响，使工件的温度从 20℃ 上升至 60℃，求此细长轴热变形伸长量。

解：已知 $L = 1200\text{mm}$，$\Delta t = 60℃ - 20℃$，查表 2-19-1 知道钢材 $\alpha_l = 11.59 \times 10^{-6}/℃$，根据式（2-19-1）得

$$\Delta L = \alpha_l L \Delta t = 11.59 \times 10^{-6} \times 1200 \times (60℃ - 20℃) = 0.55632\text{mm} \approx 0.556\text{mm}$$

从以上的例子可知，当工件温度升为 40℃ 时，要受热伸长 0.556mm。由于车细长轴时，一般采取一夹一顶或两顶尖的装夹方法，工件的轴向位置是固定的。但在切削过程中，工件受热变形要伸长时，只好发生弯曲，一旦出现弯曲，特别是当工件以高速旋转时，离心力使弯曲进一步加剧，车削就无法进行了。

为了减少热变形的影响，车削细长轴时可采取以下措施：

（1）使用弹性回转顶尖来补偿热变形伸长　弹性回转顶尖的结构如图 2-19-5 所示。顶尖 1 由前端圆柱滚子轴承 2 和后端的滚针轴承 5 承受背向力，由推力球轴承 4 承受轴向推力。在圆柱滚子轴承和推力球轴承之间，放置两片碟形弹簧 3。当工件变形伸长时，工件推动顶尖，使碟形弹簧压缩变形（即顶尖能自动

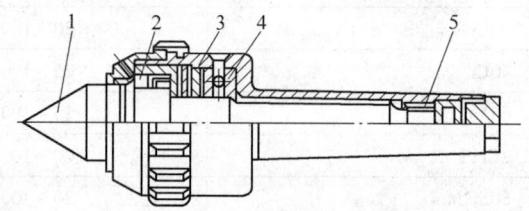

图 2-19-5　弹性回转顶尖的结构
1—顶尖　2—圆柱滚子轴承　3—碟形弹簧
4—推力球轴承　5—滚针轴承

后退）。经长期生产实践证明，车削细长轴时使用弹性回转顶尖，可以有效地补偿工件的热变形伸长，工件不易产生弯曲，使车削可以顺利进行。

（2）采取反向进给方法　车削时，通常是正向进给即纵向进给方向是由尾座向主轴箱方向运动，反向进给则是由主轴箱向尾座方向运动。正向进给时，工件所受轴向切削分力，使工件受压（与工件变形方向相反），容易产生弯曲变形，而反向进给时，作用在工件上的轴向切削分力使工件受拉力（与工件伸长变形方向一致），同时由于细长轴一端固定在卡盘内，另一端支撑在弹性回转顶尖上，可以自由伸缩，不易产生弯曲变形，而且还能使工件达到较高的加工精度和较小的表面粗糙度值。

（3）加注充分的切削液　车削细长轴时，无论是低速切削，还是高速切削，加注充分的切削液能有效地避免工件升温而引起热变形伸长。加注充分的切削液还可以降低刀尖切削温度，延长刀具使用寿命。

（4）合理选择车刀的几何形状　车削细长轴时，由于工件刚性差，车刀的几何形状对减小作用在工件上的切削力、减小工件弯曲变形和振动、减小切削热的产生均有明显的影响。选择刀具时，选用热硬性和耐磨性好的刀片材料（如 YT15、YT30、YW1 等），在选择车刀几何形状时主要考虑如下几点：

1）车刀的主偏角是影响径向切削力的主要因素，在不影响刀具强度的情况

下，应尽量增大车刀主偏角，一般细长轴车刀主偏角选 $\kappa_r = 80° \sim 93°$。

2）为了减小切削力和切削热，应选择较大的前角，一般取 $\gamma_o = 15° \sim 30°$。

3）前刀面应磨有 $R1.5 \sim R3\mathrm{mm}$ 圆弧形断屑槽。

4）选择正的刃倾角，通常取 $\lambda_s = 3° \sim 10°$，使切屑流向待加工表面。

5）为了减小径向切削力，刀尖圆弧半径应磨得较小（$\gamma_\varepsilon < 0.3\mathrm{mm}$），倒棱的宽度应选小些，一般为 $0.5f$，以减小切削时的振动。

细长轴车刀如图 2-19-6 所示。

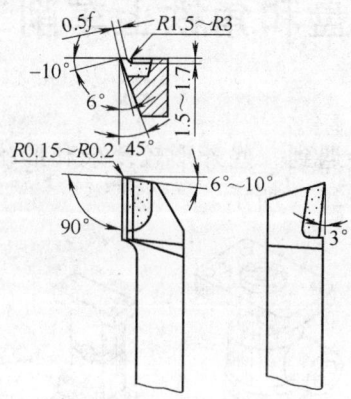

图 2-19-6　细长轴车刀

|第二十章|
在花盘和角铁上车削工件

在车床加工中，有时会遇到一些外形较复杂和形状不规则的零件或精度高、加工难度大的工件，如图 2-20-1 所示。

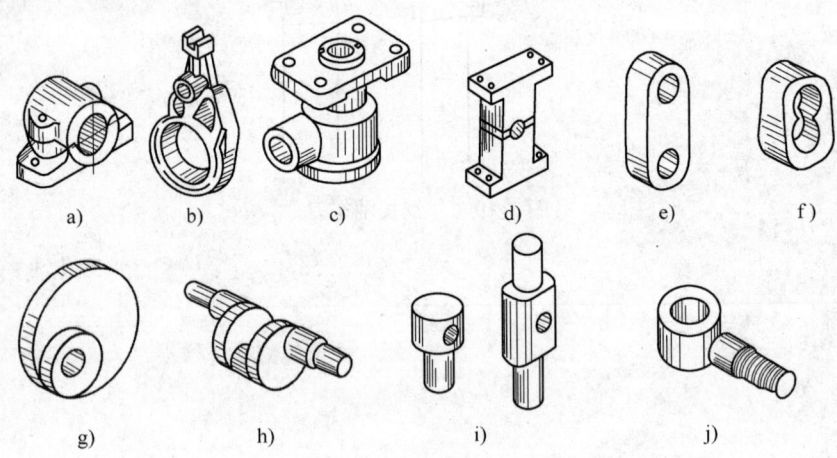

图 2-20-1 较复杂零件

a) 轴承座　b) 连杆　c) 减速器壳体　d) 半螺母　e) 双孔连杆　f) 齿轴液压泵体
g) 偏心工件　h) 曲轴　i) 十字孔工件　j) 环首螺钉

这些外形畸特的工件，通常需用相应的车床附件或专用车床夹具来加工。当数量较少时，一般不设计专用夹具，而使用花盘、角铁等一些车床附件（见图 2-20-2）来加工，既能保证加工质量，又能降低生产成本。

一、在花盘上装夹工件的方法

花盘安装后，盘面的平面度误差应小于 0.02mm（允许中间凹）。检查方法如图 2-20-3b 所示，将百分表固定在刀架上，使其测头接触花盘外端，花盘不动，移动中滑板，从花盘的一端移动至另一端（通过花盘的中心），观察其指针的摆动量 Δ，其值应小于 0.02mm。

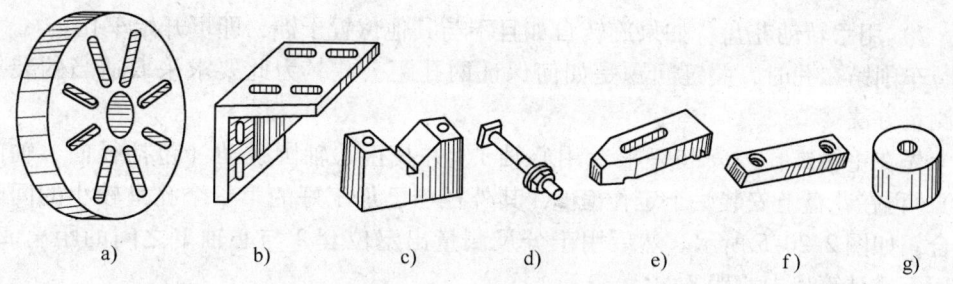

图 2-20-2　常用车床附件

a) 花盘　b) 角铁　c) V 形架　d) 方头螺钉　e) 压板　f) 平垫铁　g) 平衡块

　　若对花盘的上述两项检查不符合要求时，应选用耐磨性能较好的车刀，将花盘盘面精车一刀，车削时，应紧固床鞍。若精车后仍不能满足要求，则应调整车床主轴间隙或修刮中滑板。

　　若被加工表面的回转轴线与基准面相互垂直和外形比较复杂的工件，如支撑座、双孔连杆等，可以在花盘上车削。如在花盘上装夹双孔连杆。

图 2-20-4 所示为车削双孔连杆内孔的装夹方法。其装夹步骤如下：

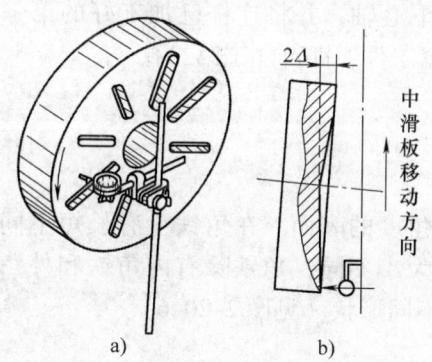

图 2-20-3　用百分表检查花盘平面

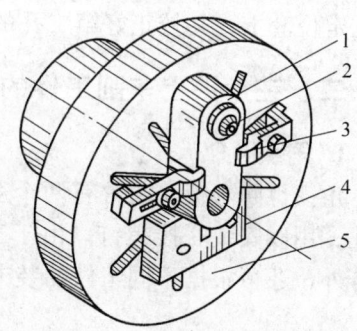

图 2-20-4　双孔连杆内孔的装夹方法

1—连杆　2—螺钉　3—压板

4—V 形架　5—花盘

　　1）选择两平面中的一个较平的平面作为定位基准面，将其贴平在花盘盘面上，使用压板先轻轻紧上防止掉下。

　　2）V 形架 4 轻轻靠在连杆下端圆弧形表面，并初步固定于花盘上。

　　3）按预先划好的线调整连杆位置，找正连杆第一孔，然后用压板 3 压紧工件。

　　4）调整 V 形架，使其 V 形槽轻抵近工件圆弧形表面，并锁紧 V 形架。

　　5）用螺钉 2 压紧连杆另一孔端。

　　6）主轴箱手柄置于空档位置后，在花盘上加适当配重铁进行平衡，当以手转动花盘，能在任何位置都停止时，则花盘平衡调整完毕。

7）用手转动花盘，如果旋转自如且不与其他位置干涉，即可开始车孔。

车削第二孔时，关键问题是如何保证两孔距公差，为此要求采取适当的装夹和测量方法。

先在主轴锥孔内安装一根专用心轴 1，并找正心轴圆跳动（包括径向、轴向的），再在花盘上安装一个定位套 2，其外径与已加工好的第一个孔呈较小的间隙配合，如图 2-20-5 所示。然后用千分尺测量出定位套 2 与心轴 1 之间的距离 M，再用下式计算出中心距 L：

$$L = M - \frac{D+d}{2}$$

式中　L——两孔实际中心距（mm）；

　　　M——千分尺测得的距离（mm）；

　　　D——专用心轴直径（mm）；

　　　d——定位套的直径（mm）。

若测量出的中心距 L 与工件要求的中心距不相符，则可以微松定位套螺母 3，用铜棒轻敲定位套，以调整两孔实际中心距，再测量 M，并计算 L，直至符合图样要求为止。中心距校正好后，锁紧螺母，取下心轴，并将连杆已加工好的第一孔套在定位套上，并校正好第二孔的中心，夹紧工件，即可加工第二孔。

二、在角铁上车削工件的方法

1. 角铁简介

角铁也叫弯板，通常有两个互相成一定角度的表面。在角铁上有长短不同的通孔，用以安装联接螺钉。由于工件形状、大小不同，角铁除有内角铁和外角铁之分外，还可根据不同工件的装夹需要做成不同形状（见图 2-20-6）。

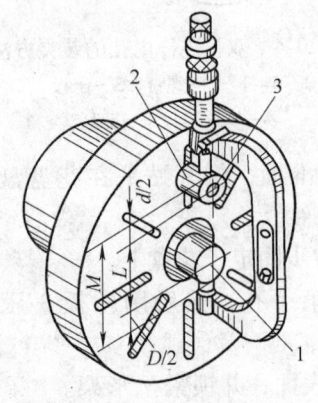

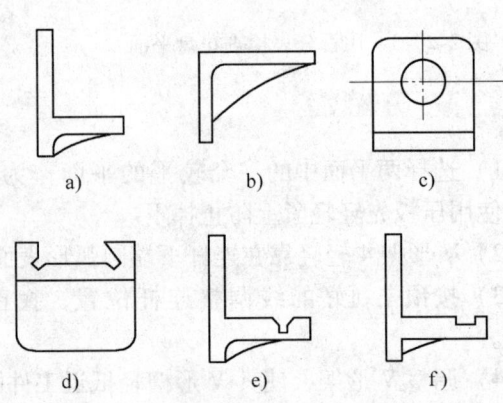

图 2-20-5　在花盘上测量中心距的方法

1—心轴　2—定位套　3—螺母

图 2-20-6　各种角铁

a）内角铁　b）外角铁　c）带工艺孔角铁　d）带燕尾槽角铁　e）带 V 形槽角铁　f）带凹槽角铁

　　角铁应具有一定的刚性和强度，以减少装夹变形。为此，除了在结构上增加一些肋和肋板外，还应在铸造后进行时效处理。角铁的工作表面和定位基准面必须经过磨削或精刮研再与花盘一起配合使用。

2. 角铁的安装

　　角铁应根据工件的形状、大小粗略的安装在花盘上。首先百分表检查角铁的工作平面与主轴轴线的平行度。检查方法如图 2-20-7 所示，先将百分表装在中滑板或床鞍上，使测量头与角铁工作平面轻轻接触，然后慢慢移动床鞍，观察百分表的摆动值，其最大值与最小值之差，即为平行度误差。如果测得结果超出工件公差的 1/2，若工件数量较少，可在角铁与花盘的接触平面间垫上合适的铜皮或薄纸加以调整；若工件数量较多，则应重新修刮角铁，直至使测得结果符合要求为止。

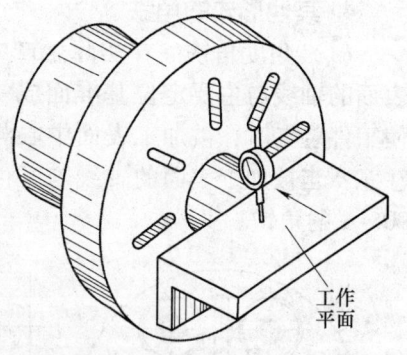

图 2-20-7　用百分表检查角铁工作平面

3. 工件在角铁上的装夹方法

　　被加工表面的旋转轴线与基面相互平行（或相交），外形较复杂的工件，可以装夹在花盘、角铁（或不成90°的角铁）上加工。最常见的是在角铁上加工如轴承座、减速器壳体等零件。

　　如图 2-20-8 所示轴承座。因为要加工的 $\phi32H9$ 内孔的设计、定位基准是 P 平面，所以先要将工件划线并铣（或刨）出基准面 P 后，再安装到角铁上加工。其装夹方案是：将轴承座装夹在角铁上后先用压板轻压，再用划线盘找正轴承座

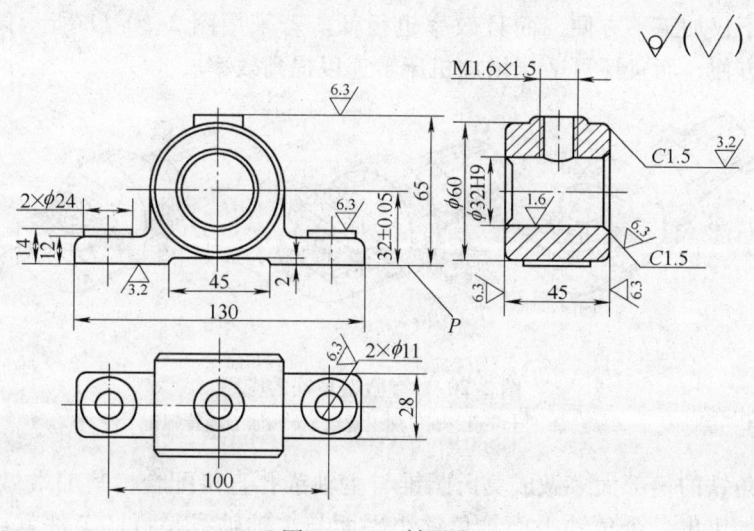

图 2-20-8　轴承座

轴线，根据划好的十字线找正轴承座的中心位置与主轴回转中心重合（见图 2-20-9）。最后紧固工件和角铁，装上平衡块，使其平衡，用手转动花盘，如果旋转自如且不与其他位置干涉，即可开始车孔。

4. 其他形式的角铁

（1）角度角铁　在实际生产中，有时还会遇到如图 2-20-10 的工件。被加工表面的轴线与主要定位基准面成一定的角度，因而必须制造一块相应的角度角铁使工件装夹时，被加工表面中心与车床主轴中心重合。选择角度角铁的角度时应注意：当被加工表面的轴线与工件的主要定位基准面夹角为 α 时，应选择角度是 $90°-\alpha$ 的角铁。

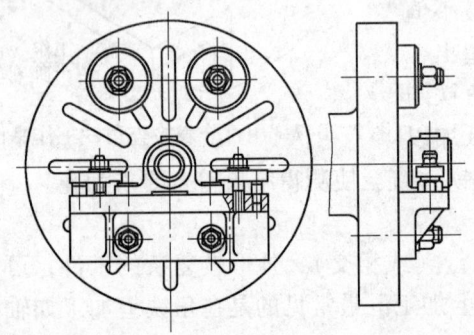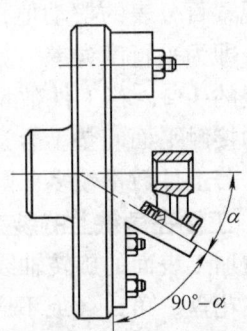

图 2-20-9　轴承座在角铁上的安装方法　　　图 2-20-10　在角度角铁上安装斜形支架

（2）微型角铁　对于小型复杂工件，如十字向零件、环首螺钉等，它们的体积很小，质量轻，且基准面到加工表面中心的距离不大，若还用前述的花盘和角铁加工，不仅加工不方便，而且效率也很低。若采用图 2-20-11 所示微型角铁加工，不仅方便，而且还可适当增加机床转速以提高效率。

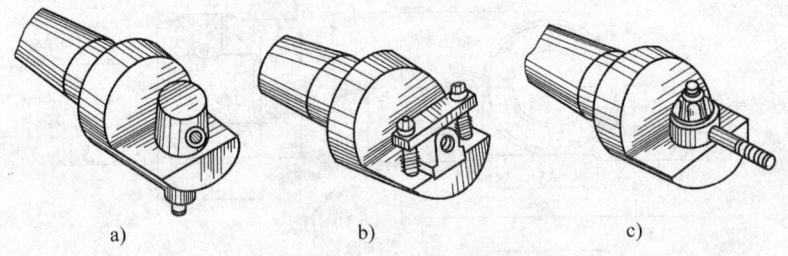

图 2-20-11　微型角铁的应用
a）加工十字孔　b）加工螺纹　c）加工环首螺钉

微型角铁的柄部大多做成莫氏圆锥与主轴锥孔直接配合，其前端做成圆柱体，并在其上加工出一个角铁平面，角铁小平面与主轴轴线平行，工件就可以装夹在这个小平面上进行加工。

三、组合夹具

1. 组合夹具概述

组合夹具是一种标准化、系列化、通用化程度较高的新型工艺装备，它是由一套预先制造的具有不同几何形状、不同尺寸和不同规格的高精度、高硬度且有良好互换性的元件组成。利用这些元件，根据工件的工艺要求，可以采用搭积木的方式很好地组装成各种专用夹具。使用完毕后，可以方便地拆开元件，洗净后存放起来，待重新组装时重复使用。

（1）组合夹具的特点

1）通用性好，适用范围广。加工工件的复杂程度可不受限制，特别适用于多品种、单件、小批量生产。

2）灵活多变，为生产迅速提供夹具。可以大大缩短设计和制造专用夹具的周期和工作量，可大幅缩短生产准备周期。

3）节省人力和物力。组合夹具可以长期重复使用，大大节省了设计、制造专用夹具的劳动量、材料、资金和设备。

4）减小夹具的库存面积，改善管理工作。

5）组合夹具的元件和部件数量多，精度要求高，一次性投资较大。

6）组合夹具的外形尺寸较大，结构较笨重，刚度较低。

（2）组合夹具系统　根据组合夹具组装联接基面的形状，可以将其分为槽系和孔系两大类。槽系组合夹具的联接基面为T形槽，元件由键和紧固螺栓等元件定位、紧固、联接。孔系组合夹具的联接基面为圆柱孔和螺孔组成的坐标孔系。组合夹具按其尺寸分有小型、中型和大型三种系列，其主要区别在于元件的外形尺寸、T形槽宽度和螺栓及其螺孔的直径。

2. 组合夹具元件

组合夹具的元件，按其用途不同，可以分为基础件、支撑件、定位件、导向件、夹紧件、紧固件、辅助件以及合件共八大类，如图2-20-12所示。

（1）基础件　主要作夹具体用，上面有T形槽、键槽、光孔和螺孔，用来定位和紧固其他元件。基础件包括各种规格尺寸的方形、矩形、圆形基础板和基础角铁等四种结构，如图2-20-12a所示。

（2）支撑件　主要包括各种规格尺寸的方形、长方形支撑、伸长板、角铁、角度支撑、垫片、垫板、菱形板、V形块等，图2-20-12b所示为其一部分。支撑件上一般也有T形槽、键槽、光孔和螺孔等，可以将支撑件与基础件和其他元件联接成整体，用于不同高度的支撑和各种定位支撑平面，是夹具体的骨架。

（3）定位件　主要包括各种定位销、定位盘、定位键、定位轴、各种定位支座、定位支撑、镗孔支撑、顶尖等，图2-20-12c所示为其一部分。定位件主要用于工件的定位和确定元件与元件之间的相对位置。

（4）导向件　包括各种规格尺寸的钻套、钻模板、导向支撑、镗套和镗孔支撑等，图2-20-12d所示为其一部分。导向件用来确定刀具与工件间相对位置。

（5）夹紧件　包括各种形状尺寸的压板，如图2-20-12e所示，用来夹紧工件。

（6）紧固件　用于联接组合夹具元件和紧固工件，包括各种螺钉、螺栓、螺母、垫圈等，如图2-20-12f所示。

（7）辅助件　除上述六类以外的各种用途的单一件，如联接板、回转压板、浮动块、各种支撑钉、支撑帽、二爪支撑、三爪支撑、弹簧、平衡块等，如图2-20-12g所示。辅助件有些有比较明确的用途，有些无固定用途，但在组装中起着极其重要的辅助作用。

（8）合件　合件是指在组装过程中不拆散使用的独立部件，按其用途可以分为定位合件、导向合件、夹紧合件、分度合件等，如图2-20-12h所示。合件中使用最多的是导向合件和分度合件。

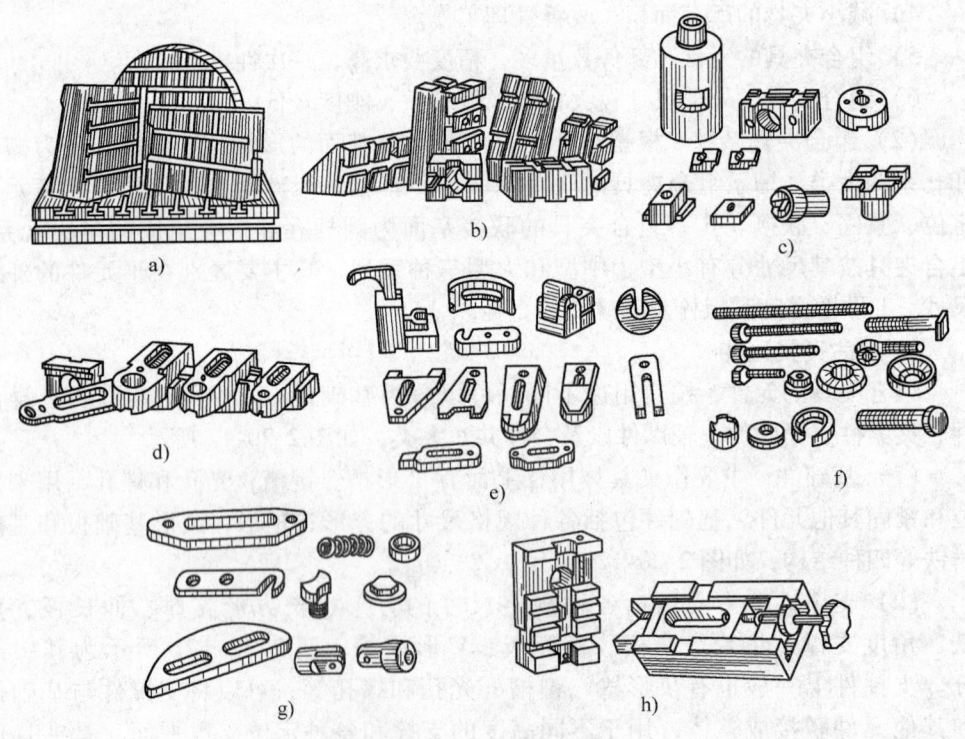

图2-20-12　组合夹具元件

a）基础件　b）支撑件　c）定位件　d）导向件　e）夹紧件
f）紧固件　g）辅助件　h）合件

3. 组合夹具的组装实例

按一定的步骤和要求，把组合夹具的元件和合件组装成加工所需要的夹具的过程，称为组合夹具的组装。

图 2-20-13 所示是已组装成的车床夹具。

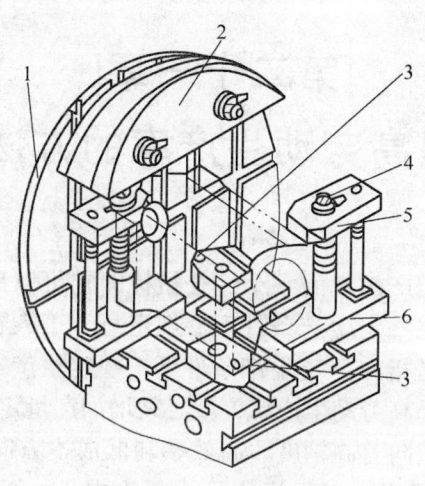

图 2-20-13 组合车床夹具

1—基础件 2—辅助件 3—定位件 4—紧固件 5—夹紧件 6—支撑件

组合夹具的组装步骤一般是：首先根据工件的加工图样、加工工艺卡等技术资料决定组装方案，确定工件的定位和夹紧形式及所需要的元件，同时考虑工件的装卸、排屑、空刀位、夹具的刚性、质量的平衡等，然后，进行元件的联接和尺寸调整，最后仔细检验夹具的总装精度、尺寸精度和相互位置精度，经确认后交付使用。

第二十一章
提高劳动生产率的方法

劳动生产率是衡量生产效率的一个综合指标，它可以用产量定额和时间定额来衡量。产量定额是指在一定生产条件下，规定每个工人在单位时间内应完成的合格品数量。时间定额是指在一定生产条件下，规定生产一件产品或完成一道工序所需消耗的时间。要提高劳动生产率，就必须增加产量定额或减少时间定额。

现代的机械制造业正向着高精度、高效率和低成本方向发展。对于企业而言，就必须在确保安全的前提下，以保证产品质量为中心，以提高经济效益为目的，不断提高劳动生产率，并注意减轻工人的劳动强度，以降低生产成本，努力实现安全、优质、高产、低耗。

一、时间定额的组成

时间定额是由几种时间因素组成的，而且各个时间因素在时间定额中所占的比例各不相同，因此千方百计地缩短占用比例最大的那部分时间因素，就可以明显地提高劳动生产率。

时间定额一般由下列时间因素组成：

（1）基本时间 直接改变生产对象的尺寸、形状、相对位置、表面形状或材料性质等工艺过程所消耗的时间，称为基本时间。机械加工的基本时间就是直接操纵机床进行切削加工所消耗的时间。

（2）辅助时间 为实现工艺过程所必须进行的各种辅助动作所消耗的时间，称为辅助时间，如工件装卸、机床变速、装夹刀具与转动刀架、进刀和退刀的空行程及测量尺寸等所消耗的时间。

（3）休息与生理需要时间 工人在工作班内为恢复体力和满足生理上的需要所消耗的时间，称为休息与生理需要时间。

（4）准备与终结时间 工人为了生产一批产品或零、部件，进行准备和结束工作所消耗的时间，称为准备与终结时间。如在首次加工一批零件前，往往需要熟悉图样和工艺文件，安装、调整工夹具，调整机床设备等；当一批零件加工结束时，将工件送交检验，拆卸、送还工夹具，检查机床设备等所消耗的时间。

必须指出，不同的生产类型，其时间定额的组成是不同的。在成批生产条件下，时间定额的组成可以用下式计算：

时间定额 =（基本时间 + 辅助时间 + 休息与生理需要时间 + 准备与终结时间）/ 每批产品的数量

由上述可看出，要提高劳动生产率，要减少基本时间、辅助时间和准备与终结时间。

二、缩短基本时间的方法

车削加工时，基本时间的长短，不仅决定于加工余量的大小，而且还与切削用量的高低和切削行程的长短等有密切关系。因此，减少加工余量，加大切削用量，减少切削行程长度，采用多刀或多件切削等方法，都能缩短基本时间。

1. 减少加工余量

加工余量大，切削工作量大，不仅增加了切削时间，而且还增大了原材料的消耗，加剧了刀具的磨损及机床功率消耗。

在保证产品余量的前提下，毛坯的形状和尺寸要尽可能地接近产品的形状和尺寸，以减少加工余量。在大批量生产时，毛坯制造应力求采用精密铸造、精密锻造、冷挤压、粉末冶金等少切削、无切削工艺。

2. 加大切削用量

（1）提高切削速度　提高切削速度可以减少每次进给行程所需的时间，所以能有效地缩短基本时间，在半精车和精车时效果更为明显。但提高切削速度受到许多因素制约，这一问题，在切削原理和刀具单元中已经详细讨论，这里不再重复。

（2）增大背吃刀量　增大背吃刀量可以减少进给次数，从而缩短基本时间。背吃刀量的大小应根据毛坯余量、工件刚性、机床刚性和功率大小等情况进行合理选择。若背吃刀量选择过大，则会引起振动、刀具崩刀和工件顶弯等事故。

（3）增大进给量　增大进给量也可以减少每次进给行程所需的时间。在金属切削量相同的情况下，增大进给量比增大背吃刀量更为有利，因为增大进给量对切削力的影响小，机床功率消耗也较小。与提高切削速度相比，增大进给量对刀具的磨损也较小，但增大进给量会受到加工精度和工艺系统的刚性、强度等因素的制约。

3. 采用多刀切削和多件切削加工

工件在一次装夹中，用两把以上的刀具或刀具的多个切削刃同时对工件的几个表面进行切削称为多刀切削。多刀切削在同一基本时间内可以完成对几个表面的加工，这样，不仅缩短了切削的基本时间，也相应地减少了转换刀架、更换车刀和调整对刀及测量的时间，缩短了辅助时间，所以多刀切削是提高劳动生产率行之有效的办法之一。

多刀切削时，多把刀具或刀具的多个切削刃对工件的几个表面同时进行切削，使进给合并或工步合并，缩短了切削时间，如图 2-21-1 所示。

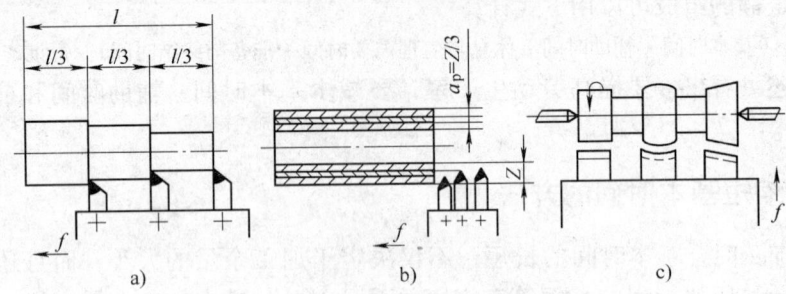

图 2-21-1 减少或重合切削长度的方法
a) 合并工步 b) 多刃车削 c) 横向切入法车削

图 2-21-2 所示为利用多刃车刀车轴端。切削刃 1 车端面，切削刃 2 倒角。使车端面与倒角合并为一个工步，只需一次进给便可以完成加工。

虽然多刃切削可以缩短基本时间和一部分辅助时间，但必须注意下列问题：

1）由于各刀具的距离和相互位置精度会直接影响加工精度，所以装夹和调整刀具比较费时间，只宜在大批量生产时采用。

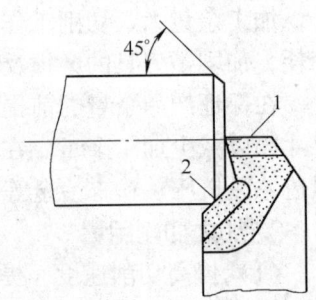

图 2-21-2 多刃车刀车轴端
1、2—切削刃

2）由于多把刀具同时切削，会使总的切削力增大，要求工艺系统具有较好的刚性、机床具有足够大的功率，故多用于车削有色金属和铸铁等切削力较小的工件。

3）在使用刀排进行多刀车削时，还应注意刀架的移位是否会妨碍滑板移动及尾座支顶工件，此外刀杆的刚性也不容忽视。

4. 采用先进刀具提高效率

采用先进切削刀具，可以明显缩短切削时间。刀具几何形状和角度的变化是很微妙的，有时对一把刀具稍加改进，就能大大延长刀具寿命，提高切削效率和工件质量。

（1）75°大背吃刀量强力车刀 75°大背吃刀量强力车刀如图 2-21-3 所示。刀具采取较大的前角，以减小切削力和降低切削热。采取较大的负值刃倾角和负倒棱，可以弥补因前角过大引起的切削刃强度不足的缺陷，并耐冲击。该车刀在车削余量较大的中碳钢时，可取较大的切削用量，一般取 $a_p = 8 \sim 10\mathrm{mm}$，$f = 0.5 \sim 0.6\mathrm{mm/r}$，$\nu_c = 50 \sim 60\mathrm{mm/min}$。

（2）高效切断刀 高效切断刀如图 2-21-4 所示。这种车刀的切削刃为两段斜刃夹一凹弧刃。凹弧刃起导向和排屑作用，并使切削稳定，排屑顺利。两边的斜刃使径向切削力减小，两边的刀尖角度大于 90°，故散热好。切削参数取 $\nu_c = 120\mathrm{mm/min}$，$f = 0.3 \sim 0.4\mathrm{mm/r}$。

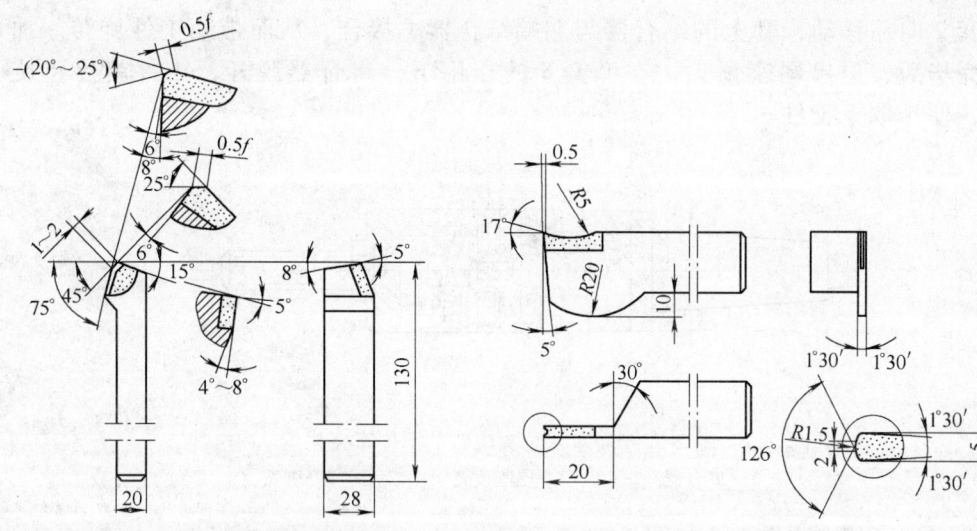

图 2-21-3　75°大背吃刀量强力车刀　　　　图 2-21-4　高效切断刀

三、缩短辅助时间的方法

单件和小批量生产时，辅助时间往往要占时间定额的 50%～80%，即使在成批生产时，辅助时间也占有很大的比例，因此，缩短辅助时间是提高劳动生产率一个很重要的途径。

缩短辅助时间的方法有：采用先进夹具，以缩短装卸、找正工件的时间；采用各种快速换刀、自动换刀装置，缩短刀具的装卸、对刀等方面的时间。

1. 缩短工件安装时间

工件的安装，还常采用一些能缩短安装时间的快速、简易夹具和加工方法。

（1）不停车夹头　图 2-21-5 所示为简易不停车夹头。车削时，工件 2 左端靠具有锥孔（$\alpha/2 = 7°～8°$）的卡头 1 带动，另一端用回转顶尖 3 顶住。由于顶尖的轴向推力，使锥孔和工件左端的摩擦力加大，而产生自锁。轴向推力越大，自锁性越好，工件夹得越牢固。当工件加工完毕时，不必停车，只要退出回转顶尖，工件便可以自动落下。但这种不停车夹头在使用中存在一定的局限性，如不适合加工毛坯圆度太差的工件及不适合背吃刀量太大的场合。

图 2-21-6 所示为专门用来车六角头螺钉的不停车夹头。车削时，工件 4 的六角头放入夹头的内六角孔中，另一端用尾座顶尖 3 顶住，使工件

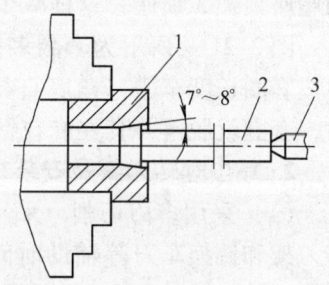

图 2-21-5　简易不停车夹头
1—卡头　2—工件　3—回转顶尖

和套 2 向左移动，套上的结合器与左端结合器 1 接合，从而带动工件旋转。加工完毕后，退出尾座顶尖，在弹簧 5 的作用下，离合器脱开，工件就停止旋转，便于取下工件。

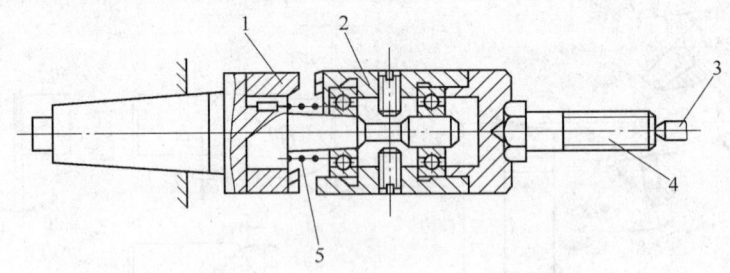

图 2-21-6　车六角头螺钉的不停车夹头
1—离合器　2—套　3—尾座顶夹　4—工件　5—弹簧

（2）不停车弹簧夹头　图 2-21-7 所示为不停车弹簧夹头。弹簧套筒 4、套 3 随固定在主轴上的盘 6 一起转动，套的轴向移动是由不旋转的带手柄 1 的外套 2，通过推力球轴承 5 带动的。因此，扳动外套的手柄，便可以使旋转中的弹簧套筒夹紧或松开工件，这样便可以不停车装卸工件。此夹具适合于大批量车削以外圆定位车内孔的套圈类工件。

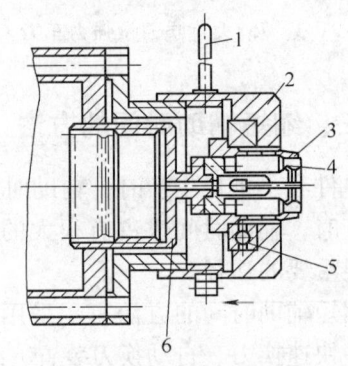

图 2-21-7　不停车弹簧夹头
1—手柄　2—外套　3—套　4—弹簧套筒
5—推力球轴承　6—盘

（3）多件加工　多件加工，即在同一基本时间内同时加工多个工件，从而提高劳动生产率。图 2-21-8 所示为蜗杆多件加工。工件长度较短，且内孔与两端面都已精加工。车削时，工件 2 利用心轴 1 装夹，心轴一端在自定心卡盘中夹持，另一端用尾座顶尖 3 顶住，这样减少了装夹时间，提高劳动生产率。

图 2-21-9 所示为套圈多件加工。用棒料加工直径较小的套圈，可以先车外圆，并按套圈长度车槽，槽底直径略小于麻花钻直径，然后钻孔。当钻孔至一定深度时，套圈就脱落并套在麻花钻上，去毛刺后即可完成加工。

2. 减少回转刀架及安装车刀的时间

（1）采用多刃切削　采用多刃车削除了可以缩短基本时间外，还可以减少回转刀架和调换车刀等辅助时间。多刃车刀具有两个以上的切削刃，可以同时或分别对工件上的几个表面进行切削。图 2-21-10 所示为多刃车刀车孔，其中切削刃 1 车孔，切削刃 2 车孔口和外圆倒角。图 2-21-11 所示为用多刃车刀加工齿坯，该车刀可以车端面、车外圆、外圆倒角、车内孔、内圆倒角等。

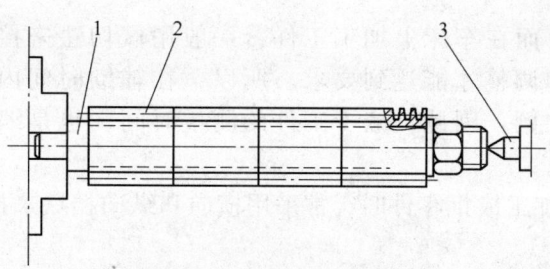

图 2-21-8 蜗杆多件加工

1—心轴 2—工件 3—尾座顶尖

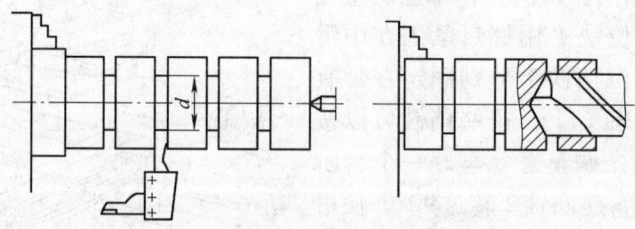

图 2-21-9 套圈多件加工

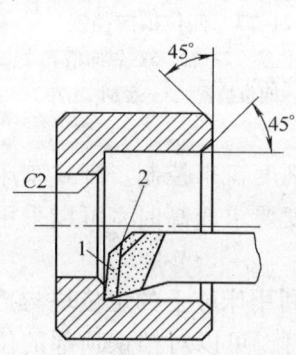

图 2-21-10 多刃车刀车孔

1、2—切削刃

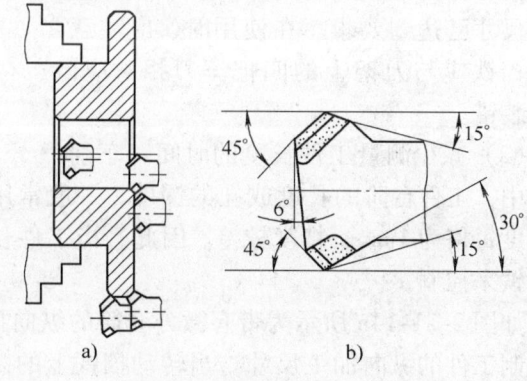

a) b)

图 2-21-11 多刃车刀加工齿坯

a) 车削情况 b) 车刀角度

（2）使用机夹刀 机夹刀的刀头可以在磨损后快速更换（见图2-21-12），其刀尖位置变化很小，减少了装刀、对刀和调整刀具的时间，能提高工作效率，减少辅助时间。

3. 缩短工件的测量时间

工件的切削加工必须达到图样的要求，因此，加工过程中必须

外圆左偏粗车刀

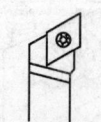
外圆右偏粗车刀

外圆左偏精车刀

外圆切槽刀

外圆螺纹刀

粗镗孔刀

粗镗孔刀

图 2-21-12 机夹刀

适时地进行测量。而在车床上加工工件，一般用试切法来控制尺寸，往往需要经过多次测量和调整才能达到要求。所以，在辅助时间内，测量工件的时间也占有很大的比例。因此，减少工件的测量时间，也是缩短辅助时间的一个途径。

在卧式车床上加工成批零件时，常采用横向和纵向挡铁来控制工件的直径和长度尺寸。

（1）减少测量直径的时间　图 2-21-13所示为用四位横向挡铁来控制直径尺寸的装置。定位块 1 用螺钉紧固在中滑板的侧壁上，四位挡铁 4 分别固定在带有四条纵向槽 3 的轴 2 上，这些挡铁可以按工件不同直径预先调整好。车好一个台阶后，将滚花手柄 5 连同轴 2 转过90°，便可以车削另一台阶。车削时，当中滑板上的定位块与四位挡铁接触时，就表明台阶的直径尺寸已达到要求。在使用时，应注意四位挡铁应与刀架上的四把车刀相对应，切勿装错。

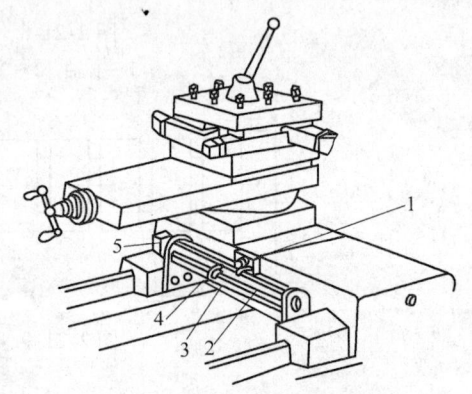

图 2-21-13　四位横向挡铁
1—定位块　2—轴　3—纵向槽
4—四位挡铁　5—手柄

（2）减少测量工件长度的时间　车削加工中，工件台阶的长度或孔的深度，一般常用床鞍刻度盘来控制。卧式车床床鞍刻度每格为1mm，精度较差。因此，当工件长度精度要求较高时，可以采用纵向挡铁来控制。

如图 2-21-14a 所示为带有微分套筒的纵向挡铁，利用床鞍上的定位块与挡铁来控制工件的纵向加工尺寸。当转动挡铁上的微分筒时，可以对挡铁顶部的位置作微量调节，使工件达到较精确的尺寸。

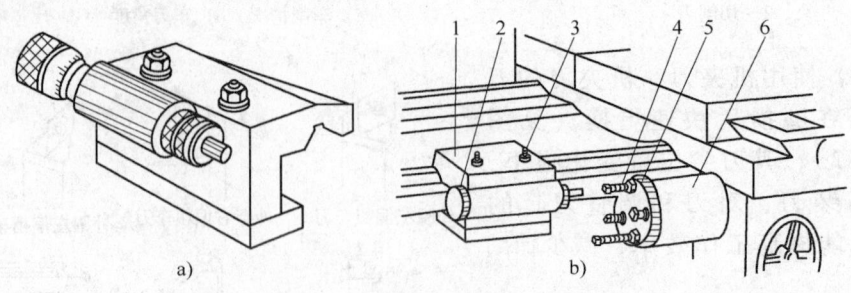

图 2-21-14　带微分套筒的挡铁
a）带微分套筒的纵向挡铁　b）四位纵向挡铁
1—滑座　2—微分套筒　3—螺钉　4—止挡螺钉　5—圆盘　6—套筒

图 2-21-14b 所示为四位纵向挡铁。滑座 1 上带有微分套筒 2 的固定挡铁，用两个螺钉 3 固定在床身上。圆盘 5 可以在套筒 6 内转动，在圆盘上有四个止挡螺钉 4，这四个螺钉可以按工件所需的长度进行调整。车削时，只要转动圆盘，使所需要的止挡螺钉进入工作位置，这样，一块挡铁便可以控制四个尺寸。

4. 用位移数字显示装置控制工件尺寸

用挡铁控制工件尺寸，精度不高。位移数字显示装置在车床上已得到越来越广泛的应用。它通过传感器和数码管等元件，将位移参数转换成电信号并以数字显示出来，从而自动对车刀的坐标位置进行精确的动态测量。这样不仅提高了控制精度，而且减少了停车测量工件的时间，节省劳力，减轻劳动强度。

案例1　车床主轴的加工

1. CA6140 车床主轴技术要求及功用

图 3-1-1 为 CA6140 车床主轴零件简图。由零件简图可知,该主轴呈阶梯状,其上有安装支承轴承、传动件的圆柱、圆锥面,安装滑动齿轮的花键,安装卡盘及顶尖的内外圆锥面,联接紧固螺母的螺旋面,通过棒料的深孔等。下面分别介绍主轴各主要部分的作用及技术要求。

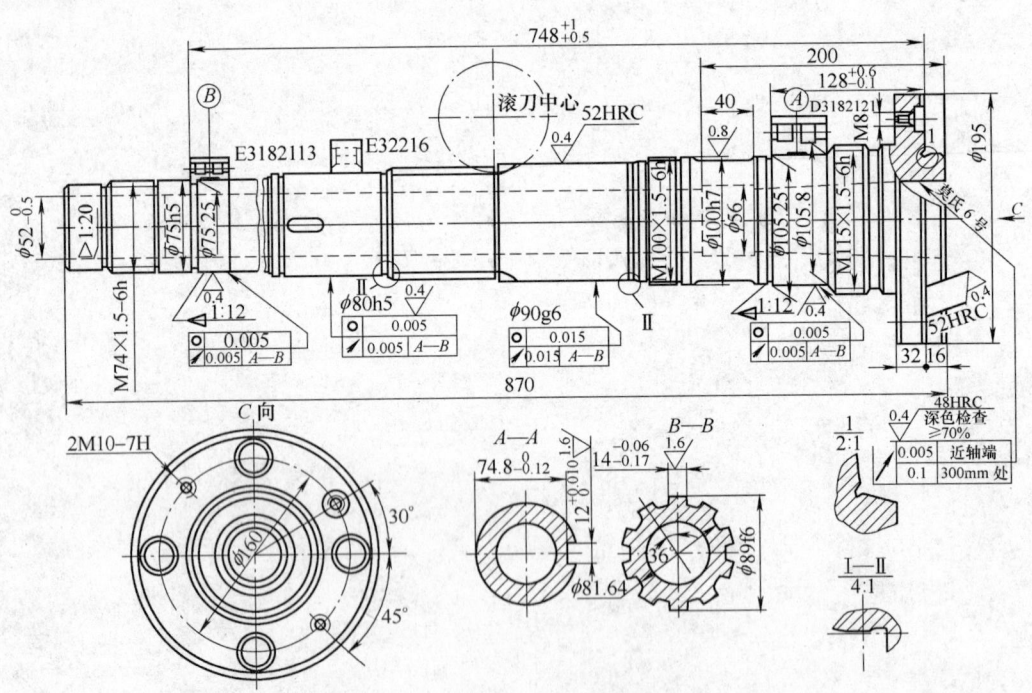

图 3-1-1　CA6140 车床主轴零件简图

（1）支承轴颈　主轴两个支承轴颈 A、B 圆度公差为 0.005mm,径向圆跳动公差为 0.005mm;而支承轴颈 1:12 锥面的接触率 ≥70%;表面粗糙度值 Ra

为 0.4μm；支承轴颈尺寸精度为 IT5。因为主轴支承轴颈是用来安装支承轴承，是主轴部件的装配基准面，所以它的制造精度直接影响到主轴部件的回转精度。

（2）端部锥孔　主轴端部内锥孔（莫氏 6 号）对支承轴颈 A、B 的跳动在轴端面处公差为 0.005mm，离轴端面 300mm 处公差为 0.01mm；锥面接触率 ≥70%；表面粗糙度值 Ra 为 0.4μm；硬度要求 45～50HRC。该锥孔是用来安装顶尖或工具锥柄的，其轴心线必须与两个支承轴颈的轴心线严格同轴，否则会使工件（或工具）产生同轴度误差。

（3）端部短锥和端面　头部短锥 C 和端面 D 对主轴两个支承轴颈 A、B 的径向圆跳动公差为 0.008mm；表面粗糙度值 Ra 为 0.8μm，它是安装卡盘的定位面。为保证卡盘的定心精度，该圆锥面必须与支承轴颈同轴，而端面必须与主轴的回转中心垂直。

（4）空套齿轮轴颈　空套齿轮轴颈对支承轴颈 A、B 的径向圆跳动公差为 0.015mm。由于该轴颈是与齿轮孔相配合的表面，对支承轴颈应有一定的同轴度要求，否则引起主轴传动啮合不良，当主轴转速很高时，还会影响齿轮传动平稳性并产生噪声。

（5）螺纹　主轴上螺旋面的误差是造成压紧螺母轴向圆跳动的原因之一，所以应控制螺纹的加工精度。当主轴上压紧螺母的轴向圆跳动过大时，会使被压紧的滚动轴承内环的轴心线产生倾斜，从而引起主轴的径向圆跳动。

2. CA6140 车床主轴加工的要点与措施

主轴加工的主要问题是如何保证主轴支承轴颈的尺寸、形状、位置精度和表面粗糙度，主轴前端内、外锥面的形状精度、表面粗糙度以及它们对支承轴颈的位置精度。

主轴支承轴颈的尺寸精度、形状精度以及表面粗糙度要求，可以采用精密磨削方法保证。磨削前应提高精基准的精度。

保证主轴前端内、外锥面的形状精度和表面粗糙度同样应采用精密磨削的方法。为了保证外锥面相对支承轴颈的位置精度，以及支承轴颈之间的位置精度，通常采用组合磨削法，在一次装夹中加工这些表面。机床上有两个独立的砂轮架，精磨在两个工位上进行，工位 I 精磨前、后轴颈锥面，工位 II 用角度成形砂轮，磨削主轴前端支承面和短锥面。

主轴锥孔相对于支承轴颈的位置精度是靠采用支承轴颈 A、B 作为定位基准，而让被加工主轴装夹在磨床工作台上加工来保证。以支承轴颈作为定位基准加工内锥面，符合基准重合原则。在精磨前端锥孔之前，应使作为定位基准的支承轴颈 A、B 达到一定的精度。主轴锥孔的磨削一般采用专用夹具。夹具由底座、支架及浮动夹头三部分组成，两个支架固定在底座上，作为工件定位基准面的两段轴颈放在支架的两个 V 形块上，V 形块镶有硬质合金，以提高耐磨性，并减少对工件轴颈的划痕，工件的中心高应正好等于磨头砂轮轴的中心高，否则将会使锥孔母线呈双曲线，影响内锥孔的接触精度。后端的浮动卡头用锥柄装在磨床主轴的锥孔内，工件尾端插于弹性套内，用弹簧将浮动卡头外壳连同工件向左拉，通过钢球压向镶有硬质合金的锥柄端面，限制工件的轴向窜动。采用这种联接方式，可以保证工件支承轴颈的定位精度不受内圆磨床主轴回转误差的影响，也可减少机床本身振动对加工质量的影响。

主轴外圆表面的加工，应该以顶尖孔作为统一的定位基准。但在主轴的加工过程中，随着通孔的加工，作为定位基准面的中心孔消失，工艺上常采用带有中心孔的锥堵塞到主轴两端孔中，如图3-1-2所示，让锥堵的顶尖孔起附加定位基准的作用。

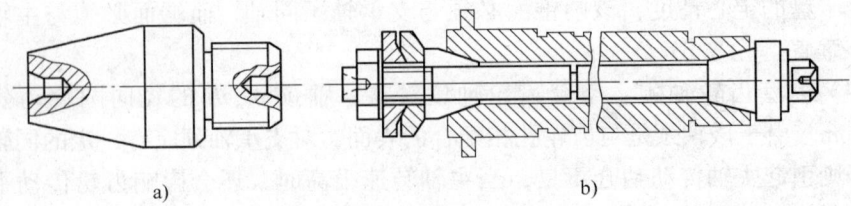

图 3-1-2　锥堵的应用
a）锥套　b）锥套心轴

3. CA6140 车床主轴加工定位基准的选择

主轴加工中，为了保证各主要表面的相互位置精度，选择定位基准时，应遵循基准重合、基准统一和互为基准等重要原则，并能在一次装夹中尽可能加工出较多的表面。

由于主轴外圆表面的设计基准是主轴轴心线，根据基准重合的原则考虑应选择主轴两端的顶尖孔作为精基准面。用顶尖孔定位，还能在一次装夹中将许多外圆表面及其端面加工出来，有利于保证加工面间的位置精度。所以主轴在粗车之前应先加工顶尖孔。

为了保证支承轴颈与主轴内锥面的同轴度要求，宜按互为基准的原则选择基准面。如车小端 1:20 锥孔和大端莫氏 6 号内锥孔时，以与前支承轴颈相邻而它们又是用同一基准加工出来的外圆柱面为定位基准面（因支承轴颈系外锥面不便装夹）；在精车各外圆（包括两个支承轴颈）时，以前、后锥孔内所配锥堵的顶尖孔为定位基面；在粗磨莫氏 6 号内锥孔时，又以两圆柱面为定位基准面；粗、精磨两个支承轴颈的 1:12 锥面时，再次用锥堵顶尖孔定位；最后精磨莫氏 6 号锥孔时，直接以精磨后的前支承轴颈和另一圆柱面定位。定位基准每转换一次，都使主轴的加工精度提高一步。

4. CA6140 车床主轴主要加工表面加工工序安排

CA6140 车床主轴主要加工表面是 $\phi75h5$、$\phi80h5$、$\phi90g5$、$\phi105h5$ 轴颈、两支

承轴颈及大头锥孔。它们加工的尺寸精度在 IT5 ~ IT6 之间，表面粗糙度值 Ra 为 $0.4 ~ 0.8\mu m$。

主轴加工工艺过程可划分为三个加工阶段，即粗加工阶段（包括铣端面、加工顶尖孔、粗车外圆等）；半精加工阶段（半精车外圆，钻通孔、车锥面、锥孔，钻大头端面各孔，精车外圆等）；精加工阶段（包括精铣键槽，粗、精磨外圆、锥面、锥孔等）。

在机械加工工序中间尚需插入必要的热处理工序，这就决定了主轴加工各主要表面总是循着以下顺序的进行，即粗车→调质（预备热处理）→半精车→精车→淬火→回火（最终热处理）→粗磨→精磨。

综上所述，主轴主要表面的加工顺序安排如下：

外圆表面粗加工（以顶尖孔定位）→外圆表面半精加工（以顶尖孔定位）→钻通孔（以半精加工过的外圆表面定位）→锥孔粗加工（以半精加工过的外圆表面定位，加工后配锥堵）→外圆表面精加工（以锥堵顶尖孔定位）→锥孔精加工（以精加工外圆面定位）。

当主要表面加工顺序确定后，就要合理地插入非主要表面加工工序。对主轴来说非主要表面指的是螺孔、键槽、螺纹等。这些表面加工一般不易出现废品，所以尽量安排在后面工序进行，主要表面加工一旦出了废品，非主要表面就不需加工了，这样可以避免浪费工时。但这些表面也不能放在主要表面精加工后，以防在加工非主要表面过程中损伤已精加工过的主要表面。

对凡是需要在淬硬表面上加工的螺孔、键槽等，都应安排在淬火前加工。非淬硬表面上螺孔、键槽等一般在外圆精车之后、精磨之前进行加工。主轴螺纹，因它与主轴支承轴颈之间有一定的同轴度要求，所以螺纹安排在以非淬火—回火为最终热处理工序之后的精加工阶段进行，这样半精加工后残余应力所引起的变形和热处理后的变形，就不会影响螺纹的加工精度。

5. CA6140 车床主轴加工工艺过程

表 3-1-1 列出了 CA6140 车床主轴的加工工艺过程。

生产类型：大批生产；材料牌号：45 钢；毛坯种类：模锻件。

表 3-1-1　CA6140 车床主轴的加工工艺过程

序号	工序名称	工序内容	定位基准	设　备
1	备料			
2	锻造	模锻		立式精密锻造机
3	热处理	正火		
4	锯头			
5	铣端面钻中心孔		毛坯外圆	中心孔机床

（续）

序号	工序名称	工序内容	定位基准	设备
6	粗车外圆		顶尖孔	多刀半自动车床
7	热处理	调质		
8	车大端各部位	车大端外圆、短锥、端面及台阶	顶尖孔	卧式车床
9	车小端各部位	仿形车小端各部位外圆	顶尖孔	仿形车床
10	钻深孔	钻 $\phi48$mm 通孔	两端支承轴颈	深孔钻床
11	车小端锥孔	车小端锥孔（配 1:20 锥堵，涂色法检查接触率≥50%）	两端支承轴颈	卧式车床
12	车大端锥孔	车大端锥孔（配莫氏 6 号锥堵，涂色法检查接触率≥30%）、外短锥及端面	两端支承轴颈	卧式车床
13	钻孔	钻大头端面各孔	大端内锥孔	摇臂钻床
14	热处理	局部高频淬火（$\phi90$g5、短锥及莫氏 6 号锥孔）		高频淬火设备
15	精车外圆	精车各外圆并切槽、倒角	锥堵顶尖孔	数控车床
16	粗磨外圆	粗磨 $\phi75$h5、$\phi90$g5、$\phi105$h5 外圆	锥堵顶尖孔	组合外圆磨床
17	粗磨大端锥孔	粗磨大端内锥孔（重配莫氏 6 号锥堵，涂色法检查接触率≥40%）	前支承轴颈及 $\phi75$h5 外圆	内圆磨床
18	铣花键	铣 $\phi89$f6 花键	锥堵顶尖孔	花键铣床
19	铣键槽	铣 12f9 键槽	$\phi80$h5 及 M115mm 外圆	立式铣床
20	车螺纹	车三处螺纹（与螺母配车）	锥堵顶尖孔	卧式车床
21	精磨外圆	精磨各外圆及 E、F 两端面	锥堵顶尖孔	外圆磨床
22	粗磨外锥面	粗磨两处 1:12 外锥面	锥堵顶尖孔	专用组合磨床
23	精磨外锥面	精磨两处 1:12 外锥面、D 端面及短锥面	锥堵顶尖孔	专用组合磨床
24	精磨大端锥孔	精磨大端莫氏 6 号内锥孔（卸堵，涂色法检查接触率≥70%）	前支承轴颈及 $\phi75$h5 外圆	专用主轴锥孔磨床
25	钳工	端面孔去锐边倒角，去毛刺		
26	检验	按图样要求全部检验	前支承轴颈及 $\phi75$h5 外圆	专用检具

案例 2　传动轴的加工

1. 轴类零件的结构特点及功用

轴是各种机器中最常用的一种典型零件，虽然不同的轴类零件结构形状各异，但由于它们主要用于支撑齿轮、带轮等传动零件，并传递运动和转矩，所以其结构上一般总少不了圆柱面、圆锥面、台阶、端面、轴肩、螺纹、螺尾退刀槽、砂轮越程槽和键槽等。外圆用于安装轴承、齿轮和带轮等；轴肩用于轴上零件和轴本身的轴向定位；螺纹用于安装各种锁紧螺母和调整螺母；螺尾退刀槽供加工螺纹时退刀用；砂轮越程槽则是为了能同时正确地磨出外圆和端面；键槽用来安装键，以传递转矩和运动。

图 3-2-1 所示传动轴是轴类零件中用得最多、结构最为典型的一种台阶轴，现以其为例，来分析轴类零件的车削工艺。

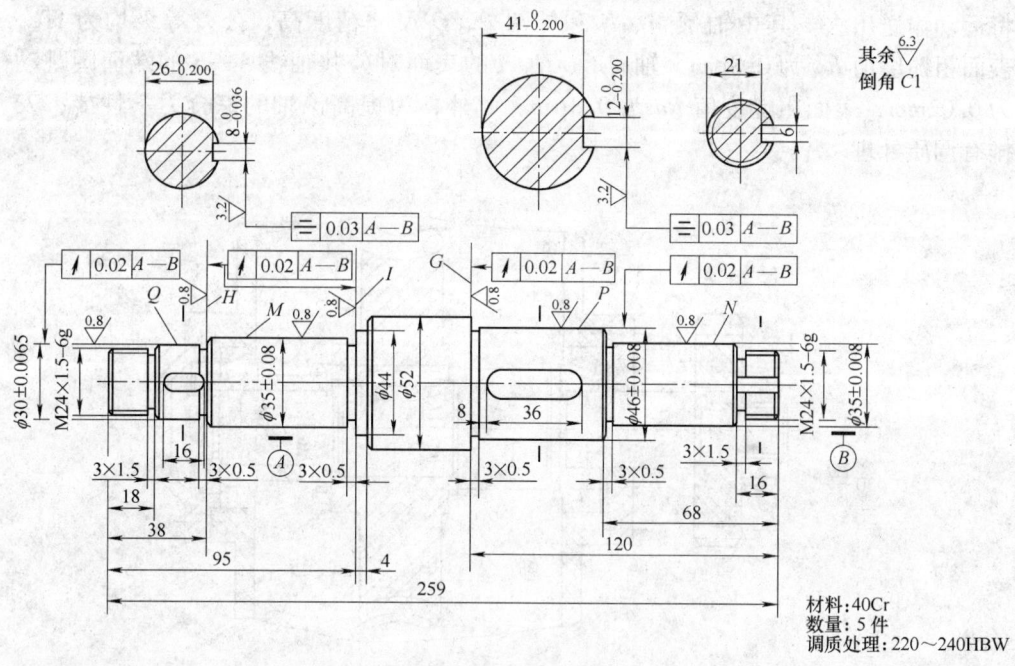

图 3-2-1 传动轴

2. 轴类零件的技术要求

（1）尺寸精度 轴颈是轴类零件的主要表面，它直接影响轴的回转精度和工作状态，轴颈的直径精度根据其使用要求通常为 IT6 ~ IT9，特别精密的轴颈可达 IT5。

（2）几何形状精度 轴颈的几何形状精度一般限制在直径公差范围内。对几何形状精度要求较高时，可在零件图样上另行规定其允许的公差。

（3）位置精度 主要是指装配传动件的配合轴颈，相对于装配轴承的支撑轴颈的同轴度，通常用配合轴颈对支撑轴颈的径向圆跳动来表示。根据使用要求，规定高精度轴为 0.001 ~ 0.005mm，而一般精度轴为 0.01 ~

0.03mm。此外还有内外圆柱面的同轴度和轴向定位端面与轴线的垂直度要求等。

（4）表面粗糙度　零件的不同工作部位的表面，有不同的表面粗糙度值要求，例如普通机床主轴支撑轴颈的表面粗糙度值 Ra 为 0.16～0.63μm，配合轴颈的表面粗糙度值 Ra 为 0.63～2.5μm，随着机器运转速度的增大和精密程度的提高，轴类零件表面粗糙度值要求也将越来越小。

由图 3-2-1 及其装配图 3-2-2 可知，传动轴的轴颈 M、N 是安装轴承的支撑轴颈，也是该传动轴装入箱体的装配基准。轴中间的外圆 P 装有蜗轮，运动可以由蜗杆通过此蜗轮输入传动轴，并由蜗轮减速后，通过装在轴左端外圆 Q 上的齿轮将运动输送出去。其中轴颈 M、N 和外圆 P、Q 尺寸精度高，公差等级均为 IT6，表面粗糙度值 Ra 为 0.8μm。轴肩 G、H、I 的表面对公共轴线 A—B 的端面圆跳动为 0.02mm，表面粗糙度值 Ra 为 0.8μm。此外，为提高该轴的综合力学性能，安排有调质处理。

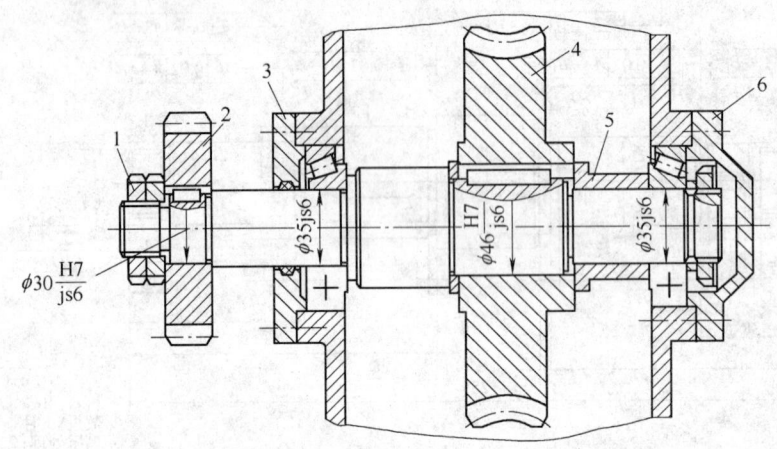

图 3-2-2　减速箱轴系装配图

1—锁紧螺母　2—齿轮　3、6—端盖　4—蜗轮　5—隔套

3. 工艺分析

（1）主要表面的加工方法　从零件图样上可知，该轴大部分为回转表面，故前阶段加工应以车削为主。而表面 M、N、P、Q 尺寸精度要求很高，表面粗糙度值 Ra 小，所以车削后，还需要进行磨削。这些表面的加工顺序为：粗车→调质→半精车→磨削。

（2）选择定位基面　由于该轴的几个主要配合表面和台阶面，对基准轴线 A—B 均有径向圆跳动和端面圆跳动的要求，所以应在轴的两端加工 B 型中心孔作精定位基准面，且应在粗车之前加工好。

（3）选择毛坯类型　轴类零件的毛坯通常选用圆钢或锻件。对于直径相差甚小、传递转矩不大的一般台阶轴，其毛坯多采用圆钢，而对于传递较大转矩的重要轴，无论其轴径相差多少、形状简单与否，均应选用锻件作毛坯，以满足其力学性能要求。

图 3-2-1 所示传动轴为一般用途，且各轴径相差不大，批量又小（只五件），故选用圆钢坯料，材料为 40Cr。

（4）拟定工艺路线 拟定该轴工艺路线时，在考虑主要表面加工的同时，还要考虑次要表面的加工和热处理要求。要求不高的外圆表面（如 $\phi52mm$ 外圆表面）在半精车时就可以加工到规定尺寸，退刀槽、砂轮越程槽、倒角和螺纹，应在半精车时加工，键槽在半精车后再行划线、铣削，调质处理安排在粗车之后。调质后，一定要修研中心孔，以消除热处理变形和中心孔表面的氧化层。在磨削前，一般还应修研一次中心孔，以提高定位精度。

4. 该传动轴机械加工工艺过程见表 3-2-1。

表 3-2-1 传动轴机械加工工艺过程

工序	工步	工序内容	加工简图	设备
1	下料	$\phi60mm \times 265mm$		
2		粗车各台阶		车床
	(1)	自定心卡盘夹持棒料毛坯，车右端面		
	(2)	钻中心孔，以尾座顶尖支承（一夹一顶）		
	(3)	粗车外圆 $\phi48mm$、长 118mm		
	(4)	粗车外圆 $\phi37mm$、长 66mm		
	(5)	粗车 $\phi26mm$、长 14mm		
	(6)	调头夹 $\phi48mm$ 外圆处，车端面，保证总长 259mm		车床
	(7)	钻中心孔，以尾座顶尖支承（一夹一顶）		
	(8)	粗车外圆 $\phi54mm$、长 141mm		
	(9)	粗车外圆 $\phi37mm$、长 93mm		
	(10)	粗车外圆 $\phi32mm$、长 36mm		
	(11)	粗车外圆 $\phi26mm$、长 16mm		
3	热	调质处理 220~240HBW		

（续）

工序	工步	工序内容	加工简图	设备
4	钳	修研两端中心孔	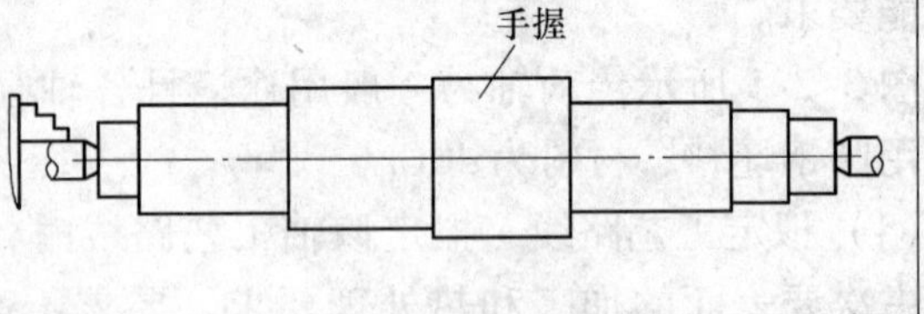	车床
5		半精车台阶、切槽、倒角	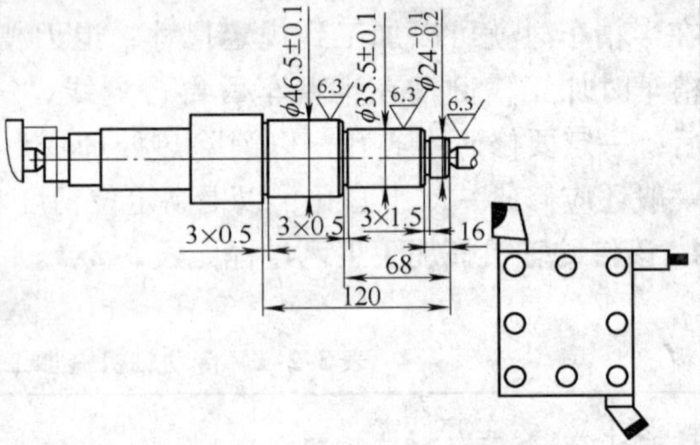	车床
	(1)	两顶尖装夹工件 半精车外圆 φ46.5mm ± 0.1mm，左端距轴端 120mm		
	(2)	半精车外圆 φ35.5mm ± 0.1mm，左端距轴端 68mm		
	(3)	半精车外圆 $\phi24^{-0.1}_{-0.2}$、长 16mm		
	(4)	三处切槽		
	(5)	三处倒角 C1		
	(6)	调头两顶尖装夹车外圆 φ52mm 到尺寸，左端距轴端 139mm	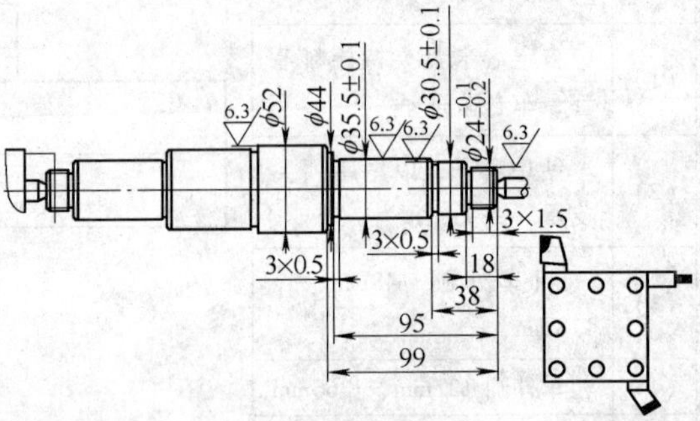	
	(7)	车外圆 φ44mm 到尺寸，左端距轴端 99mm		
	(8)	半精车外圆 φ35.5mm ± 0.1mm，左端距轴端 95mm		
	(9)	半精车外圆 φ30.5mm ± 0.1mm，左端距轴端 38mm		
	(10)	半精车外圆，$\phi24^{-0.1}_{-0.2}$mm、长 18mm		
	(11)	三处切槽		
	(12)	四处倒角 C1		
6		车螺纹	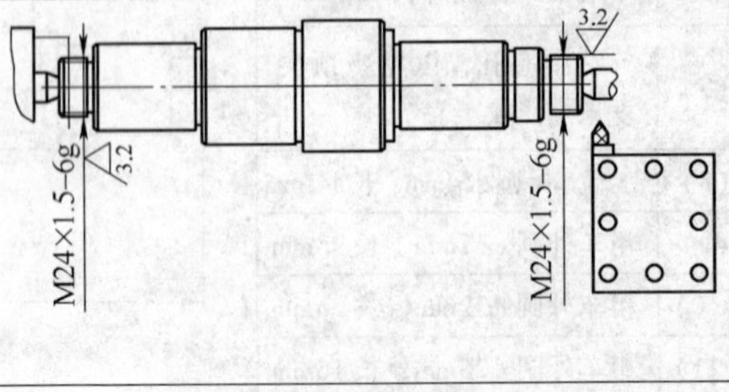	车床
	(1)	两顶尖装夹工件，车螺纹 M24 × 1.5-6g，调头两顶尖装夹		
	(2)	车另一端螺纹，车螺纹 M24 × 1.5-6g		

268

（续）

工序号	工步	工序内容	加工简图	设备
7	钳	划键槽及一个止动垫圈槽加工线		
8		铣键槽、止动垫圈槽	铣刀	键槽铣床或立铣
	(1)	铣键槽，宽 12mm、深 5.25mm		
	(2)	铣键槽，宽 8mm、深 4.25mm		
	(3)	铣右端止动垫圈槽，宽 6mm、深 3mm		
9	钳	修研两端中心孔	手握	车床
10		磨外圆，靠磨台肩		外圆磨床
	(1)	两顶尖装夹工件磨外圆 $\phi30mm \pm 0.0065mm$，并靠磨台肩 H		
	(2)	磨外圆 $\phi35mm \pm 0.008mm$，并靠磨台肩 I		
	(3)	调头、两顶尖装夹工件，磨外圆 $\phi35mm \pm 0.008mm$		
	(4)	磨外圆 $\phi46mm \pm 0.008mm$，并靠磨台肩 G		
11	检验	按图样要求全部检验		

案例 3　主轴零件的加工

1. 车削加工

图 3-3-1 为一根泵用主轴。以车削加工工艺为基础，举例说明，CA6140 如何完成轴类零件的外圆、端面、内孔、内螺纹、台阶、槽的切削加工。

2. 光轴零件图

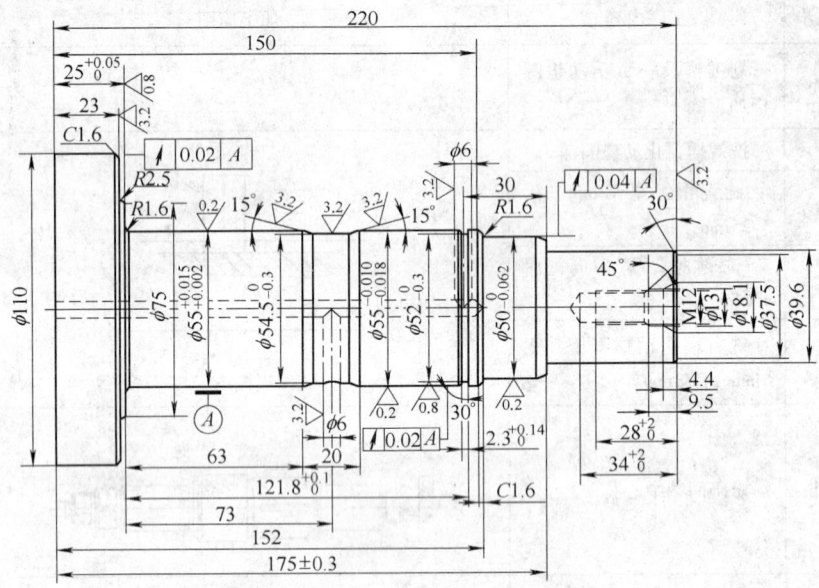

图 3-3-1　泵用主轴

3. 加工工序编排（见表 3-3-1）

工序号	工 序 内 容	设 备
10	毛坯锻造	
20	车：粗车各部外圆及端面	CA6140
30	热：调制	调制炉
40	车：粗车两端面，钻顶尖孔，M12 螺纹孔	CA6140
50	车：半精车杆部外圆	CA6140
60	车：精车大端外圆及端面	CA6140
70	车：切卡圈槽	CA6140
80	钻：钻中心深孔、横孔	Z512
90	热：氮化	氮化炉
100	钳：研双顶尖孔	研磨棒
110	磨：精磨干部外圆	MB1632
120	钳：清洗去刺	清洗机
130	终检、入库	

4. 各加工工序及工步

工序 10：毛坯锻造

$\phi 120mm \times 240mm$。

工序 20：车——粗车各部外圆及端面

（1）卡杆部　车 $\phi 113mm$ 外径成，车大端面见平。

（2）倒头夹 $\phi 113mm$ 外径（见图 3-3-2）

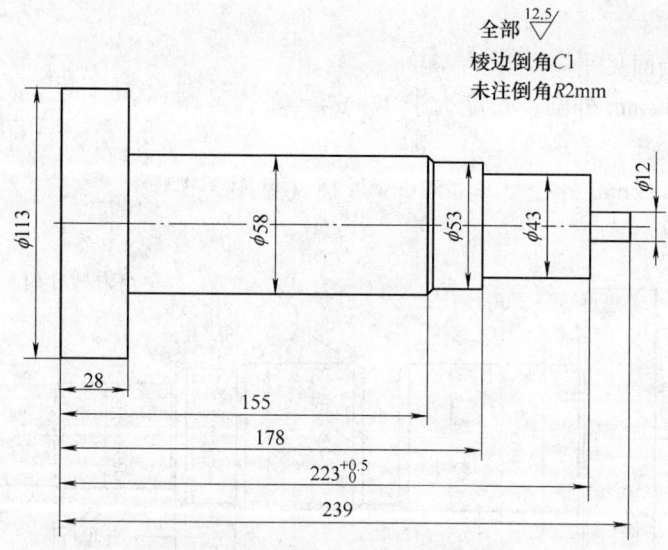

图 3-3-2 工序 20 图

1）小端面钻 A3 中心孔。

2）$\phi58$mm 外径车成，保证法兰厚度 28mm，圆角 $R2$mm。

3）$\phi53$mm 外径车成，保证长度尺寸 155mm，圆角 $R2$mm。

4）$\phi43$mm 外径车成，保证长度尺寸 178mm，圆角 $R2$mm。

5）$\phi12$mm 外径车成，保证长度尺寸 $223^{+0.5}_{0}$mm。

6）棱边倒角 $C1$。

夹具：自定心卡盘。

刀具：外圆车刀、端面车刀、A3 中心钻。

量具：游标卡尺 0～150mm。

工序 30：热——调制

工序 40：车——粗车两端面，钻顶尖孔，M12 螺纹孔（见图 3-3-3）

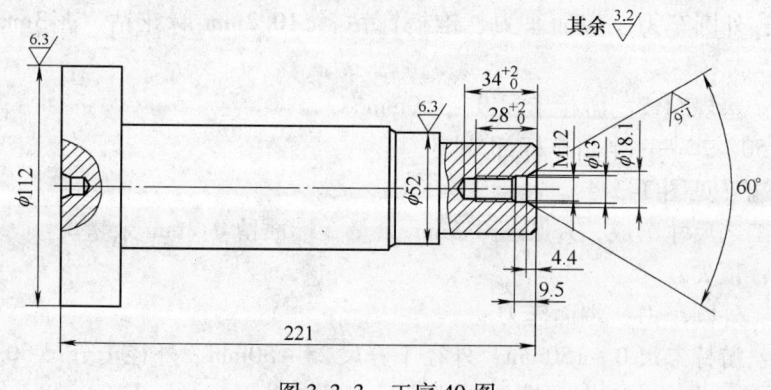

图 3-3-3 工序 40 图

（1）卡小端

1）车大端面见平。

2）车 φ112mm 外圆，长度大于 27mm。

3）钻顶尖孔。

（2）夹 φ112mm 外径　车 φ52mm 外径（见图 3-3-3）

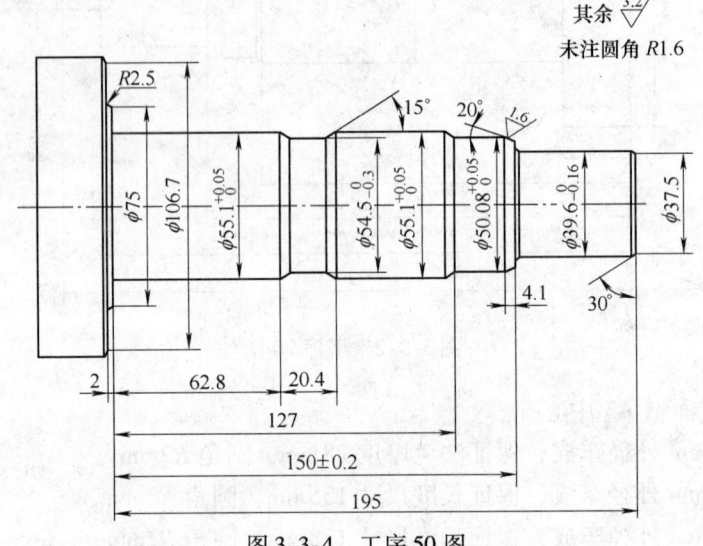

其余 $\frac{3.2}{\sqrt{}}$

未注圆角 R1.6

图 3-3-4　工序 50 图

（3）夹 φ112mm 外径，中心架 φ52mm 处

1）车小端面，保证总长 221mm。

2）钻 M12 螺纹底孔 φ10.2mm，保证深度 34^{+2}_{0}mm。

3）扩钻 φ13mm 孔，保证深度 9.5mm。

4）锪钻 60°顶尖孔，保证尺寸 φ18.1mm，深 4.4mm。

5）攻 M12 螺纹，保证深度 28^{+2}_{0}mm。

夹具：自定心卡盘、中心架。

刀具：外圆车刀、端面车刀、锥柄锪钻、φ10.2mm 麻花钻、φ13mm 麻花钻、M12 丝锥。

量具：塞规 M12、游标卡尺 0～150mm。

工序 50：车——半精车杆部外圆

顶两端（见图 3-3-4）。

按照工艺尺寸车成，外圆留 0.5mm 余量，端面留 0.2mm 余量。

夹具：顶尖。

刀具：外圆车刀、端面车刀。

量具：游标卡尺 0～150mm，外径千分尺 25～50mm、外径千分尺 50～75mm。

工序 60：车——精车大端外圆及端面（见图 3-3-5）

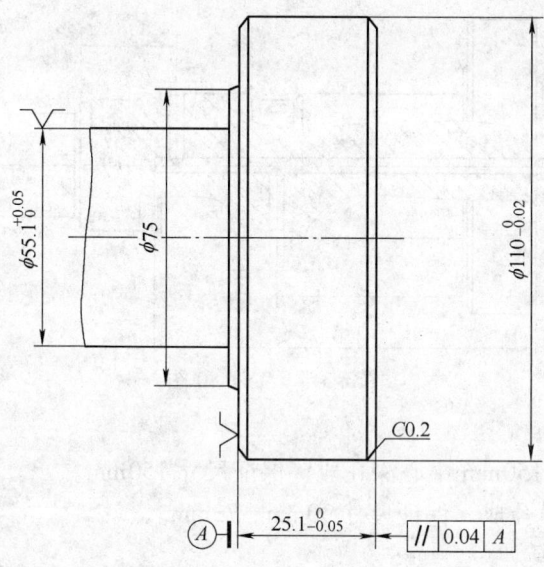

图 3-3-5　工序 60 图

夹 $\phi 55.1^{+0.05}_{0}$ mm 处，以 $\phi 75$ mm 端面轴向定位：

按照工艺尺寸车成

夹具：自定心卡盘。

刀具：外圆车刀、端面车刀。

量具：外径千分尺 25～50mm、外径千分尺 100～125mm。

工序 70：车——切卡圈槽（见图 3-3-6）

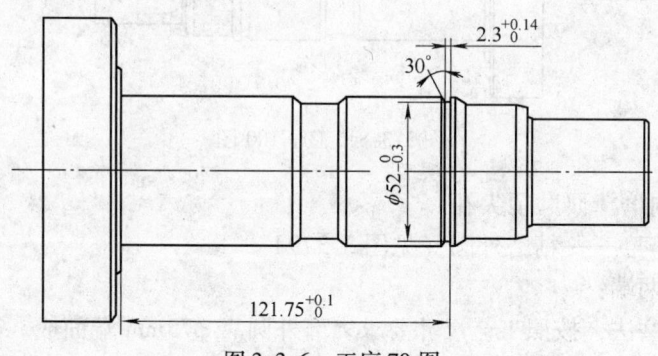

图 3-3-6　工序 70 图

夹大端，顶小端：

按照工艺尺寸切卡圈槽

夹具：自定心卡盘、顶尖。

刀具：切槽刀。

量具：专用塞板、游标卡尺 0～150mm。

工序 80：钻——钻中心深孔、横孔（见图 3-3-7）

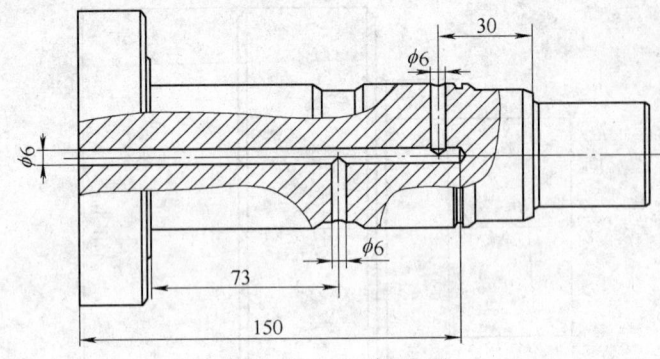

图 3-3-7 工序 80 图

使用专用夹具：

1）钻 $\phi6mm \times 150mm$ 中心深孔成，保证尺寸 150mm。

2）钻 $\phi6mm$ 横孔成，保证尺寸 30mm、73mm。

夹具：专用夹具。

刀具：$\phi6mm$ 加长麻花钻，$\phi6mm$ 麻花钻。

量具：游标卡尺 0～150mm。

工序 90：热——氮化

工序 100：钳——研双顶尖孔（见图 3-3-8）

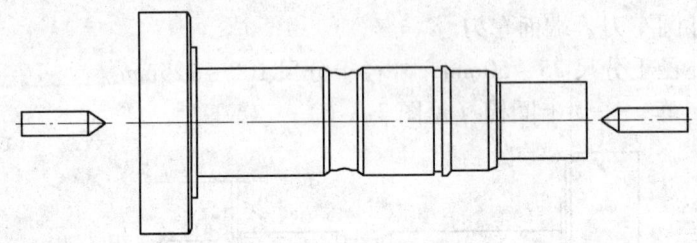

图 3-3-8 工序 100 图

使用 60°研磨棒研磨顶尖孔。

工序 110：磨——精磨外圆（见图 3-3-9）

双顶尖顶两端：

采用切入磨法，按照工艺尺寸要求，磨外圆靠 $\phi75mm$ 端面成。

夹具：双顶尖。

刀具：砂轮。

量具：外径千分尺 25～50mm、外径千分尺 50～75mm。

工序 120：钳——清洗去刺

工序 130：终检、入库

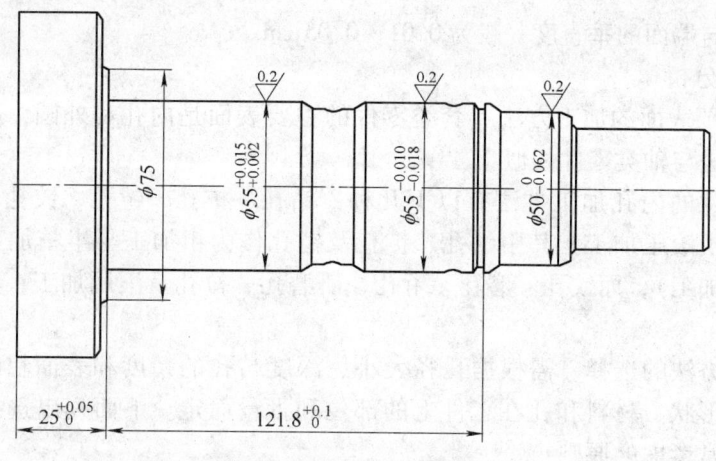

图 3-3-9　工序 110 图

案例 4　固定套的加工

1. 套类零件的结构特点及功用

套类零件一般由外圆、内孔、端面、台阶和沟槽等旋转表面组成。其主要特点是内、外旋转表面的同轴度要求较高，有的零件壁较薄，加工过程中易变形。套类零件在机器中通常起支撑、导向、联接及轴向定位等作用，使用时承受进给力和背向力。

2. 套类零件的技术要求

套类零件的主要表面是孔和外圆，其主要技术要求如下：

（1）内孔　内孔是套类零件起支撑或导向作用的最主要表面，通常与运动的轴、刀具或活塞相配合。孔的直径公差等级一般为 IT7 级，精密轴套取 IT6。孔的形状精度应控制在孔径公差以内，对有些精密轴套可控制在孔径公差的 1/3 ~ 1/2，甚至更严。对于长的套筒，除了圆度要求外，还应注意孔的圆柱度和孔轴线的直线度要求。为了保证套类零件的功用和提高其耐磨性，内孔表面的表面粗糙度值 Ra 控制在 0.16 ~ 1.6μm 范围内，有的要求更高，可达 0.04μm。

（2）外圆　外圆一般是套类零件的支撑表面，通常以过盈配合或过渡配合同箱体或机架上的孔相联接。外径尺寸公差等级通常取 IT6 ~ IT7 级；形状精度控制在外径公差以内，表面粗糙度值 Ra 为 0.4 ~ 3.2μm。

（3）位置精度　若套类零件的最终加工（主要指内孔）是在装配前完成的，其内、外圆之间的同轴度要求较高，一般为 0.01 ~ 0.05μm；若孔的最终加工将套装入机座后进行，则装配前其内外圆间的同轴度要求较低，因内孔还要精加工，若套筒的端面（包括台阶）在使用中承受轴向载荷或在加工中作为定位基准时，

275

其内孔轴线与端面的垂直度一般为 $0.01 \sim 0.05 \mu m$。

3. 工艺分析

（1）主要表面的加工方法　套类零件的主要表面是内孔和外圆，而外圆和端面的加工方法与轴类零件相似。

套类零件的内孔加工方法有以下几种：钻孔、扩孔、镗孔、铰孔、磨孔、珩孔、研磨孔及滚压加工。其中钻孔、扩孔及镗孔作为粗加工与半精加工（精镗孔也可作为精加工），而铰孔、磨孔、珩孔、研磨孔、拉孔及滚压加工，则作为孔的精加工方法。

孔加工方法的选择，需根据孔径大小、深度与孔的精度和表面粗糙度，以及工件的结构形状、材料和孔在工件上的部位和批量而定。下面列出选择孔的加工方案时，通常考虑的原则：

1）当孔径较小时（$\phi 50mm$ 以下），大多数采用钻、扩、铰方案，其精度与生产率均很高。

2）当孔径较大时，大多采用钻孔后镗孔或直接镗孔（已有铸出孔或锻出孔时），并增加进一步精加工的方案。

3）箱体上的孔多采用粗镗、精镗、浮动镗孔，缸筒件的孔则多采用精镗后珩磨或滚压加工。

4）淬硬套筒零件，多采用磨孔方案。磨孔同样可以获得很高的精度和较小的表面粗糙度值。对于精密套筒，还应增加对孔的精密加工，如高精度磨削、珩磨、研磨、抛光等方案。

（2）选择定位基面　套类零件在加工时的定位基面主要是内孔和外圆。因为以内孔（或外圆）作为定位基面，容易保证加工后套类零件的形状、位置精度，但在一般情况下，多采用内孔定位。这是因为夹具（心轴）结构简单，容易制造得很精确，同时心轴在机床上的装夹误差较小。此外，加工套类零件时，为了获得较高的位置精度，常采用互为基准、反复加工的原则，以不断提高定位基准的定位精度。

（3）保证工件的形状位置误差精度要求较高的套类零件，其形状位置精度一般都有较高的要求。为了保证这些要求，在加工中应特别注意装夹方法，例如：

1）对于加工数量较少、精度要求较高的零件，可在一次装夹中尽可能将内、外圆面和端面全部加工完毕，这样可以获得较高的位置精度。

2）以工件内孔定位时，采用心轴装夹，加工外圆和端面。这种方法能保证很高的同轴度，在套类零件加工中得到广泛的应用。

3）若以外圆定位时，用软爪卡盘或弹簧套筒夹具装夹，加工内孔和端面。此法装夹工件迅速、可靠，且不易夹伤工件表面。

4）加工薄壁套类零件时，防止变形是关键，为此常采用开缝套筒、软爪卡盘和专用夹具装夹,以防止工件由于夹紧力而引起的内孔加工后产生的变形。

(4)保证表面质量要求 由于套类零件的内孔是支撑面或配合表面,为了减少磨损,其表面粗糙度均要求很高。而影响内孔表面粗糙度的主要因素,是内孔车刀的刚性和排屑问题。为此,在尽量增加刀柄截面积、尽可能缩短刀柄伸出长度和正确选择内孔车刀的刃倾角等方面采取相应措施,同时还应注意提高内孔车刀的刃磨质量,合理选择切削用量,充分使用切削液。

(5)正确安排加工顺序 一般加工套类零件,应重点保证内外圆面的同轴度和相关端面对轴线的垂直度要求。其车加工顺序的安排可参考如下方式:

粗车端面→粗车外圆→钻孔(扩孔)→粗车孔(精镗孔)→(以外圆为定位基准→半精车或精车外圆→半精车或精车内孔(精铰或磨孔)或以内孔为定位基准→半精车或精车内孔(精铰或磨孔)→半精车或精车外圆)→精车端面→倒角。

现以图3-4-1所示固定套为例,具体分析其车削工艺。

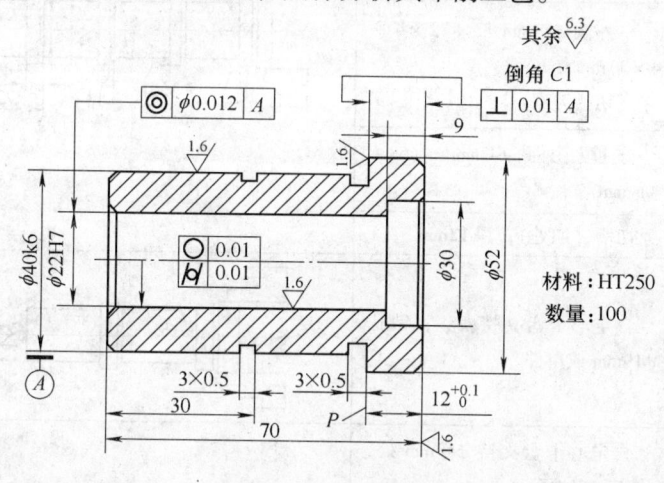

图3-4-1 固定套

1)该零件主要表面的尺寸精度、形状、位置精度及表面粗糙度要求都比较高。端面P为固定套在机座上的轴向定位面,并依靠ϕ40k6外圆与机座孔过渡配合;内孔ϕ22H7与运动轴间隙配合,起支撑作用。

2)考虑该零件使用时要求耐磨,故其材料选用铸铁为好,又由于其轴径相差不大,故选铸铁棒料作毛坯较合适。

3)为确保零件质量,对铸件坯料应进行退火处理。

4)由于零件精度要求较高,故加工过程应划分为粗车→半精车→精车等阶段。

5)为满足同轴度和垂直度等位置精度要求,应以内孔为定位基准,配以小锥度心轴，用两顶尖装夹方式，精车外圆和端面。

6）精加工内孔时，以粗车后的 $\phi42$mm 外圆作定位基准，将 $\phi52$mm 外圆端面车平。由于有一定批量，为提高生产率，内孔采用扩孔→铰削加工为好。

4. 固定套的工艺过程（见表 3-4-1）

表 3-4-1　固定套的工艺过程

工序号	工步	工序内容	工序简图	设备
10		铸造棒料 $\phi58$mm × 320mm，退火 196~229HBW		铸
20	(1)	四件同时粗车各外圆 自定心卡盘夹外圆 车端面		车
	(2)	钻中心孔并以尾座支承		
	(3)	车外圆 $\phi54$mm 长（72 × 4 + 4 × 3）mm （切槽刀宽）		
	(4)	分四段车外圆 $\phi42$mm ×（58 + 4）mm		
	(5)	切槽（四处），深 12mm		
30		自定心卡盘夹持找正，钻孔 $\phi19$mm 成单件		车
40	(1)	自定心卡盘夹持 $\phi40$mm 处，找正，车端面见平		车
	(2)	半精车 $\phi21.8^{+0.1}_{0}$ mm		
	(3)	车内台阶孔 $\phi30$mm，深 9.5mm		
	(4)	铰孔 $\phi22$H7 至尺寸要求		
	(5)	车 $\phi52$mm 外圆至尺寸要求		
	(6)	精车 $\phi52$mm 端面，保证内台阶孔深 9mm		
	(7)	倒角 C1		
	(8)	倒角 C1		

（续）

工序号	工步	工序内容	工序简图	设备
50		用孔 ϕ22H7 装心轴，两顶尖装夹		车
	(1)	精车 ϕ46K6 外圆至尺寸要求		
	(2)	精车台阶平面尺寸 $12_{\ 0}^{+0.1}$ mm 至尺寸要求		
	(3)	精车端面，取总长 70mm		
	(4)	切中部沟槽，保证 30mm 的距离至尺寸要求		
	(5)	切断台阶沟槽至尺寸要求		
	(6)	外倒角 C1		
60		用软爪夹持 ϕ52mm 处倒内倒角 C1		车

附录 A

车工国家职业标准

A-1 职业概况

1. 职业名称

车工

2. 职业定义

操作车床，在工件旋转表面进行切削加工的人员。

3. 职业等级

本职业共设五个等级，分别为：初级（国家职业资格五级）、中级（国家职业资格四级）、高级（国家职业资格三级）、技师（国家职业资格二级）、高级技师（国家职业资格一级）。

4. 职业环境

室内，常温。

5. 职业能力特征

具有一定的学习和计算能力；具有一定的空间感和形体知觉；手指、手臂灵活，动作协调。

6. 基本文化程度

初中毕业。

7. 培训要求

（1）培训期限　全日制职业技术学校教育，根据其培养目标和教学计划确定。晋级培训期限：初级不少于 420 标准学时，中级不少于 350 标准学时，高级不少于 280 标准学时，技师不少于 245 标准学时，高级技师不少于 175 标准学时。

（2）培训教师　培训初级、中级、高级的教师应具有本职业技师及以上职业资格证书或相关专业中级及以上专业技术职务任职资格；培训技师的教师应具有本职业高级技师职业资格证书或相关专业高级专业技术职务任职资格；培训高级技师的教师应具有本职业高级技师职业资格证书 2 年以上或相关专业高级专业技术职务任职资格。

（3）培训场地设备　满足教学需要的标准教室和具有相应机床设备及必要的刀具、工具、夹具、量具及机床辅助设备的场地。

8. 鉴定要求

（1）适用对象　从事或准备从事本职业的人员。

（2）申报条件

——初级（具备以下条件之一者）

1）经本职业初级正规培训达规定标准学时数，并取得结业证书。

2）在本职业连续见习工作 2 年以上。

3）本职业学徒期满。

——中级（具备以下条件之一者）

1）取得本职业初级职业资格证书后，连续从事本职业工作 3 年以上，经本职业中级正规培训达规定标准学时数，并取得结业证书。

2）取得本职业初级职业资格证书后，连续从事本职业工作 5 年以上。

3）连续从事本职业工作 7 年以上。

4）取得经人力资源和社会保障行政部门审核认定的、以中级技能为培养目标的中等及以上职业学校本职业（专业）毕业证书。

——高级（具备以下条件之一者）

1）取得本职业中级职业资格证书后，连续从事本职业工作 4 年以上，经本职业高级正规培训达规定标准学时数，并取得结业证书。

2）取得本职业中级职业资格证书后，连续从事本职业工作 6 年以上。

3）取得高级技工学校或经人力资源和社会保障行政部门审核认定的、以高级技能为培养目标的高等职业学校本职业（专业）毕业证书。

4）取得本职业中级职业资格证书的大专及以上本专业或相关专业毕业生，连续从事本职业工作 2 年以上。

——技师（具备以下条件之一者）

1）取得本职业高级职业资格证书后，连续从事本职业工作 5 年以上，经本职业技师正规培训达规定标准学时数，并取得毕结业证书。

2）取得本职业高级职业资格证书后，连续从事本职业工作 7 年以上。

3）取得本职业高级职业资格证书的高级技工学校本职业（专业）毕业生和大专以上本专业或相关专业的毕业生，连续从事本职业工作 2 年以上。

——高级技师（具备以下条件之一者）

1）取得本职业技师职业资格证书后，连续从事本职业工作 3 年以上，经本职业高级技师正规培训达规定标准学时数，并取得毕结业证书。

2）取得本职业技师职业资格证书后，连续从事本职业工作5年以上。

（3）鉴定方式 分为理论知识考试和技能操作考核。理论知识考试采用闭卷笔试等方式；技能操作考核采用现场实际操作方式。理论知识考试和技能操作考核均实行百分制，成绩皆达60分及以上者为合格。技师、高级技师还须进行综合评审。

（4）考评人员与考生配比 理论知识考试考评人员与考生配比为1：15，每个标准教室不少于2名考评人员；技能操作考核考评员与考生配比为1：8，且不少于3名考评员；综合评审委员不少于3人。

（5）鉴定时间 理论知识考试不少于90min；技能操作考核时间：初级不少于90min，中级不少于120min，高级不少于210min，技师不少于300min，高级技师不少于210min，综合评审时间不少于30min。

（6）鉴定场所、设备 理论知识考试在标准教室里进行；技能操作考核在具有必要的车床、刀具、工具、夹具、量具、量仪以及机床附件的场所进行。

A-2 基本要求

1. 职业道德

职业道德基本知识

（1）职业守则

1）遵守法律、法规和有关规定。

2）爱岗敬业、具有高度的责任心。

3）严格执行工作程序、工作规范、工艺文件和安全操作规程。

（2）基础知识

1）机械制图与机械识图知识

① 机械零件制图方法，各种符号表达的含义。

② 识读轴、套、圆锥、管螺纹及圆弧等简单零件图。

2）公差配合与技术测量知识

① 尺寸公差、未注尺寸公差、几何公差及表面粗糙度标注方法及含义。

② 识别零件加工部位的技术要求。

3）数学知识

① 工厂常用计算。

② 平面几何关于角的一些基本概念。

4）常用金属材料与热处理知识

① 常用金属材料与表示方法。

② 常用非金属材料知识。

③ 识别工件材料材质的方法。

④ 材料退火、正火、淬火、调质的知识。

5）机械加工工艺基础知识

① 金属切削加工方法及常用设备知识。

② 机械加工工艺规程制定知识。

6）钳工相关基础知识

① 划线知识。

② 钳工操作知识：钻、扩、绞孔，攻、套螺纹。

③ 锯削、锉削知识。

7）电工知识

① 通用设备常用电器的种类及用途。

② 电气控制基础知识。

③ 机床安全用电知识。

8）安全文明生产与环境保护知识

① 现场文明生产要求。

② 安全操作与劳动保护知识。

③ 环境保护知识。

9）液（气）压知识

① 液压阀、液压缸、液压泵基础知识。

② 机械手液压系统、液压系统控制卡盘及真空卡盘的知识。

10）相关法律、法规知识

①《中华人民共和国劳动法》相关知识。

②《中华人民共和国合同法》相关知识。

A-3 工作要求

本标准对初级工、中级工、高级工、技师和高级技师的技能要求依次递进，高级别涵盖低级别的要求（见表 A-1 ~ A-5）。

表 A-1 初级工技能要求

职业功能	工作内容	技能要求	相关知识
一、轴类零件加工	（一）普通卧式车床的使用、维护与保养	1. 能操作机床的各部手轮及手，变换主轴转速、螺距及进给量 2. 能对车床各部润滑点进行润滑 3. 能对卡盘、床鞍、中小滑板等进行调整和润滑保养	1. 机床名称、机床部件及操作手柄名称 2. 车床传动路线知识 3. 机床切削用量基本知识 4. 机床润滑图标（含润滑油种类）
	（二）常用量具的识读、使用及保养	能使用游标卡尺、外径千分尺、游标万能角度尺、深度游标卡尺等、对轴类零件进行测量	1. 游标卡尺、外径千分尺、游标万能角度尺的结构、刻线原理及测量方法 2. 量具的维护知识与保养方法

（续）

职业功能	工作内容	技能要求	相关知识
一、轴类零件加工	（三）车刀的刃磨与装夹	1. 能根据需求选择车刀刀头形式 2. 能根据工件材料选择刀具材料 3. 能对90°、45°、75°右偏刀及切断刀、管螺纹车刀进行刃磨和装夹 4. 能使用车削轴类零件的可转位车刀 5. 能使用砂轮机刃磨刀具 6. 能使用中心钻加工中心孔	1. 常用刀具材料的牌号 2. 常用刀具的装夹及刃磨方法 3. 常用的可转位车刀型号的标记方法 4. 刀具静止参考系的名称和角度 5. 砂轮机安全技术操作要求 6. 中心钻的选择及使用知识 7. 切屑种类及断屑措施
	（四）短光轴、3-4个台阶的轴类零件加工	1. 能对零件进行装夹 2. 能制定短光轴、3~4个台阶的普通轴类（台阶轴、销钉、拉杆、双头螺柱等）零件的加工步骤，进行加工，并达到以下要求： （1）轴颈公差等级：IT9 （2）同轴度公差等级：8~9级 （3）表面粗糙度值：$Ra3.2\mu m$ （4）未注公差等级：粗糙 c 级 （5）未注同轴度公差等级：L 级（0.5mm） 3. 能进行滚花加工及抛光加工	1. 短光轴、3~4个台阶的轴类零件图，图上各种符号表达的含义及技术要求 2. 工序余量的相关标注 3. 工件定位的基本原理及定位方法 4. 台阶轴的车削方法 5. 台阶轴切削用量的选择 6. 滚花加工及抛光加工知识 7. 滚花刀的模数知识 8. 表面粗糙度样块识别 9. 公差表的知识
二、套类零件加工	（一）车直孔	1. 能对麻花钻进行刃磨 2. 能对内孔刀进行刃磨 3. 能在车床上进行钻孔、扩孔、铰孔 4. 能制定短衬套等直孔套类、法兰盘类、轮类零件的车削加工顺序 5. 能使用心轴对直孔套类零件进行装夹 6. 能用内径百分表或塞规测量孔径 7. 能车削直孔套类、轮类、盘类零件，并达到以下要求： （1）轴颈公差等级：IT9 （2）孔径公差等级：IT10 （3）表面粗糙度值：$Ra3.2\mu m$ （4）圆柱度公差等级：8~9级	1. 麻花麻花钻几何形状的刃磨方法 2. 内孔刀的形式、用途装夹及刃磨知识 3. 钻孔、扩孔、铰孔加工及铰刀选用方法 4. 切削液知识 5. 直孔套类零件的装夹和车削方法 6. 直孔加工切削用量的选择 7. 车内孔的关键技术要点 8. 标准心轴的相关知识及自制心轴的方法 9. 自制塞规知识 10. 内径百分表测量工件的方法

（续）

职业功能	工作内容	技能要求	相关知识
二、套类零件加工	（二）车台阶孔、平地不通孔及内沟槽	1. 能对内孔 1～3 个台阶的套类（轴承套等）零件制定车削加工顺序 2. 能对内沟槽进行加工和测量 3. 能对加工平底不通孔时的平底麻花钻进行刃磨 4. 能对加工平底为不通孔的 90°内孔车刀进行刃磨和装夹 5. 能对台阶孔、平底不通孔的直径与深度进行加工和测量	1. 麻花钻 180°顶角刃磨知识 2. 内沟槽种类及内沟槽车切削刃磨知识 3. 台阶孔、平底不通孔的加工技术 4. 台阶孔、平底不通孔及内沟槽的测量技术 5. 套类零件内、外圆同轴度的定义及工艺保证措施
三、圆锥面加工	（一）标准锥度与圆锥角加工	1. 能用转动小滑板法车削标准圆锥内外圆锥面 2. 用涂色法检验圆锥面时，接触面≥65% 3. 能用百分表和试棒调整尾座中心，并能用偏移尾座法车削锥体工件 4. 能用靠模装置车削锥体工件 5. 能刃磨大角度直切削刃，用宽切削刃法精车圆锥面	1. 车削圆锥面的有关计算 2. 锥度量规的使用知识 3. 锥度加工切削用量的选择 4. 尾座偏移法车削锥体工件时的偏移量计算 5. 转动小滑板车削、靠模车削圆锥面的方法 6. 宽切削刃刃磨及研磨方法 7. 车削圆锥面时产生质量问题的原因及其解决办法
	（二）零件结构性设计的任意圆锥角加工	1. 能按图样计算所需角度 2. 能迅速确定小滑板的旋转方向和角度 3. 能使用游标万能角度尺或角度样板透光测量圆锥面，检测角度的正确性 4. 能车削内、外圆锥面并达到以下要求： （1）圆锥角公差等级：AT9 （2）表面粗糙度值：$Ra3.2\mu m$ （3）圆锥面对测量基准的跳动公差：7～8 级	1. 用几何角度的知识测定小滑板的旋转方向和角度的有关知识 2. 游标万能角度尺中的角尺、直尺的变换技术 3. 游标万能角度尺、角度样板的使用方法
四、成形曲面加工	（一）用双手控制法车削成形曲面	1. 能刃磨车削内、外圆弧曲面的成形刀具 2. 能车削球面、曲线手柄等成形曲面 3. 能用半径规及曲线样板测量圆度及轮廓度 4. 能用锉刀、砂布对成形面进行修整、抛光	1. 刃磨内、外圆弧刀的知识 2. 计算圆弧曲线知识 3. 半径规及曲线样板的使用方法 4. 用双手控制法车削圆弧曲面的进给方法 5. 成形曲面加工切削用量的选择 6. 锉刀锉纹及砂布粒度的知识

285

（续）

职业功能	工作内容	技能要求	相关知识
四、成形曲面加工	（二）成形圆弧刀对光滑曲面的加工	1. 能用曲线样板或半径规等量具刃磨刀具 2. 能用成形圆弧刀对光滑曲面进行车削，并测量圆弧曲面的轮廓	圆弧刀的刃磨技术
	（三）靠模法对光滑曲面的加工	1. 能用靠模板方法车削成形曲面 2. 能用尾座装夹样板仿形车削成形曲面	1. 靠模板得应用知识 2. 标准样件的安装
五、螺纹及蜗杆加工	（一）米制普通螺纹（M）加工	1. 能刃磨螺纹车刀 2. 能根据工件螺距标注值，按照进给箱铭牌调整变换手柄位置 3. 能用丝锥和板牙攻、套螺纹 4. 能使用螺纹环规及塞规对螺纹进行综合检验 5. 能低速或高速车削普通螺纹（60°），并达到以下要求： （1）普通螺纹精度：7～8级 （2）表面粗糙度值：$Ra3.2\mu m$	1. 普通螺纹的种类、用途及有关计算方法 2. 螺纹基本牙型及公差带知识 3. 普通螺纹标记及常用M5～M24螺距知识 4. 普通螺纹车刀几何参数 5. 普通螺纹车削方法 6. 攻、套螺纹前螺纹底径与杆径的计算方法 7. 攻、套螺纹方法 8. 螺纹环规及塞规的结构及使用方法 9. 车削螺纹切削用量的选用
	（二）寸制螺纹加工	能按英制牙数变换手柄位置并车削55°牙型角螺纹	1. 螺纹代号与标记 2. 螺纹基本牙型、尺寸计算及公差表的查阅知识
六、车床设备维护、保养与调整	（一）卡盘清洗与修复	1. 能在主轴上装卸自定心卡盘和单动卡盘 2. 能对自定心卡盘零部件进行拆装清洗 3. 能根据装夹需要，更换正、反卡爪 4. 能对自定心卡盘内口的装夹面进行修复	1. 自定心卡盘、单动卡盘的结构和形状 2. 自定心卡盘拆装知识 3. 自定心卡盘的规格
	（二）滑动部位清洗与调整	1. 能对床鞍、中小滑板、转盘、尾座等结构不拆卸进行清洗保养和间隙调整 2. 能对方刀架拆卸进行清洗和保养 3. 能对丝杠、光杠、变向操纵杠三杠进行清洗保养	1. 床鞍、中小滑板、尾座等结构调整点和清洗部位知识 2. 方刀架结构拆装和清洗知识 3. 三杠的作用原理

表 A-2　中级工技能要求

职业功能	工作内容	技能要求	相关知识
一、轴类零件加工	（一）带锥度的多台阶轴类零件加工	1. 能制定工件装夹顺序及加工顺序 2. 能刃磨正、反切削刀具 3. 能加工带锥度的多台阶轴类（齿轮轴、花键轴等）零件，并达到以下质量要求： （1）轴颈公差等级：IT7～IT8 级； （2）表面粗糙度值：$Ra1.6～3.2\mu m$ （3）圆柱度公差等级：8 级 （4）轴向长度公差等级：IT10 （5）未注尺寸公差等级：中等 m 级	1. 带锥度的多台阶轴类零件图 2. 轴类零件装夹中六点定位原理的应用 3. 针对工件材料性质，选择切削用量，保证表面粗糙度的方法 4. 台阶轴各台阶长度尺寸换算 5. 正、反切削下料长度及道具的准备 6. 几何公差的基础知识 7. 多台阶轴加工工艺过程 8. 轴类材料热处理方法与表示方法
	（二）细长轴加工	1. 能对细长轴进行装夹 2. 能使用中心架、跟刀架，并对支承爪进行修整 3. 能分析车细长轴时出现的弯曲、竹节形、多边形、锥度、振动等工件缺陷产生的原因并采取措施消除工件表面变形等缺陷 4. 能解决细长轴在加工中热变形伸长问题 5. 能刃磨和装夹车细长轴的车刀 6. 能车削细长轴，并能达到以下要求： （1）长径比：1/D≥20 （2）尺寸公差等级：IT8 （3）圆度公差等级：8 级 （4）圆跳动公差等级：8 级 （5）表面粗糙度值：$Ra3.2\mu m$	1. 细长轴进行装夹的方法 2. 车细长轴时出现的弯曲、竹节形、多边形、锥度、振动等产生的原因及处理办法 3. 金属切削过程、切削力的分解及影响切削力的因素 4. 切屑瘤对细长轴加工的影响 5. 细长轴热变形伸长量的计算 6. 选择车刀几何形状的知识 7. 细长轴切削用量的选择 8. 细长轴几何公差检测知识

（续）

职业功能	工作内容	技 能 要 求	相 关 知 识
二、套类零件加工	（一）有色金属材料的套类、盘类零件加工	1. 能针对工件材料选择对应牌号刀具，对刀具进行刃磨和装夹 2. 能选用相应的冷却润滑液 3. 能解决工件热变形、残余应力变形、装夹变形等问题 4. 能借料找正解决铸造缺陷 5. 能对有色金属套类工件进行加工并达到以下要求： （1）轴径公差等级：IT8 （2）孔径公差等级：IT9 （3）表面粗糙度值：$Ra3.2\mu m$	1. 车削有色金属铸造材料的车刀牌号 2. 外圆、内孔车刀及麻花钻等刀具的刃磨方法 3. 套类有色金属铸造材料变形的复映规律及解决变形的方法 4. 能够根据工件的尺寸、精度及材料的性质等因素选择切削用量
	（二）薄壁套加工	1. 能用通用夹具，配合以相应的措施装夹工件，以减少变形，保证精度 2. 能用自制的锥体心轴、螺纹心轴、花键心轴等专用夹具装夹工件 3. 能车削薄壁套，并达到以下要求： （1）轴径公差等级：IT8 （2）孔径公差等级：IT9 （3）圆柱度公差等级：9 级	1. 薄壁套类零件六点定位原理的运用 2. 夹紧力大小的确定 3. 夹紧力方向的确定 4. 夹紧力作用点的确定 5. 车床典型轴向夹紧机构 6. 薄壁套零件圆柱度保证的方法 7. 薄壁套切削用量的选择
三、螺纹及蜗杆加工	（一）米制普通螺纹精加工	1. 能低速精车普通螺纹（M） 2. 能使用螺纹千分尺测量螺纹中径 3. 能使用三针测量螺纹中径 4. 能精车削普通螺纹并达到以下要求： （1）普通螺纹公差等级：6 级 （2）表面粗糙度值：$Ra1.6\mu m$	1. 螺纹千分尺的结构、原理及使用、保养方法 2. 三针测量螺纹中径的方法及千分尺读数的计算方法 3. 螺纹精车切削用量的选择
	（二）管螺纹加工	1. 能车削英制非密封管螺纹 G（55°） 2. 能车削英制一般密封管螺纹 R（55°）；R_1（圆锥外螺纹）与 Rp（圆柱内螺纹），R_2（圆锥外螺纹）与 Rc（圆锥内螺纹） 3. 能攻美制密封圆锥管螺纹 NPT（60°） 4. 能车削一般密封米制管螺纹 ZM（60°）	1. 管螺纹标记 2. 螺纹基本牙型及尺寸计算、公差带的选用 3. 管螺纹车削时的吃刀方法 4. 查阅各种管螺纹的基本牙型、公称尺寸和公差表知识

（续）

职业功能	工作内容	技能要求	相关知识
三、螺纹及蜗杆加工	（三）美制螺纹加工	能车削美制统一螺纹 UN（60°）	1. 美制统一螺纹标记 2. 螺纹基本牙型、尺寸计算及公差带知识
	（四）米制梯形螺纹 Tr（30°）加工	1. 能根据螺纹升角刃磨螺纹车刀的前角和后角 2. 能用三针和单针测量螺纹中径 3. 能用梯形螺纹塞规综合检验梯形内螺纹 4. 能车削单线或双线梯形螺纹，并达到以下要求： （1）梯形螺纹公差等级：8 级 （2）表面粗糙度值：$Ra1.6\mu m$ （3）牙型半角误差：±20′	1. 米制梯形螺纹标记 2. 梯形螺纹牙型尺寸及角度的计算方法 3. 梯形螺纹车刀角度几何参数的选择原则 4. 梯形螺纹车刀的刃磨与装夹 5. 双线梯形螺纹的分线方法 6. 梯形螺纹切削时的进刀方法 7. 三针及单针测量螺纹中径的方法 8. 梯形螺纹切削用量的选择
	（五）矩形螺纹加工	1. 能刃磨和装夹矩形螺纹车刀 2. 能车削矩形螺纹 3. 保证表面粗糙度值：$Ra1.6\mu m$	1. 矩形螺纹标记 2. 矩形螺纹车刀的几何角度和刃磨要求 3. 矩形螺纹切削用量的选择 4. 矩形螺纹车削时的进刀方法
	（六）米制锯齿形螺纹 B(3°/30°)加工	1. 能刃磨和装夹锯齿形螺纹切刀 2. 能车削锯齿形螺纹 3. 能测量牙型角 4. 能达到表面粗糙度值 $Ra1.6\mu m$ 的要求	1. 米制锯齿形螺纹标记 2. 锯齿形螺纹车刀几何参数的选择原则 3. 锯齿形螺纹削用量的选择 4. 锯齿形螺纹车削时的进刀方法
	（七）单线蜗杆加工	1. 能按角度样板、角度尺刃磨蜗杆车刀 2. 能按蜗杆齿廓装夹车刀 3. 能车削轴向齿廓蜗杆和法向齿廓蜗杆 4. 能用齿厚卡尺测量法向齿厚 5. 能车削单线蜗杆，并达到以下要求 （1）蜗杆公差等级：9 级 （2）表面粗糙度值：$Ra1.6\mu m$ （3）分度圆直径对测量基准的圆跳动≤0.05mm	1. 蜗杆齿形的计算 2. 蜗杆的种类、用途及加工工艺 3. 蜗杆车刀的几何形状 4. 蜗杆车刀的刃磨要求 5. 车刀的装夹 6. 交换齿轮的选择 7. 单线蜗杆切削用量的选择

（续）

职 业 功 能	工作内容	技 能 要 求	相 关 知 识
四、偏心件及曲轴加工	（一）偏心轴、套加工	1. 能对偏心部位划线及找正 2. 能用自定心卡盘加垫片装夹偏心轴、套 3. 能在两顶尖间装夹偏心轴、套 4. 能在偏心夹具上装夹偏心轴、套 5. 能用单动卡盘找正装夹偏心轴、套 6. 能选择工件配重 7. 能对偏心轴、套进行车削和测量，并达到以下要求： （1）偏心距公差等级：IT9 （2）轴径公差等级：IT7 （3）孔径公差等级：IT8 （4）轴心线平行度：8 级 （5）表面粗糙度值：$Ra1.6\mu m$	1. 偏心轴、套的零件图样表达方法 2. 偏心轴、套的零件的加工特点 3. 在平台、V 形架及方箱上进行划线的方法 4. 偏心垫片的厚度计算 5. 在自定心卡盘上车削偏心轴、套的方法 6. 在单动卡盘上车削偏心轴、套的找正方法 7. 在两顶尖间车削偏心轴、套的方法 8. 在双重卡盘上装夹、车削偏心轴、套 9. 在 V 形架、两顶尖间检测偏心距的方法及有关计算 10. 轴线平行度的检测方法 11. 车削偏心轴、套时产生质量问题的原因及预防方法
	（二）单拐曲轴加工	1. 能对单拐曲轴进行划线、钻中心孔、装夹及配重 2. 能对单拐曲轴制定加工顺序 3. 能对单拐曲轴进行车削和测量，并达到以下要求： （1）轴径公差等级：IT8 （2）偏心距公差等级：IT11 （3）曲柄径开档公差等级：IT10 （4）圆柱度公差等级：8 级 （5）主轴径对基准线的圆跳动：8 级 （6）主轴径与主轴径轴线之间的平行度：8 级 （7）表面粗糙度值：$Ra1.6\mu m$	1. 图样上曲轴的表达方式 2. 单拐曲轴的结构特点 3. 在平台、V 形架及方箱上进行划线的方法 4. 曲轴的装夹和配种方法 5. 曲轴所用车刀的结构特点和装夹要求 6. 预防曲轴产生变形的措施 7. 使用专用夹具车削曲轴工件的方法 8. 在两顶尖间车削曲轴工件的方法 9. 单拐曲轴切削用量的选择 10. 单拐曲轴检测偏心距的方法及有关计算 11. 主轴颈、曲柄颈平行度的检测方法 12. 车削曲轴时产生质量问题的原因及预防方法

（续）

职 业 功 能	工 作 内 容	技 能 要 求	相 关 知 识
五、矩形、非整圆孔加工	（一）矩形零件加工	1. 能检测单动卡盘、花盘平面的端面全跳动 2. 能在工件平面上划轮廓线，并能按划线找正工件 3. 能利用正、反爪加工平板类工件的两平行面 4. 能找正和检测平板类工件平行度到达7~8级 5. 在单动卡盘的四卡爪夹平板时，受力点之外的悬空部位能够采取措施减少振动和变形 6. 能在单动卡盘上加工六面体，保证其对称面平行、相邻面垂直 7. 能在单动卡盘或花盘上进行六面体工件上孔的加工，并保证孔轴线与各面的垂直或平行	1. 用百分表检测端面全跳动的操作方法 2. 利用卡盘平面、正、反爪台阶面定位装夹工件的方法 3. 利用卡尺、塞规、内卡钳等量具找正工件平面与卡盘平面平行的方法 4. 单动卡盘装夹板类工件时，悬空部位支承的方法 5. 在单动卡盘上找正六面体各面平行度或垂直度的方法 6. 在单动卡盘、花盘上使用穿通螺栓、压板、定位挡铁的方法
	（二）非整圆孔零件加工	1. 在零件上能够划十字线、圆线和田字检测线，并按线找正 2. 能在单动卡盘上加工非整圆孔零件的两平行端面 3. 能在单动卡盘上加工非整圆孔零件的内孔面，并使其孔轴线与端面垂直 4. 能在花盘上装夹并车削非整圆孔零件上的平行孔 5. 能检测非整圆孔零件上的平行孔距	1. 保证各平行孔的平行度和孔对端面垂直度的方法 2. 非整圆孔零件两平行孔距的检测方法
六、大型回转表面加工	（一）大型轴类零件加工	1. 能制定带有沟槽、螺纹、锥面、球面及其他曲面的大型轴类零件的加工顺序 2. 能在大型卧式车床上装夹大型轴类零件 3. 能车削带有沟槽、螺纹、锥面、球面及其他曲面的大型轴类零件并达到以下要求： （1）轴径公差等级：IT7 （2）轴向长度尺寸公差等级：IT9 （3）表面粗糙度值：$Ra1.6\mu m$	1. 识读带有沟槽、螺纹、锥面、球面及其他曲面的大型轴类零件的加工技术要求 2. 车削大型轴类零件进行吊装定位的知识 3. 装夹大型轴类零件的注意事项 4. 车削大型轴类零件切削用量的选择 5. 产生质量问题的原因及预防方法

（续）

职业功能	工作内容	技能要求	相关知识
六、大型回转表面加工	（二）大型套类、盘类零件加工	1. 能制定带有沟槽、螺纹、锥面、球面及其他曲面的大型套类、轮、盘类零件的加工顺序 2. 能在卧式车床上装夹大型套类及轮、盘类零件 3. 能使用立式车床车削大型轮盘类、套类、壳体类零件，并达到以下要求： （1）轴径公差等级：IT7 （2）孔径公差等级：IT8 （3）轴向长度尺寸公差等级：IT9 （4）表面粗糙度值：$Ra1.6\mu m$ 4. 能使用圆柱量棒（或钢球）、外径千分尺和量块等经过换算间接测量内、外锥体	1. 识读有沟槽、螺纹、锥面、球面及其他曲面的大型套类、轮、盘类零件的加工技术要求 2. 车削大型套类、轮、盘类零件进行吊装定位的知识 3. 装夹大型套类、轮、盘类零件的注意事项 4. 车削大型套类、轮、盘类零件切削用量的选择 5. 在立式车床上测量圆锥面的方法 6. 产生质量问题的原因及预防方法
七、车床设备维护、保养与调整	（一）滑动面拆装清洗	能对床鞍前后导轨压板及防尘垫、中小滑板、转盘、尾座等进行拆装、清洗、调整和保养	床鞍前后导轨压板及防尘垫、中小滑板、转盘、尾座等拆装知识
	（二）一级保养	1. 能诊断车床一般小故障，并加以解决 2. 能进行一级保养，能合理使用所需的工具	1. 车床一般小故障的排除方法 2. 机床典型零部件的结构知识 3. 一级保养的步骤与方法
	（三）摩擦离合器的调整	能够调整摩擦离合器的间隙	1. 多片式摩擦离合器的结构及操纵装置 2. 摩擦离合器、制动器的联动结构
	（四）制动装置调整	能调整制动带的松紧程度并视情况更换新的制动带	1. 制动装置的功用 2. 制动器的操纵装置 3. 制动带的更换方法
	（五）开合螺母机构调整	能在螺距不均时，对开合螺母机构进行调整	1. 开合螺母的功用 2. 开合螺母机构的结构
	（六）交换齿轮间隙调整	能调整齿轮啮合时的间隙	交换齿轮的结构

表 A-3 高级工技能要求

职业功能	工作内容	技能要求	相关知识
一、套筒及深孔加工	（一）复杂套筒（滑动轴承、液压缸等）零件加工	1. 能分析及解决加工中产生的变形、振动等问题 2. 对同轴度、圆柱度要求较高且工件较短的薄壁套筒，能够在一次装夹中将内、外圆及端面加工完毕 3. 能对深孔的长套筒零件进行工艺分析，装夹工件并选择刀具、辅具 4. 能对大型薄壁套筒零件装夹、校正 5. 能对内孔进行精镗、珩磨 6. 能加工复杂套筒类零件，并达到以下要求： （1）孔径公差等级：IT7 （2）长套筒圆度、圆柱度公差等级：6~7 级 （3）内孔表面粗糙度值：$Ra2.5 \sim 0.16\mu m$ （4）轴径公差等级：IT7 （5）外径表面粗糙度值：$Ra5 \sim 0.63\mu m$	1. 能够根据工件的材料、形状、尺寸及壁厚等结构特点，选择加工方案 2. 加工以外圆或以内孔为基准的薄壁套筒夹具的制作方法 3. 较长薄壁套筒深孔加工时一夹一托方式的注意事项 4. 均匀夹紧力机构的典型结构 5. 薄壁套筒进行精加工的方法 6. 大型薄壁套筒的装夹、校正方法 7. 车削复杂套筒时切削用量的选择
	（二）深孔加工	1. 能选用深孔钻加工刀具并进行装夹 2. 能解决深孔加工中的排屑、冷却、润滑 3. 能选用群钻、浮动镗、浮动铰刀等先进孔用刀具进行深孔加工 4. 能使用深孔珩磨工具加工细长深孔 5. 能车削深孔并达到以下要求： （1）长径比：$L/D \geq 5$ （2）孔径公差等级：IT7 （3）表面粗糙度值：$Ra1.6\mu m$ （4）圆柱度公差等级：IT7 6. 能检验深孔	1. 制定深孔加工步骤的方法 2. 深孔钻的种类、特点及选择、安装、调整方法 3. 深孔加工时切削用量的选择方法 4. 深孔车削过程的特点 5. 深孔浮动铰刀的结构 6. 深孔加工刀具的排屑方法 7. 深孔加工时工件与刀具的运动形式 8. 深孔检验的量具及方法 9. 深孔珩磨工具的特点 10. 产生质量问题的原因及预防方法

（续）

职业功能	工作内容	技能要求	相关知识
二、螺纹及蜗杆加工	（一）长丝杠加工	1. 能编制长丝杠加工顺序 2. 能在卧式车床上对长丝杠进行装夹 3. 能在卧式车床上车削长丝杠（长度≥2m），并达到以下要求： （1）丝杠公差等级：8级 （2）表面粗糙度值：$Ra1.6\mu m$ 4. 能对长丝杠进行检验	1. 车削长丝杠切削用量的选择 2. 预防长丝杠变形的措施 3. 长丝杠检测误差的分析
	（二）多线螺纹及蜗杆加工	1. 能制定多线螺纹和蜗杆的加工顺序 2. 能刃磨和装夹车削多线螺纹及多线蜗杆车刀 3. 能车削三线以上螺纹 4. 能车削双线以上蜗杆 5. 能用三针、齿厚游标卡尺测量蜗杆	1. 车削三线以上螺纹的工艺知识 2. 能够对多线螺纹蜗杆牙型不同直径尺寸处的不同导程角进行计算 3. 分线方法 （1）轴向分线法 （2）圆周分线法 4. 三针测量多线螺纹的方法及计算 5. 分线精度的测量方法 6. 三线以上内螺纹车削时的不利因素 7. 精度检验及误差分析
三、偏心件及曲轴加工	（一）双偏心零件的加工	1. 能用自定心卡盘加垫片找正在轴向截面内对称的双偏心中心线 2. 能用单动卡盘装夹找正双偏心零件 3. 能车削双偏心外圆和双偏心孔，并达到以下要求： （1）偏心距公差等级：IT8 （2）轴径公差等级：IT6 （3）孔径公差等级：IT7 （4）对称度公差等级：8级 （5）偏心轴线对基准轴线平行度：7级 （6）表面粗糙度值：$Ra1.6\mu m$	1. 双偏心轴、套的安装、调整 2. 双偏心零件的测量方法

（续）

职业功能	工作内容	技能要求	相关知识
三、偏心件及曲轴加工	（二）四拐曲轴加工	1. 能对四拐以下（含四拐）曲轴进行划线、钻中心孔装夹 2. 能加工四拐曲轴并达到以下要求： （1）轴径公差等级：IT6 （2）主轴径、曲轴径开档公差等级：IT9 （3）表面粗糙度值：$Ra1.6\mu m$ （4）圆柱度公差等级：6 级 （5）曲轴径对基准轴线的圆跳动：6 级 （6）曲轴径相互角度误差：±20' （7）曲轴径与主轴径轴线之间的平行度：7 级 （8）曲轴径的偏心距公差等级：IT8 3. 能测量多拐曲轴	1. 用一夹一顶或两顶尖装夹四拐曲轴的方法 2. 用偏心夹板装夹四拐曲轴的方法 3. 用偏心卡盘装夹四拐曲轴的方法 4. 用偏心夹具装夹四拐曲轴的方法 5. 粗、精车各轴颈的先后顺序原则 6. 四拐曲轴的加工方法 7. 减少多拐曲轴车削变形的方法 8. 曲轴径与主轴径轴线之间平行度的检测方法 9. 曲轴径夹角的检测方法 10. 产生质量问题的原因及预防方法
	（三）缺圆块状零件的加工	1. 能对缺圆块状工件进行划线 2. 能对缺圆块状工件进行装夹和加工 3. 能对缺圆块状工件进行检测	1. 能够掌握缺圆块状零件（镶嵌块）的结构特点 2. 缺圆块状零件加工线计算 3. 加工缺圆块状工件时，切削用量的选择 4. 在花盘上加工缺圆块状零件的方法 5. 能够设计夹具批量加工缺圆块状零件并进行夹具误差分析计算 6. 内、外缺圆测量的方法
四、箱体孔加工	（一）齿轮减速箱体类加工	1. 能进行箱体划线 2. 能在花盘、角铁上对箱体零件进行装夹 3. 能进行立体交叉孔及多孔工件的装夹与调整 4. 能车削箱体平行孔、同轴孔、立体交叉孔并达到以下要求： （1）孔距公差等级：IT9 （2）孔径公差等级：IT6～IT7 （3）孔中心线相互垂直度：8 级 （4）位置度：0.01mm （5）表面粗糙度值：$Ra1.6\mu m$ 5. 能测量各箱体孔的尺寸及相互位置精度	1. 识读箱体孔的技术要求： （1）轴承孔的尺寸精度要求 （2）轴承孔相互位置精度要求 2. 齿轮减速箱定位基准的选择原则 3. 箱体平行孔、同轴孔、立体交错孔装夹、车削和测量方法

295

(续)

职 业 功 能	工 作 内 容	技 能 要 求	相 关 知 识
四、箱体孔加工	（二）涡轮减速箱体类加工	1. 能装夹涡轮减速箱体并保证涡轮和蜗杆孔的垂直中心距要求 2. 能对涡轮箱体孔进行加工、测量，并达到以下要求： （1）孔距公差等级：IT9 （2）孔径公差等级：IT6~IT7 （3）孔中心距相互垂直度：8级 （4）位置度：0.1mm （5）表面粗糙度值：$Ra1.6\mu m$	1. 涡轮箱体划线技术 2. 涡轮箱体加工时定位基准的选择 3. 涡轮箱体垂直中心距的测量方法
	（三）锥齿轮座类加工	1. 能利用花盘、角铁车削垂直相贯孔 2. 能用花盘、角铁、组合夹具限位孔距	垂直相贯孔垂直度的限位方法
五、组合件加工	（一）对称平分两半体零件（上下轴衬）加工	1. 能在对称平分半体上进行划线 2. 能组合两半体工件 3. 能进行两半体的对称平分找正，车削对称半圆孔	1. 校正端面平分线的方法 2. 校正端面及侧母线平分线对机床导轨面平行度的方法 3. 车削两半体工件对称半圆孔的方法 4. 两半体对称半圆孔半径尺寸的测量方法
	（二）模具加工	1. 能用合模与分模的方式进行组合加工 2. 能车削橡胶模具、锻造模具、铸造模具等	1. 制定组合加工工艺方案的方法 2. 产品对行腔的设计要求
	（三）组合轴、套件加工	1. 能车削内外圆锥、偏心、螺纹四件以下（含四件）的组合工件 2. 能组装整体加工和检验	1. 分析和解决组合工件加工中产生的质量问题 2. 解决车削组合工件时的关键问题： （1）根据工艺确定基准零件 （2）安排组合工件的加工顺序和制定加工工艺卡 3. 车削基准零件时的注意事项 4. 保证组合件装配精度要求的方法

（续）

职 业 功 能	工 作 内 容	技 能 要 求	相 关 知 识
六、车床维护、保养与调整	（一）润滑油的供给	1. 能清洗油箱、过滤器、主轴箱体、进给箱体 2. 疏通液压泵及油路，使主周箱体、进给箱体内部充分润滑，注入并足量供给润滑油	1. 液压泵供油润滑系统知识 2. 油号及油标知识
	（二）安全离合器的调整	能用螺钉旋具将溜板箱左侧盖板打开，调整弹簧压力到适当的松紧程度	安全离合器低的调整知识

表 A-4　技师技能要求

职 业 功 能	工 作 内 容	技 能 要 求	相 关 知 识
一、轴类零件加工	（一）高精度、大型传动轴类零件加工	1. 能对高精度的大尺寸（尺寸大于 500mm）直径的轴类零件进行直接测量和间接测量 2. 能对高精度、大型传动轴类零件，按技术要求进行加工 3. 能使用涂层刀具、特殊形状及特殊材料刀具等新型刀具 4. 能对大型传动轴类外表面进行砂带磨削 5. 能对大型轴类表面进行滚压加工 （1）轴径公差等级：IT5 ~ IT7 （2）轴径表面粗糙度值：$Ra0.8\mu m$ （3）未注尺寸公差等级：中等 m ~ 精密 f 级	1. 大尺寸的轴类零件直接测量和间接测量的方法 2. 大型传动轴类零件的特点及加工方法 3. 延长车刀使用寿命的方法 4. 新型刀具材料的种类、特点及应用 5. 在车窗上砂带磨削工具及磨削方法 6. 在车窗上滚压加工常用工具及滚压方法
	（二）机床主轴类零件的加工	1. 能对轴径公差等级为 IT5 ~ IT7 的机床主轴类进行车削加工 2. 能采用锥堵或锥堵心轴的中心孔作为定位基准	1. 主轴类零件的特点及加工方法 2. 保证空心主轴技术要求的措施 3. 安装工艺锥堵或锥堵心轴的注意事项 4. 精密机床主轴的加工工艺及深孔，螺纹在加工顺序中的安排方法

（续）

职 业 功 能	工 作 内 容	技 能 要 求	相 关 知 识
二、套类零件加工	（一）复杂、多件套加工	1. 能对4件及4件以上组合件的复杂多件套（未含轴件）进行工件加工和组装，并保证装配图上的技术要求 2. 能用正弦规检测锥体角度	1. 复杂套件的加工工艺 2. 正弦规的使用方法及测量，计算方法
	（二）复杂形体的有色金属超薄套加工	1. 能编制机械加工工序卡，并进行加工 2. 能自制夹具，粗、精加工复杂形体的有色金属超薄壁套的内、外圆及端面	1. 有色金属薄壁件编制工艺卡的方法 2. 薄壁件加工时的装夹方式及注意事项 3. 有色金属超薄套切削用量的选择 4. 工件防变形、防振动的措施
三、螺纹及蜗杆加工	（一）复杂螺纹的加工	1. 能在卧式车床上车削渐深螺纹、平面螺纹、不等距螺纹及变齿厚蜗杆 2. 能检验平面螺纹及变齿厚蜗杆	1. 能够识读平面螺纹、不等距螺纹及变齿厚蜗杆工作图 2. 加工平面螺纹及不等距螺纹时所用传动装置的工作原理及其结构 3. 平面螺纹、不等距螺纹及变齿厚蜗杆车削加工顺序的制定方法 4. 平面螺纹、不等距螺纹及变齿厚蜗杆的加工方法 5. 平面螺纹、不等距螺纹及变齿厚蜗杆的检验方法
	（二）大模数滚刀加工	能车削大模数滚刀	1. 大模数滚刀的特点 2. 大模数滚刀车削方法的确定
四、偏心件及曲轴加工	（一）三偏心孔加工	能车削三个以上偏心孔的高难度工件，并达到以下要求： （1）偏心距公差等级：IT9 （2）孔径公差等级：IT6 （3）表面粗糙度值：$Ra1.6\mu m$	1. 三偏心孔工件的装夹方法 2. 检验三个偏心距的方法
	（二）曲轴加工	能车削六拐以上的曲轴，并达到以下要求： （1）偏心距公差等级：IT9 （2）轴径公差等级：IT6 （3）表面粗糙度值：$Ra1.6\mu m$	六拐以上曲轴的车削方法

（续）

职业功能	工作内容	技能要求	相关知识
五、复杂形体零件加工	（一）轴承座类零件加工	1. 能装夹并车削全焊接钢结构水冷式轴承座零件 2. 能在工装夹具上检测轴承孔与定位基准底平面的平行度 3. 加工部位轴线对定位基准面的精度要求： （1）平行度、垂直度公差等级：8级 （2）孔径公差等级：IT6	1. 工艺尺寸链的计算方法 2. 全焊接钢结构水冷式轴承座毛坯划线技术 3. 能够运用工艺尺寸链控制轴承座孔对定位基准底平面的尺寸精度 4. 检测孔轴线对底平面平行度要求的方法 5. 车削与铣、刨等加工工序穿插进行的工艺路线
	（二）薄板类零件加工	1. 能加工各种材质的薄板类零件 2. 能自制加工薄板的专用夹具，进行工件的装夹	1. 薄板专用夹具的制造方法 2. 薄板精车刀的选择及工件的冷却方法 3. 解决加工薄板时的振动、热变形、切削力引起的凸起或塌陷、翘曲等技术难点的方法
	（三）畸形零件加工	1. 能使用单动卡盘装夹、找正畸形的零件 2. 能使用花盘、角铁等一些机床附件进行零件装夹 3. 能在花盘、角铁上使用导向定位挡铁进行定位 4. 能采取一定的工艺措施，按要求加工垂直的有立体中心距尺寸要求的十字交叉孔 5. 能确定立体交叉孔及多孔工件的装夹方式和调整方法 6. 能加工十字孔、偏心凸轮、十字轴、十字座、连杆、叉架等畸形零件	1. 畸形零件划线技术 2. 角铁、导向定位挡块进行定位、夹紧的方法
六、数控技术	（一）数控程序编制	能手工编制车削端面、外圆、内孔、内外圆锥面、圆弧、普通螺纹的加工程序	手工编制的各种功能代码及基本代码的使用方法
	（二）输入程序	1. 能手工输入程序 2. 能进行程序的编辑与修改	1. 数控车床操作面板各功能键及开关的用途和使用方法 2. 手工输入程序的方法 3. 程序的编辑与修改的方法

（续）

职 业 功 能	工 作 内 容	技 能 要 求	相 关 知 识
七、车床维护、保养与调整	（一）卧式车床精度检验	1. 能进行卧式车床几何精度及工作精度的检验 2. 能分析产品质量、排除机床故障 3. 能分析并排除卧式车床常见的气路、液路、机械故障 4. 能对大修后的机床进行精度检验、试车和调试 5. 能对新车床进行试车和调试	1. 机床几何精度和工作精度检验的内容和方法 2. 车削加工中消除或减少加工误差的知识 3. 常见车床液（气）路及机械故障点 4. 能分析和认识卧式车床误差对加工质量的影响
	（二）机床主轴间隙的调整	能进行机床主轴精度检验： （1）主轴轴向窜动误差≤0.01mm （2）主轴径向圆跳动误差：近点≤0.005mm，远点（300mm以上）≤0.02mm （3）调整后应进行1h的高速空运转实验，主轴轴承温升不得超过70℃	1. 熟悉卧式车床主轴结构，调整主轴间隙和判别调整方向的知识 2. 普通卧式车床主轴部件结构图 3. 机床主轴精度检验及调整方法
八、培训指导	（一）指导操作	能指导本职业初级、中级、高级车工进行实际操作	实际操作的演示与指导
	（二）理论培训	1. 能讲授本职业技术理论知识 2. 能讲授本职业毛坯及余量技术理论	1. 培训教学的基本方法 2. 毛坯及余量基础知识
九、管理	（一）质量管理	1. 能配合检验员认真检验本机床产品及其他产品 2. 能具备观察、判断、测量、试验的验收能力，判断产品的合格、返工、返修、报废、让步等层次，给出符合性报告 3. 能具备操作过程中质量分析与控制的能力	1. 质量管理知识 2. 相关质量检测技术方法
	（二）生产管理	1. 能组织有关人员协同作业 2. 能协调部门领导进行调度及人员的管理	生产管理基本知识

表 A-5　高级技师技能要求

职 业 功 能	工 作 内 容	技 能 要 求	相 关 知 识
一、技术攻关与工艺能力	（一）难加工材料加工	1. 能车削高锰钢、高强度钢、不锈钢、高温合金、钛合金等能加工材料 2. 能解决难加工材料工件在车削加工中的技术难点 3. 难加工材料的高精度工件加工精度： （1）直径公差等级 IT6 （2）表面粗糙度值：$Ra0.8\mu m$	1. 难加工材料机械加工工序卡编制知识 2. 难加工材料知识 3. 车削难加工材料的刀具知识
	（二）特型面加工	1. 能设计夹具装夹特型面 2. 能设计专用加工装置车削椭圆轴、孔车削双曲面轧辊、车削凸轮、盘绕弹簧、车削油槽、车削多边形等	1. 特型面专用夹具、专用加工装置机械加工工艺规程编制知识 2. 特型面专用夹具装夹工件的方法 3. 特型面专用加工装置加工工作方法
	（三）工艺装备的准备	1. 能设计并制造车床用的夹具 2. 能根据工件加工要求设计并制造成形刀具及专用刀具 3. 能够应用和推广车工新知识	1. 车床夹具的设计及使用知识 2. 成形刀具及专用车刀的设计与制造知识
二、车床改造	（一）识图、绘图与资料查询	1. 能读懂常用车床的装配图 2. 能绘制车床复杂工装的装配图 3. 能测绘复杂零件图 4. 能用计算机绘制平面图	1. 车床装配图的识读和画法 2. 车床复杂工装装配图的画法 3. 零件图的测绘方法 4. 计算机绘制图形知识 5. 翻译（英文或其他语种）本工种技术资料所需的外语知识 6. 英制与美制螺纹标准等资料查询
	（二）车床维护与改造	1. 能挖掘开发设备潜力，弥补设备加工能力不足 2. 能对现有设备更新改造，进行技术革新与技术改造，提高机床精度	1. 开发设备潜力，弥补设备能力不足时进行机床改造的技术知识 2. 进行技术革新、技术改造所需的专业知识 3. 提高机床精度的机床操作系统改造知识 4. 车床检验技术

（续）

职业功能	工作内容	技 能 要 求	相 关 知 识
二、车床改造	（三）车床扩大使用	1. 能在卧式车床上磨削工件 2. 能在车床上研磨工件 3. 能在车床上镗削、铣削工件	1. 在车床上磨削工件的方法、磨削工具、工艺要求 2. 在车床上研磨工件的方法、研磨原理、材料、研磨剂 3. 在车床上镗削工件的方法 4. 在车床上铣削工件的方法
三、产品质量分析	（一）分析影响尺寸精度的因素	1. 能分析试切法、调整法、定尺寸刀具法、自动控制法造成误差的影响因素并采取改进措施 2. 能进行尺寸精度质量的检验	1. 试切法、调整法、定尺寸刀具法、自动控制法影响尺寸精度的因素 2. 消除尺寸误差，采取改进措施的方法 3. 尺寸精度长度、角度通用检验方法
	（二）分析影响形状精度的因素	1. 能分析机床主轴回转误差，机床导轨的导向误差，成形运动轨迹间几何位置关系误差，刀具的刃磨、安装、磨损误差，并采取改进措施 2. 能进行形状精度的测量	1. 机床主轴回转误差，机床导轨的导向误差，成形运动轨迹间几何位置关系误差的因素 2. 影响刀具的刃磨、安装、磨损误差的因素 3. 消除形状误差，采取改进措施的途径 4. 形状精度误差的检测方法
	（三）分析影响形状精度的因素（受热、受力、应力）	能分析工艺系统热变形、受力变形、残余应力引起变形的误差，并采取改进措施	1. 工艺系统热变形、受力变形、残余应力引起变形的几何误差影响形状精度的因素 2. 消除误差，采取改进措施的途径 3. 几何公差与尺寸公差的关系
	（四）分析影响位置精度的因素	1. 能分析工件装夹引起的位置误差并采取改进措施 2. 能进行位置精度的测量	1. 工件装夹引起的位置误差的因素 2. 消除位置误差，采取改进措施的途径 3. 位置精度误差的检测方法
	（五）分析影响切削加工表面粗糙度的因素	1. 能分析影响切削加工表面粗糙度的因素，并采取改进措施 2. 能进行表面粗糙度的目测法、触觉法测量	1. 保证表面粗糙度措施 2. 表面粗糙度目测法、触觉法的原理与特点

（续）

职 业 功 能	工 作 内 容	技 能 要 求	相 关 知 识
四、数控技术	（一）对刀	1. 能进行试切对刀，建立工件坐标系 2. 能正确修正刀补值	试切对刀方法
	（二）试运行	能使用程序试运行、单程序段运行及自动运行等切削运行方式	程序的各种运行方法
	（三）轴类零件的加工	能在数控车床上加工外圆、内孔、台阶、沟槽、圆锥面、普通螺纹等	数控车床操作方法
	（四）排除故障	能排除急停、超程等报警信息所反映的故障	数控车床的报警信息的内容及解除办法
五、培训指导	（一）指导操作	能指导本职业初级、中级、高级车工和车工技师进行实际操作	实际操作的演示与指导
	（二）理论指导	能指导本职业初级、中级、高级车工和车工技师进行理论讲授	1. 编制培训讲义的知识与方法 2. 本行业四新技术的发展状况 3. 精密加工、纳米加工和高速切削的知识
六、管理	（一）质量管理	1. 能在本职工作中，把好质量关，杜绝人为因素、机械故障、毛坯缺陷、违规操作、环境污染与杂乱所造成的质量问题 2. 以工艺卡为指导文件，与检验员密切配合，进行质量数据整理、分析和评价，填写工序质量分析表，向有关人员提出可行性意见	1. 根据相关质量标准，参与、建立和改进质量管理体系 2. 质量分析与控制方法
	（二）生产管理	1. 根据工艺文件参与编制作业计划，并管理生产 2. 能提出节约资源、保护环境的措施	1. 参加生产计划编制、生产管理的知识 2. 节约资源、保护环境的新知识、新技术 3. 成组技术知识

A-4　比重表（见表 A-6、表 A-7）

表 A-6　理论知识

项　目		初级工（%）	中级工（%）	高级工（%）	技师（%）	高级技师（%）
基本要求	职业道德	5	5	5	5	5
	基础知识	20	15	15	15	15
相关知识	轴类零件加工	25	15	—	18	—
	套类零件加工	10	15	—	10	—
	圆锥面加工	15	—	—	—	—
	成形面加工	5	—	—	—	—
	螺纹及蜗杆加工	15	20	20	10	
	车床设备维护、保养与调整	5	5	5	7	
	偏心件及曲轴加工	—	5	20	10	
	矩形体、非整圆孔加工	—	10			
	大型回转表面加工	—	10			
	套筒及深孔加工	—	—	5	—	—
	箱体孔加工	—	—	15	—	—
	组合件加工	—	—	15	—	—
	复杂形体零件加工	—	—	—	13	—
	培训指导	—	—	—	5	5
	管理	—	—	—	5	8
	技术攻关与工艺能力					18
	数控技术				2	5
	车床改造	—	—	—	—	14
	产品质量分析	—	—	—	—	30
合　计		100	100	100	100	100

表 A-7　技能操作

项　　目		初级工（%）	中级工（%）	高级工（%）	技师（%）	高级技师（%）
相关知识	轴类零件加工	30	15	—	10	—
	套类零件加工	10	15	—	30	—
	圆锥面加工	15	—	—	—	—
	成形面加工	10	—	—	—	—
	螺纹及蜗杆加工	25	30	25	5	—
	车床设备维护、保养与调整	10	5	5	10	—
	偏心件及曲轴加工	—	5	15	13	—
	矩形体、非整圆孔加工	—	10	—	—	—
	大型回转表面加工	—	10	—	—	—
	套筒及深孔加工	—	—	15	—	—
	箱体孔加工	—	—	15	—	—
	组合件加工	—	—	25	—	—
	复杂形体零件加工	—	—	—	20	—
	培训指导	—	—	—	5	10
	管理	—	—	—	5	10
	技术攻关与工艺能力	—	—	—	—	30
	数控技术	—	—	—	2	3
	车床改造	—	—	—	—	20
	产品质量分析	—	—	—	—	27
合　　计		100	100	100	100	100

附录 B
车削误差的种类、原因及预防
（见表 B-1～表 B-9）

表 B-1　车削轴类零件的误差种类、原因及预防

误差种类	产生原因	预防措施
尺寸误差	1. 看错图样或刻度盘使用不当 2. 没有进行试切削 3. 量具有误差或测量方法不正确 4. 由于切削热的影响，使工件尺寸发生变化 5. 没及时关闭机动进给，使车刀进给长度超过台阶长度 6. 车槽时，车槽刀主切削刃太宽或太窄，使槽宽尺寸不正确 7. 尺寸计算错误，使槽深度尺寸不正确	1. 必须看清图样尺寸要求，正确使用刻度盘，看清刻度值 2. 根据加工余量算出背吃刀量，进行试切削，然后修正背吃刀量 3. 量具使用前，必须检查和调整零位，正确掌握测量方法 4. 不能在工件温度较高时测量，如要测量，应掌握工件的收缩情况，或浇注切削液，降低工件温度 5. 注意及时关闭机动进给或用手动进给到长度尺寸 6. 根据槽宽，刃磨车槽刀主切削刃宽度 7. 对留有磨削余量的工件，车槽时应考虑磨削余量
圆柱度误差	1. 用一夹一顶或两顶尖装夹工件时，后顶尖轴线不在主轴轴线上 2. 有小滑板车外圆时产生锥度是由于小滑板的位置不正，即小滑板刻线跟中滑板的刻线没有对准"0"线 3. 用卡盘装夹工件纵向进给车削时产生锥度是由于车床床身导轨跟主轴轴线不平行 4. 工件装夹时悬伸较长，车削时因切削刀影响使前端让开，产品产生锥度 5. 车刀中途逐渐磨损	1. 车削前必须找正锥度 2. 必须事先检查小滑板的刻线是否与中滑板刻线的"0"线对准 3. 调整车床主轴与床身导轨的平行度 4. 尽量减少工件的伸出长度，或另一端用顶尖支顶，增加装夹刚性 5. 选用合适的刀具材料，或适当降低切削速度

（续）

误差种类	产生原因	预防措施
圆度误差	1. 车床主轴间隙太大 2. 毛坯余量不均匀，切削过程中背吃刀量发生变化 3. 工件用两顶尖装夹时，中心孔接触不良，或后顶尖顶得不紧，或前后顶尖产生径向圆跳动	1. 车削前检查主轴间隙，并调整使之合适。如因主轴轴承磨损太多，则需更换轴承 2. 分粗、精车 3. 工件用两顶尖装夹必须松紧适当，若回转顶尖产生径向圆跳动，须及时修理或更换
表面粗糙度达不到要求	1. 车床刚性不足，如滑板镶条太松，传动零件（如带轮）不平衡或主轴太松引起振动 2. 车刀刚性不足或伸出太长引起振动 3. 工件刚性不足引起振动 4. 车刀几何参数不合理，如选用过小的前角、后角和主偏角 5. 切削用量选用不当	1. 消除或防止由于车床刚性不足而引起的振动（如调整车床各部分的间隙） 2. 增加车刀刚性和正确装夹车刀 3. 增加工件的装夹刚性 4. 选择合理的车刀角度（如适当增大前角，选择合理的后角和主偏角） 5. 进给量不宜太大，精车余量和切削速度应选择恰当

表 B-2　钻孔的误差种类、原因及预防

误差种类	产生原因	预防措施
钻孔偏斜	1. 工件端面不平或与主轴轴线不垂直，未打中心孔 2. 尾座轴线与主轴回转轴线有偏移 3. 初钻时麻花钻太长，刚性差，进给量过大 4. 麻花钻锋角不对称 5. 工件内部有偏孔、穿孔、砂眼、夹渣等	1. 钻孔前，车平钻孔面，在端面上预钻中心孔 2. 调整尾座，纠正偏移 3. 用短麻花钻初钻，以中心孔作引导，高速旋转，慢速进给；钻深孔时，换上长麻花钻，进给一段后，将麻花钻退出，清理铁屑，再继续切削 4. 修磨麻花钻，用量角器检验 5. 降低转速，减小进给量
钻孔直径大	1. 麻花钻直径选错 2. 麻花钻切削刃不对称 3. 麻花钻未对准工件中心	1. 正确选用麻花钻 2. 正确修磨麻花钻 3. 检查麻花钻是否弯曲，钻夹头、钻套等是否合格，安装是否正确，检查调整尾座

表 B-3　车削套类零件的误差种类、原因及预防

误差种类	产生原因	预防措施
尺寸误差	1. 车孔时，没有仔细测量 2. 使用尾座铰孔时，铰刀尺寸不符合要求 3. 使用刀架铰孔时，尺寸超差 4. 车床定位或重复定位超差	1. 仔细测量和修正刀具补偿值 2. 检查铰刀尺寸，找正尾座，采用浮动套筒 3. 铰刀未对正主轴回转中心 4. 调整维修机床
圆柱度误差	1. 车孔时，内孔车刀磨损，车床主轴轴线歪斜，床身导轨严重磨损 2. 使用尾座铰孔时，孔口扩大，主要原因是尾座偏移	1. 更换刀片或修磨内孔车刀，找正车床，大修车床 2. 找正尾座，采用浮动套筒
孔表面粗糙度值大	1. 车孔时，内孔车刀磨损，刀杆产生振动 2. 铰孔时，铰刀磨损或切削刃上有崩口、毛刺 3. 切削速度选择不当，产生积屑瘤	1. 更换刀片或修磨内孔车刀，采用刚性较大的刀杆 2. 修磨铰刀，刃磨后保管好 3. 铰孔时，采用 5m/min 以下的切削速度，加注充分的切削液
同轴度、垂直度误差	1. 用一次安装方法车削时，工件移位或机床精度不高 2. 用心轴装夹时，心轴中心孔精度过低，或心轴本身同轴度超差 3. 用软卡爪装夹时，软卡爪没有经过车削	1. 装夹牢固，减小切削用量，调整机床精度 2. 心轴中心孔应保护好，如碰毛，可研修中心孔，如心轴弯曲可校直或重制 3. 软卡爪应在本机床上车出，直径与工件装夹尺寸基本相同（+0.1mm）

表 B-4　铰孔的误差种类、原因及预防措施

误差种类	产生原因	预防措施
孔径超差、孔径扩大	1. 铰刀直径偏大 2. 转速太高，铰刀径向圆跳动超差 3. 铰刀中心与工件轴线不重合 4. 积屑瘤的影响 5. 铰削余量过大或进给量选用不当	1. 精心测量和挑选铰刀直径或修研至合适尺寸 2. 降低转速，修磨铰刀刃口 3. 调整尾座对准工件旋转轴中心线，使用灵活的浮动刀杆 4. 及时修磨切削刃上的积屑瘤 5. 选择合适的铰削余量和进给量
孔径缩小	1. 铰刀磨损 2. 对于钢材工件，当铰削余量小，刃口不锋利时，会产生较大的弹性恢复 3. 铰刀偏角过小，寿命低	1. 认真测量、挑选铰刀刃直径，使用合格的铰刀 2. 合理控制铰削余量，保持铰刀刃口锋利 3. 选用偏角较大的铰刀

（续）

误差种类	产生原因	预防措施
产生喇叭口	1. 铰刀夹头位置偏斜 2. 铰刀偏角大，导向不好 3. 工件端面不平整，开始铰削易歪斜 4. 铰削时导套松动	1. 调整夹头位置对准工件孔中心线或用浮动夹头 2. 选用偏角较小的铰刀 3. 修正工件端面，或将铰刀对准孔轴线后缓慢进刀 4. 加固导套与夹具的联接
孔不圆	1. 铰削时工件松动 2. 铰削时产生振动 3. 薄壁工件装夹过紧，卸下后变形 4. 润滑不充分、不均匀	1. 选好工件定位面，重新装夹 2. 调整各部间隙，防止窜动和振动 3. 改变装夹方式，夹紧力要均匀分布、大小适度 4. 供应充足的切削液
轴心线不直	1. 铰削前工件孔不直 2. 切削刃导向不稳定 3. 铰削断续孔产生偏移	1. 增加扩孔工序，最好在镗削后铰孔 2. 修磨导向刃，铰刀偏角不要过大 3. 调整切削用量，选用有导柱的铰刀
表面质量不好	1. 铰刀切削刃不锋利或有崩口、毛刺 2. 余量过大或过小 3. 积屑瘤的影响 4. 铰刀出屑槽内铰积切屑过多 5. 切削液选用不当	1. 刃磨或更换铰刀 2. 铰削余量要适中 3. 去除积屑瘤，刃磨铰刀 4. 及时清除切屑 5. 合理选用切削液

表 B-5　车削圆锥面的误差种类、原因及预防

误差种类	产生原因	预防措施
锥度（角度）误差	1. 用转动小滑板法车削时 （1）小滑板转动角度计算错误 （2）小滑板移动时松紧不匀 2. 用偏移尾座法车削时 （1）尾座偏称位置不正确 （2）工件长度不一致 3. 用仿形法车削时 （1）靠板角度调整不正确 （2）滑块与靠板配合不良 4. 用宽切削刃法车削时 （1）装刀不正确 （2）切削刃不直 5. 铰内圆锥法时 （1）铰刀锥度不正确 （2）铰刀的轴线和工件放置轴线不同轴	（1）仔细计算小滑板应转的角度和方向，并反复试车找正 （2）调整塞铁使小滑板移动均匀 （1）重新计算和调尾座偏移量 （2）如工件数量较多，各件的长度必须一致 （1）重新调整靠板角度 （2）调整滑块和靠板之间的间隙 （1）调整切削刃的角度，对准中心 （2）修磨切削刃的直线度 （1）修磨铰刀 （2）用百分表和试棒调整尾座套筒轴线
双轴线误差	车刀刀尖没有对准工件轴线	车刀刀尖必须严格对准工件轴线

表 B-6　车削特形面的误差种类、原因及预防

误差种类	产生原因	预防措施
轮廓不正确	1. 用成形车刀车削 （1）车刀形状刃磨不准确 （2）刃口未对准工件中心 2. 手动进刀时，纵横进给不协调 3. 用靠模加工时 （1）靠模形状有误 （2）靠模安装有误 （3）靠模与车刀之间传动机构间隙较大 4. 数控车削轮廓有误	1. 成形刀车削产生误差的预防措施 （1）刀口形状严格按样板刃磨 （2）调整安装，使刃口对准工件中心 2. 提高操作技能和熟练程度，使进给协调自如 3. 用靠模加工产误差的预防措施 （1）修磨靠模，认真检验 （2）正确安装和调整靠模 （3）调整间隙 4. 正确进行刀具半径补偿
表面粗糙度达不到要求	1. 进给量过大或切削刃研磨质量较低 2. 工件、刀具刚性较差，产生振动 3. 产生积屑瘤 4. 抛光用材料选择不当或抛光方法不正确	1. 减小进给量，提高切削刃研磨质量 2. 加设工件辅助支承，采用弹簧刀杆，防止车削时振动 3. 去除积屑瘤，研磨刃口 4. 根据工件材料和硬度，正确选用抛光材料和抛光方法
滚花加工中出现乱纹	1. 工件外径周长不能被滚花刀节距除尽 2. 开始滚花时吃刀压力太小或工件与滚花刀接触面积过大 3. 滚花刀同刀杆小轴配合间隙太大或滚花刀转动不灵 4. 工件转速太高，滚花刀在工件表面打滑 5. 未清除滚花刀中的细屑或滚花刀磨损	1. 调整工件外径周长，可把外径车小点，或更换滚花刀 2. 从开始滚花时就用较大压力，把滚花刀偏一个很小的角度 3. 检查间隙，更换小轴 4. 调整、降低转速 5. 清除细屑，更换滚花刀

表 B-7　车削螺纹蜗杆的误差种类、原因及预防

误差种类	产生原因	预防措施
中径（分度圆直径）误差	1. 车刀背吃刀量不正确 2. 刻度盘使用不当	1. 经常测量中径尺寸 2. 正确使用刻度盘
螺距（齿距）误差	1. 交换齿轮计算或组装错误，进给箱、主轴箱有关手柄位置扳错 2. 局部螺距（周节）不正确 （1）车床丝杠和主轴的窜动过大 （2）溜板箱手轮转动不平衡 （3）开合螺母间隙过大 3. 车削过程中开合螺母抬起	1. 在工件上先车出一条很浅的螺旋线，测量螺距（周节）是否正确 2. 整好主轴和丝杠的轴向窜动量和开合螺母间隙；将溜板箱手轮拉出，使之与传动轴脱开或加装平衡块使之平衡 3. 用重物挂在开合螺母手柄上防止中途抬起

（续）

误差种类	产生原因	预防措施
牙型（齿型）误差	1. 车刀刃磨不正确 2. 车刀装夹不正确 3. 车刀磨损	1. 正确刃磨和测量车刀角度 2. 装刀时用样板对刀 3. 合理选用切削用量并及时修磨车刀
表面粗糙度大	1. 产生积屑瘤 2. 刀杆刚性不够，切削时产生振动 3. 车刀纵向前角太大，中滑板丝杆螺母间隙过大产生扎刀 4. 高速切削螺纹时，切削厚度太小或切屑向倾斜方向排出，拉毛螺纹牙侧 5. 工件刚性差，而切削用量选用过大	1. 用高速钢车刀切削时，应降低切削速度，并加切削液 2. 增加刀杆截面积，并减小伸出长度 3. 减小车刀纵向前角，调整中滑板丝杆螺母间隙 4. 高速切削螺纹时，最后一刀的切削厚度，一般要大于 0.1mm，并使切屑从垂直轴线方向排出 5. 选择合理的切削用量

表 B-8 车削箱体类零件的误差种类、原因及预防

误差种类	产生原因	预防措施
尺寸误差	同车孔	同车孔
圆柱度误差	同车孔	同车孔
同轴线上两孔同轴度误差	车削过程中，箱体位置发生变动	装夹牢固，选择合理的切削用量，减小切削力
平行孔的平行度误差	1. 当第一孔车好后，车削第二孔时，找正不正确 2. 车削过程中，箱体位置发生变化 3. 在花盘或花盘角铁上加工时，花盘角铁的精度不符合要求	1. 找正要认真、准确 2. 装夹牢固 3. 花盘应精车，角铁定位基准面要精刮
平行孔的孔距误差	1. 在花盘上车削时，找正前检验棒的测量、计算错误 2. 在花盘角铁上车削时，调整不到位 3. 车前时，箱体位置发生了变动 4. 花盘、角铁精车不符合要求	1. 重新测量计算 2. 重新找正，保证孔距尺寸 3. 装夹要牢固可靠 4. 花盘要精车，角铁定位基准面要精刮
垂直孔轴线垂直度误差	1. 花盘盘面与角铁定位面垂直度超差 2. 箱体基准面精度达不到要求 3. 角铁的定位心轴和箱体孔配合精度达不到要求 4. 车削过程中，箱体位置发生变动	1. 盘面应精车，角落铁定位基准面要精刮 2. 提高基准平面的精度 3. 提高定位心轴和箱体孔的配合精度 4. 装夹要牢固可靠

表 B-9　车削中尺寸误差的产生原因及修正措施

尺寸精度的获得方法	产生原因	修正措施
试切法	1. 试切中测量不准 2. 微小进给量难以控制 3. 切削刃不锋利造成最小切屑厚度变化	1. 合理选择和正确使用量具 2. 控制微小进给量的措施 （1）提高进给机构的精度和刚度 （2）采用新型微量进给机构 （3）保证进给丝杠、螺母、刻度盘等的清洁和润滑 3. 选择切削刃倒棱、刀尖圆弧半径小的刀具，精细研磨刃口，提高刀具刚性
调整法	1. 定程机构的重复定位不准确 2. 抽样判断出现偏差 3. 刀具磨损 4. 仿形车削时，样件尺寸误差和对刀块、导套的位置偏移 5. 工件装夹出现误差 6. 工艺系统热变形	1. 提高定程机构刚度及操纵机构灵敏性 2. 试切一批工件，精心测量和计算，以提高工件尺寸分布中心位置的判断准确性 3. 及时调整、刃磨、更换刀具， 4. 提高样件精度和对刀块、导套的安装精度 5. 正确选择定位面，提高定位精度 6. 工艺系统热变形的修正措施 （1）合理选择切削用量 （2）利用切削液充分散热，使工艺系统处于热平衡状态
定尺寸刀具法	1. 刀具磨损 2. 刀具尺寸精度低 3. 刀具安装出现偏差 4. 刀具产生热变形	1. 控制刀具磨损量 2. 选择精度合适的刀具 3. 提高刀具的安装精度 4. 充分冷却、润滑刀具
自动控制法	控制系统的可靠性和灵敏性不理想	1. 提高进给机构的重复定位精度和灵敏性 2. 提高自动检测精度 3. 提高刀具刚性并减小刃口钝圆半径

附录 C
公差等级的选择及应用

公差等级	应用范围及举例
IT01	用于特别精密的尺寸传递基准，例如，特别精密的标准量块
IT0	用于特别精密的尺寸传递基准及宇航中特别重要的精密配合尺寸。例如，特别精密的标准量块，个别特别重要的精密机械零件尺寸，校对检验 IT6 级轴用量规的校对量规
IT1	用于精密的尺寸传递基准、高精密测量工具特别重要的极个别精密配合尺寸。例如，高精密标准量规，校对检验 IT7~IT9 级轴用量规的校对量规，个别特别重要的精密机械零件尺寸
IT2	用于高精密的测量工具，特别重要的精密配合尺寸。例如，检验 IT6~IT7 级工件用量规的尺寸制造公差，校对检验 IT8~IT11 级轴用量规的校对塞规，个别特别重要的精密机械零件尺寸
IT3	用于精密测量工具，小尺寸零件的高精度的精密配合以及和 C 级滚动轴承配合的轴径与外壳孔径。例如，检验 IT8~IT11 级工件用量规和校对检验 IT9~IT13 级轴用量规的校对量规，与特别精密的 P4 级滚动轴承内环孔（直径至 100mm）相配的机床主轴，精密机械和高速机械的轴颈，与 P4 级深沟球轴承外环相配合的壳体孔径，航空及航海工业中导航仪器上特殊精密的个别小尺寸零件的精度配合
IT4	用于精密测量工具、高精度的精密配合和 P4 级、P5 级滚动轴承配合的轴径和外壳孔径。例如，检验 IT9~IT12 级工件用量规和校对 IT12~IT14 级轴用量规的校对量规，与 P4 级轴承孔（孔径 >100mm）及与 P5 级轴承孔相配的机床主轴，精密机械和高速机械的轴颈，与 P4 级轴承相配的机床外壳孔，柴油机活塞销及活塞销座孔径，高精度（1~4 级）齿轮的基准孔或轴径，航空及航海工业中用仪器的特殊精密的孔径
IT5	用于配合公差要求很小，形状公差要求很高的条件下，这类公差等级能使配合性质比较稳定，相当于旧国标中最高精度，用于机床、发动机和仪表中特别重要的配合尺寸，一般机械中应用较少。例如，检验 IT11~IT14 级工件用量规和校对 IT14~IT15 级轴用量规的校对量规，与 P5 级滚动轴承相配的机床箱体孔，与 E 级滚动轴承孔相配的机床主轴，精密机械及高速机械的轴颈，机床尾座套筒，高精度分度盘轴颈，分度头主轴，精密丝杠基准轴颈，高精度镗套的外径等；发动机中主轴仪表中的精密孔的配合，5 级精度齿轮的基孔及 5 级、6 级精度齿轮的基准轴

313

（续）

公差等级	应用范围及举例
IT6	配合表面有较高均匀性的要求，能保证相当高的配合性质，使用稳定可靠，相当于旧国标 2 级轴和 1 级精度孔，广泛地应用于机械中的重要配合，例如，检验 IT12～IT15 级工件用量规和校对 IT15～IT16 级轴用量规的校对量规；与 E 级轴承相配的外壳孔及与滚子轴承相配的机床主轴轴径，机床制造中装配式青铜蜗轮、轮壳外径安装齿轮、蜗轮、联轴器、带轮、凸轮的轴径；机床丝杠支承轴径、矩形花键的定心直径、摇臂钻床的立柱等；机床夹具的导向件的外径尺寸，精密仪器中的精密轴，航空及航海仪表中的精密轴，自动化仪表，邮电机械，手表中特别重要的轴，发动机中气缸套外径，曲轴主轴径，活塞销、连杆衬套，连杆和轴瓦外径；6 级精度齿轮的基准孔和 7 级、8 级精度齿轮的基准轴径，特别精密如 1 级或 2 级精度齿轮的顶圆直径
IT7	在一般机械中广泛应用，应用条件与 IT6 相似，但精度稍低，相当于旧国标中级精度轴或 2 级精度孔的公差。例如检验 IT14～IT16 级工件用量规和校对 IT16 级轴用量规的校对量规；机床中装配式青铜蜗轮轮缘孔径，联轴器、带轮、凸轮等的孔径，机床卡盘座孔，摇臂钻床的摇臂孔，车床丝杠的轴承孔，机床夹头导向件的内孔，发动机中连杆孔、活塞孔，铰制螺柱定位孔；纺织机械中的重要零件，印染机械中要求较高的零件，精密仪器中精密配合的内孔，电子计算机、电子仪器、仪表中重要内孔，自动化仪表中重要内孔，7 级、8 级精度齿轮的基准孔和 9 级、10 级精密齿轮的基准轴
IT8	在机械制造中属于中等精度，在仪器、仪表及钟表制造中，由于公称尺寸较小，所以属于较高精度范围，在农业机械、纺织机械、印染机械、自行车、缝纫机、医疗器械中应用量广。例如，检验 IT16 级工件用量规，轴承座衬套沿宽度方向的尺寸配合，手表中跨齿轴，棘爪拨针轮等与夹板的配合无线电仪表中的一般配合
IT9	应用条件与 IT8 相类似，但精度低于 IT8 时采用，比旧国标 4 级精度公差值稍大。例如，机床中轴套外径与孔，操纵件与轴，空转带轮与轴，操纵系统的轴与轴承等的配合，纺织机械、印染机械中一般配合零件，发动机中机液压泵体内孔，气门导管内孔，飞轮与飞轮套的配合，自动化仪表中的一般配合尺寸，手表中要求较高零件的未注公差的尺寸，单键联接中键宽配合尺寸，打字机中运动件的配合尺寸
IT10	应用条件与 IT9 相类似，但要求精度低于 IT9 时采用，相当于旧国标的 5 级精度公差。例如，电子仪器、仪表中支架上的配合，导航仪器中绝缘衬套孔与汇电环衬套轴，打字机中铆合件的配合尺寸，手表中公称尺寸小于 18mm 时要求一般的未注公差的尺寸，以及大于 18mm 要求较高的未注公差尺寸，发动机中油封挡圈孔与曲轴带轮毂配合的尺寸
IT11	广泛应用于间隙较大，且有显著变动也不会引起危险的场合，亦可用于配合精度较低，装配后允许有较大的间隙，相当于旧国标的 6 级精度公差。例如，机床上法兰盘止口与孔、滑块与滑移齿轮、凹槽等；农业机械、机车车箱部件及冲压加工的配合零件，钟表制造中不重要的零件，手表制造用的工具及设备中未注公差的尺寸，纺织机械中较粗糙的活动配合，印染机械中要求较低的配合尺寸，磨床制造中的螺纹联接及粗糙的动联接，不作测量基准用的齿轮顶圆直径公差等

（续）

公 差 等 级	应用范围及举例
IT12	配合精度要求很低，装配后有很大的间隙，适用于基本上无配合要求的部位，要求较高的未注公差的尺寸极限偏差，比旧国标的 7 级精度公差稍小。例如，非配合尺寸及工序间尺寸，发动机分离杆，手表制造中工艺装备的未注公差尺寸，计算机工业中金属加工的未注公差尺寸的极限偏差，机床制造业中扳手孔和扳手座的联接等
IT13	应用条件与 IT12 相类似，但比旧国标 7 级精度公差值稍大。例如，非配合尺寸及工序间尺寸，计算机、打字机中切削加工零件及圆片孔，两孔中心距的未注公差尺寸
IT14	用于非配合尺寸及不包括在尺寸链中的尺寸，相当于旧国标的 8 级精度公差。例如，在机床、汽车、拖拉机、冶金机械、矿山机械、石油化工、电机、电器、仪器仪表、航空航海、医疗器械、钟表、自行车、缝纫机、造纸与纺织机械等机械加工零件中未注公差尺寸的极限偏差
IT15	用于非配合尺寸及不包括在尺寸链中的尺寸，相当于旧国标的 9 级精度公差。例如、冲压件、木模铸造零件、重型机床制造，当公称尺寸大于 3150mm 时的未注公差的尺寸极限偏差
IT16	用于非配合尺寸，相当于旧国标的 10 级精度公差。例如，打字机中浇注件尺寸，无线电制造业中箱体外形尺寸，手术器械中的一般外形尺寸，压弯延伸加工用尺寸，纺织机械中木件的尺寸，塑料零件的尺寸，木模制造及自由锻造的尺寸
IT17、IT18	用于非配合尺寸，相当于旧国标的 11 级或 12 级精度公差，用于塑料成形尺寸，手术器械中的一般外形尺寸，冷作和焊接用尺寸的公差

附录 D

标准公差值及孔和轴的极限偏差值
（见表 D-1～表 D-3）

表 D-1　标准公差值

公称尺寸		公 差 值														
		IT4	IT5	IT6	IT7	IT8	IT9	IT10	IT11	IT12	IT13	IT14	IT15	IT16	IT17	IT18
大于	到	μm								mm						
-	3	3	4	6	10	14	25	40	60	0.10	0.14	0.25	0.40	0.60	1.0	1.4
3	6	4	5	8	12	18	30	48	75	0.12	0.18	0.30	0.48	0.75	1.2	1.8
6	10	4	6	9	15	22	36	58	90	0.15	0.22	0.36	0.58	0.90	1.5	2.2
10	18	5	8	11	18	27	43	70	110	0.18	0.27	0.43	0.70	1.10	1.8	2.7
18	30	6	9	13	21	33	52	84	130	0.21	0.33	0.52	0.84	1.30	2.1	3.3
30	50	7	11	16	25	39	62	100	160	0.25	0.39	0.62	1.00	1.60	2.5	3.9
50	80	8	13	19	30	46	74	120	190	0.30	0.46	0.74	1.20	1.90	3.0	4.6
80	120	10	15	22	35	54	87	140	220	0.35	0.54	0.87	1.40	2.20	3.5	5.4
120	180	12	18	25	40	63	100	160	250	0.40	0.63	1.00	1.60	2.50	4.0	6.3
180	250	14	20	29	46	72	115	185	290	0.46	0.72	1.15	1.85	2.90	4.6	7.2
250	315	16	23	32	52	81	130	210	320	0.52	0.81	1.30	2.10	3.20	5.2	8.1
315	400	18	25	36	57	89	140	230	360	0.57	0.89	1.40	2.30	3.60	5.7	8.9
400	500	20	27	40	63	97	155	250	400	0.63	0.97	1.55	2.50	4.00	6.3	9.7

表 D-2 孔的极限差值

（公称尺寸 > 10 ~ 315mm）   （单位：μm）

公差带	等级	基本尺寸/mm							
		> 10 ~ 18	> 18 ~ 30	> 30 ~ 50	> 50 ~ 80	> 80 ~ 120	> 120 ~ 180	> 180 ~ 250	> 250 ~ 315
D	8	+77 +50	+98 +65	+119 +80	+146 +100	+174 +120	+208 +145	+242 +170	+271 +190
	▼9	+93 +50	+117 +65	+142 +80	+174 +100	+207 +120	+245 +145	+285 +170	+320 +190
	10	+120 +50	+149 +65	+180 +80	+220 +100	+260 +120	+305 +145	+355 +170	+400 +190
	11	+160 +50	+195 +65	+240 +80	+290 +100	+340 +120	+395 +145	+460 +170	+510 +190
E	6	+43 +32	+53 +40	+66 +50	+79 +60	+94 +72	+110 +85	+129 +100	+142 +110
	7	+50 +32	+61 +40	+75 +50	+90 +60	+107 +72	+125 +85	+146 +100	+162 +110
	8	+59 +32	+73 +40	+89 +50	+106 +60	+126 +72	+148 +85	+172 +100	+191 +110
	9	+75 +32	+92 +40	+112 +50	+134 +60	+159 +72	+185 +85	+215 +100	+240 +110
	10	+102 +32	+124 +40	+150 +50	+180 +60	+212 +72	+245 +85	+285 +100	+320 +110
F	6	+27 +16	+33 +20	+41 +25	+49 +30	+58 +36	+68 +43	+79 +50	+88 +56
	7	+34 +16	+41 +20	+50 +25	+60 +30	+71 +36	+83 +43	+96 +50	+108 +56
	▼8	+43 +16	+53 +20	+64 +25	+76 +30	+90 +36	+106 +43	+122 +50	+137 +56
	9	+59 +16	+72 +20	+87 +25	+104 +30	+123 +36	+143 +43	+165 +50	+186 +56
H	6	+11 0	+13 0	+16 0	+19 0	+22 0	+25 0	+29 0	+32 0
	▼7	+18 0	+21 0	+25 0	+30 0	+35 0	+40 0	+46 0	+52 0
	▼8	+27 0	+33 0	+39 0	+46 0	+54 0	+63 0	+72 0	+81 0
	▼9	+43 0	+52 0	+62 0	+74 0	+87 0	+100 0	+115 0	+130 0

公差带	等级	基 本 尺 寸/mm							
		>10~18	>18~30	>30~50	>50~80	>80~120	>120~180	>180~250	>250~315
H	10	+70 0	+84 0	+100 0	+120 0	+140 0	+160 0	+185 0	+210 0
	▼11	+110 0	+130 0	+160 0	+190 0	+220 0	+250 0	+290 0	+320 0
K	6	+2 -9	+2 -11	+3 -13	+4 -15	+4 -18	+4 -21	+5 -24	+5 -27
	▼7	+6 -12	+6 -15	+7 -18	+9 -21	+10 -25	+12 -28	+13 -33	+16 -36
	8	+8 -19	+10 -23	+12 -27	+14 -32	+16 -38	+20 -43	+22 -50	+25 -56
N	6	-9 -20	-11 -28	-12 -24	-14 -33	-16 -38	-20 -45	-22 -51	-25 -57
	▼7	-5 -23	-7 -28	-8 -33	-9 -39	-10 -45	-12 -52	-14 -60	-14 -66
	8	-3 -30	-3 -36	-3 -42	-4 -50	-4 -58	-4 -67	-5 -77	-5 -86
P	6	-15 -26	-18 -31	-21 -37	-26 -45	-30 -52	-36 -61	-41 -70	-47 -79
	▼7	-11 -29	-14 -35	-17 -42	-21 -51	-24 -59	-28 -68	-33 -79	-36 -88

表 D-3　轴的极限偏差

（公称尺寸 >10~315mm）

公差带	等级	公称尺寸/mm							
		>10~18	>18~30	>30~50	>50~80	>80~120	>120~180	>180~250	>250~315
d	6	-50 -61	-65 -78	-80 -96	-100 -119	-120 -142	-145 -170	-170 -199	-190 -222
	7	-50 -68	-65 -86	-80 -105	-100 -130	-120 -155	-145 -185	-170 -216	-190 -242
	8	-50 -77	-65 -98	-80 -119	-100 -146	-120 -174	-145 -208	-170 -242	-190 -271
	▼9	-50 -93	-65 -117	-80 -142	-100 -174	-120 -207	-145 -245	-170 -285	-190 -320
	10	-50 -120	-65 -149	-80 -180	-100 -220	-120 -260	-145 -305	-170 -355	-190 -400

（续）

公差带	等级	公称尺寸/mm							
		>10~18	>18~30	>30~50	>50~80	>80~120	>120~180	>180~250	>250~315
f	▼7	-16 -34	-20 -41	-25 -50	-30 -60	-36 -71	-43 -83	-50 -96	-56 -108
	8	-16 -43	-20 -53	-25 -64	-30 -76	-36 -90	-43 -106	-50 -122	-56 -137
	9	-16 -59	-20 -72	-25 -87	-30 -104	-36 -123	-43 -143	-50 -165	-56 -186
g	5	-6 -14	-7 -16	-9 -20	-10 -23	-12 -27	-14 -32	-15 -35	-17 -40
	▼6	-6 -17	-7 -20	-9 -25	-10 -29	-12 -34	-14 -39	-15 -44	-17 -49
	7	-6 -24	-7 -28	-9 -34	-10 -40	-12 -47	-14 -54	-15 -61	-17 -69
h	5	0 -8	0 -9	0 -11	0 -13	0 -15	0 -18	0 -20	0 -23
	▼6	0 -11	0 -13	0 -16	0 -19	0 -22	0 -25	0 -29	0 -32
	▼7	0 -18	0 -21	0 -25	0 -30	0 -35	0 -40	0 -46	0 -52
	8	0 -27	0 -33	0 -39	0 -46	0 -54	0 -63	0 -72	0 -81
	▼9	0 -43	0 -52	0 -62	0 -74	0 -87	0 -100	0 -115	0 -130
K	5	+9 +1	+11 +2	+13 +2	+15 +2	+18 +3	+21 +3	+24 +4	+27 +4
	▼6	+12 +1	+15 +2	+18 +2	+21 +2	+25 +3	+28 +3	+33 +3	+36 +4
	7	+19 +1	+23 +2	+27 +2	+32 +2	+38 +3	+43 +3	+50 +4	+56 +4
M	5	+15 +7	+17 +8	+20 +9	+24 +11	+28 +13	+33 +15	+37 +17	+43 +20
	6	+18 +7	+21 +8	+25 +9	+30 +11	+35 +13	+40 +15	+46 +17	+52 +20
	7	+25 +7	+29 +8	+34 +9	+41 +11	+48 +13	+55 +15	+63 +17	+72 +20

（续）

公差带	等级	公称尺寸/mm							
		>10~18	>18~30	>30~50	>50~80	>80~120	>120~180	>180~250	>250~315
N	5	+20 +12	+24 +15	+28 +17	+33 +22	+38 +23	+45 +27	+51 +31	+57 +34
	▼6	+23 +12	+28 +15	+33 +17	+39 +20	+45 +23	+52 +27	+60 +31	+66 +34
	7	+30 +12	+36 +15	+42 +17	+50 +20	+58 +23	+67 +27	+77 +31	+86 +34
P	5	+26 +18	+31 +22	+37 +26	+45 +32	+52 +37	+61 +43	+70 +50	+79 +56
	▼6	+29 +18	+35 +22	+42 +26	+51 +32	+59 +37	+68 +43	+79 +50	+88 +56
	7	+36 +18	+43 +22	+51 +26	+62 +32	+72 +37	+83 +43	+96 +50	+108 +56

注：标注▼者为优先公差等级，应优先选用。

参 考 文 献

［1］彭德荫. 车工工艺与技能训练［M］. 北京：中国劳动社会保障出版社，2001.

［2］余能真. 车工（初级 中级 高级）［M］. 北京：中国劳动出版社，1996.

［3］许兆丰，张介福，梁君豪. 车工工艺学［M］. 2版. 北京：中国劳动出版社，1990.

［4］蒋增福，雷午生. 车工（初级技能 中级技能 高级技能）［M］. 北京：中国劳动社会保障出版社，2003.

［5］雷午生，蒋增福. 车工（技师技能 高级技师技能）［M］. 北京：中国劳动社会保障出版社，2003.

［6］北京第一通用机械厂. 机械工人切削手册［M］. 6版. 北京：机械工业出版社，2004.

［7］韩英树. 车工工艺及加工技能 普通车·模拟数控车·数控车［M］. 北京：化学工业出版社，2008.

［8］机械工业职业教育研究中心组. 车工技能实战训练（提高版）［M］. 北京：机械工业出版社，2004.

［9］韩英树，徐平田，梁东晓. 国家职业技能标准 车工［M］. 北京：中国劳动社会保障出版社，2009.